“十三五”职业教育国家规划教材

牛羊生产与疾病防治

NIUYANG SHENGCHAN
YU JIBING FANGZHI

第二版

姜明明　主编

化学工业出版社
·北京·

本书基于牛羊生产过程，对接岗位技能，融入职业标准，以生产关键环节核心能力培养为主线，设置了牛生产、羊生产两大模块，按照生产筹划、饲养管理、繁殖技术、安全生产、经营管理组织项目，精选了11个项目、42个典型工作任务和52个核心技能，涵盖牛羊饲养、管理、繁育、兽医等主要岗位技术。其中生产筹划充分考虑了中高职内容衔接，与其他专业基础课程的内容衔接，教师可结合实际选讲。教材还注意吸收DHI、TMR、犊牛灌服技术、犊牛自动饲喂系统、宾州筛、粪筛、奶牛福利舒适度评估技术等先进生产技术。每个项目以操作过程为主线，将知识和技能有机地融合到任务中，使生产与教学有机结合，教材编写体例体现了“任务驱动、边讲边练、讲练结合”特色。每个任务都设计了任务目标、必备知识、任务实施、巩固训练、知识拓展、任务考核六个栏目。知识拓展和任务考核配置了二维码，便于学生拓展知识面，充分体现以学生为主体的教学改革方向，提高了教材的应用性。

本教材适合职业院校畜牧兽医相关专业使用，也可作为行业培训教材和技术人员的参考用书。

图书在版编目（CIP）数据

牛羊生产与疾病防治/姜明明主编. —2版. —北京：化学工业出版社，2018.8（2024.2重印）
“十二五”职业教育国家规划教材
ISBN 978-7-122-32500-6

Ⅰ.①牛… Ⅱ.①姜… Ⅲ.①养牛学-职业教育-教材②羊-饲养管理-职业教育-教材③牛病-防治-职业教育-教材④羊病-防治-职业教育-教材 Ⅳ.①S823②S826③S858.2

中国版本图书馆CIP数据核字（2018）第138355号

责任编辑：李植峰　章梦婕　　文字编辑：焦欣渝
责任校对：王素芹　　装帧设计：刘丽华

出版发行：化学工业出版社（北京市东城区青年湖南街13号　邮政编码100011）
印　　刷：北京云浩印刷有限责任公司
装　　订：三河市振勇印装有限公司
787mm×1092mm　1/16　印张20¾　字数608千字　　2024年2月北京第2版第14次印刷

购书咨询：010-64518888　　售后服务：010-64518899
网　　址：http://www.cip.com.cn
凡购买本书，如有缺损质量问题，本社销售中心负责调换。

定　　价：49.80元　

《牛羊生产与疾病防治》（第二版）编审人员

主　　编　姜明明

副 主 编　王　静　于春梅　刘正平　王桂瑛　徐孝宙

编写人员　（按姓氏汉语拼音排列）

邓　兵（西藏日喀则市畜牧技术推广服务中心）

姜明明（黑龙江农业经济职业学院）

姜　鑫（黑龙江农业经济职业学院）

李　伟（黑龙江省畜牧研究所）

刘正平（黑龙江农业经济职业学院）

王桂瑛（云南农业大学）

王　静（黑龙江农业经济职业学院）

徐孝宙（江苏农林职业技术学院）

于春梅（辽宁职业学院）

张　静（黑龙江农业经济职业学院）

张绍男（黑龙江农业经济职业学院）

主　　审　刘大森（东北农业大学）

曹志军（中国农业大学）

冯永谦（黑龙江农业经济职业学院）

第二版前言

牛羊养殖已经成为我国畜牧业新的经济增长点，黑龙江省是农业大省，是国家重要的商品粮基地，也是全国十大牧区之一，位于世界优质奶牛带，全省奶牛存栏量位居全国第二位，造就了大批知名乳品企业，也为很多乳业集团提供优质的奶源；同时该省地处东北肉牛带上，肉牛产业发展迅猛，出栏率和胴体重居于全国较高水平；养羊生产规模化、集约化发展势头良好。企业急需大批牛羊生产高端技能型人才。

“牛羊生产与疾病防治”是畜牧兽医专业核心课程，黑龙江农业经济职业学院的该课程于2008年被确立为国家示范院校省级财政支持的畜牧兽医专业重点建设课程。本课程以培养能够胜任现代养牛、养羊企业工作的“养防结合”的专业技能人才为目标。课程组依据牛、羊生产特点，以行动为导向，按照“对准工作岗位、依据工艺流程、精炼专业技能”的建设思路形成该部特色教材。

1. 以生产技术为主线，重构教材内容体系

基于牛羊生产过程，对接岗位技能，融入职业标准，以生产关键环节核心能力培养为主线，设置了牛生产、羊生产两大模块，按照生产筹划、饲养管理、繁殖技术、安全生产、经营管理组织项目。其中生产筹划充分考虑了中高职内容衔接，与其他专业基础课程的内容衔接，教师可结合实际选讲。共设置11个项目、42个典型工作任务和52个核心技能，每个项目以操作过程为主线，将知识和技能有机地融合到任务中，使生产与教学有机结合。教材还注意吸收DHI、TMR、犊牛灌服技术、犊牛自动饲喂系统、奶牛福利等先进生产技术；同时配套完整的课件资源，方便读者使用。

2. 基于工作过程，体现编写体例创新

本次修订，教材编写体例体现了“任务驱动、边讲边练、讲练结合”特色，每个项目都设计了能力目标、技能目标，精选了典型工作任务。每个任务都设计了任务目标、必备知识、任务实施、巩固训练、知识拓展与任务考核（二维码），突出技能训练。充分体现以学生为主体的教学改革方向，提高了教材的应用性。

本教材由黑龙江农业经济职业学院姜明明担任主编并进行最后统稿，王静、于春梅、刘正平、王桂瑛、徐孝宙担任副主编。编写分工如下。姜明明编写第一模块中项目二，项目三中任务一、任务二，项目六；第二模块中项目二。刘正平编写第一模块中项目五中任务三、任务四、任务五。王静编写第一模块中项目一中任务一、任务二、任务三、任务五；第二模块中项目一中任务一、任务二、任务三、任务五。王桂瑛编写第一模块中项目一中任务四和第二模块中项目一中任务四。于春梅编写第一模块中项目四。徐孝宙编写第二模块中项目四。张静编写第二模块项目三，项目五和附录。邓兵编写第一模块中项目五中任务一。姜鑫编写第一模块中项目五中任务二。李伟第一模块中项目三中任务三。张绍男编写第一模块项目一中任务六。刘大森教授、曹志军副教授和冯永谦教授担任本教材的主审。

教材在编写过程中得到全国多家畜牧业生产企业、畜牧业技术推广部门的大力支持和帮助，为本书编写提供相关技术资料和编写建议。黑龙江农业经济职业学院领导对此项工作给予

高度重视，为课程建设和教材编写提供各方面条件与保障，在此一并表示感谢。

本书在编写过程中，参阅了大量的相关书籍，在此谨向有关编著者表示真诚的谢意。

由于时间仓促，本教材在编写过程中难免存在不足之处，敬请广大读者和同行提出宝贵意见，以便今后修改，我们将不胜感激！

编者

2018 年 4 月

目录

第一模块　牛生产

第二模块　羊生产

第一模块　牛生产

○ 项目一　牛生产筹划

○ 项目二　奶牛饲养管理技术

○ 项目三　肉牛饲养管理技术

○ 项目四　牛的繁殖技术

○ 项目五　牛安全生产技术

○ 项目六　牛场经营管理技术

项目一　牛生产筹划

任务一　优良牛的品种识别

【任务目标】

能够通过图片准确识别牛品种；掌握常见牛品种的经济类型、外貌特征、生产性能；能够结合本地实际情况选择适宜的牛品种。

【必备知识】

按照经济用途将牛的品种分为乳用牛、肉用牛、肉乳或乳肉兼用牛、肉役或役肉兼用牛。全世界有60多个专门化的肉牛品种，国外的肉牛品种，按体型大小和产肉性能，大致可分为下列三大类。

（1）中、小型早熟品种　特点是生长快，胴体脂肪多，皮下脂肪厚，体型较小，一般成年公牛体重550～700kg，母牛400～500kg。成年母牛体高在127cm以下为小型，128～136cm为中型。如英国的海福特牛、短角牛、安格斯牛等。

（2）大型品种　产于欧洲大陆，原为役用牛，后转为肉用。特点是体型高大，肌肉发达，脂肪少，生长快，但较晚熟。成年公牛体重1000kg以上，母牛700kg以上，成年母牛体高在136cm以上。如法国的夏洛来和利木赞、意大利的皮埃蒙特牛等。

（3）含瘤牛血液的品种　产于热带及亚热带地区，成年体重与中小型早熟品种相似。如意大利的契安妮娜牛、美国的婆罗门牛、抗旱王牛、婆罗门牛等。

一、乳用牛品种

（一）荷斯坦牛

荷斯坦牛即荷斯坦-弗里生牛，原称荷兰牛。原产于荷兰最北部的西弗里斯兰省及北荷兰省。

乳用牛品种图片

1. 乳用型荷斯坦牛

美国、加拿大、以色列、日本和澳大利亚等国的荷斯坦牛都属于此类型。

（1）外貌特征　被毛细短，毛色特点为界限分明的黑白花片，额部多有白星（大或小的白流星或广流星），四肢下部、腹下和尾帚为白色毛。体格高大，结构匀称，皮薄骨细，皮下脂肪少。乳静脉粗大而多弯曲，乳房特大，发达且结构良好，后躯较前躯发达。侧望体躯呈楔形，具有典型的乳用型牛外貌特征。

（2）体尺体重　成年公牛体重900～1200kg，母牛650～750kg；犊牛初生重平均38～50kg。公牛体高145cm，体长为190cm，胸围226cm，管围23cm；母牛相应为135cm、170cm、195cm和19cm。

（3）生产性能　乳用型荷斯坦牛的泌乳性能为各乳牛品种之冠。母牛平均年产奶量6000～7000kg，乳脂率3.5%～3.8%，乳蛋白率3.3%。产肉性能一般，屠宰率为48%～53%。生产性能高，对饲料条件要求较高；乳脂率较低，耐寒不耐热，高温时产奶量明显下降。南方夏季要注意防暑降温。

2. 兼用型荷斯坦牛

以荷兰本土的荷斯坦牛为代表的许多欧洲国家的荷斯坦牛都属于兼用型。

（1）外貌特征　毛色与乳用型荷斯坦牛相似，但花片更加整齐美观。兼用型荷斯坦牛的体格偏小，体躯低矮宽深，整个体躯侧望略呈偏矩形，背腰宽平，尻部方正而且发育好，四肢短而开张，肢势端正。乳房附着良好，前伸后展，发育匀称，呈方圆形，乳头大小适中，乳静脉发达。

（2）体尺体重　平均体重公牛900～1100kg，母牛550～700kg；犊牛初生重35～45kg。全身肌肉较乳用型丰满，但体格较矮。东北铁岭种畜场从荷兰进口的荷斯坦母牛体尺为：体高120.4cm，体长150.1cm，胸围197.1cm，管围19.1cm。

（3）生产性能 该型牛平均泌乳量比乳用型荷斯坦牛约低1000～2000kg，年产乳量一般为4000～5000kg，高产个体可达10000kg，乳脂率为3.8%～4.0%。肉用性能较好，经育肥的该型公牛，500日龄平均活重为556kg，屠宰率62.8%，第8～9肋眼肌面积为60cm^2。

（二）中国荷斯坦牛

1992年，“中国黑白花奶牛”品种更名为“中国荷斯坦牛”。

1. 外貌特征

毛色多呈黑白花，花片分明，黑白相间。额部有白斑，腹部底、四肢膝关节（飞节）以下及尾端呈白色。体质细致结实，体躯结构匀称。有角，多数由两侧向前向内弯曲，角体蜡黄，角尖黑色。乳房附着良好，质地柔软，乳静脉明显，乳头大小分布适中。其体尺体重见表1-1-1。

表1-1-1 中国荷斯坦乳牛体尺与体重

地区	性别	体高/cm	体长/cm	胸围/cm	管围/cm	体重/kg
北方	母	135	160	200	19.5	600
	公	155	200	240	24.5	1100
南方	母	132.3	169.7	196.0	—	585.5

2. 生产性能

（1）泌乳性能 据21905头品种登记牛的统计，中国荷斯坦牛305天各胎次平均产乳量为6359kg，平均乳脂率为3.56%，重点育种场群平均产乳量在7000kg以上。北京、天津、上海等地，乳牛场全群平均产乳量已超过10000kg。

（2）产肉性能 未经育肥的淘汰母牛屠宰率为49.5%～63.5%，净肉率为40.3%～44.4%；6月龄、9月龄、12月龄屠宰率分别为44.2%、56.7%、64.3%；经育肥24月龄的公牛屠宰率为57%，净肉率为43.2%。

（3）繁殖性能 中国荷斯坦牛性成熟早，具有良好的繁殖性能，年平均受胎率为88.8%，情期受胎率为48.9%。性情温顺，易于风土驯化，饲料利用率高，产奶量也高，但是耐热性差，抗病力弱。

（4）育种方向 加强适应性的选育，尤其是耐热、抗病力方面，重视牛群的外貌结构和体质，提高优良牛的比例，稳定优良牛的遗传特性。生产性能选择以提高产乳量为主，兼顾肉用性能，注意提高乳脂率和乳蛋白率。

（三）娟姗牛

娟姗牛属于小型乳用品种，原产于英吉利海峡的娟姗岛，早在18世纪即以性情温顺、体型轻小、乳脂率高、乳房形状好闻名于世。

1. 外貌特征

头小而轻，额部凹陷，两眼突出，明亮有神，头部轮廓清晰，角中等大小，琥珀色，角尖黑，向前弯曲。颈细长，有皱褶，颈垂发达。鬐甲狭锐。胸深宽，背腰平直。尾长且细，尾帚发达，尻部宽平。四肢端正，左右肢间距宽，骨骼细致，关节明显。乳房形状美观，质地柔软，发育匀称，乳头略小，乳静脉粗大而弯曲，后躯较前躯发达，体形呈楔形。被毛短细而有光泽，毛色有灰褐、浅褐及深褐色，以浅褐色为最多。毛色较淡部分多在腹下及四肢的内侧，鼻镜及舌为黑色，嘴、眼周围有浅色毛环，尾帚为黑色。娟姗牛体格小，一般成年公牛活重为650～750kg，母牛为340～450kg，犊牛初生重为23～27kg。成年母牛体高113.5cm，体长133cm，胸围154cm，管围15cm。

2. 生产性能

年平均产乳量为3500～4000kg左右。乳脂率平均为5.5%～6.0%，个别牛甚至达8%。乳脂肪球大，易于分离制黄油，乳色黄，风味佳，其鲜乳及其乳制品甚受欢迎。娟姗牛性成熟较早，一般15～16月龄即开始配种。我国南方热带及亚热带地区，亦可引用娟姗、荷斯坦公牛与当地黄牛进行杂交，培育适于南方气候条件的乳牛品种。2002年，广州市奶牛研究所承建我国首个娟姗牛原种场的任务。

二、肉用牛品种

（一）夏洛来牛

1. 产地

夏洛来牛是世界闻名的现代大型肉牛品种，原产于法国中西部到东南部的夏洛来省和涅夫勒地区。

肉用牛品种图片

2. 外貌特征

该牛最显著的特点是被毛白色或乳白色，皮肤常带有色斑；全身肌肉特别发达；骨骼结实，四肢强壮。头小而宽，嘴端宽、方，角圆而较长，并向前方伸展。颈粗短，胸宽深，肋骨方圆，背宽肉厚，体躯呈圆桶状，肌肉丰满，后臀肌肉发达，并向后和侧面突出。公牛常见有双甲和凹背者。成年活重：公牛1100～1200kg，母牛700～800kg。

3. 生产性能

夏洛来牛在生产性能方面表现最显著的特点是生长速度快，瘦肉产量高。在良好的饲养条件下，6月龄公犊可达250kg，母犊210kg。日增重可达1400g，12月龄公犊可达378.8kg，母犊321.8kg。在加拿大良好饲养条件下，公牛周岁重可达511kg。屠宰率为60%～70%，胴体产肉率为80%～85%。泌乳量2000kg，乳脂率为4.0%～4.7%，但纯繁时难产率较高（13.7%）。肌肉纤维比较粗糙，肉质嫩度不够好。

4. 改良效果

夏洛来牛是国际上肉牛杂交的主要父系。与西门塔尔改良牛的杂交为肉牛生产提供了大量牛源，杂交公犊强度育肥之下平均日增重可达1200g。夏洛来牛在眼肌面积改良上作用最好，臀部肌肉发达，在生产西冷和米龙等高价分割肉块方面具有优势，是一个体型硕大、骨量很大的牛种，要求的营养水平很高。

（二）利木赞牛

1. 产地

利木赞牛属于专门化大型肉用牛品种，原产于法国中部的利木赞高原。

2. 外貌特征

利木赞牛被毛为红色或黄色，口、鼻、眼圈周围、四肢内侧及尾帚毛色较浅，角为白色，蹄为红褐色。头较短小，额宽，胸部宽深，体躯较长，后躯肌肉丰满，四肢粗短。平均成年体重：公牛1100kg，母牛600kg；在法国良好的饲养条件下，公牛活重可达1200～1500kg，母牛达600～800kg。

3. 生产性能

利木赞牛产肉性能高，胴体质量好，眼肌面积大，前后肢肌肉丰满，出肉率高，在肉牛市场上很有竞争力。集约化饲养条件下犊牛断奶后生长很快，10月龄体重即达408kg，周岁时体重可达480kg左右，哺乳期平均日增重为0.86～1.0kg。8月龄小牛就可生产出具有大理石纹的牛肉，难产率极低，一般只有0.5%。

4. 改良效果

利木赞牛是国际上常用的杂交父系之一。其优点是肌肉纤维细，肌间脂肪分布均匀，肉的嫩度好，用于第二或三次轮回杂交，其后代难产率较低，在环境条件较差的地方，与顺产率高的牛种杂交后，母犊继续留作母本是比较好的组合。在我国，因为利木赞牛毛色非常接近黄牛，较受欢迎，在夏洛来牛和西门塔尔牛杂交的基础上进行下一轮的杂交也能获得较好的饲料报酬。

（三）海福特牛

1. 产地

海福特牛是世界上最古老的中小型早熟肉牛品种，原产于英格兰西部的海福特郡。

2. 外貌特征

海福特牛具有典型的肉用体型，分为有角和无角两种。颈粗短，体躯肌肉丰满，呈圆桶状，背腰宽平，臀部宽厚。肌肉发达，四肢短粗，侧望体躯呈矩形。体躯毛色为橙黄色或黄红色，具有“六白”特征，即头、颈垂、鬐甲、腹下、四肢下部及尾尖为白色，皮肤为橙黄色，角为蜡黄或白色。体重：成年公牛900～1100kg，母牛520～620kg，初生重为28～34kg。

3. 生产性能

海福特牛早熟，增重快。良好条件下，7～12月龄日增重可达1.4kg以上。18月龄海福特牛体重可达550kg以上，屠宰率为60%～65%，经育肥可达68%～70%。肉质细嫩多汁，呈大理石花纹。

4. 改良效果

海福特牛是英国老牌的肉用品种之一。我国于1974年从英国引入，其改良牛生长良好，但体高改良不明显，在牛市上不显眼，在缺乏胴体性状对比的情况下，未受到重视，加上在草原上放牧不如欧洲大陆型牛种，现我国较大的杂交种群已消失。

（四）安格斯牛

1. 产地

安格斯牛属于古老的小型肉牛品种，原产于英国的阿伯丁、安格斯和金卡丁等郡。

2. 外貌特征

安格斯牛以被毛黑色和无角为其重要特征，故也称无角黑牛。该品种牛体躯低矮、结实，头小而方，额宽，体宽深，呈圆桶形，四肢短而直，前后裆较宽，全身肌肉丰满，具有现代肉牛的典型体型。被毛为黑色，光泽性好。美国、加拿大等国家育成了红色安格斯牛。成年公牛体重700～900kg，母牛500～600kg，初生重25～32kg。公、母牛体高分别为130.8cm和118.9cm。

3. 生产性能

安格斯牛具有良好的肉用性能，被认为是世界上专门化肉牛品种中的典型品种之一，表现早熟、胴体品质高、出肉多。一般屠宰率为60%～70%，哺乳期日增重1kg。肌肉大理石纹很好，适应性强，耐寒抗病，难产率低。缺点是母牛稍具神经质。

4. 改良效果

安格斯牛最初引进后一直没有受到重视，因为它是中等体格，对黄牛改良后体高等增加不大，受到冷落，曾一度几乎在国内接近绝种，但这个牛种十分耐粗饲，比蒙古牛对严酷气候的耐受力更强。近10年来由于优质牛肉的需求上升，尤其是高档牛肉的生产，使安格斯牛的优势凸显。安格斯牛是较理想的杂交父本。

（五）皮埃蒙特牛

1. 产地

皮埃蒙特牛属于专门化大型肉用品种，原产于意大利北部的皮埃蒙特地区。因含有双肌基因，是目前国际公认的杂交终端父本，已被世界上22个国家引进，用于杂交改良。

2. 外貌特征

皮埃蒙特牛被毛为乳白色或浅灰色，鼻镜、眼圈、肛门、阴门、耳尖、尾帚等为黑色。犊牛幼龄时毛色为浅黄色，以后慢慢变为白色。中等体型，皮薄、骨细。全身肌肉丰满，外形很健美，体躯呈圆桶状，后躯特别发达，双肌性能表现明显。成年公牛体重不低于1000kg，母牛平均500～600kg。公牛体高150cm，母牛136cm。

3. 生产性能

皮埃蒙特牛肉用性能十分突出，其育肥期平均日增重1.5kg，生长速度为肉用品种之首。公牛屠宰适期为550～600kg活重，一般为15～18个月。母牛14～15个月体重可达400～450kg。肉质细嫩，瘦肉含量高，屠宰率为65%～70%，胴体瘦肉率84.13%，骨骼13.60%，脂肪占1.50%。

4. 改良效果

皮埃蒙特牛为意大利的新兴肉牛品种，以高屠宰率（70%）、高瘦肉率（82%）、大眼肌面积（可改良夏洛来牛的眼肌面积）以及鲜嫩的肉质、弹性度极高的皮张而著名。

（六）契安尼娜牛

1. 产地

契安尼娜牛原产于意大利中西部的契安尼娜山谷，是目前世界上体型最大的肉牛品种，与瘤牛有血缘关系，属含瘤牛血统的品种。

2. 外貌特征

契安尼娜牛被毛白色，尾帚黑色，除腹部外，皮肤均有黑色素。犊牛出生时，被毛为深褐色，在60日龄时，逐渐变为白色。成年牛体躯长，四肢高，体格大，结构良好，但胸部深度不够。体重：公牛12月龄600kg，18月龄800kg，24月龄1000kg，成年1500kg，最大活重1800kg；母牛活重800～1100kg。体高：公牛184cm，母牛150～170cm。

3. 生产性能

契安尼娜牛生长强度大，一般日增重都在1kg以上，2岁内日增重可达2.0kg。产肉多而品质好，大理石纹明显，适应性好，繁殖力强且很少难产。

（七）德国黄牛

1. 原产地

德国黄牛属肉乳兼用牛，产于德国和奥地利，其中德国最多，是瑞士褐牛与当地黄牛杂交育成的。

2. 外貌特征

德国黄牛是一种与西门塔尔牛血缘非常接近的品种，毛色为浅黄色、黄色或淡红色。体型外貌与西门塔尔牛酷似，眼圈的毛色较浅。体躯长，体格大，胸深，背直，四肢短而有力，肌肉强健。母牛乳房大，附着结实。成年公牛体重1000～1300kg，母牛650～800kg。

3. 生产性能

德国黄牛生产性能略低于西门塔尔牛。年产奶量达4164kg，乳脂率4.15%。初产年龄为28个月，难产率低。初生重40.8kg，断奶重213kg，平均日增重0.985kg。胴体重336kg时，眼肌面积91.8cm^2。平均屠宰率62.2%，净肉率56%。去势小牛育肥到18月龄体重达600～700kg，增重速度快。

（八）蓝白花牛

1. 原产地

蓝白花牛原产于比利时。适应多种生态环境，是目前欧洲市场较好的双肌大型肉牛品种，也是欧洲大陆黑白花乳牛的一个分支，是这个血统牛中唯一被育成纯肉牛品种的。我国于1996年引进少量蓝白花牛，作为肉牛配套系的父系品种。

2. 外貌特征

蓝白花牛体高大，体躯强壮，背直，肋圆，呈长筒状。体表肌肉明显发达，臀部丰满，后臀部尤其突出。头部轻，尻微斜。毛色为白，身躯有黑色斑点，色斑大小变化较大；鼻镜、耳缘、尾多黑色。成年公牛体重为1200kg，母牛为700kg。

3. 生产性能

蓝白花牛性情温顺，适应性强，体大早熟。1.5岁左右初配，妊娠期282天。犊牛初生重较大，初生公犊平均为46kg，母犊为42kg。犊牛早期生长速度快，日增重达1.4kg，周岁公牛体重可达500kg以上。屠宰率达65%以上。

4. 改良效果

蓝白花牛属大型优良肉用品种，杂交后代臀部丰满，双肌明显，生长迅速，屠宰率高出地方品种黄牛20个百分点以上，具有较大的发展潜力。

（九）南德温牛

1. 原产地

南德温牛原产于英国的南德温郡，引入了更赛牛的血统，而后又导入了印度婆罗门牛的血统，经澳大利亚专家培育而成。我国于1996年首次从澳大利亚引进南德温牛。

2. 外貌特征

南德温牛体质结实，结构匀称，体躯长而宽，胸深，四肢强健，全身肌肉丰满。角中等大，呈乳白色，角尖黑色，母牛角向上弯曲，公牛角较短并外伸，也有选育的无角南德温牛。被毛为红色，皮肤为黄色，除乳房、尾帚段腿部有少量白色外，其他部位有白色者即为不合格。成年公牛体重为800～1000kg，母牛为540～630kg。

3. 生产性能

南德温牛具有不怕牛虻、抗病力强、体躯丰满、早熟、生长快、屠宰率高、肌肉纤维细、脂肪适中、肉质鲜嫩等特点，且肌肉呈明显大理石纹状，是生产高档牛肉较好的品种。母牛护犊性能好，犊牛初生重35～40kg。在良好的饲养条件下，日增重可达1.3～1.5kg，最高可达2.3kg。

4. 改良效果

南德温牛抗寒，耐热，适应性强，能适应中国南北各地气候。在我国大部分地区饲养，适宜规模化牛场、专业户、农户饲养，牧区也可放牧饲养。该品种牛难产率低，经过辽宁、黑龙江、内蒙古、吉林、安徽、河南等近20个省（自治区、直辖市）的饲养实践，南德温杂交牛很少发生难产，且杂交个体生长快、肉品质好、效益高，具有较好的发展前景。

（十）夏南牛

1. 原产地

夏南牛是我国育成的第一个肉牛品种。以夏洛来牛为父本，我国地方良种南阳牛为母本，经导入杂交、横交固定和自群繁育3个阶段的育种，在河南省泌阳县培育而成。于2007年通过国家鉴定，农业部予以公布。

2. 外貌特征

夏南牛体型外貌一致。毛色为黄色，以浅黄、米黄居多；公牛头方正，额平直，母牛头部清秀，额平稍长；公牛角呈锥状，水平向两侧延伸，母牛角细圆，致密光滑，稍向前倾；颈粗壮、平直，肩峰不明显。成年牛结构匀称，体躯呈长方形；胸深肋圆，背腰平直，尻部宽长，肉用特征明显；四肢粗壮，蹄质坚实，尾细长。母牛乳房发育良好。成年公牛体高142.5cm，体重850kg左右；成年母牛体高135.5cm，体重600kg左右。

3. 生产性能

夏南牛生长发育快。在农户饲养条件下，公、母犊牛6月龄平均体重分别为197.35kg和196.50kg。肉用性能好，据屠宰试验，17～19月龄的未育肥公牛屠宰率为60.13%，净肉率为48.84%。

4. 改良效果

夏南牛体质健壮，性情温驯，适应性强，遗传性能较稳定，具有生长发育快、易育肥的特点。适宜生产优质和高档牛肉，具有广阔的推广应用前景。

（十一）延黄牛

1. 原产地

延黄牛是我国育成的第二个肉牛品种，是在吉林延边地区以延边黄牛为母本，利木赞牛为父本，在原来选育的基础上，从1979年开始，有计划地导入利木赞牛进行杂交、正反回交和横交固定培育而成，含75%延边黄牛、25%利木赞牛血统。2008年2月通过国家鉴定。

2. 外貌特征

延黄牛体型外貌基本一致。毛色为黄色；公牛头方正，额平直，母牛头部清秀，额平，嘴端短粗；公牛角呈锥状，水平向两侧延伸，母牛角细圆，致密光滑，外向，尖稍向前弯；颈粗壮、平直，肩峰不明显。成年牛结构匀称、体躯呈长方形；胸深肋圆，背腰平直，尻部宽长，四肢较粗壮，蹄质坚实，尾细长；肉用特征明显；母牛乳房发育良好，遗传稳定。成年公、母牛体重分别为1061kg和629.4kg。

3. 生产性能

公、母犊牛初生重分别为30.9kg和28.9kg，6月龄平均体重分别为168.8kg和153.6kg，12月龄公、母牛体重分别为308.6kg和265.2kg；舍饲短期育肥至30月龄公牛，宰前重78.1kg，胴体重345.7kg，屠宰率59.8%，净肉率49.3%。

4. 改良效果

延黄牛具有体质健壮、性情温驯、适应性强、生长发育快等特点，适宜吉林、辽宁等北方地区养殖，是生产高档牛肉的良好牛源。

（十二）辽育白牛

1. 原产地

辽育白牛主要产区辽宁。辽育白牛是以夏洛来牛为父本、以辽宁本地黄牛为母本进行级进杂交后，在第4代的杂交群中选择优秀个体进行横交和有计划选育，采用开放式育种体系，坚持档案组群，形成了含夏洛来牛血统93.75%、本地黄牛血统6.25%遗传组成的稳定群体，该群体抗逆性强，适应当地饲养条件，是2009年经国家畜禽遗传资源委员会审定通过的肉牛新品种。

2. 外貌特征

辽育白牛全身被毛呈白色或草白色，鼻镜肉色，蹄角多为蜡色；体型大，体质结实，肌肉丰满，体躯呈长方形；头宽且稍短，额阔唇宽，耳中等偏大，大多有角，少数无角；颈粗短，母牛平直，公牛颈部隆起，无肩峰，母牛颈部和胸部多有垂皮，公牛垂皮发达；胸深宽，肋圆，背腰宽厚、平直，尻部宽长，臀端宽齐，后腿部肌肉丰满；四肢粗壮，长短适中，蹄质结实；尾中等长度；母牛乳房发育良好。

3. 生产性能

辽育白牛初生重公牛41.6kg，母牛38.3kg；6月龄体重公牛221.4kg，母牛190.5kg；12月龄体重公牛366.8kg，母牛280.6kg；24月龄体重公牛624.5kg，母牛386.3kg；成年公牛体重910.5kg，肉用指数6.3；母牛体重451.2kg，肉用指数3.6。辽育白牛6月龄断奶后持续育肥至18月龄，宰前重、屠宰率和净肉率分别为561.8kg、58.6%和49.5%；持续育肥至22月龄，宰前重、屠宰率和净肉率分别为664.8kg、59.6%和50.9%。持续育肥的平均日增重可达1.3kg，300kg以上的架子牛育肥的平均日增重可达1.5kg。11～12月龄体重350kg以上发育正常的辽育白牛，短期育肥6个月，体重达到556kg。肉质较细嫩，肌间脂肪含量适中，优质肉和高档肉切块率高。初配年龄为14～18月龄、产后发情时间为45～60天；公牛适宜初采年龄为16～18月龄；人工授精情期受胎率为70%，适繁母牛的繁殖成活率达84.1%以上。

4. 改良效果

辽育白牛耐寒性强，能够适应广大北方地区温带大陆性季风气候；适应能力强，饲料范围广，采用舍饲、半舍饲半放牧和放牧方式饲养均可；耐粗饲，饲养成本低，体型大，增重快，繁殖性能优，可以为广大饲养户带来可观的经济效益，应用前景广阔。

（十三）日本和牛

1. 原产地

和牛是日本改良牛中最成功的品种之一，是从雷天号西门塔尔种公牛的改良后裔中选育而成的，是全世界公认的最优秀的优良肉用牛品种。世界上最贵的牛肉是日本的和牛肉，和牛肉以肉质鲜嫩、营养丰富、适口性好闻名于世。

2. 外貌特征

日本和牛以黑色为主毛色，黑色和牛数量占和牛总量的90%以上，在乳房和腹壁有白斑。

3. 生产性能

成年母牛体重约620kg、公牛约950kg，犊牛经27月龄育肥，体重达700kg以上，平均日增重1.2kg以上。其肉大理石花纹明显，又称“雪花肉”，在日本被视为“国宝”，在欧洲市场上也极其昂贵。一般说来，日本和牛一生能产15～16胎，但是为了保证母牛和仔牛的健康，一般产到10胎左右就停止配种了，母牛健康状况好的，也有产13～14胎的。日本和牛的妊娠期平均为285天。

4. 改良效果

四个日本和牛品种：黑色和牛、棕色和牛、无角和牛和短角和牛。过去“和牛”主要是指品种，日本以外的国家或地区从日本引进养殖后也可叫做“和牛”；但2007年3月26日日本农林水产省发表的指南中明确指出，必须是在日本本土生长的才能叫做“和牛”。真正的日本和牛是用啤酒、牛奶喂养至大，有专人替它们做按摩，每天听着古典音乐散步。

三、兼用牛品种

（一）西门塔尔牛

1. 产地

兼用牛品种图片

西门塔尔牛原产于瑞士的阿尔卑斯山区及德、法、奥地利等地，主要产地是西门塔尔平原和萨能平原。西门塔尔牛是世界著名的大型乳、肉、役兼用品种。加拿大的西门塔尔牛又称为加系西门塔尔牛，属于肉乳兼用品种。该牛目前已成为世界上分布最广、数量最多的牛品种之一。

2. 外貌特征

西门塔尔牛被毛黄白花或淡红白花，头、胸、腹下、四肢和尾帚多为白色。额与颈上有卷毛。头较长，面宽；角较细而向外上方弯曲，尖端稍向上。颈长中等；体躯长，肋骨开张；前后躯发育好，胸深，尻平宽，四肢结实，大腿肌肉发达；后躯较前躯发达，体躯呈圆筒状。乳房发育中等。成年公牛活重平均800～1200kg，母牛600～750kg。犊牛初生重为30～45kg。

3. 生产性能

西门塔尔牛乳、肉性能均较好，该牛平均泌乳量达3500～4500kg，乳脂率3.64%～4.13%。周岁平均日增重0.8～1.0kg，公牛育肥后屠宰率65%左右，胴体肉多，脂肪少而分布均匀，肉质佳。成年母牛难产率为2.8%，适应性强，耐粗放管理。中国目前约有西门塔尔牛3万余头，核心群平均产奶量已突破4500kg。

4. 改良效果

我国从20世纪初开始引进西门塔尔牛，于1981年成立了中国西门塔尔牛育种委员会。中国西门塔尔牛于2001年10月通过国家品种审定。西门塔尔牛是改良我国黄牛范围最广、数量最多、杂交效果最成功的牛种，杂交后代无论是体型、产奶量还是产肉量均有显著提高。西门塔尔改良牛在全国已有700多万头，并形成了不少地方类群。西门塔尔牛改良各地的黄牛，其杂交后代主要表现为生长速度快；在2～3个月的短期育肥中一般具有平均日增重1134～1247g的水平，有的由于补偿生长在第一个月达到平均2000g的速度。16月龄屠宰时，屠宰率达55%以上；20月龄时（强度育肥）屠宰率达60%～62%，净肉率为50%。西门塔尔牛的另一个优点是能为下一轮杂交提供很好的母系，后代母牛产奶量成倍提高。从全国商品牛基地县的统计资料来看，207天的泌乳量，西杂一代为1818kg，西杂二代为2121.5kg，西杂三代为2230.5kg。在我国对粗料不挑剔的牛种在利用农副产品作物秸秆方面十分重要，这也是西门塔尔牛的品种特点。

（二）中国草原红牛

1. 产地

中国草原红牛是由吉林省白城地区、内蒙古赤峰市和锡林郭勒盟南部县、河北省张家口地区联合育成的一个兼用型新品种，1985年8月20日正式命名为“中国草原红牛”，并制定了国家标准。

2. 外貌特征

中国草原红牛被毛多为紫红色或深红色，少数牛腹下、乳房部有白斑，尾帚有白色。鼻镜、眼圈粉红色，多数牛有角且向外前方，呈倒“八”字形，略向内弯曲。体格中等大小。成年活重：公牛825.2kg，母牛482kg。初生重：公牛31.9kg，母牛30.2kg。成年牛体高：公牛138cm，母牛119cm。

3. 生产性能

中国草原红牛泌乳期210天左右，平均泌乳量为1662kg，乳脂率4.02%，屠宰率50.8%，净肉率41%。适应性强，耐粗放管理，对严寒酷热的草场条件耐力强，发病率很低。

（三）三河牛

1. 产地

三河牛产于内蒙古呼伦贝尔草原的三河（根河、得勒布尔河、哈布尔河）地区，是我国培育的第一个乳肉兼用品种，含西门塔尔牛、雅罗斯拉夫等牛的血统。1954 年开始系统选育，1976 年牛群质量显著提高，1982 年制定了品种标准，1986 年 9 月 3 日通过验收，并由内蒙古区政府批准正式命名为“三河牛”。现有 11 万余头，分布在呼伦贝尔市及邻近地区的农牧场。

2. 外貌特征

中国草原红牛被毛为界限分明的红白花片，头白色或有白斑，腹下、尾尖及四肢下部为白色；有角，角向上前方弯曲。体格较大。平均活重：公牛 1050kg，母牛 547.9kg。体高分别为 156.8cm 和 131.8cm。初生重：公牛 35.8kg，母牛 31.2kg。6 月龄体重：公牛 178.9kg，母牛 169.2kg。

3. 生产性能

三河牛平均年产乳量 2500kg 左右，在较好的条件下达 4000kg，乳脂率 4.10%～4.47%。产肉性能良好，2～3 岁公牛屠宰率 50%～55%，净肉率 44%～48%。耐粗放，抗寒能力强。

（四）新疆褐牛

1. 产地

新疆褐牛原产于新疆伊犁、塔城等地区。

2. 外貌特征

新疆褐牛被毛深浅不一的褐色，额顶、角基、口轮周围及背线为灰白色或黄白色。体躯健壮，肌肉丰满。头清秀，嘴宽，角大小中等，向侧前上方弯曲，呈半椭圆形；颈适中，胸较宽深，背腰平直。成年体重：公牛 951kg，母牛 431kg。

3. 生产性能

新疆褐牛平均产乳量 2100～3500kg，高的可达 5162kg，乳脂率 4.03%～4.08%。产肉性能：在放牧条件下，9～11 月份测定，1.5 岁、2.5 岁和阉牛的屠宰率分别为 47.4%、50.5%和 53.1%，净肉率分别为 36.3%、38.4%和 39.3%。适应性好，可在极端温度－40℃和 47.5℃条件下放牧，抗病力强。

四、中国黄牛

“中国黄牛”是我国固有的，曾经长期以役用为主的黄牛群体的总称。中国黄牛广泛分布于全国各地区。根据《中国牛品种志》按“地理分布区域”对黄牛的划分，中国黄牛包括中原黄牛、北方黄牛和南方黄牛三大类型。下面介绍我国五大良种黄牛品种（表 1-1-2），大多具有适应性强、耐粗饲、牛肉风味好等优点，属于役肉兼用体型，后躯欠发达，成熟晚，生长速度慢。其他黄牛品种可参阅《中国牛品种志》。

表 1-1-2　我国黄牛主要品种

品种	原产地	外貌特征	生产性能	杂交效果
南阳牛	河南省南阳地区白河和唐河流域的广大平原地区。现有 145 万头	毛色以深浅不一的黄色为主，另有红色和草白色，面部、腹下、四肢下部毛色较浅。体型高大，结构紧凑，公牛多为萝卜头角，母牛角细。鬐甲较高，肩部较突出，公牛肩峰 8～9cm，背腰平直，荐部较高，额部微凹，颈部短厚而多皱褶。部分牛胸欠宽深，体长不足，尻部较斜，乳房发育较差	产肉性能良好，15 月龄育肥牛屠宰率 55.6%，净肉率 46.6%，眼肌面积 92.6cm²	全国 22 个省已有引入，杂交后代适应性、采食性和生长能力均较好
秦川牛	因产于陕西关中的“八百里秦川”而得名。现群体总数约 80 万头	体型高大，骨骼粗壮，肌肉丰厚，体质强健，前躯发育良好，具有役肉兼用牛的体型。角短而钝、多向外下方或向后稍弯。毛色多为紫红色及红色。鼻镜肉红色。部分个体有色斑。蹄壳和角多为肉红色。公牛颈上部隆起，鬐甲高而厚，母牛鬐甲低，荐骨稍隆起。缺点是后躯发育较差，常见有尻稍斜的个体	在中等饲养水平下，18 月龄时的平均屠宰率为 58.3%，净肉率为 50.5%	全国有 21 个省（自治区）曾引进秦川公牛改良本地黄牛，效果良好

续表

品种	原产地	外貌特征	生产性能	杂交效果
晋南牛	主产于山西省西南部的运城、临汾地区。现有66万余头	毛色以枣红为主，红色和黄色次之。鼻镜粉红色。体型粗大，体质结实，前躯较后躯发达。额宽，顺风角，颈短粗，垂皮发达，肩峰不明显，胸宽深，臀端较窄，乳房发育较差	18月龄时屠宰，屠宰率53.9%。经强度育肥后屠宰率59.2%。眼肌面积79.00cm^2	曾用于四川、云南、陕西、甘肃、安徽等地的黄牛改良，效果良好
鲁西牛	主产于山东省西南部的菏泽、济宁地区	毛色以黄色为主，多数牛具有“三粉”特征，即眼圈、口轮、腹下与四肢内侧毛色较浅，呈粉色。公牛多平角或龙门角；母牛角型多样，以龙门角居多。公牛肩峰宽厚而高。垂皮较发达。尾细长，尾毛如纺锤状。体格较大，但日增重不高，后躯欠丰满	18月龄育肥，公、母牛平均屠宰率为57.2%，净肉率为49.0%，眼肌面积89.1cm^2	
延边牛	主产于吉林省延边朝鲜族自治州以及朝鲜	分牛头方额宽，角基粗大，多向外后方伸展成“一”字形或倒“八”字形。母牛角细而长，多为龙门角。毛色为深浅不一的黄色，鼻镜呈淡褐色，被毛长而密。胸部宽深，皮厚而有弹力。公牛颈厚隆起，母牛乳房发育良好	18月龄育肥牛平均屠宰率57.7%，净肉率47.2%，眼肌面积75.8cm^2	耐寒冷，耐粗饲，抗病力强，适应性良好。善走山路

【任务实施】

知识点学习

1. 乳用牛
2. 肉用牛
3. 兼用牛
4. 中国黄牛

技能训练一 牛的品种识别

一、必备资源

不同品种的牛图片、视频、实体牛。

二、活动步骤

1. 有条件的可以组织参观牛场，观察牛的外貌特征。
2. 精选部分品种图片，让学生准确识别品种，口述主要特征、生产性能、优缺点。

【巩固训练】

一、选择题

1. 以下哪个牛品种为奶牛品种？（　　）

A. 娟姗牛　B. 海福特牛　C. 西门塔尔牛　D. 利木赞牛

2. 目前世界上所产牛奶乳脂率最高的奶牛为（　　）。

A. 娟姗牛　B. 草原红牛　C. 爱尔夏牛　D. 更赛牛

3. 下列不属于我国“五大黄牛”品种的为（　　）。

A. 鲁西牛　B. 南阳牛　C. 巴山牛　D. 延边牛

4. 下列牛的品种属于乳用型的是（　　）。

A. 摩拉水牛　B. 秦川牛　C. 海福特牛　D. 蒙古牛

5. 中国水牛属于（　　）。

A. 江海型　B. 沼泽型　C. 乳用型　D. 肉用型

6. 以下哪个牛品种为兼用牛品种？（　　）

A. 娟姗牛　B. 中国荷斯坦牛　C. 三河牛　D. 利木赞牛

7. 我国奶牛养殖数量最多的省份为（　　）。

A. 黑龙江　B. 河北　C. 内蒙古　D. 山东

8. 中国荷斯坦奶牛乳蛋白含量一般为（　　）。

A. 2.6%～2.8%　B. 2.8%～3.0%　C. 3.0%～3.2%　D. 3.2%～3.4%

9. 荷斯坦牛的主要毛色特征为（　　）。

A. 全身灰白　B. 黑白花

C. 黄白花　D. 黄色为主，并有“三粉”特征

10. 夏洛来牛属何种类型的品种？（　　）

A. 大型肉牛　B. 小型肉牛　C. 大型兼用牛　D. 小型兼用牛

11. 安格斯牛原产于（　　）。

A. 美国　B. 英国　C. 法国　D. 中国

二、填空题

1. 中国荷斯坦牛外貌特征：体质细致结实，结构匀称，毛色为（　　　　），（　　　　）有白斑，（　　　　）、（　　　　）以下及（　　　　）呈白色。

2. 中国五大黄牛为（　　　　）、晋南牛、南阳牛、延边牛、（　　　　）。

3. 牛按经济用途可分为（　　　　）、（　　　　）、役用型、兼用型。

4. 国外的肉牛品种，按体型大小和产肉性能，大致可分为下列三大类：（　　　　）、大型品种、含瘤牛血液的品种。

三、简答题

1. 荷斯坦牛的外貌特点是什么？

2. 结合当地条件，推荐几个适合本地饲养的牛品种，并说明原因。

【知识拓展】

牦牛、水牛、瘤牛

【任务考核】

任务二　优良牛的品种选择

【任务目标】

能正确识别牛体表各部位；熟练进行牛的体尺测量；掌握乳用牛、肉用牛外貌特征；掌握牛的体型外貌评定技术。

【必备知识】

知识点一　牛外貌特征、体尺体重测量与年龄鉴定技术

一、牛的外貌特征

（一）牛体各部位识别

体质外貌好的牛，其生产性能都比较好。牛体各部位名称如图 1-1-1 和图 1-1-2 所示。

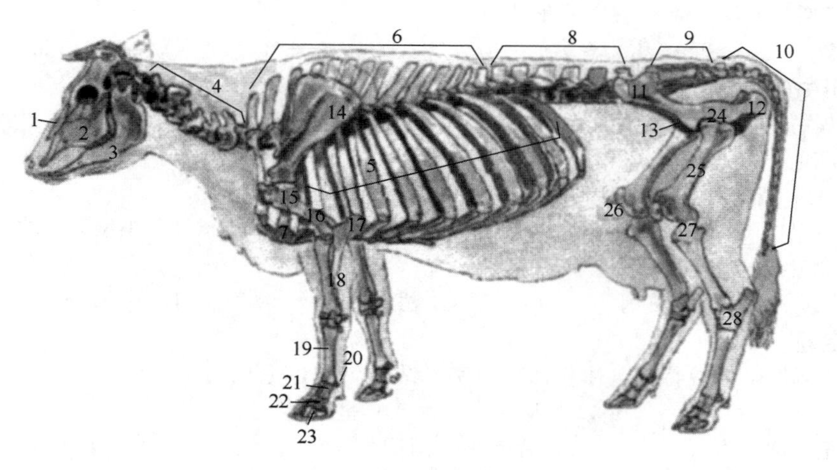

图 1-1-1 牛的骨骼部位名称

1—鼻骨；2—上颌骨；3—下颌骨；4—颈椎骨；5—肋骨；6—胸椎；7—胸骨；
8—腰椎；9—荐骨；10—尾椎骨；11—髂骨（腰角骨）；12—坐骨；13—盆骨；
14—肩胛骨；15—肩关节；16—肱骨；17—肘关节；18—桡 & 尺骨；
19—掌骨（管部）；20—球节；21—近端指骨；22—中指骨；23—末端指骨；
24—髋关节；25—股骨；26—膝盖；27—膝关节；28—飞节

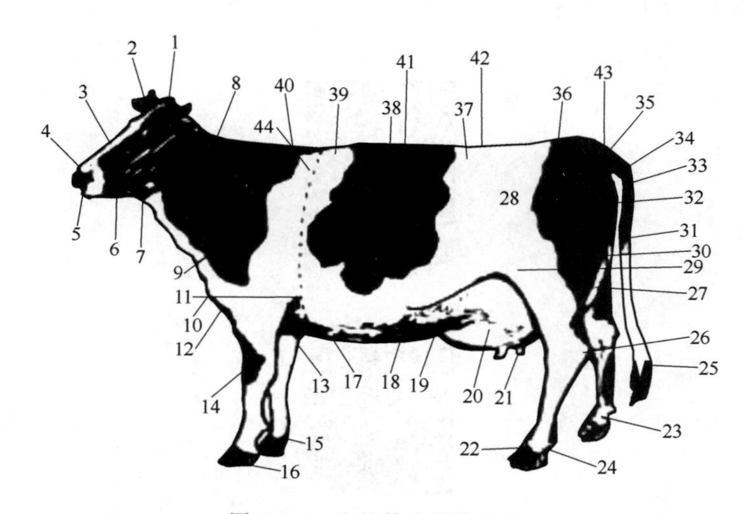

图 1-1-2 牛的体表部位名称

1—头顶；2—额；3—颜面；4—鼻镜；5—鼻孔；6—颚；7—颚垂；8—颈；
9—肩端；10—胸垂；11—肘端；12—胸前；13—胸底；14—前膝；15—蹄踵；
16—蹄底；17—乳井；18—乳静脉；19—前乳房附着部；20—前乳房；21—乳头；
22—蹄；23—系；24—副蹄；25—尾帚；26—飞节；27—后乳房；
28—肷；29—后膝；30—腿；31—后乳房附着部；32—臀；33—尾；
34—坐骨端；35—尾根；36—髋；37—腰角；38—肋；39—肩后；
40—鬐甲；41—背；42—腰；43—尻；44—胸围

（二）乳用牛外貌特征

乳用牛皮薄骨细，血管显露，被毛短而有光泽；肌肉不发达，皮下脂肪沉积少；胸腹宽深，后躯和乳房十分发达；骨骼舒展，外形清秀，属于细致紧凑体质类型。有“三宽，三大”的特征，即背腰宽，腹围大；腰角宽，骨盆大；后裆宽，乳房大。

乳用牛后躯显著发达，侧望、前望、俯视均呈“楔形”（图 1-1-3）。

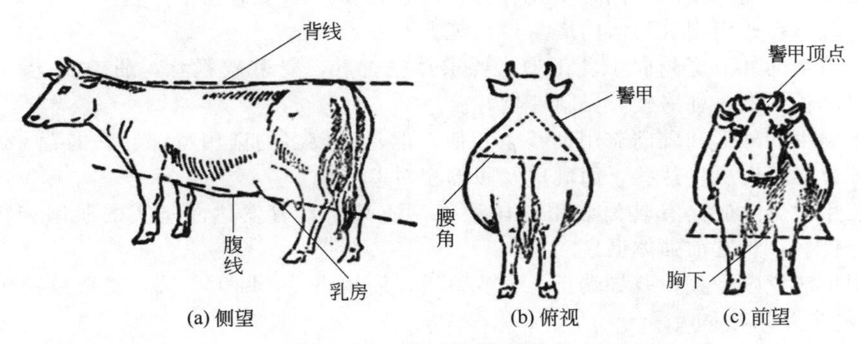

图 1-1-3　乳用牛体型示意

从局部看，头轻，狭长而清秀，额宽，鼻孔大、口大。颈细长而薄，颈侧多纵行皱纹，垂皮较小。胸部发育良好，肋长，适度扩张，肋骨斜向后方伸展。背腰平直，腹大而深，腹底线从胸后沿浅弧形向后伸延，至肷部下方向上收缩。腹腔容积大，饱满、充实，不下垂。尾细，毛长，尾帚过飞节。四肢端正，结实。蹄质致密，两后肢距离较宽。尻长、平、宽，腰角显露。

乳房发达，呈浴盆状。乳房体积大，前乳房向腹下前方延伸，超过腰角垂线之前，后乳房充满于两股之间且突出于躯干的后方，附着点高，左右附着点距离宽，乳房有一定的深度，要求底部略高于从飞节向前作的水平线，且底部平坦；附着紧凑。四个乳区发育匀称。乳头长度为 6.5～7cm，直径为 2～3cm，呈圆柱状，垂直于地面。乳头分布均匀，乳头间距宽，呈中央分布。乳镜显露。乳静脉粗大，弯曲多。乳井大而深。悬垂乳房和漏斗乳房都属畸形乳房。

乳井是乳静脉在第八、九肋骨处进入胸腔所经过的孔道，它的粗细是乳静脉大小的标志。

乳静脉是指乳房沿下腹部经过乳井到达胸部，汇合胸内静脉而进入心脏的静脉血管，分为左右两条。泌乳牛，特别是高产牛的乳静脉比干乳用牛或低产牛的粗大，弯曲而且分枝多，这是血流循环良好的标志。

在乳房的后部到阴门之间，有明显的带有线状毛流的皮肤褶，称为乳镜。

（三）肉牛外貌特征

肉用牛皮薄骨细，体躯宽深而低垂，全身肌肉高度丰满，皮下脂肪发达、疏松而匀称，属于细致疏松体质类型。

肉牛的体型，前后躯都很发达，前望、侧望、上望（俯视）和后望，四个侧面均呈现“长方形”，整体呈现“长方砖形”（图 1-1-4）或圆桶状。肉牛体形方正，在比例上前后躯较长而中躯较短，以致前、中、后躯的长度趋于均等。全身显得粗短紧凑。被毛细密而富有光泽，呈现卷曲状态的，是优良肉用牛的特征。

图 1-1-4　肉牛体型示意

我国劳动人民总结肉牛的外貌特征为“五宽五厚”，即“额宽颊厚，颈宽垂厚，胸宽肩厚，背宽肋厚，尻宽臀厚”，对肉用体型的外貌鉴定要点作了科学的概括。

从局部看，头宽短、多肉。角细，耳轻。颈短、粗、圆。鬐甲低平、宽。肩长、宽而倾斜。胸宽、深，胸骨突于两前肢前方。垂肉高度发育，肋长，向两侧扩张而弯曲大。肋骨的延伸趋于与地面垂直的方向，肋间肌肉充实。背腰宽、平、直。腹部充实呈圆桶形。尻宽、长、平，腰角肌肉丰满。后躯侧方由腰角经坐骨结节至胫骨上部形成大块的肉三角区。尾细，帚毛长。四肢上部深厚多肉，下部短而结实。肢间间距大。

（四）兼用牛外貌特征

兼用牛根据其兼用类型的不同，主要分为乳肉兼用型（如小荷兰牛、瑞士褐牛）、肉乳兼用型（如短角牛）、乳肉役兼用型（如西门塔尔牛）等。

乳肉兼用型牛的外形更趋向于乳用型，要求体格健壮，骨骼较粗壮，肌肉发达，鬐甲与背腰成一直线，尻部长、宽，乳房较大，附着良好。

肉乳兼用型牛的外形和乳肉兼用型基本相似，但具有较多的肉用特征，它的背、腰、肋、尻、大腿等产肉部位的肌肉更发达些，而乳房及腹部相对差些。

乳肉役兼用型牛除应具有乳肉兼用的体型外，还必须具有发达而坚实的肌肉和粗壮的骨骼，鬐甲和肩发育良好，具有前强体型。

所有兼用牛应背腰平直，肢势端正，关节整洁，筋腱明显，蹄大而圆，蹄壁致密而坚实。

（五）奶水牛外貌特征

产乳性能高的奶水牛具有以下特点：头颈清秀，皮下血管明显，眼大凸起，口阔岔口深，鼻镜宽、鼻孔大，颈细、头肩结合好，皮薄细致，富有弹性，毛色光亮，蹄质坚实，四肢健壮，关节明显。乳房发育良好，外表大而深，底线平，呈碗状，前乳区向腹部前方延伸，后部乳房向股间后上方突出，四个乳房发育均匀，四个乳头呈柱状，大小适中。乳房皮薄，被毛稀短，乳静脉粗而弯曲，分支较多，乳井深，乳镜宽。乳房腺体组织发达。

二、牛的体尺测量

体尺是牛体各部位长、宽、高、围度等数量化的指标。牛体尺测量的器具有测杖、卷尺、圆测器等。

进行体尺测量时，应使牛站于平坦的地面上，肢势要端正，四腿成两行，从前往后看，前后腿端正，从侧面看，左右腿互相掩盖，背腰不弓不凹，头自然前伸，不左顾右盼，不昂头或下垂，待体躯各部呈自然状态后，迅速、准确地进行测量。体尺测量的数目，依测量目的而定。按各主要部位的指标分别进行测量，每项测量 2 次，取其平均值，作好记录，测量应准确，操作宜迅速。

常见牛体尺测量主要部位（如图 1-1-5）。

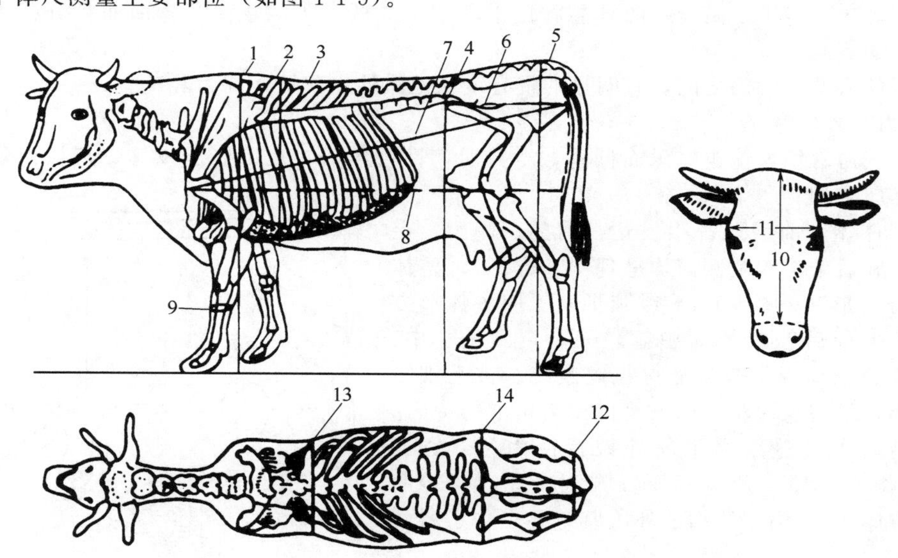

图 1-1-5 奶牛体尺测量主要部位

1—体高；2—胸深；3—胸围；4—十字部高；5—荐高；6—尻长；7—体斜长；8—体直长；9—管围；10—头长；11—最大额宽；12—坐骨宽；13—胸宽；14—腰角宽

（1）体高（鬐甲高） 鬐甲最高点到地面的垂直距离（测杖）。

（2）胸深 肩胛骨后方从脊椎到胸骨的直线距离（测杖）。

（3）胸围 肩胛骨后缘处体躯的水平周径，其松紧度以能插入食指和中指自由滑动为准（卷尺）。

(4) 腰高（十字部高）　两腰角连线与腰椎相交点到地面的垂直距离（测杖）。

(5) 荐高　尻部最高点到地面的垂直距离（测杖）。

(6) 尻长　从腰角前缘到坐骨结节后缘的直线距离（圆测器）。

(7) 体长（体斜长）　由肩端前缘到同侧坐骨端（坐骨结节）的距离（用测杖测量取直线长度，卷尺取自然长度，估计体重需用卷尺）。

(8) 体直长　由肩端前缘向下引的垂线与臀端向下引的垂线间的水平距离（测杖）。

(9) 管围　前肢掌骨上 1/3 处的周径，即前管最细处的周径（卷尺）。

(10) 头长　从额顶（角间线）至鼻镜上缘的距离（卷尺）。

(11) 最大额宽　眼眶最远点的距离（圆测器、卷尺）。

(12) 坐骨宽　左右坐骨结节最外隆凸间的宽度（圆测器）。

(13) 胸宽　两肩胛后缘之间的最大距离，即左右第六肋骨之间的距离（测杖）。

(14) 腰角宽　两腰角外缘的距离（测杖、圆测器）。

(15) 后腿围　从右侧的后膝前缘开始，绕尾下胫骨间至对侧后膝前缘的水平距离（卷尺）。

(16) 乳房围　乳房最大的周径（卷尺）。

(17) 腹围　腹部最粗部位的垂直周径，饱食后测量（卷尺）。

三、牛的体重测量

母牛的体重应该以泌乳高峰期的测定为依据，并扣除胎儿的重量（怀胎 7 个月扣 15kg，8 个月扣 20kg，9 个月扣 45kg）。

(一) 直接称重法

奶牛称重要求在早晨饲喂前挤奶后进行；肉牛每次称重在喂料和饮水之前进行。连续称量 2 天，连续 2 天在同一时间称重，取平均数。要求称重迅速准确，并作好记录。

(二) 估测法

6～12 月龄乳用牛：体重(kg)＝[胸围(m)]^2×体斜长(m)×98.7

16～18 月龄乳用牛：体重(kg)＝[胸围(m)]^2×体斜长(m)×87.5

初产至成年乳用牛：体重(kg)＝[胸围(m)]^2×体斜长(m)×90(乳肉兼用牛)

肉牛：体重(kg)＝[胸围(m)]^2×体直长(m)×100

黄牛：体重(kg)＝[胸围(cm)]^2×体斜长(cm)/11420

水牛：体重(kg)＝[胸围(m)]^2×体斜长(m)×80＋50

牦牛：体重(kg)＝[胸围(m)]^2×体斜长(m)×70

四、牛的年龄鉴别技术

(一) 根据外貌鉴别

年轻的牛，被毛光亮，粗硬适度，皮肤柔润而富有弹性，眼盂饱满，目光明亮，举动活泼而富有生气；老年牛，皮肤干枯，被毛粗刚，缺乏光泽，眼盂凹陷，目光呆滞，眼圈上皱纹多并混生长毛，行动迟钝。水牛除具有上面同样的变化之外，随着年龄的增长，毛色愈变愈深，毛的密度愈变愈稀。所有以上的一切变化，只能区分老幼，而不能判断准确的年龄。

(二) 根据牙齿鉴别

牛的牙齿分为乳齿和永久齿两类。乳齿有 20 枚，永久齿 32 枚。牛的乳齿和永久齿均没有上门齿（或称上切齿）和犬齿。乳齿还缺乏后臼齿。乳齿与永久齿在颜色、形态等方面有明显的区别（表 1-1-3）。牛的下门齿有四对，当中的一对称钳齿，其两侧的一对称内中间齿，再次的一对称外中间齿，最边的一对称隅齿，它们又分别被称为第一、二、三、四对门齿。

牛的牙齿具有特定的结构，切齿如铲状，分齿冠、齿颈和齿根三部分，乳齿的发生、脱换和永久齿的腐蚀亦具有一定的规律。犊牛出生时，第一对门齿就已长成，此后 3 月龄左右，其他 3 对门齿也陆续长齐。1.5 岁左右，第一对乳门齿开始脱换成永久齿，此后每年按序脱换 1 对乳门齿，永久齿则不脱换。到 5 岁时，4 对乳门齿全部换成永久齿，此时的牛俗称“齐口”（表 1-1-4）。在牛的牙齿脱换过程中，新长成牙齿的齿面也同时开始磨损，5 岁以后的年龄鉴别，即主要依据牙齿的磨损规律进行判断。

表 1-1-3 牛的齿式 单位：颗

名称		后臼齿	前臼齿	犬齿	门齿	犬齿	前臼齿	后臼齿	合计
永久齿	上颌	3	3	0	0	0	3	3	12
	下颌	3	3	0	8	0	3	3	20
乳齿	上颌	0	3	0	0	0	3	0	6
	下颌	0	3	0	8	0	3	0	14

表 1-1-4 牛齿的发生期和脱换期

齿名	发生期	脱换期
乳钳齿	生前	1.5～2 岁
乳内中间齿	生前或生后 1 周	2.5～3 岁
乳外中间齿	生后 1～2 周	3.5～4 岁
乳隅齿	生后 2～3 周	4.5～5 岁
第一对乳前臼齿	生时或生后 2～3 周	2～2.5 岁
第二对乳前臼齿	生时或生后 2～3 周	2～2.5 岁
第三对乳前臼齿	生时或生后 2～3 周	2.5～3 岁
第一对后臼齿	生后 6～9 个月	不脱换
第二对后臼齿	生后 1.5～2 岁	不脱换
第三对后臼齿	生后 4～5 岁	不脱换

由于牛所处的环境条件、饲养管理状况、营养水平以及畸形齿等的影响，牙齿常有不规则磨损。在进行年龄鉴别时，必须根据具体情况，结合年龄鉴别的其他方法，综合进行判断。另一方面，由于现代乳牛和肉牛业对牛一般要求具有档案记录，因此，根据牛牙齿判断年龄已不重要，而在农村役用牛年龄还往往须由牙齿状况判断。1～10 岁牛的年龄判断的方法参见表 1-1-5。

表 1-1-5 牛牙齿生长、磨损特征和鉴别方法

月龄或年龄	牙齿特征	俗称
3 个月	乳切齿磨蚀不明显，乳隅齿已长齐	
6 个月	乳钳齿和乳内中间齿已磨蚀，有时乳外中间齿和乳隅齿也开始磨蚀	
12 个月	乳钳齿的表面已全部磨光，其他切齿也有显著的磨蚀	
1.5 岁	乳钳齿已显著变短，开始动摇，乳内中间齿和乳外中间齿的舌面已磨光，乳隅齿的舌面也接近磨光	
2 岁	1 岁半以后，乳钳齿脱落，换生永久齿，2 岁左右，生长发育完全，并开始磨蚀	“对牙”
3 岁	2 岁半左右，乳内中间齿发生动摇或脱换生永久性齿，3 岁左右已生整齐	“四牙”
4 岁	3 岁半左右，乳外中间齿脱换为永久性齿，4 岁左右已生长整齐，并开始轻度磨蚀	“六牙”
5 岁	4 岁半前后，乳隅齿脱落，换生永久齿，5 岁左右已与齿弓等高，并开始磨蚀，但不显著，这时切齿业已更换齐全	“齐口”
6 岁	钳齿与内中间齿的齿线显著显露，外中间齿尤其是隅齿的齿线稍有显露，但不显著，这时切齿业已更换齐全	
7 岁	钳齿齿锋开始变钝，齿面出现不正三角形，但在后缘仍留下形似燕尾的小角，这时切齿的齿线和牙斑明显，齿龈正常	“满口斑”或“双印”（齿面俗称“印”）

续表

月龄或年龄	牙齿特征	俗称
8岁	钳齿齿面呈四边形或不等边形，燕尾消失，齿锋显著变钝，并平于齿面，内中间齿齿锋开始变钝，齿面出现不等边三角形，齿线明显；外中间齿齿面呈不等边三角形，齿锋转钝；隅齿齿面呈月牙形	“八斑”或“四印”
9岁	钳齿齿龈开始萎缩，牙斑开始消失，齿面凹陷，并向圆形过渡。内中间齿齿锋显著变钝，并平于齿面，齿面现四边形或不等边形；外中间齿齿面呈不正三角形，齿锋转钝；隅齿齿面呈月牙形	“六印”或”六斑”
10岁	钳齿齿龈开始低于齿面，齿面近圆形，牙斑消失，齿星出现；内中间齿齿面向圆形过渡，齿龈开始萎缩，牙斑开始消失；外中间齿齿锋显著变钝，并平于齿面，齿面呈四边形或不等边形；隅齿齿面呈不正三角形，齿锋变钝	“二珠” “小四斑” 或“八印”

牛门齿的变化情况因牛类型的不同而存在着一定的差异。一般早熟肉牛品种比奶牛成熟早0.5年左右，黄牛又比奶牛晚0.5～1年，水牛比黄牛晚1年。当然，影响鉴别准确性的因素还有很多，如环境条件、饲料性质、营养状况、生活习性、牙齿的形状、排列方式等。因此，鉴别时要充分考虑它们的影响，尽量减少鉴定的误差。

（三）角轮鉴定法

角轮是由于有角的成年母牛，在妊娠期和泌乳期间由于营养不足，基部周围组织未能充分发育，表面凹瘪内陷，在角的基部生长点处变细，形成一个环形的凹陷，称为角轮（图1-1-6）。

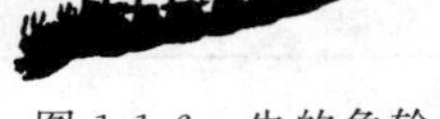

图1-1-6　牛的角轮

犊牛出生2个月即出现角，此时长度约1cm，以后直到20月龄为止，每月大约生长1cm，因此，沿着角的外缘测量从角根到角尖的长度（cm）加1，即为该牛的大致月龄。在20月龄以后，角的生长速度变慢，大约每月生长0.25cm，在根据角的长度判断牛的年龄就很难准确。

母牛每次怀胎出现一个角轮，在1.5岁时配种，2.5岁时产犊，故由角轮数目的多少，便可判断母牛的年龄。一般计算的方法是：母牛年龄（岁）＝1.5＋角轮数目。如果该牛流产或者漏配时，角轮的间隔就会变宽。但这种方法并不十分准确可靠，由于母牛流产、饲料不足、空怀及疾病等原因，角轮的深浅、宽窄都不一样。母牛在中途流产，角轮比正常产犊时要窄得多（在4～5个月流产，角轮平均宽为0.5cm；在妊娠足月的情况下，角轮平均宽为1.2cm）。母牛在不良饲养条件下，则出现较浅的角轮，彼此汇合，不易辨别。如果母牛空怀，则角轮间距极不规则，在最近妊娠期所形成的角轮距离上次妊娠期形成的角轮甚远。况且，母牛不能保证每年产犊一次，有时会长于一年。经常在草原上放牧的有角牦牛、黄牛，无论公母，出生后每经过一个寒冷枯草的冬季，因营养缺乏而影响角的生长就会形成一个角轮。因此，在鉴别时，不仅用眼观察角轮的深浅与距离，用手摸角轮的数目，而且还要根据角轮的具体情况，判断该牛的年龄。

知识点二　牛的体型外貌评定技术

一、评分鉴别

（一）乳用牛的外貌鉴定评分

牛的外貌评分鉴定是根据牛的不同生产类型，按各部位与生产性能、健康程度的关系，分别规定出不同的分数和评分标准，进行评分，总分100分，最后综合各部位评得分数，即得出该牛的总分数，以此划分牛的外貌等级。鉴定人员根据评分标准评分，鉴定时人与奶牛保持5～8m的距离，从前、侧、后不同的角度，观察奶牛的体型，再令其走动，走近牛体，对各部位进行细致审查、分析，评出分数，最后汇总，按登记评分标准确定等级（表1-1-6）。

根据外貌评分结果，按表1-1-7评定等级。

表 1-1-6 中国荷斯坦奶牛外貌评分标准

项目	基本要求	标准分
一般外貌与乳用特征	头、颈、鬐甲、后大腿等部位棱角和轮廓明显	15
	皮肤薄而有弹性，毛细而有光泽	5
	体高大而结实，各部结构匀称，结合良好	5
	毛色，界限分明	5
体躯	长、宽、深	5
	肋骨间距宽，长而开张	5
	背腰平直	5
	腹大而不下垂	5
	尻长、平、宽	5
泌乳系统	乳房形状好，向前后延伸，附着紧凑	12
	乳房质地：乳腺发达，柔软而有弹性	6
	四乳区：前乳区中等大，四个乳区匀称，后乳区高、宽而圆，乳镜宽	6
	乳头：大小适中，垂直呈柱形，间距匀称	3
	乳静脉弯曲而明显，乳井大，乳房静脉明显	3
肢蹄	前肢：结实，肢势良好，关节明显，蹄质坚实，蹄底呈圆形	5
	后肢：结实，肢势良好，左右两肋间宽，系部有力，蹄形正，蹄质坚，蹄底呈圆形	10
合计		100

表 1-1-7 中国荷斯坦奶牛外貌评分等级标准

性别	特等	一等	二等	三等
公	85	80	75	70
母	80	75	70	65

注：对公、母牛进行外貌鉴定时，若乳房、四肢和体躯其中一项有明显生理缺陷者，不能评为特级；两项时不能评为一级；三项时不能评为二级。

对于乳用幼牛，由于泌乳系统尚未发育完全，可只对其他三部分作重点鉴定。

（二）肉牛的外貌鉴定评分

牛传统的外貌评分鉴定方法即百分法，是将牛体各部位依其重要程度给出一定分数，即得出该牛的总分数，表 1-1-8 和表 1-1-9 为我国肉牛繁育协作组制定的肉用种牛外貌评分鉴定和等级标准。

表 1-1-8 肉牛外貌评分鉴定表

部位	基本要求	满分	
		公	母
整体结构	品种特征明显，结构匀称，体质结实，肉用体型明显，肌肉丰满，皮肤柔软有弹性	25	25
前躯	胸深宽，前胸突出，肩胛平宽，肌肉丰满	15	15
中躯	肋骨开张，背腰宽而平直，中躯呈圆筒形，公牛腹部不下垂	15	20
后躯	尻部长、宽、平，大腿肌肉突出延伸，母牛乳房发育良好	25	25
肢蹄	肢蹄端正，两肢间距宽，蹄形正，蹄质坚实，运步正常	20	15
合　计		100	100

表 1-1-9 肉牛外貌等级评定表

等级	特等	一等	二等	三等
公	85	80	75	70
母	80	75	70	65

（三）黄牛的外貌鉴定评分

中国良种黄牛育种委员会制定的良种黄牛外貌评分表和等级标准，见表1-1-10和表1-1-11。

表1-1-10　我国良种黄牛外貌评分鉴定表

项目	满分标准	满分	
		公	母
品种特征 整体结构	品种特征明显，要求全身被毛、眼圈、鼻镜、蹄趾等的颜色、角的形状、长短和色泽等具有本品种特征	25	25
	体质结实，结构匀称，体躯宽深，发育良好，皮肤粗厚，毛细短、光亮，头形良好，公牛有雄相，母牛俊秀	5	5
躯干	前躯：公牛鬐甲高而宽，母牛较低但宽，胸宽深，肋弯曲扩张，肩长而斜	20	15
	中躯：背腰平直宽广，长短适中，结合良好，公牛腹部呈圆筒形，母牛腹大不下垂	15	15
	后躯：尻宽长不过斜，肌肉丰满，公牛睾丸两侧对称，大小适中，附睾发育良好，母牛乳房呈球形，发育良好，乳头较长，排列整齐	15	20
四肢	肢健壮结实，肢势良好，蹄大、圆、坚实，蹄缝紧，动作灵活有力，行走时后蹄能赶过前蹄	20	20
合　计		100	100

表1-1-11　黄牛外貌等级评定表

等级	特等	一等	二等	三等
公	85以上	80	75	70
母	80以上	75	70	65

二、乳用牛的体型线性评定技术

线性评定即对奶牛体型进行数量化处理的一种鉴定方法。针对每个性状，按生物学特性的变异范围，定出性状的最大值和最小值，然后以线性的尺度进行评分。我国统一执行9分制评分法。母牛产犊后40～150天进行。具体鉴定方法参见最新版《中国荷斯坦牛体型鉴定技术规程》。

三、奶牛体况评分技术

奶牛体况评分是检查牛只膘情的最简单有效的办法，是评价奶牛饲养管理是否合理，并作为调整饲料、加强饲养管理的依据，是保证牛只健康、增重和增加产奶量的有力措施之一。一般每月评定一次。评分的通用方法是5分制。奶牛体况评分主要是根据目测和触摸牛的尾根、尻角（坐骨结节）、腰角（髋结节）、脊柱（主要是椎骨棘突和腰椎横突）及肋骨等关键骨骼部位的皮下脂肪蓄积情况而进行的直观评分。

（一）评分标准

奶牛体况评分标准应本着准确、实用、简明、易操作的原则加以制定（见表1-1-12、图1-1-7）。

表1-1-12　奶牛体况评分标准

观测性状	性状表现				
脊峰	尖峰状	脊突明显	脊突不明显	稍呈圆形	脊突埋于脂肪中
两腰角之间	深度凹陷	明显凹陷	略有凹陷	较平坦	圆滑
腰角与坐骨	深度凹陷	凹陷明显	较少凹陷	稍圆	丰满呈圆形
尾根部	凹陷很深呈“V”形	凹陷明显呈“U”形	凹陷很小，稍有脂肪沉着	脂肪沉着明显，凹陷更小	无凹陷，大量脂肪沉积
整体	极度消瘦，皮包骨之感	瘦但不虚弱，骨骼轮廓清晰	全身骨节不甚明显，胖瘦适中	皮下脂肪沉积明显	过度肥胖
评分	1	2	3	4	5

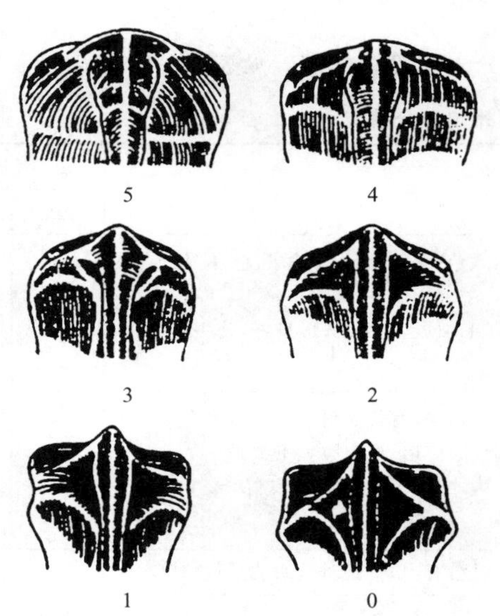

图 1-1-7 根据奶牛尾根外貌膘情确定的评分标准
5—过肥；4—肥；3—良好；2—中等；1—差；0—很差

按此标准，乳牛体况评定侧重于背线、腰臀及尾根等部位的肌肉和脂肪沉积程度。它将牛体的前、中、后躯评定结合起来，也将局部评定和整体印象结合起来，达到准确、科学评定的目的。

（二）评分方法

评定时，可将奶牛拴于牛床上进行。评定人员通过对奶牛评定部位的目测和触摸，结合整体印象，对照标准给分。评定时牛体应自然舒张，否则肌肉紧张会影响评定结果。

（三）评定时期及体况变动

成母牛每年体况评定 4 次，分别在产犊、泌乳高峰、泌乳中期和干奶期进行；后备牛在 6 月龄、临配种时和产前 2 个月时进行评定，各时期的适宜体况评分见表 1-1-13。奶牛在不同时期应有一合适的体况，以使其产奶能力最大限度发挥，同时又能保证繁殖消化机能的正常以及奶牛健康不受影响。如果奶牛的体况评分不符合要求时，应该采取必要的饲养管理措施加以调整。

表 1-1-13 奶牛各时期适宜体况评分

奶牛阶段	评定时间	适宜体况评分
成母牛	产犊(围产期)	3.5
	泌乳前期	2.75～3.0
	泌乳中期	3.0～3.25
	泌乳后期	3.25～3.5
	干奶期	3.5
后备牛	6～13 月龄	2.0～3.0
	第一次配种	2.5～3.0
	产犊(分娩期)	3.5

【任务实施】

知识点学习

1. 牛外貌特征
2. 体尺体重测量与年龄鉴定技术
3. 牛的年龄鉴定
4. 牛的体型外貌评定技术

技能训练二 牛的体尺测量和体型外貌评定

一、必备资源

实体牛、测杖、圆形触测器、皮卷尺、体重电子秤、牛鼻钳、牛的门齿模型。

二、活动步骤

1. 牛体表部位识别

按照图 1-1-1 和图 1-1-2 所示，分组训练识别骨骼和体表部位。

2. 体尺测量和体重测量

(1) 熟悉测杖、圆形触测器、卷尺等测量工具的结构、读数及使用方法。

(2) 按各主要部位的指标分别进行测量，每项测量 2 次，取其平均值，作好记录。测量应准确，操作宜迅速。3 人一组，1 人主测，1 人辅助，1 人记录。

(3) 填写体尺测量统计表（表 1-1-14）、牛体重测量统计表（表 1-1-15）、奶牛体型鉴定记录卡（表 1-1-16）。

表 1-1-14　体尺测量统计表　　单位：cm

牛号	品种	年龄	性别	体高	荐高	体斜长	体直长	胸宽	腰角宽	髋宽	坐骨宽	胸围	腹围	腿围	管围	胸深	尻长	备注

表 1-1-15　牛体重测量统计表

牛号	品种	年龄	性别	体重		误差	误差原因分析
				称重/kg	估重/kg		

3. 牛的牙齿鉴定

(1) 鉴定人员从牛右侧前方慢慢接近牛只，左手托住牛的下颌，右手迅速捏住牛鼻中隔最薄处，并顺势抬起牛头，使其呈水平状态；随后迅速把左手四指并拢插入牛的右侧口角，通过无齿区，将牛舌抓住，顺手一扭，用拇指尖顶住牛的上颌，其余 4 指握住牛舌；轻轻将牛舌拉向右口角外边，然后观察牛门齿更换及磨损情况，按标准判定牛的年龄。

(2) 按照表 1-1-3（牛的齿式）和表 1-1-4（牛齿的发生期和脱换期），进行年龄初步鉴别。

4. 牛的体型外貌评定技术

按照附录五中国荷斯坦牛体型鉴定技术规程结合体尺测量指标填写奶牛体型鉴定记录卡（表 1-1-16）。

5. 奶牛的体况评分

(1) 评定方法

首先，要观察牛体的大小、整体丰满程度。

其次，从牛体后侧观察尾根周围的凹陷情况，再从侧面观察腰角和尻部的凹陷情况和脊柱、肋骨的丰满程度。

最后，触摸尻角、腰角、脊柱、肋骨以及尻部皮下脂肪的沉积情况。

(2) 操作要点

① 用拇指和食指掐捏肋骨，检查肋骨皮下脂肪的沉积情况。过肥的奶牛，不易掐住肋骨。

② 用手掌在牛的肩、背、尻部移动按压，以检查其肥度。

③ 用手指和掌心掐捏腰椎横突，触摸腰角和尻角。如肉脂丰厚，检查时不易触感到骨骼。

评定时，侧重于尾根、尻角、尻部及腰角等部位的脂肪和肌肉沉积情况，结合肋骨、脊柱及整体印象进行评定，达到准确、快速、科学评定的目的。

表 1-1-16 奶牛体型鉴定记录卡

牛场	父 号			外祖父号			产犊时间	年 月	
牛号	母 号			年 龄			泌乳期		
品种	胎 次			出生年月		年 月	鉴定时间	年 月 日	
一般外貌评分合成	体型性状	体高	结实度	体深	尻角宽	尻宽	后肢侧望	蹄角度	合计
	权重	0.20	0.10	0.10	0.10	0.10	0.20	0.20	1.00
	功能分								
	加权后分值								
乳用特征评分合成	体型性状	尻长	清秀度	尻宽	蹄角度	后肢侧望	后房宽度	合计	
	权重	0.20	0.30	0.20	0.10	0.10	0.10	1.00	
	功能分							/	
	加权后分值								
体躯容积评分合成	体型性状	体高	结实度	体深	尻角度	尻长	尻宽	合计	
	权重	0.20	0.20	0.20	0.20	0.10	0.10	1.00	
	功能分								
	加权后分值								
泌乳器官评分合成	体型性状	前房附着	后方高度	后房宽度	悬垂形状	乳房深度	乳头后望	合计	
	权重	0.20	0.20	0.20	0.10	0.20	0.10	1.00	
	功能分								
	加权后分值								
整体评分合成	特征性状	一般外貌	乳用特征		体躯容积	泌乳器官		合计	等级
	权重	0.30	0.20		0.20	0.30		1.00	
	评分								
	加权后分值								

（3）体况统计表（表 1-1-17）

表 1-1-17 体况统计表

奶牛生长阶段	评定时间	体况评分
成母牛		
后备牛		

【巩固训练】

一、名词解释

体斜长　体直长　胸围　腹围　管围　齿式

二、选择题

1. 奶牛发育良好的标准乳房为（　　）。

A. 方圆乳房　　B. 悬垂乳房　　C. 漏斗乳房　　D. 紧吊乳房

2. 在条件不具备的情况下，估测乳用牛和肉用牛的体重使用的体尺测量指标各为（　　）。

A. 胸围、体斜长　　B. 胸围、体直长

C. 胸围、体高　　D. 胸围、体斜长、体直长

3. 全部乳门齿更换齐全，俗称“齐口”，此时牛约为（　　）岁。

A. 1.5～2　　B. 3～4　　C. 4～4.5　　D. 5～6

4. 乳用母牛生产利用年限约为（　　）年。

A. 2～3　　B. 4～5　　C. 6～8　　D. 10～12

5. 肉牛的体形是呈（　　）。

A. 三角形　　B. 长方形　　C. 正方形　　D. 菱形

6. 乳用型牛理想的体形应该是（　　）。

A. 矩形　　B. 倒梯形　　C. 楔形　　D. 无特殊要求

7. 围产前期奶牛理想体况评分为（　　）。

A. 2.5～3.0　　B. 3.0～3.5　　C. 3.5～4.0　　D. 4.0～4.5

三、填空题

1. 乳用牛、肉用牛和役用牛从体侧看其整体分别呈（　　　）、（　　　）和（　　　）。

2. 可根据（　　　）和角轮鉴定牛的年龄。

3. 牛的牙齿分为乳齿和永久齿两类。乳齿有（　　　）枚，永久齿（　　　）枚。

4. 做牛的体尺测量时，管围是在牛的前肢掌骨上（　　　）的水平周径。

5. 选择种公牛，主要依据外貌、（　　　）、旁系和后裔等几个方面的材料进行选择。

四、简答题

1. 牛体尺测量时对牛的姿态有什么要求?

2. 简述奶牛体型线性评定的原理和方法。

【知识拓展】

高产奶牛选购方法

【任务考核】

任务三　优良牛的品种利用

【任务目标】

学习牛的选种选配基本原理；能准确描述牛的杂交改良常用方法；能够科学制定牛场育种方案。

【必备知识】

知识点一　奶牛选种选配技术

一、奶牛选种技术

（一）种公牛的选择

目前国内饲养的种公牛主要有4个来源：一是从国外直接进口青年公牛或胚胎在国内培养的

种公牛；二是引进国外优秀验证种公牛的冷冻精液，再选择国内的优秀种母牛进行交配，选育种公牛；三是利用国内后裔测定成绩优秀的种公牛选配优秀种母牛，选育种公牛；四是直接进口国外验证优秀种公牛。我国选择种公牛的方法有两种，即根据后裔测定结果选择验证公牛和通过系谱选择青年公牛。

1. 验证公牛的选择

针对牛群需要改良的缺陷，选择改良效果突出的优秀种公牛，在选择公牛时要认真阅读、分析种公牛的资料。

(1) 系谱的选择　应查阅公牛的三代系谱，重点了解公牛的血统来源、生产性能和鉴定成绩等。系谱的选择是为了避免近交，因为近交会使隐性有害基因纯合，使有害性状表现出来。

(2) 预测传递力（PTA 值）　PTA 值是选择公牛的主要指标，包括产奶量预测传递力（PTAM)、乳脂量预测传递力（PTAF)、乳脂率预测传递力（PTAF%)、乳蛋白量预测传递力（PTAP)、乳蛋白预测传递力（PTAP%）和体型整体评分预测传递力（PTAT)。TPI（总性能指数）是将上述生产性状的 PTA 值根据相对经济重要性加权计算出的一个综合育种指数，公牛的选择通常按 TPI 的大小排序。

(3) 公牛女儿的体型性状　通过公牛女儿体型性状后测柱形图了解公牛女儿的各部位性状，从而选择公牛的优秀性状，避免公母牛的缺陷重合。通常，99%的标准化的传递力（STA）数值在－3 和＋3 之间。如果一头公牛某个性状的 STA 值等于零，说明该公牛的该性状处于群体的平均水平。但 STA 的极端取值只表明公牛性状与群体均值差异很大，并不表明性状一定理想或不理想，两者之间没有此类确切关系。对某些性状如悬韧带，以极端正值为好，极端负值为差；另外一些性状如后肢侧望，则以适中的 STA 值为理想，极端正值和负值都不好。

2. 青年公牛的选择

一是认真分析公牛的系谱，首先要了解其父亲和外祖父的改良效果，计算系谱指数：

系谱指数＝1/2 父亲育种值＋1/4 外祖父育种值(父亲育种值的可靠性应达到 85%以上)

二是查看公牛母亲的表现，包括头胎 305 天产奶量、乳脂肪率、乳蛋白率等性状。

3. 进口验证公牛冻精使用

进口冻精 100%是经过后裔测定的，选择强度高，遗传水平高。产奶量较高的奶牛场可以适当地选用进口冻精，以加快奶牛群遗传改良进展。

4. 验证公牛和青年牛的使用比例

在奶业发达国家，验证公牛的使用比例一般为 60%～70%，青年公牛占 30%～40%。

(二) 生产母牛的选择

1. 产乳量

按母牛产乳量高低次序进行排队，将产乳量高的母牛选留，将产乳量低的母牛淘汰。

2. 乳的品质

除乳脂率外，乳中蛋白质含量和非脂固体物含量也是很重要的性状指标。乳脂率的遗传力为 0.5～0.6，乳蛋白和非脂固体物的遗传力都为 0.45～0.55。由此可见，这些性状的遗传力都较高，通过选择容易见到效果。而且乳脂率与乳蛋白含量之间呈 0.5～0.6 的中等正相关，与非脂固体物含量之间也呈 0.5 的中等正相关，这表明，在选择高乳脂率的同时，也相应提高了乳蛋白及非脂固体物的含量。但要考虑到乳脂率与产乳量呈负相关，二者要兼顾，不能顾此失彼。

3. 饲料报酬

饲料报酬较高的乳牛，每产 1kg 4%标准乳所需的饲料干物质较少。

4. 排乳速度

排乳速度与整个泌乳期的总产乳量之间呈中等正相关（0.571)。排乳速度快的牛，其泌乳期的总产奶量高。同时，排乳速度快的牛，有利于在挤奶厅集中挤奶，可提高劳动效率。

5. 泌乳均匀性

产乳量高的母牛，在整个泌乳期中泌乳稳定、均匀，下降幅度不大，产乳量能维持在很高的水平。选择泌乳性能稳定、均匀的母牛所生的公牛作种用，在育种上具有重要意义。

（三）核心母牛群选择

建立核心母牛群，主要是为创造、培育良种公、母牛。这是育种工作中一项重要的基本建设，对不断提高种牛质量、加速牛群改良有极为重要的作用。胚胎移植技术获得了巨大成功，并广泛应用于养牛业。组建核心母牛群，选择其中最优秀的个体作为超数排卵的供体母牛，与选出的最优秀的公牛配种，取得胚胎并经性别鉴定和分割后，植入受体母牛子宫中发育成长至分娩。从得到的后代全同胞的公犊牛选留一头饲养，其余淘汰。母犊养至15～16个月龄时进行配种，这样到2.5岁时已应有90天的产奶记录，将这些母牛的生产性能即产奶量、乳成分、饲料采食量、排乳速度、抗病力和体型外貌等性状按家系进行比较，根据生产性能的好坏决定是否将它们全同胞中所留的公牛淘汰。这些母牛再使用最佳公牛配种，通过胚胎移植生产第三世代。数个世代后，核心牛群选出的公牛、母牛的平均育种值将优于商品牛群的牛只，甚至可优于提供精液配种的原公牛。这样选择出的优秀公牛就可以为其他牛群提供优良精液了。核心母牛群种子母牛的选择标准是：群体中产奶量和乳脂率最高的5%头胎牛或成年产奶量在9000kg以上、乳脂率在3.6%以上、外貌评分在80分以上的母牛。

二、选配

（一）分析牛群情况，确定改良目标

首先必须了解和搜集整个牛群的基本情况，如品种、种群和个体历史情况、亲缘关系与系谱结构，生产性能上应巩固和发展的优点及必须改进的缺点等，同时应分析牛群中每头母牛以往的繁殖效果及特性。确定本场近几年的改良选育目标。

（二）选配原则

要根据育种目标综合考虑，加强优良特性，克服缺点；尽量选择亲和力好的公母牛进行交配，应注意公牛以往的选配结果和母牛同胞及半同胞姐妹的选配效果；公牛的遗传素质要高于母牛，有相同缺点或相反缺点的公母牛不能选配；慎重采用近交，但也不绝对回避；搞好品质选配，根据具体情况选用同质选配或异质选配。

（三）选配方式

个体选配就是按照每头母牛的特点与最合适的优秀种公牛进行交配；群体选配是根据母牛群的特点选择多头公牛，以其中的一头为主、其他为辅的选配方式。

（四）选配方法

1. 同质选配

选择与在群牛具有同样优点、改良效果突出的种公牛进行交配，以达到进一步巩固和提高其优点的目的。

2. 异质选配

针对奶牛存在的某缺陷性状，选择对这些缺陷性状改良效果好的种公牛交配，达到改良缺陷的目的。

选配方案一经确定，必须严格执行，一般不应变动。但在下一代出现不良表现或公牛的精液品质变劣、公牛死亡等特殊情况下，可作必要的调整。

知识点二　肉牛杂交改良技术

一、肉牛杂交生产中母系和父系的基本要求

母系必须有终身稳定的高受孕力；以每头母牛计算的低饲养成本和低土地占用成本，一般要求体型较小的个体；性成熟早而不易难产；良好的泌乳性能；适应粗放和不良的条件；体质结实，长寿；高饲料报酬；鲜嫩的肉质；较好的屠宰性状等。父系必须具有快速的生长能力；改进眼肌面积的高强度优势；高屠宰率和高瘦肉率；硕大的体型；体早熟等。

二、肉牛杂交体系建设的原则

在引入品种改良本地黄牛的基础上继续组织杂交优势；用对配套系母系的要求选择具有理想

母性的母牛，用对配套系父系的要求选择具有理想长势和胴体特征的公牛，利用其互辅性，保持杂交优势的持续利用；组装或结合两个或两个以上品种的优势开展肉牛配套系生产，在可能的情况下形成新的地方类群；杂种母牛本身具有杂种优势，应当很好地加以利用，杂种公牛中也往往有很好的优秀个体，可作种用，逐渐形成综合杂交或合成系。

三、杂交改良方式

（一）经济杂交

以生产性能较低的母牛与引入品种的公牛进行杂交，其后代不作种用，全部作商品牛出售，其目的是为了利用杂交一代的杂种优势。如夏洛来牛、利木赞牛、西门塔尔牛等与本地牛杂交后代的育肥。

（二）导入杂交

当一个品种已具有多方面的优良性状，其性能已基本符合育种要求，只是在某一方面还存在个别缺点，并且用本品种选育的方法又不能使缺点得以纠正时，就可利用具有这些方面优点的另一品种公牛与之交配，以纠正其缺点，使品种特性更加完善，这种方法称作导入杂交。杂交一次，杂交后代公、母牛分别与本地品种母、公牛进行回交。

（三）级进杂交

吸收杂交或改造杂交。引入品种为主、原有品种为辅的一种改良性杂交。杂种后代公牛不参加育种，母牛反复与引入品种杂交。这种方式杂交一代可得到最大的改良。随着级进代数的增加，杂种优势逐代减弱并趋于回归。因此，级进杂交并非代数越高越好。实践证明，级进至3～4代较好。级进三代并加以固定可育成品种。

（四）三品种杂交

两个品种进行杂交，所生杂一代母牛与第三个品种公牛进行第二次杂交，所生三元杂种全部育肥出售。这种杂交体系能使各品种的优点相互补充而获得较高的生产性能。

四、中国水牛的杂交改良

根据1995年“中国乳肉兼用型水牛育种方案”（草稿）制定的中国水牛的杂交繁育方向是“育成一个外貌结构良好、体质结实健壮、性温驯易管理、环境适应性强、乳肉生产率高、遗传性状稳定的乳肉兼用水牛新类群”。我国水牛的杂交繁育模式是采用巴基斯坦尼里-拉菲水牛和印度摩拉水牛为父本、中国本地水牛为母本，进行两个品种的级进杂交或三个品种的育成杂交。

五、牦牛的杂交改良

牦牛与普通牛可进行种间杂交，杂种称为犏牛。普通公牛与母牦牛杂交，杂一代（F1）称“真犏牛”，杂二代（F2）称“阿果牛”或“尕利巴”，杂三代（F3）称“假黄牛”或“撒尾黄”。公牦牛与母黄牛杂交，杂一代（F1）称“假犏牛”，杂二代（F2）称“牦渣”，杂三代（F3）称“假牦牛”。牦牛与普通牛之间的杂交，杂种后代的生产性能、体重、体格和生长发育比牦牛有较大提高。杂种后代中1～3代的雄性均不育，第4代杂种公牛有正常生育力。在牦牛改良利用中除用黄牛杂交外，还采用荷斯坦牛、西门塔尔牛等品种与牦牛杂交。

【任务实施】

知识点学习

1. 牛的引种原则
2. 牛的选种选配基本原理
3. 牛的杂交改良常用方法

技能训练三 牛的系谱编制与审查

一、必备资源

实体牛、系谱、牛档案资料、冷冻精液、种公牛站。

二、活动步骤

1. 编制系谱

(1) 横式系谱　它是目前系谱卡的主要形式。它是按子代在左、亲代在右、公畜在上、母畜在下的格式来填写的。系谱正中可画一横线，上半部为父系祖先，下半部为母系祖先。

横式系谱各祖先血统关系的模式见图1-1-8。

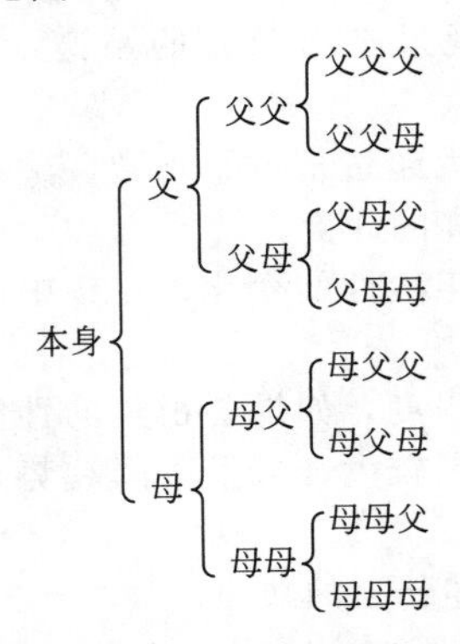

图1-1-8　横式系谱

根据资料1编制10876和11452公牛的横式系谱

(2) 竖式系谱　在系谱的右侧登记公畜，左侧登记母畜，上方登记后代，下方登记祖先（图1-1-9）。

本身							
母				父			
母母		母父		父母		父父	
母母母	母母父	母父母	母父父	父母母	父母父	父父母	父父父

图1-1-9　竖式系谱

根据资料1编制10876和11452公牛的竖式系谱

(3) 结构式系谱　结构式系谱比较简单，无须注明各项内容，只要能表明系谱中的亲缘关系即可。其编制方法如下：

① 公畜用“□”表示，母畜用“○”表示。

② 绘图前，先将出现次数最多的共同祖先找出，放在一个适当位置上，以免线条过多交叉。

③ 同代祖先一般放在一个水平线上。

④ 同一头家畜，不论它在系谱中出现多少次，只能占据一个位置。

根据资料2编制35号公牛的结构式系谱。

(4) 箭头式系谱　箭头式系谱是专门用作评定近交程度的一种系谱形式，凡与此无关的个体都不必画出。根据资料2编制35号公牛的结构式系谱。

畜群系谱是根据整个畜群的血统关系，按交叉排列的方法编制起来。利用它可迅速查明畜群的血统关系，有助于我们掌握畜群和组织育种工作。

(5) 畜群系谱

① 先画出几条平行横线，在横线左端画出方块表示公畜，并注明其具体畜号（以下简称父线）。其中种公畜的排列顺序应按利用年限的早晚，从下向上依次排列。

② 每头种公畜的子女，应画在相应的横线上（母畜用圆圈表示）。

③ 本群所培育的公畜，如留群继续使用，应单独给它画一条横线（35号）；当母畜继续留群繁殖时，可继续向上作垂线，并将其所生后代画在与父线的交叉点上。

④ 有的母畜如果与父亲横线下的公畜交配，就应将它单独提出来另立一垂线（109号）。在父女交配的情况下，可将其女儿画在离横线不远处，并用双线相连（200号）。对已通过后裔测验的

特优种畜，可将其符号画大一些。

⑤ 在规模较小的养殖场中，使用公畜数不多，此时可在同一公畜处画出几条平行横线，一条线代表一年，按年代的远近由下向上排列。其他同上。

2. 系谱审查

(1) 审查系谱时，重点应放在亲代的比较上，然后是祖代、曾祖代。因为祖代以上的祖先对个体的影响逐渐减少，几代前出现过杰出祖先的系谱，还不如亲代及当代都是中上等级的可取。

(2) 凡在系谱中母亲的生产力大大超过畜群平均数，父亲经后裔测验证明为优良或公畜同胞也都是高产的，这样的系谱应给以较高的评价。

(3) 不论是何种生产性能，都有年龄性的变化，比较中应考虑年龄和胎次是否相同，不同则应做必要的校正。

(4) 注意系谱各性状的遗传稳定程度，如果各祖代的性能比较整齐，且呈上升趋势，则可以认为该系谱较好；相反，性能变化范围较大，且呈下降趋势，这样即使有个别祖先高产，也不能算作好系谱。

(5) 注意各代祖先在外形上有无遗传上的缺陷。

(6) 在研究祖先性状的表现时，最好能结合当时的饲养管理条件来考虑。

(7) 对一些系谱不明、血统不清楚的公畜，即使个体表现不错，开始也应该控制使用，直到取得后裔证明后，才可能确定对其是否扩大使用。

(8) 系谱审查的准确性较差，因此不能单凭审查结果选择种畜，应结合性能测定、同胞测定或后裔测定来进行最终评定。

3. 后裔测验

(1) 母女对比法　通过后裔与其母亲成绩的比较，了解父亲在其中所起的作用。

当母女对数较多时，可用垂直线法做出图解。其方法是：首先绘出方格表，以横坐标表示母女对数，以纵坐标表示母女产量，以横虚线表示畜群平均产量。绘图时，每一对母女标在同一垂直线上，母亲、女儿产量用箭头表示；高于母亲者箭头向上，低于母亲者箭头向下。最后根据多数箭头的方向，判断该公畜种用价值的大小。

(2) 指数法　该指数是假定公畜和母畜对女儿产乳量具有同等的遗传影响，因此女儿的产乳量就等于其父母产乳量的平均数。

$$D=1/2(F+M)$$

所以

$$F=2D-M$$

(3) 同期同龄女儿比较法　它是将不同公畜的同龄后代的生产成绩进行比较，以鉴定公畜的种用价值。此法简便易行，鉴定结果可靠，但一定要在规模较大的牧场才有条件实施。

(4) 后裔与畜群（或品种）平均指标的比较　利用这种方法，可大体看出畜群的发展方向。如果该公畜的后裔成绩显著高于畜群平均指标，则该公畜对畜群起到改良作用；反之，则为恶化者。此法在一个畜群来源不明，生产性能不详的新建牧场中用之较为方便，对提高畜群品质有一定的实际效果。

后裔测验时，须注意：

① 选配的与配母畜应尽可能相同，以缩小因母畜不同所造成的差异。

② 饲养管理条件在后裔间及后裔与亲代之间应尽可能一致，以消除因生活条件不同所造成的差异。

③ 一定的后裔数量（牛的后裔测验需要6～10头后裔）。

④ 评定指标要全面。不仅要重视后裔的生产力表现，同时还要注意其生长发育、体质外形以及对环境的适应性。

⑤ 从外引进的公畜，不论是否作过后裔测验，都应接受遗传稳定性的重新审查。

根据资料3和资料4，采用不同方法进行后裔测验。

附：

资料 1：某种公牛站两头中国黑白花公牛（10761 和 10442）的资料。

10876 北京黑白花　85.2.18 出生（42.5kg）

外貌评分：91（三岁）　86（五岁）

五岁体尺：162（体高）—222（体斜长）—250（胸围）—25（管围）—1250（体重）

父：1983	母：3837	77—Ⅰ—6154.5—3.63％
		80—Ⅱ—8281.3—3.45％
		81—Ⅲ—7687.3—3.82％
		83—Ⅳ—8799.2—3.60％
父父：406	父母：2155	
母父：37	母母：241	
父父父：18	父父母：43	73—Ⅲ—14191—3.68％
父母父：72	父母母：78	73—Ⅱ—8315.3—3.81％
		75—Ⅲ—7191.5—3.32％
		76—Ⅳ—7380.6—3.65％
母父父：512	母父母：781	
母母父：481	母母母：2112	73—Ⅲ—7355.3—3.76％
		74—Ⅳ—7830.5—3.42％

11542　北京黑白花　85.1.15 出生（40.8kg）

外貌评分：89（三岁）　86 特（五岁）

五岁体尺：154（体重）—214（体斜长）—243（胸围）—24（管围）—1140（体重）

父：7055	母：3036	76—Ⅰ—5542.8—3.85％
		79—Ⅱ—7659.4—3.64％
		80—Ⅲ—8075.5—3.37％
父父：1656	父母：3849	
母父：17	母父母：25	
母母：637	父父父：70	
父父母：46　63—Ⅲ—8964.7—3.70％		
父母父：406	父母母：3422	78—Ⅱ—7135.5—3.57％
		79—Ⅲ—8007.5—3.87％
		80—Ⅳ—7531.5—3.74％
母父父：485	母父母：25	
母母父：76	母母母：31	73—Ⅱ—7806.5—3.54％
		74—Ⅲ—6175.6—3.62％

资料 2：

35 号公牛，生于 1987 年，出生重 40kg

母：7248 号，I-6042	父：15 号，外形特级
外祖父：8 号	祖父：8 号
外祖母：6612，Ⅲ-5800	祖母：6756 号，1-6000

外祖母的父亲：3 号　　祖父的父亲：3 号
祖父的母亲：5802 号
祖母的母亲：6115 号

资料 3：

公牛号	与配母牛		女儿	
	畜号	产乳量/kg	畜号	产乳量/kg
101	1	2080.4	112	3156.0
	5	3445.2	131	4392.2
	6	1500.7	111	1854.7
	6	1500.7	137	3053.6
	9	1988.7	142	3259.7
	13	2565.7	113	4032.0
	19	1232.5	128	2942.0
	19	1232.5	135	2048.0
30	1	2082.4	171	3140.7
	5	3445.2	197	4072.7
	6	1500.7	185	2324.2
	6	1500.7	210	2100.0
	9	1988.7	139	4072.7
	13	2565.7	177	4123.0
	13	2565.7	190	4194.7
22	112	3156.0	138	4593.0
	122	3527.6	147	2455.7
	19	1232.5	149	2032.6
	128	2942.5	150	4301.7
	121	1700.4	152	5132.5
	1	2082.4	158	3008.7

资料 4：

公牛号	女儿数目	女儿泌乳期	产乳量/kg	乳脂率/%	活重/kg
189	32	1	4219	3.25	485
201	37	1	3849	3.02	487
211	21	1	4354	3.04	458
191	53	1	4172	3.03	483

【巩固训练】

一、选择题

1. 某牛品种有些缺点需要改进，可使用（　　）的杂交方法。

A. 级进杂交　　B. 育成杂交　　C. 经济杂交　　D. 引入杂交

2. 中国荷斯坦牛的初配时期一项重要指标是（　　）。

A. 长度　　B. 膘情　　C. 高度　　D. 体重

3. 在个体记录基础上建立的个体资料称为（　　）。

A. 牛群记录　　B. 牛群档案　　C. 原始记录　　D. 个体档案

4. 育成牛档案记录（　　）。

A. 其谱系、各日龄体尺与体重、发情配种情况等
B. 其谱系、各月龄体尺与体重、发情配种情况等
C. 其谱系、各年龄体尺与体重、发情配种日期等
D. 其谱系、各月龄体尺与体重、出生日期情况等

5. 奶牛最重要的部位是（　　）。

A. 乳房、尻部　B. 尻部、肩部　C. 腰部、胸部　D. 乳房、腹部

6. 与产肉性能最相关，并主要生产优质牛肉的是什么部位？（　　）

A. 背腰　B. 尻部　C. 胸部　D. 肋部

7. 下列哪种方法是确定种公牛种用价值的最可靠方法？（　　）。

A. 外貌选择　B. 系谱选择　C. 旁系选择　D. 后裔测定

8. 一般来讲，级进杂交级进到第（　　）代为最好。

A. 1～2 代　B. 3～4 代　C. 5～6 代　D. 7～8 代

9. 种公牛的外貌等级鉴定要求（　　）。

A. 不得低于二级　B. 不得低于一级　C. 必须为特级　D. 不得低于三级

10. 成母牛档案记录其（　　）。

A. 谱系、配种产犊情况等　B. 出生日期、体尺、体重情等

C. 各月龄体尺与体重、发情配种情况等　D. 各年龄体尺与体重、发情配种日期等

二、简答题

1. 目前国内饲养的种公牛主要有几个来源？

2. 肉牛常用杂交改良方式有几种？

【知识拓展】

奶牛选种选配技术要点

【任务考核】

任务四　牛的生产力和产品评定

【任务目标】

能够根据奶厅管理软件数据，完成奶牛个体产奶量、群体产奶量、平均乳脂率、4%标准乳和产乳指数的统计和解读；能分析奶牛泌乳曲线；能说出有关屠宰指标及测定方法，会计算常用肉牛生产力评定指标；能够合理解读 DHI 报告。掌握奶牛生产性能评定方法；掌握牛奶的初步处理、验收技术；掌握牛羊肉品质评定方法。

【必备知识】

知识点一　牛生产性能评定

一、奶牛产乳性能测定

（一）个体产乳量

1. 305 天产乳量

根据理想设计，母牛年产 1 胎，干乳期 60 天，实际挤乳 305 天，综合效益最好。由此而统计

每头牛每一泌乳期中的305天泌乳量。计算方法是：当实际挤乳天数不足305天时，以实际乳量作为305天乳量；超过305天，则从305天后的乳量不计在内。国内外有的牛场对个别特高产的牛只，还统计365天产乳量。

2. 305天校正产乳量

为了奶牛育种工作的需要，经过广泛研究，中国奶牛协会制定了统一的校正系数表，使用240～370天产乳量记录的奶牛可统一乘以相应系数，获得理论的305天产乳量（表1-1-18和表1-1-19）。采用5舍6进方法，例如：某牛产乳275天，用270天校正系数；产乳276天的用280天校正系数。

表1-1-18 泌乳不足305天的校正系数

泌乳天数		240	250	260	270	280	290	300	305
胎次	1	1.182	1.148	1.116	1.036	1.055	1.031	1.011	1.000
	2～5	1.165	1.133	1.103	1.077	1.052	1.031	1.011	1.000
	6以上	1.155	1.123	1.094	1.070	1.047	1.025	1.099	1.000

表1-1-19 泌乳超过305天的校正系数

泌乳天数		305	310	320	330	340	350	360	370
胎次	1	1.000	0.987	0.965	0.947	0.924	0.911	0.895	0.881
	2～5	1.000	0.988	0.970	0.952	0.936	0.925	0.911	0.904
	6以上	1.000	0.988	0.970	0.956	0.900	0.928	0.916	0.993

3. 全泌乳期产乳量

统计从产犊后到干乳期为止的全部产乳量。

4. 终生产乳量

一头奶牛从开始产犊到最后淘汰时的各年（胎次）实际产乳数量总和。

5. 乳脂量和乳蛋白量

中国奶牛协会提出：在母牛的第1、3、5胎次，各胎次的第2、5、8泌乳月，各测定一次乳的含脂率和含蛋白率，再算出总乳脂和乳蛋白产量。乳脂量和乳蛋白量是衡量奶牛产乳质量的两个重要指标，目前已有先进的快速测定仪可在大的奶牛场应用。

（二）群体平均产乳量

1. 成年母牛全年平均产乳量

$$\text{成年母牛全年平均产乳量(kg/头)}=\frac{\text{全群全年总产乳量(kg)}}{\text{全年平均每天饲养的成年母牛头数(头)}}$$

式中，分子部分是全年中每头产奶牛在该年度内各月实际产乳量的总和；分母部分则是全部在群成年母牛在群天数总和（天/头），除以365天（1年）所得的值，故分母部分允许有小数点值。成年母牛包括泌乳牛、干奶牛以及其他2.5岁以上的在群母牛及买进卖出的母牛。

2. 泌乳牛平均年产乳量

$$\text{泌乳牛平均产乳量(kg/头)}=\frac{\text{全群年产乳总量(kg)}}{\text{全年平均每天饲养泌乳牛头数(头)}}$$

式中，分母是每头泌乳牛在该年度内在群天数的记录总和，为全群泌乳牛在群总天数除以365所得值。

（三）4%乳脂标准乳

4%乳脂标准乳也称作4%乳脂校正乳。由于乳中固形物（干物质）变化较大，而且乳脂含热能大约占全乳热能值的一半，由热能值而导出的不同乳脂率（F）和乳量（M）相当于含脂4%的等热量乳量（FCM）。这在比较不同乳脂率乳量的母牛生产性能方面很有参考价值，多年来为各国所采用。FCM 计算公式如下：

$$\text{FCM}=M\times(0.4+15F)$$

式中，M 为泌乳期产乳量；F 为该期所测得的平均乳脂率；FCM 为乳脂校正乳量（相当于4%乳脂率的乳量）。

（四）排乳性能

排乳性能包括单位时间排乳量大小和乳房四个乳区排乳量的均衡性等。

1. 排乳速度

在机械化挤乳条件下，乳牛排乳速度对于劳动生产率的提高很有影响。据研究，至少包括四个方面的指标：完成挤乳的时间长短（$h^2=0.02\sim0.30$）、平均排乳流量（$h^2=0.30\sim0.40$）、挤乳过程中任一单位时间（1min 最大流量，$h^2=0.35\sim0.45$）和 2min 内挤出乳量（$h^2=0.35\sim0.45$）。

美国已制定出了排乳速度的要求，如荷斯坦牛为 3.61kg/min，西门塔尔牛为 2.08kg/min。

2. 前乳房指数

前乳房指数指一头牛的前乳房的挤乳量占总挤乳量的百分率，一般范围在 40%～46.8%。理论上说，该指数大较好，说明前后乳区的发育更为匀称。

（五）饲料转化率

奶牛不仅要求具有很高的产乳能力，而且还要求具有经济有效地将饲料转变为乳的能力。因此，奶牛饲料转化率的高低，是鉴定奶牛品质的重要指标之一，也是育种工作的重要内容之一。饲料转化率的计算有下列两种方法：

$$\text{饲料转化率}=\frac{\text{全泌乳期总产乳量(kg)}}{\text{全泌乳期饲喂饲料干物质(或仅计精料干物质)量(kg)}}$$

或

$$\text{饲料转化率}=\frac{\text{全泌乳期实际饲喂各种饲料的平均干物质总量(kg)}}{\text{全泌乳期总产乳量(kg)}}$$

（六）产乳指数（MPI）

MPI 指成年母牛（5 岁以上）一年（一个泌乳期）平均产乳量（千克）与其平均活重之比（表 1-1-20），这是判断牛产乳能力高低的一个有价值的指标。

表 1-1-20　不同经济类型牛（品种）产乳指数（MPI）

经济类型	产乳指数(MPI)
(专门化)乳用牛	＞7.9
乳肉兼用牛	5.2～7.9
肉乳兼用牛	2.4～5.1
肉(或役)用牛	＜2.4

二、肉牛的生产力评定

（一）生长育肥期的评定

1. 初生重

犊牛生后吃初乳前的活重。

2. 断乳重

一般用校正断乳重，国外用 205 天，国内可考虑用 210 天或 205 天的校正断乳重，其公式如下：

$$\text{210 天校正断乳重(kg)}=\frac{\text{断乳体重(kg)}-\text{初生重(kg)}}{\text{断乳时日龄}}\times210+\text{初生重(kg)}$$

如用 205 天校正断乳重，则只要将上式中的 210（天）改成 205（天）。

3. 哺乳期日增重

断乳前犊牛平均每天增重量。

$$哺乳期日增重(kg)=\frac{断乳体重(kg)-初生重(kg)}{断乳时日龄(天)}$$

4. 育肥期日增重

$$育肥期日增重(kg)=\frac{期末重(kg)-育肥初体重(kg)}{育肥期天数(天)}$$

5. 饲料利用率

饲料利用率与增重速度之间存在着正相关关系，是衡量牛对饲料的利用情况及经济效益的重要指标。应根据总增重、净肉重及饲养期内的饲料消耗总量来计算每千克体重（或净肉重）的饲料消耗量，多用干物质或能量表示。计算公式：

$$增重1kg体重需饲料干物质(kg)或能量(MJ)=\frac{饲养期内共消耗饲料干物质(kg)或能量(MJ)}{饲养期内净增重(kg)}$$

$$生产1kg肉需饲料干物质(kg)或能量(MJ)=\frac{饲养期内共消耗饲料干物质(kg)或能量(MJ)}{屠宰后的净肉重(kg)}$$

（二）肥度评定

目测和触摸是评定肉牛育肥程度的主要方法。目测主要观察牛体大小、体躯宽窄和深浅度，腹部状态、肋骨长度和弯曲程度以及垂肉、肩、背、腰角等部位的肥满程度。触摸是以手触测各主要部位的肉层厚薄和脂肪蓄积程度。通过肥度评定，结合体重估测，可初步估计肉牛的产肉量。

肉牛肥度评定分为5个等级，标准见表1-1-21。

表1-1-21 肉牛宰前肥度评定标准

等级	评定标准
特等	肋骨、脊骨和腰椎横突都不明显，腰角与臀端呈圆形，全身肌肉发达，肋部丰满，腿肉充实，并向外突出和向下延伸
一等	肋骨、腰椎横突不显现，但腰角与臀端未圆，全身肌肉较发达，肋部丰满，腿肉充实，但不向外突出
二等	肋骨不甚明显，尻部肌肉较多，腰椎横突不甚明显
三等	肋骨、脊骨明显可见，尻部如屋脊状，但不塌陷
四等	各部关节完全暴露，尻部塌陷

（三）屠宰测定

1. 屠宰指标测定

（1）宰前活重　称取停食24h、停水8h后临宰前体重。

（2）宰后重　称取屠宰放血后的重量或宰前重减去血重。

（3）血重　称取屠宰放出血的重量，即宰前活重与宰后重之差。

（4）胴体重　称取屠体除去头、皮、尾、内脏器官、生殖器官、腕跗关节以下四肢且带肾脏及周围脂肪的重量。

（5）净肉重　称取胴体剔骨后的全部肉重。

（6）骨重　称取胴体剔除肉后的全部重量。

2. 产肉能力的主要指标计算

（1）屠宰率

$$屠宰率=\frac{胴体重}{宰前活重}\times100\%$$

肉用牛的屠宰率为58%～65%，兼用牛为53%～54%，乳用牛为50%～51%。肉牛屠宰率超过50%为中等，超过60%为高指标。

(2) 净肉率

$$净肉率=\frac{净肉重}{宰前活重}\times 100\%$$

良种肉牛在较好的饲养条件下，育肥后净肉率在45%以上。早熟种、幼龄牛、肥度大和骨骼较细者净肉率高。

(3) 胴体产肉率

$$胴体产肉率=\frac{净肉重}{胴体重}\times 100\%$$

胴体产肉率一般为80%～88%。

(4) 肉骨比　又称产肉指数。

$$肉骨比=\frac{净肉重}{骨重}$$

肉用牛、兼用牛、乳用牛的肉骨比分别为5.0∶1、4.1∶1和3.3∶1。肉骨比随胴体重的增加而提高，胴体重185～245kg时，肉骨比为4∶1，310～360kg时为5.2∶1。

(5) 眼肌面积　眼肌面积是评定肉牛生产潜力和瘦肉率大小的重要技术指标之一。它是指倒数第一和第二肋骨间脊椎上背最长肌（眼肌）的横截面积（cm^2）。

测定方法是：在第12和13肋骨间切开，在第12肋骨后缘用硫酸纸将眼肌面积描出，用求积仪或方格透明卡片（每格$1cm^2$）计算出眼肌面积。

知识点二　DHI应用技术

一、DHI简介

DHI（dairy herd improvement），奶牛场牛群改良计划，也称牛奶记录体系。DHI通过测试奶牛的奶量、乳成分、体细胞数等有关资料，反映奶牛场配种、繁殖饲养、疾病、生产性能等信息，为奶牛场饲养管理提供决策参考。

（一）组织形式

可根据不同的实际情况组织进行。具体操作就是购置乳成分测定仪、体细胞测定仪、流量计、采样器、运输工具、数据传输工具及电脑等仪器设备建立一个中心实验室。按规范的采样办法对每月固定时间采来的奶样进行测试分析，测试后形成书面的产奶记录报告。报告内容多达二十几项，主要有产奶量记录、奶成分含量、每毫升体细胞数量等内容。中国奶协已经成立了全国DHI协作委员会，制定了DHI技术认可标准，实验室验收标准及采样标准等。

（二）测试间隔

采样对象是所有泌乳牛（不含15天之内新产牛，但包括手工挤奶的患乳房炎牛），测试间隔每月一次（21～35天/次），参加测试后不应间断，否则影响数据准确性。

（三）工作程序

1. 样本采集

(1) 测定牛群要求　参加生产性能测定的牛场，应具有一定生产规模，最好采用机械挤奶，并配有流量计或带搅拌和计量功能的采样装置。生产性能测定采样前必须搅拌，以免乳脂分层影响测定结果。

(2) 测定奶牛条件　牛场、小区或农户应具备完好的牛只标识（牛籍图和耳号）、系谱和繁殖记录，并保存有牛只的出生日期、父号、母号、外祖父号、外祖母号、近期分娩日期和留犊情况（若留养的还需填写犊牛号、性别、初生重）等信息，在测定前需随样品同时送达测试中心。

(3) 采样　对每头泌乳牛1年测定10次。每头牛每个泌乳月测定1次，每次测定需对所有泌乳牛逐头取奶样，每头牛的采样量为35～50mL，1天3次挤奶按4∶3∶3（早、中、晚比例）比例取样，两次挤奶按6∶4（早、晚比例）比例取样。测试中心配有专用取样瓶。

(4) 样品保存与运输　为防止奶样腐败变质，在每份样品中需加入重酪酸钾0.03g，在15℃的条件下可保持4天，在2～7℃冷藏条件下可保持1周。采样结束后，样品应尽快安全送达测定实验室，运输途中需尽量保持低温，不能过度摇晃。

2. 样本测定与数据处理

(1) 测定原理 实验室依据红外原理作乳成分分析（乳脂率、乳蛋白率），体细胞数（somatic cell counts，SCC）是将奶样细胞核染色后，通过电子自动计数器测定得到结果。

(2) 测定内容 主要测定日产奶量（牛场）、乳脂肪、乳蛋白、乳糖、全乳固体、尿素氮和体细胞数。

(3) 提供报告的内容 数据处理中心根据奶样测定的结果及牛场提供的相关信息，由计算机生成奶牛生产性能测定报告，反馈给牛场或农户。

二、DHI报告分析

(1) 序号 是样品测试的顺序号，用于了解测试牛群规模。

(2) 牛号 区别牛只，对奶牛来说这是唯一的号，没有别的牛与其重号。

(3) 分娩日期 参测奶牛分娩的准确时间，由牧场填报。对奶牛目前所处的胎次而言，分娩日期是很重要的。如果不准确，软件计算的大多数信息会毫无用处。

(4) 泌乳天数 这是电脑按照提供的分娩日期产生的第一个数字，它依赖于提供的分娩日期的准确性。

(5) 胎次 这也是牧场提供的数字，它对电脑产生305天预计产奶量很重要，因电脑需要精确的胎次以识别泌乳曲线。

(6) 测定奶量 即牛只日产奶量（kg）。

(7) 校正产奶量 这是一个电脑产生的以千克为单位的数据，以泌乳天数和乳脂率校正产奶量而得出。将实际产奶量校正到产奶天数为150天，乳脂率为3.5%的同等条件下，提供了不同泌乳阶段的奶牛之间的比较。

(8) 上次奶产量 这是上个测定日该牛的产奶量（kg）。

(9) 乳脂率（F%） 这是从测试日呈送的样品中分析出的乳脂肪的百分比。

(10) 乳蛋白率（P%） 这是从测试日呈送的样品中分析出的乳蛋白的百分比。

(11) 乳脂/蛋白比例（F/P） 这是该牛在测奶时的牛奶中乳脂率与乳蛋白率的比值。

(12) 体细胞计数（SCC） 计数单位是10000，是每毫升样品中的该牛体细胞数的记录。SCC主要为白细胞，也含有少量的乳腺上皮细胞。

(13) 牛奶损失（Mloss） 这是电脑产生的数据，基于该牛的产奶量及体细胞计数。

(14) 线形体细胞计数（LSCC） 是电脑基于体细胞计数产生的数据，用于确定奶量的损失。

(15) 前次体细胞计数（PreSCC） 上次样品体细胞数，用于比较改进措施的效果。

(16) 累计奶产量（LTDM） 是电脑产生的数据，以千克为单位，基于胎次和泌乳日期，可以用于估计该牛只本胎次产奶的累计总产量。

(17) 累计乳脂量（LTDF） 是电脑计算产生的以千克为单位的数据，基于胎次和泌乳日期，用于估计该牛本胎次生产的脂肪总量。

(18) 累计蛋白量（LTDP） 是电脑产生的数据，基于胎次和泌乳日期，用于估计本胎次以来生产的蛋白总量。

(19) 峰值奶量（PeakM） 以千克为单位的最高的日产奶量，是以该牛本胎次以前几次产奶量比较得出的。

(20) 峰值日（PeakD） 表示产奶峰值日发生在产后的多少天。

(21) 305天奶量 是电脑产生的数据，以千克为单位。如果泌乳天数不足305天，则为预计产量；如果完成305天奶量，该数据为实际奶量。

(22) 繁殖状况（Reproseat） 如果牛场管理者呈送了配种信息，这将指出该牛是产犊、空怀、已配还是怀孕状态。

(23) 预产期（Duedate） 如果牛场管理者提供繁殖信息，如怀胎检查，指出是怀孕状态，这一项将以上次的配种日期计算出预产期。

（24）持续力　相邻2个月产奶量比较值，反映产量变化情况。

三、DHI报告解读

（一）体细胞数（SCC）的应用

体细胞数是反映乳房是否健康的指标，它关系到牛奶的产量、质量及乳成品的存放时间。测量牛奶体细胞数的变化有助于及早发现乳房损伤或感染、预防和治疗乳腺炎，同时还可降低治疗费用，减少牛只的淘汰，增加产奶能力。体细胞数与泌乳天数结合起来可以确定与乳房健康相关的问题在何时发生，如果在泌乳早期SCC高，表明干奶期护理较差或干奶牛舍和产房卫生条件太差；如果泌乳早期SCC很低，但在泌乳期持续上升，表明可能是挤奶程序有问题或挤奶设备有问题。

体细胞的多少可用于诊断牛是否感染乳腺炎或隐性乳腺炎（表1-1-22），奶牛理想的体细胞数第1胎≤15万个/mL，第2胎≤25万个/mL，第3胎≤30万个/mL。奶牛一旦感染上隐性乳腺炎，其产奶量就会降低，病情愈重，奶量损失愈多。由DHI报表提供的奶损失可计算出经济损失，SCC与305天潜在奶量损失关系见表1-1-23，应重视体细胞的测定，降低隐性乳腺炎，以提高牛场经济效益。

表1-1-22　体细胞数与牛乳房健康状况的关系

奶牛体细胞数/（万个/mL）	乳房健康状况	奶牛体细胞数/（万个/mL）	乳房健康状况
＜10	良好	50～75	已患隐性乳腺炎
10～20	较好	750～10	极差
20～50	有患隐性乳腺炎的可能	＞100	乳腺炎

表1-1-23　体细胞数与305天潜在奶损失的关系

体细胞数/万个	＜15	15.1～30	30.1～50	50.1～100	＞100
一胎牛/kg	0	180	270	360	454
二胎牛/kg	0	360	550	725	900

通过阅读测定报告，总结月、季、年度的体细胞数，分析变化趋势和牛场管理措施，制订乳腺炎防治计划，降低体细胞数，最终达到提高产奶量的目的。采取措施后各胎次牛只的体细胞数如果都在下降，则说明治疗是正确的。如连续两次体细胞数都持续很高，说明奶牛有可能是感染隐性乳腺炎（如葡萄球菌或链球菌等）。如挤奶方法不当会导致隐性乳腺炎相互传染，一般治愈时间较长。体细胞数忽高忽低，则多为环境性乳腺炎，一般与牛舍、牛只体躯及挤奶卫生问题有关，这种情况治愈时间较短，且容易治愈。

（二）乳脂率、乳蛋白率的应用

高乳脂率（F%）和高乳蛋白率（P%）是牛奶品质良好的标准，根据测定报告提供牛只的乳脂率和乳蛋白率，可用于选择生产理想型乳脂率和乳蛋白率的奶牛。乳脂率、乳蛋白率指标能反映奶牛营养状况，乳脂率低可能是瘤胃内纤维消化受影响，代谢紊乱，饲料组成或饲料大小、长短等有问题。如果产后100天乳蛋白率很低（小于3%），其原因在于：干奶牛日粮差，产犊时膘情差，泌乳早期碳水化合物缺乏，饲料蛋白质含量低等。奶牛泌乳早期乳脂率如果特别高，就意味着奶牛在快速动用体脂，则检查奶牛是否发生酮病。如果是泌乳中后期，大部分的牛只乳脂率与乳蛋白率之差小于0.4%，则可能发生了慢性瘤胃酸中毒。乳脂率和乳蛋白率之比（F/P），正常情况下，奶牛乳中脂肪和蛋白质之比有一合理范围，荷斯坦奶牛在1.12～1.30之间。如高于1.30，就有可能表示能量缺乏，能氮不平衡，饲料蛋白质没有完全利用，奶牛此时可能患有亚临床或临床性酮病；反之小于1.12，则可能表示精饲料饲喂过度，奶牛可能患有亚临床或临床性酸中毒。

提高乳脂率的措施：一是减少精料喂量，精料不要磨得太细；二是饲喂精料前先喂1～2h长度适中的干草；三是添加缓冲剂；四是精、粗比例≤40：60。

提高乳蛋白措施：一是日粮中可发酵的碳水化合物比例较低，影响微生物蛋白质的合成，可使用脂肪和油类作为能量来源；二是增加蛋白质供给或保证氨基酸平衡；三是减少热应激，增加通风量；四是增加干物质摄入量。

（三）尿素氮的应用

国内外研究认为，牛奶中尿素含量介于20～30mg/dL为正常的含量范围，乘以尿素的含氮比（28/60＝0.4667），则为牛奶尿素氮（MUN）的含量水平：10～15mg/dL；牛群MUN平均值大约在13～14mg/dL，典型的大多分布在正负3～4，即在10～18mg/dL范围内（表1-1-24）。

乳中尿素氮（MUN）监测是欧美等奶业发达国家牛群改良计划（DHI）中必备的检测指标。

中国在尿素氮测定方面起步较晚，但其发展速度很快，逐渐成为DHI检测指标中必不可少的一项。

表1-1-24 奶牛饲料中能量和蛋白质水平与乳蛋白和乳尿素氮含量参数的关系

乳蛋白质含量	低乳尿素氮（<11mg/dL）	适中的乳尿素氮（<11～17mg/dL）	高的乳尿素氮（>17mg/dL）
<3.0%	日粮蛋白质和能量缺乏	日粮蛋白质平衡、能量缺乏	日粮蛋白质过剩、能量缺乏
≥3.0%	日粮蛋白质缺乏、能量平衡或稍过剩	日粮蛋白质和能量均平衡	日粮蛋白质过剩、能量平衡或缺乏

温度对尿素氮测定结果的影响：由于尿素浓度较低，因此样品温度对红外设备结果稳定性有较大的影响，仪器稳定读数关键为校准过程与常规检测中的样品温度要保持一致。温度范围为37～42℃，最适为39～41℃。因此，必须强调测定时的样品温度。

（四）高峰奶量的应用

高峰产奶量是指个体牛只在某一胎次中最高的日产奶量。例如：成母牛泌乳高峰时产奶量为30kg，则头胎牛在泌乳高峰时产量应为22.5kg，即75%，若比例小于75%，说明没有达到应有的泌乳高峰，也表明头胎泌乳牛或成母牛的潜力没有得到充分发挥。峰值奶量推动着胎次产奶量的提高，其每提高1kg，相当于胎次奶量一胎牛提高400kg，二胎牛提高270kg，三胎以上牛提高256kg。峰值奶量与胎次奶量的关系见表1-1-25。高峰产奶量较高的牛只，305天奶量也高。305天预测奶量是衡量一个奶牛场生产经营状况的指标，也是进行牛只淘汰的重要依据，有助于管理者及早淘汰那些亏本饲养的奶牛，以保证牛群的整体水平与经济效益。

表1-1-25 峰值奶量与胎次奶量的关系 单位：kg

峰值奶量	26.5	30.3	34.3	38.2	42.0	46.1	50.1
胎次奶量	5440～6350	6350～7260	7260～8160	8160～9070	9070～9980	9980～10890	10890～11800

（五）高峰日和泌乳曲线的应用

高峰日是指产后高峰奶量出现的那一天。一般在产后40～60天出现产奶峰值，若每月测定一次，其峰值日应出现在第二个测定日，即应低于平均值70天；若大于70天，表明有潜在的奶损失。要检查下列情况：产犊时膘情、干奶牛日粮、产犊管理、干奶牛日粮向产奶牛日粮过渡的时间、泌乳早期日粮是否合理等。产奶高峰过后，所有牛只的产奶量逐渐下降，每月下降4%～6%，头胎牛的持久力要好于经产牛。

（六）生产管理的应用

应用DHI生产性能跟踪报告指导奶牛场主动淘汰。除可以依据奶牛生产性能指导选种选配外，对规模化奶牛场，可以通过DHI记录反映生产管理的好坏，以此来考核员工的工作效率。如配种人员以一年的产犊情况和产犊间隔作为考核指标；饲养员可以通过一个泌乳期的泌乳曲线（即峰值奶量及测定奶量）来考核；挤奶员用体细胞计数和牛群乳腺炎发病率来衡量。

【任务实施】

知识点学习

1. 奶牛和肉牛生产性能计算方法和原理
2. DHI 测定原理和流程
3. 牛奶的初步处理与验收的方法
4. 牛肉的初步处理与等级评定方法

技能训练四　DHI 报告分析与解读

一、必备资源

DHI 报告、DHI 数据报表。

二、活动步骤

结合数据和 DHI 报告分析牛场的体细胞数、乳脂率、乳蛋白率、尿素氮、高峰奶量、高峰日、泌乳曲线和生产管理存在的问题。

技能训练五　原料乳的质量检测与验收

一、必备资源

新鲜牛奶，锥形瓶，蒸馏水，0.5%酒精酚酞溶液，0.1mol/L 氢氧化钠溶液，68%、70%或72%的中性酒精，试管，滤纸，250mL 玻璃量筒，乳密度计，酒精灯，离心机，乳品全自动分析仪，乳脂瓶，乳脂自动测定仪，体细胞计数仪，温度计，试剂盒等。

二、活动步骤

1. 酸度测定

酸度测定的方法有中和试验法、酒精试验法和酸度滴定法。

（1）中和试验　预先在一支试管内注入 0.1moL/L 氢氧化钠溶液 2mL（要求界限酸度18°T时，可加 1.8mL）、酚酞指示剂 1 滴。检查时只需向试管中注入 1mL 待检乳，充分混合后为红色者，说明酸度在 20°T 以下（18°T 以下），为酸度合格乳；混合后若为白色，则是酸度超过 20°T 的不合格乳。

（2）酒精试验　取 3mL 浓度 68%的酒精于试管中，再取等量的乳置于上述试管中，混匀后观察，在试管底部若出现白色颗粒或絮状物沉淀，则表示此乳酸度已超过 20°T，说明乳蛋白的稳定性较差，不予收购，无絮状沉淀出现者可予以收购。根据絮状物的大小，大致可判断乳的酸度（表 1-1-26）。以同样方法利用 70%的酒精测定，则可使酸度超过 18°T 的牛乳产生沉淀。

表 1-2-26　不同酸度牛奶被 68%酒精凝结的特征

牛奶酸度/°T	蛋白质凝固特征	牛奶酸度/°T	蛋白质凝固特征
18～20	不出现絮状	25～26	中等大小的絮状
21～22	极微小的絮状	27～28	大型的絮状
23～24	微小的絮状	29～30	极大的絮状

（3）酸度滴定　以移液管量取 10mL 牛奶于烧杯内，再加入 20mL 蒸馏水，加入 3～4 滴酚酞指示剂，一边搅拌一边用滴定管慢慢滴入 0.1moL/L 氢氧化钠溶液，直至微红色，且 30s 或 1min 不褪色，用消耗的氢氧化钠溶液体积（mL）乘以 10，将其换算成 100mL 牛奶滴定时所消耗的氢氧化钠溶液体积（mL），即为牛乳品的总酸度（°T）。

2. 牛奶的密度测定

牛奶的密度用 20℃/4℃乳密度计测定。一般牛奶的密度为 1.028～1.032。将待测乳充分搅拌均匀，取乳样 150～200mL，将乳沿量筒壁徐徐倒入量筒内，避免产生气泡，然后将密度计（D20℃/4℃）轻轻地插入量筒乳的中心，使其徐徐上浮，切勿使其与筒壁相撞，待静置后读数。以乳液面月牙形上部尖端部为准。同时测定乳试样的温度，如果乳的温度不是密度计的标准温度时，需进行换算；其温度每差 1℃在密度计上恒差为 0.2（即 0.0002），故温度不在 20℃时，可校正为 20℃的密度。

3. 乳脂肪、乳蛋白质含量的测定

过去乳脂肪的测定常用盖勃法、巴氏法、哥德理-罗兹法等，蛋白质含量测定用凯氏定氮法，现在多用乳成分分析仪直接检测。

乳脂率的测定：向乳脂计先加入 10mL 硫酸，再沿管壁小心准确加入 11mL 样品，使样品与硫酸不要混合，然后加 1mL 异戊醇，塞上橡皮塞，使管口向下，同时用布包裹以防冲处，用力振摇使呈均匀棕色液体，静置 10min（管口向下），置 65～70℃水中，注意水浴水面应高于乳脂计脂肪层，20min 后取出，立即读数，即为脂肪的百分含量。

4. 全乳固形物测定

过去多用烘干方法测定全乳固形物，现在乳品厂通常用乳成分分析仪直接检测。

5. 杂质度试验

杂质度检查的方法是用一根吸管在奶桶底部取样，用滤纸过滤。如果滤纸上留下可观察到的杂质，证明奶质量有问题，要降低奶价。也可用杂质度仪器直接检测。

6. 细菌总数的测定（平皿计数法）

牛奶的卫生质量检验实质上就是细菌含量的测定。美蓝试验可以间接评定牛奶被细菌污染的程度，得出细菌的大致含量。牛奶中细菌的准确含量可以用细菌培育试验测定。

（1）实训前准备　无菌操作台及相关用品，恒温培养箱，高压灭菌器，平皿及广口瓶若干，蛋白胨，琼脂，牛肉膏，氯化钠，灭菌生理盐水等。

（2）培养基（营养琼脂）的制作　营养琼脂的成分包括蛋白胨 10g，琼脂 15～20g，牛肉膏 3g，氯化钠 5g，蒸馏水 1000mL。称量这些试剂，倒入蒸馏水中，搅拌并加热至试剂全部溶解；调节 pH 至 7.2～7.4，然后过滤，分装于圆底烧瓶内，121℃高压灭菌 15～20min。

（3）样品稀释　取 250mL 广口瓶，编号。将样品按次序摆好，用浸于消毒水中的湿毛巾擦拭样品容器表面，或以酒精棉进行火焰消毒。

开启样品，将 25mL 奶样置于 225mL 灭菌生理盐水中充分摇匀，此为 10 倍稀释度。

根据奶样污染情况，选择 2～3 个稀释度进行递增稀释。用 1mL 灭菌吸管吸取 10 倍的稀释液 1mL，注入含有 9mL 灭菌生理盐水的试管中混匀，此为 100 倍稀释液。另取 1mL 灭菌吸管，吸取 1mL 100 倍的稀释液，注入 9mL 灭菌生理盐水中混匀，即为 1000 倍稀释度。如此往上递增，可以获得所需要的 10 倍系列的稀释度。本实训假定稀释度为 10000 倍（10^4）。

（4）接种　将平皿编号，一个奶样做两个平皿；用 1mL 灭菌吸管吸取 1mL 稀释液，注入平皿中，将熔化后冷却至 45℃左右的营养琼脂培养基倒入平皿约 15mL，然后将平皿按顺时针、逆时针方向各转动数次并静置。

（5）培养　培养基凝固后翻转平皿，置于（36±1）℃培养箱中保温（48±2)h。

（6）菌落计数　计数平皿内细菌菌落数，乘以 10^4，即可得出每毫升奶样所含细菌总数。

7. 体细胞数检测

乳房炎乳给乳品工业和人类健康造成很大危害。由于外伤或者细菌感染，使乳房发生炎症，这时所分泌的乳，其成分和性质以及体细胞数（主要由白细胞和少量脱落的乳腺上皮细胞构成）发生很大变化。每毫升正常牛奶中体细胞数变动范围是 5 万～20 万，如果体细胞数超过 50 万，判定为乳房炎乳。因此，借助体细胞计数仪可检出乳房炎乳，而且操作简便，检出率高。其测定方法如下：

（1）实训前准备　试样板，即平滑黑色木板或一面涂黑漆 50mm×90mm 的玻璃板。4% NaOH 试液（NaOH 4g，0.04%溴甲酚紫 2mL，蒸馏水 98mL 配制）。

（2）样品处理　将奶样置于30～40℃水浴中加热并搅匀，样品应在36h内检测完毕。

（3）改良白边试验　取经处理的奶样5滴，滴于试样板上，涂抹成不大于4cm^{2}的大圆斑，加NaOH试液2滴，用玻璃棒轻击混合物约0.5min，回旋转动试样板数下，最后观察判定结果。

（4）结果判定　根据表1-1-27判定体细胞数的范围。

表1-1-27　白边试验结果判定

乳汁凝集反应	判定结果	相当体细胞数/(10^6个/mL)
混合物呈不透明乳汁样，完全没有沉淀物	阴性(－)	＜0.5
混合物呈不透明乳汁样，但有细小不很多的凝固物	痕迹(±)	0.5～1.0
背景较不透明，稍呈乳样，有较大片凝固物，分布整个面积	阳性(＋)	1.0～2.0
背景微呈水样，有明显凝固物，搅拌时可见细丝和线状物	阳性(＋＋)	1.5～2.5
背景呈水样，有更大呈团块状的凝固物	阳性(＋＋＋)	＞3.0

8. 抗生素残留检验

鲜奶中的抗生素是某些生病牛在进行药物治疗后分泌的乳汁中有药物残留所引起的，抗生素检测是乳品企业生产发酵型酸奶时的必检项目。现在，国内一些大型乳品企业在生产奶粉时也对鲜奶进行抗生素检测，从而生产出无抗生素奶粉，以避免极个别的消费者出现过敏反应。长期喝含有抗生素的牛奶，人体内的细菌就会产生耐药性。由于抗生素的残留量一般都很少，只有百万分之几甚至更微量，因此，用一般化学仪器和设备很难在短时间内检测出来。

取150mL奶样于250mL锥形瓶中，在电炉上加热煮沸后，冷却至42℃，加入15mL经接种后的乳酸菌菌种，然后置于42℃的培养箱中发酵，1h后观察。如果奶样已发酵，证明无抗生素；反之则为异常乳。

为了便于检验者观察发酵与否，有人采用在检验乳中加入指示剂的方法。因为乳酸菌发酵产生乳酸会降低溶液的pH值，通过指示剂颜色变化来判定检验乳是否发酵，从而判定检验中是否有抗生素或防腐剂。操作方法如下：

（1）实训前准备　恒温水浴培养箱，20mL试管，4%TTC指示剂（4g 2,3,5-氯化三苯基四氮唑溶于100mL蒸馏水配制），细菌液，待测定奶样若干份。

（2）细菌液制备　将嗜热乳酸链球菌接种于灭菌脱脂乳，置于（36±1）℃培养箱中保温15h，然后再用灭菌脱脂乳以1：1比例稀释备用。

（3）检测操作　取奶样9mL放入试管中，置于80℃水浴中保温5min，然后冷却至37℃以下，加入细菌液1mL，置于（36±1）℃水浴培养箱中保温2h，加入4%TTC指示剂0.3mL，置水浴培养箱中保温30min，观察牛奶颜色的变化。

（4）结果判定　加入TTC指示剂并于水浴中保温30min后，如检样呈红色反应，说明无抗生素残留，结果为阴性；如检样呈不显色状态，再继续保温30min进行第二次观察。如仍不显色，则说明有抗生素残留，结果为阳性；反之则为阴性。显色状态判定标准见表1-1-28。

表1-1-28　抗生素残留检测显色状态判定标准

显色状态	判定
不显色	阳性(＋)
微红色	疑似(±)
桃红至红色	阴性(—)

9. 异常奶的检出

牛奶作为人们的营养食品和食品加工的原料，其质量和安全性极为重要。个别的牛奶生产者受经济利益的驱使，出于增加牛奶的容积、提高售价、防止鲜奶在储存过程中变质、对已变质的鲜奶做掩护等目的，在某些情况下可能会在出售的鲜奶中人为掺入一些非奶物质。这种行为的后果，轻则引起牛奶营养价值的降低和理化特性的改变，损害消费者的利益，给乳品加工企业造成严重的经济损失；重则会对消费者的身体健康造成严重的损害。因而，乳品加工企业在收购鲜奶时，对可能存在的掺杂物进行必要的检验，是保证牛奶质量重要的一环。

（1）碱性物质的检出　牛奶中掺入碱性物质（通常为碳酸氢钠）可中和其中的乳酸，降低牛奶的酸度，防止牛奶因变酸而发生的凝固现象；同时可增加牛奶的密度，为向牛奶中掺水做掩护。另外，在牛场中，一些盛奶的器具（如奶桶等）一般用碱液（NaOH）进行消毒，若消毒后没有进行清洗或清洗不彻底，盛奶时也会残存碱液。向牛奶中掺碱直接影响牛奶及奶制品的质量、风味和色泽。

牛奶中碱性物质的检测常采用溴麝香草酚蓝定性法。溴麝香草酚蓝是一种酸碱指示剂，在pH值6.0～7.6的溶液中有从黄到蓝的颜色变化。正常牛奶呈弱酸性，其pH值为6.3～6.9，含碱牛奶的pH值往往会高于这一范围，因而使溴麝香草酚蓝的显色反应与正常奶不同，由此可判断牛奶中是否含碱。操作方法：取5mL牛奶于试管中，使试管保持倾斜位置。沿管壁小心加入0.04%溴麝香草酚蓝酒精溶液5滴，使试管轻轻旋转2～3圈，使其更好地相互接触，切勿使两液体相混合。然后将试管垂直放置，2min后观察环层指示剂的颜色。呈黄色者属正常乳，呈青色者为加碱乳，颜色愈青则碱加入量愈多。需做对照试验。

（2）豆浆的检验　豆浆易于与牛奶混合，且颜色、浓度等外观与牛奶相近，掺入牛奶不易被肉眼发现。因而，豆浆是个别人向牛奶中掺假的液体材料。豆浆中含有皂角素，皂角素与NaOH作用呈黄色的显色反应。检验步骤：取正常牛奶与待检奶样各5mL分别置于两个试管中，分别向两个试管中加入乙醇与乙醚混合液3mL，再分别加入25% NaOH溶液2mL，充分混匀，静置5～10min，观察颜色变化。如牛奶中有豆浆存在则呈黄色，无豆浆存在时颜色不变。此法（氢氧化钠显色法）灵敏度不高，掺豆浆大于10%才呈阳性反应。

（3）淀粉或米汤的检验　淀粉分直链淀粉和支链淀粉两种，直链淀粉遇碘产生深蓝色，支链淀粉在热水中糊化形成黏稠液体，遇碘液产生紫红色，这是淀粉的特异反应，非常灵敏。检验步骤：称取2g碘化钾，溶于10mL蒸馏水中，加入2g碘，待碘完全溶解后，转移到100mL容量瓶中，定容至刻度。再分别取正常奶样与待检奶样备5mL于两支试管中，煮沸。分别加入3～5滴碘溶液，充分混匀，观察颜色变化。如呈现蓝色或紫红色，则证明牛奶中掺有淀粉或米汤，否则为正常牛奶。

10. 奶牛隐性乳房炎的检测

（1）实训前准备　测定盘：为一块乳白色塑料盘，其上置有4个深约1.5cm、直径为5cm的圆形小室。配制试剂：称取NaOH 15g、烷基丙烯基磺酸钠（钾）45g、溴甲酚紫0.1g，与1000mL蒸馏水混合均匀而成。

（2）在奶牛场中进行，请挤奶员协助完成，在挤奶中间进行检测。

（3）将被检牛的4个乳区的牛奶分别挤在测定盘中的4个小室内，倾斜测定盘，倒出多余牛奶，使每个小室内保留牛奶约2mL，再分别加入2mL检测试剂于小室内，呈同心圆摇动测定盘，然后判定结果。判定标准见表1-1-29。

表1-1-29　奶牛隐性乳房炎的检测（CMT法）反应判定标准

反应	符号	牛奶反应	体细胞数/(个/mL)	嗜中性白细胞百分比/%
阴性	—	液状，无沉淀物	0～2万	0～25
可疑	±	微量极细颗粒，不久即消失	15万～50万	30～40
弱阳性	+	有部分沉淀物	40万～150万	40～80
阳性	++	凝结物呈胶状，摇动时呈中心集聚，停止摇动时，沉淀物呈凹凸状附着于盘底	80万～500万	60～70
强阳性	+++	凝结物呈胶状，表面突出，摇动盘时向中心集中，凸起，黏稠度大，停止摇动，凝结物仍黏附于盘底，不消失	500万以上	70～80
碱性牛奶	P	呈深紫色(pH 7以上)		
酸性牛奶	Y	呈黄色(pH 5.2以下)		

【巩固训练】

一、名词解释

305天产乳量、全泌乳期产乳量、终生产乳量、4%乳脂标准乳、前乳房指数、产乳指数、宰前活重、胴体重、净肉重、屠宰率、DHI、牛奶自然酸度、牛奶发酵酸度、牛奶的密度、牛奶酸度、系水力、肉的嫩度、肉的熟化

二、填空题

1. 泌乳曲线是反映（　　）随泌乳月变化规律的曲线。
2. 宰前活重是称取停食（　　）h、停水（　　）h后临宰前体重。
3. 在生产中常常只测牛奶的界限酸度，市售牛奶酸度一般要求不超过（　　）。
4. 一般牛奶的密度为（　　）。
5. 牛奶中碱性物质的检测常采用（　　）。
6. 冷却方法主要有（　　）和（　　）两种。
7. 肉的熟化过程可以分两个阶段：（　　）和（　　）。

三、选择题

1. （　　）乳脂率的牛乳作为标准乳。
A. 5%　B. 4%　C. 3%　D. 2%
2. 肉牛的生长性能指标主要包括（　　）。
A. 初生重，断奶重　B. 12月龄体重，18月龄体重，24月龄体重
C. 日增重　D. A、B、和C
3. “胴体净肉重/宰前活重”计算的产肉性能指标是（　　）。
A. 屠宰率　B. 净肉率　C. 胴体产肉率　D. 都不是
4. 牛肉的冷冻保藏应维持在（　　）。
A. －23～－25℃　B. －18℃左右　C. －15～－25℃　D. －10℃
5. 称取家畜停食24h、停水8h后临宰前体重，称为（　　）。
A. 宰前活重　B. 胴体重　C. 净肉重　D. 净膛重
6. 奶牛产奶计划编制时，干奶期以（　　）时间计算。
A. 45天　B. 60天　C. 75天　D. 120天
7. 犊牛出生重的测量，是在（　　）时间测定。
A. 出生后0.5h　B. 出生后不超过2h
C. 出生后不超过24h　D. 第一次吃初乳前
8. 现代奶牛生产中，测定奶牛产奶量最简便可行的方法是（　　）。
A. 每周测定一次　B. 每月测定一次　C. 每月测定三次　D. 每季度测定一次
9. 奶牛终生产奶量统计时，各胎次产奶量应以（　　）产奶量为准。
A. 305天校正产奶量　B. 全泌乳期实际产奶量
C. 305天产奶量　D. 年度产奶量
10. 某奶牛实际泌乳290天，其305天产奶量统计方法是（　　）。
A. 等于实际奶量　B. 等于实际奶量×校正系数
C. 等于第8天到290天奶量　D. 无法统计
11. 更能体现牛群质量的指标是（　　）。
A. 全泌乳期实际产奶量　B. 泌乳牛全年平均产乳量
C. 终生产奶量　D. 成母牛全年平均产奶量
12. 为简化手续，中国乳牛协会提出，在全泌乳期的第（　　）、5、8泌乳月内各测定一次乳脂率，计算其平均乳脂率。
A. 1　B. 2　C. 3　D. 4
13. 牛奶中一般含水量为87%～88%，其中乳成分中比较稳定的是（　　）。

A. 乳脂率　　B. 乳蛋白率　　C. 细菌数　　D. 乳糖率

14. 中国牧场粗饲料条件下，理想的牛奶尿素氮（MUN）浓度为（　　）。

A. 5～8 mg/dL　　B. 8～11 mg/dL

C. 12～16 mg/dL　　D. 16～20 mg/dL

15. 牛奶的消毒中，巴氏消毒在65℃下保持（　　）。

A. 20min　　B. 15～30s　　C. 30min　　D. 10min

16. 新鲜乳的酸度为（　　）。

A. 16～18°T　　B. 38°T　　C. 28～36°T　　D. 28°T

17. 常乳的相对密度一般为（　　）。

A. 1.028～1.030　　B. 1.050　　C. 1.082　　D. 1.045

18. 乳球蛋白在初乳中的含量约为（　　）。

A. 0.1%～0.2%　　B. 0.2%～1.0%　　C. 2%～10%　　D. 15%～20%

19. 牛乳中乳糖含量为4.5%，其甜度如何？（　　）

A. 微甜　　B. 较甜　　C. 很甜　　D. 无甜味

20. 乳的白色是由乳中的胶体物质产生的，微黄色主要来自维生素，因而乳的颜色主要受（　　）的影响。

A. 品种　　B. 饲料　　C. 水　　D. 气候

21. 通常将乳冷却至（　　）左右。

A. 3℃　　B. 4℃　　C. 5℃　　D. 6℃

22. 刚挤下的牛乳温度约（　　）左右，是微生物繁殖最适宜的温度。

A. 40℃　　B. 36℃　　C. 32℃　　D. 39℃

23. 305天产奶量指的是（　　）。

A. 计算从产犊后第一天开始到305天为止的总产量

B. 计算从产犊后第一天开始到365天为止的总产量

C. 计算从产犊后第60天开始到305天为止的总产量

D. 计算从产犊后第二天开始到305天为止的总产量

四、简答题

1. 4%标准乳的换算公式是什么？

2. 肉牛生产性能的评定主要有哪些指标？如何计算？

3. 简述牛肉胴体的鲜度分级标准。

【知识拓展】

牛奶的检验与初步处理、牛肉的等级评定

【任务考核】

任务五　牛常用饲料开发与利用

【任务目标】

能准确描述牛常用饲料的种类和特性；能独立设计和分析奶牛、肉牛日粮配方；掌握青贮玉米加工调制方法；掌握TMR全混合日粮评价方法。

【必备知识】

知识点一　常用精饲料加工技术

一、常见精饲料

精饲料由谷实类能量饲料、蛋白质饲料、矿物质和维生素饲料等组成，生产中主要按照营养特点进行分类。

（一）谷实类饲料

精饲料主要包括禾本科子实与豆科子实。特点为：体积小，粗纤维含量低，可消化营养物质含量高，是能量和蛋白质补充饲料。能量饲料指干物质中粗纤维含量在18%以下、粗蛋白质含量为20%以下的饲料，是牛能量的主要来源。主要包括谷实类及其加工副产品（糠麸类）、块根、块茎类及其他。

禾本科子实的干物质中以无氮浸出物（淀粉）为主，占干物质的70%～80%；粗纤维含量小于6%，粗蛋白质含量一般在10%左右，脂肪含量为2%～5%，脂肪酸为不饱和脂肪酸。钙少、磷多，含有较丰富的B族维生素和维生素E，缺乏维生素D；除黄玉米外，均缺乏胡萝卜素。主要的禾本科子实饲料是玉米、高粱、大麦、燕麦、小麦等。被称为“饲料之王”的玉米富含淀粉，能值高，适口性好，消化率高，是牛的主要能量饲料。

豆科子实饲料的粗蛋白质含量高，占干物质的20%以上，无氮浸出物含量为30%～60%，纤维素易被消化。钙、磷含量稍高于禾本科子实，钙少、磷多，比例不当。缺乏胡萝卜素。因富含可消化粗蛋白质，常被用作蛋白质补充饲料。

（二）饼粕类饲料

饼粕类饲料是油料作物子实经压榨或浸提出植物油后剩余的副产品，可消化粗蛋白质可达30%～45%，氨基酸种类齐全，含量丰富，营养价值很高。钙少、磷多，B族维生素含量高，胡萝卜素较少。牛最常用的蛋白质饲料是豆粕、棉粕、菜籽粕、双低菜籽粕、胡麻粕、葵花粕。生豆饼（粕）中含有抗胰蛋白酶等抗营养因子，棉籽饼中含有棉酚，在配合日粮时，要控制用量。

（三）工业加工副产品

糟渣类饲料主要是制糖酿酒业的糟渣类副产品，如酒糟、DDGS、醋糟、豆腐渣等。营养成分随原料、加工工艺等不同有很大差别。一般粗纤维和水分含量高，不易贮存运输。鲜啤酒糟蛋白质含量高，饲用效价高，含有未知的促生长因子，是促进乳牛产乳和肉牛育肥的好饲料。

糠麸类饲料是制米和制粉业副产品，制米的副产品称作糠，制粉的副产品则为麸。主要有米糠、麸皮、玉米皮等。这类饲料的粗蛋白质、粗脂肪和粗纤维均高于原粮，无氮浸出物和有效能值低于原粮，消化率低，钙、磷含量高于原粮，但钙少、磷多；富含B族维生素和维生素E，而维生素D和胡萝卜素缺乏。麸皮粗纤维含量高，质地疏松，容积大，具有轻泻作用，是牛产前、产后的理想饲料。糠麸类饲料和饼粕类饲料在配合日粮时通常作为精饲料使用。

（四）矿物质饲料

可供牛饲用的矿物质，称矿物质饲料。主要是用于补充钙、磷、钠、钾、镁、氯等。常用的矿物质饲料有石粉、碳酸钙、磷酸钙、磷酸氢钙、食盐、硫酸镁等。

（五）蛋白质饲料

干物质中粗纤维含量在18%以下，粗蛋白质含量在20%以上的饲料。主要是植物性蛋白质饲料、单细胞蛋白质饲料和非蛋白质饲料。

牛是反刍家畜，可利用尿素、双缩脲、铵盐等非蛋白含氮物。1kg尿素约相当于6kg大豆饼提供的氮量，可补充饲料中蛋白质的不足。为提高尿素的利用率，日粮中的蛋白质含量以9%～12%为宜，日粮中应适当添加淀粉质的精料，还要考虑饲料中的钴、硫、钙、锌、锰、铜等矿物质的供给。

尿素含氮46%左右。尿素的溶解度很高，在瘤胃中很快转化为氨，尿素饲喂不当会引起中毒，可致命。因此，使用尿素时应注意：

(1) 尿素的用量应逐渐增加，应有2周以上的适应期。

(2) 只能在6月龄以上的牛日粮中使用尿素。奶牛在产乳初期用量应受限制。

(3) 尿素不宜单喂，应与其他精料搭配使用。也可调制成尿素溶液喷洒或浸泡粗饲料，或调制成尿素青贮料，或制成尿素颗粒料、尿素精料砖等。

(4) 不可与生大豆或含脲酶高的大豆粕同时使用。

(5) 尿素应与谷物或青贮料混喂。禁止将尿素溶于水中饮用，喂尿素1h后才能给牛饮水。

(6) 尿素的用量一般不超过日粮干物质的1%，或每100kg体重15～20g。

近年来，为降低尿素在瘤胃的分解速度，改善尿素氮转化为微生物氮的效率，防止牛尿素中毒，研制出了许多新型非蛋白氮饲料，如糊化淀粉尿素、异丁基二脲、磷酸脲、羟甲基尿素等。

(六) 添加剂

牛的饲料添加剂是为了补充营养物质、提高生产性能和饲料利用率、改善饲料品质、促进生长繁殖、保障牛体健康而加入到牛饲料中的少量或微量物质。饲料添加剂包括营养物质添加剂和非营养物质添加剂两类。营养物质添加剂主要有氨基酸添加剂、维生素添加剂和微量元素添加剂；非营养物质添加剂主要有保健助长剂（如抗生素）、瘤胃调节剂（如脲酶抑制剂、碳酸氢钠等）、饲料存储添加剂（如抗氧化剂、防霉剂、风味剂）和抗应激添加剂等。

药物添加剂曾经给畜牧业带来了很大效益，但随着时代的发展，它引起的副作用也日益明显。低治疗量的抗生素作为添加剂，在消灭病原菌的同时，也消灭了对机体有益的微生物，造成体内菌群失调；长期饲喂，还会产生耐药性，并在畜产品中残留，对公共卫生产生不良影响，直接威胁人类健康与安全。因此，滥用抗生素类添加剂如超量添加、不遵守停药期的要求，或者非法使用催眠镇静剂、激素或激素样物质等，都会导致这类药物在牛肉、牛乳中残留超标。生产绿色牛肉、牛乳应尽量应用可替代抗生素、促生长激素的新型生物制剂，如益生素、酸化剂、酶制剂、酵母培养物、中草药、寡糖、磷脂、腐植酸等纯天然物质，或低毒无残留兽药添加剂替代抗生素类添加剂。首先要选择安全性较高、无药物残留的动物专用抗生素，避免选用易产生耐药性的药物；其次，使用方法应正确合理，必须与饲料混合均匀，并严格执行添加标准和停药期规定，以减少药物残留及耐药性。严禁使用禁用药物添加剂，严格控制各种激素、抗生素、化学合成促生长素、化学防腐剂等有害人体健康的物质进入牛乳，以保证产品的质量。

(七) 精饲料产品

奶牛的预混料是微量元素或维生素的复合，有些预混料还包括磷酸氢钙、小苏打、石粉、食盐等。它是一种不完全饲料，不能单独直接喂奶牛，预混料在奶牛精料中的用量一般为1%～5%。奶牛的浓缩饲料是指蛋白质饲料、矿物质饲料（钙、磷和食盐）和添加剂预混料按一定比例配制而成的均匀混合物。浓缩饲料不能直接饲喂奶牛，使用前要按标定含量配一定比例的能量饲料（主要是玉米、麸皮），成为精料混合料，才能饲喂。奶牛精料补充料又称精料混合料。由于奶牛的瘤胃生理特点，精料混合料饲喂时，应另喂粗饲料。

二、精饲料加工技术

(一) 粉碎与压扁

各种谷类饲料，如大麦、玉米、高粱等，在饲喂前都要加以粉碎或压扁，尤其对于外壳坚硬的谷物，这道加工更为重要。因为这些硬壳谷物在家畜的消化道内，一般不能被完全消化，许多谷粒会随粪便排出，造成浪费。如果粉碎或压扁，不但家畜容易咀嚼，而且饲料中的营养物质与消化液的接触面积增大，提高了消化率，也便于和其他饲料混合应用。饲料的粉碎程度，应根据家畜种类而定：牛、羊的饲料可粉碎成 2mm；马、驴、骡的饲料可粉碎成 4mm。

（二）浸泡

浸泡调制法，一般适用于油饼类精饲料。浸泡后的饲料，易于家畜咀嚼消化，特别对猪和家禽效果更好。浸泡饲料的水中因含有多种营养物质，应拌在料中一并喂给。夏季浸泡油饼类饲料时，容易腐败变质，时间不宜过长。

（三）煮蒸与炒焙

这两种配制方法适用于豆类饲料。经蒸煮、炒焙后的饲料，蛋白质和淀粉的利用率提高。此外，炒焙可以使饲料产生一种清香的气味，提高适口性，促进家畜食欲，增加采食量。

（四）糖化

此法适用于含淀粉的饲料，其中所含的淀粉能充分地转化为糊精和麦芽糖，含量可从 1%增长为 10%。糖化后的饲料有甜味，牲畜很喜欢吃。

（五）发酵

精饲料发酵是养猪和养奶牛常用的调制方法之一。它主要利用饲料本身所含的微生物或外加酵母，使饲料在适当的温度、湿度和空气条件下，分解碳水化合物，产生乳酸、醋酸、乙醇等，成为具有芳香和微酸的发酵饲料。饲料经发酵后，可以改善适口性，提高消化率和粗蛋白的利用率，并增加 B 族维生素的含量。精饲料经过发酵之后，对于家畜食欲、健康、繁殖和饲料的利用均具有良好的作用。

知识点二　全株玉米青贮技术

一、玉米青贮全过程关键管理要点

种植阶段：主要考虑品种、种植密度、行距、播种深度等；生长阶段：主要考虑环境对产量、淀粉和纤维消化率的影响；收获阶段：主要考虑成熟度（更关注玉米干物质含量和淀粉含量，尤其要关注玉米青贮里茎秆部分的有效纤维及其消化率）、籽粒破碎、切碎长度、青贮添加剂；制作阶段：压实、覆盖；饲喂：饲喂管理和日粮配方。

二、玉米青贮收割

（一）最佳收割时期

看玉米的乳线。玉米籽粒的实胚线也叫乳线，达到 1/2～2/3 时收获，此时干物质≥30%即可开始收割。看叶片。玉米植株下边有 4 片干叶片，相当于 65%～70%的含水量。

（二）留茬高度

建议留茬高度在 15～20cm 为宜。

（三）切割长度与籽粒破碎

1. 切割长度

玉米青贮的理论长度范围为 0.9～1.9cm，如果没有对玉米进行粉碎，切割长度可以为 0.9～1.2cm。

2. 籽粒破碎

如果玉米乳线超过 1/2，则一定要使用破碎设备以提高淀粉的消化率。将滚筒的间距设置为 2～3mm，能将 100%玉米棒碾碎，将 90%～100%的玉米籽粒破碎。籽粒破碎要求：检查滚轴的磨损情况，一般寿命为 400h（CLASS 或 DEER）；滚轴间一般保证 1～3mm 的间隙；常规切割长度不超过 19mm。1L“马克杯”中，玉米粒整粒数小于 4 粒为合格。

（四）干物质测定

详见技能训练六。

三、玉米青贮压实与封存

（一）合理的青贮堆宽度

青贮堆的宽度应根据牧场每天需要采食的青贮用量而定，每天至少取料 30cm 来决定青贮窖的宽度大小，否则，奶牛每天采食的都是暴露在空气中品质下降或者是二次发酵的青贮。

（二）压实过程要求

从第一车青贮进窖就开始压实，不能停止，直至封窖。压实时最好使用大型装载机或拖拉机，有配重更好；禁止用链轨车压实。要求一层一层压实，严禁整堆压，每层青贮的摊铺厚度以15～20cm为宜，并保证青贮斜面与地面的夹角稳定在30°。根据压窖设备自重，铲车压窖车速匀速在3～5km/h以内。每次轮胎碾压需重复1/3的轮辐，且纵横交错压实。采用分段压窖分段封窖的办法，填窖压窖速度要快，一般不到8天封一窖，在顶部不要过多碾压，建议把顶部弄平，然后花正常时间压实即可，顶部过多碾压会导致更严重的顶部腐败，因为植物细胞破裂，营养和水分流出，会加速需氧腐败微生物的生长。

青贮饲料铺设厚度越薄，压实密度越大，即每层厚度15～20cm，压实机械重量要达到400kg。需要的压实设备重量可以通过以下公式计算：

每小时入窖的玉米重量×400

例如，每小时运100t鲜料至青贮堆×400＝需40000kg（40t）压实设备。全株玉米青贮密度每立方米200～250kg干物质。干物质22%～28%时压窖密度控制在每立方米850kg以上；干物质28%～32%时压窖密度控制在每立方米750kg；干物质32%以上时压窖密度控制在每立方米700kg以上。

（三）封窖

最好采取双层膜包裹封窖，底层先用5～8丝厚的隔氧膜（oxygen barrier plastics，OBP）包裹第一层，保证隔氧性。再使用12丝厚的黑白膜进行覆盖，白面向上有利于反射太阳辐射，降低青贮表面温度，两片膜的接口处至少重叠2m宽且上面的压下面的，膜上以轮胎或胎边压实，压整轮胎比胎边效果要好。（康奈尔大学研究发现：黑膜覆盖的青贮料温度比白膜覆盖的青贮料30cm处的温度大约高5.5℃，15cm处大约高11℃）。对于窖贮，可将青贮窖整个密封起来。具体做法是一开始就在里边先搭上一层塑料布，装满以后再把青贮外边塑料布盖回来，这样封好以后就类似于一个大的香肠，用塑料布把青贮都裹起来，这样即便是旧的青贮窖表面有很多污染物，靠墙边基本上也没有什么污染。应及时检查，如发现下陷或窖顶裂缝及时修补。6～7周即可发酵成熟。

（四）添加剂使用

青贮在无氧的条件下，各种好氧微生物都被抑制，只剩下乳酸菌（有益菌）和梭菌（有害菌）开始大量繁殖，二者的竞争结果决定着青贮发酵的成败。要使乳酸菌最终可能成为优势菌群，且在短时间内大量分泌乳酸而形成乳酸发酵以快速降低pH值，最直接有效的办法就是在制作青贮时接种生物青贮发酵剂。接种添加剂效果最好的是田间收割机自配喷洒装置。

（五）开窖

封窖后30～40天便可开窖使用。圆筒形窖应自上而下逐层取用，长方形窖从一端开口，上下垂直断面，一段一段切取。每取用一次后，随即盖严出料口。出料口应防日晒雨淋、防冻、防泥土进入。

知识点三 奶牛的日粮配合技术

一、牛的饲养标准

经过大量反复实验和实践总结制定的一头牛每天应给予主要营养物质的数量及用多少饲料可满足这些营养需要量，称为牛的饲养标准。它反映了牛生存和生产对饲料及营养物质的客观要求，它是牛生产计划中组织全年饲料供给、设计饲料配方、生产平衡饲粮和对牛进行标准化饲养的科学依据。牛的饲养标准包括两个主要部分：一是营养需要量或供给量或推荐量；二是常用饲料营养价值表，营养供给量或推荐量，一般是指最低营养需要量再加上安全系数计算而来。

（一）中国奶牛饲养标准

我国第1版《奶牛饲养标准》1986年由农业部批准颁布，第3版《奶牛营养需要和饲养标准》于2004年出版。

（二）NRC奶牛饲养标准

美国NRC《乳牛营养需要》第7版（2001），反映了当今奶牛营养科学最新动态和成果，其中包括小型和大型的后备母牛饲养标准，泌乳牛饲养标准（早期、中期）和干奶牛饲养标准。

二、奶牛日粮配合

（一）日粮配合的原则

① 满足营养需要。必须准确计算牛的营养需要和各种饲料的营养价值，在有条件的情况下，最好能够实测各种饲料原料的主要养分含量。

② 日粮组成尽量多样化，以便发挥不同饲料在营养成分、适口性以及成本之间的补充性。在粗饲料方面，尽量做到豆科与禾本科互补；在草料方面，尽量做到高水分与低水分互补；在蛋白质饲料方面，尽量做到降解与非降解饲料互补。

③ 追求粗料比例最大化。在确保满足牛营养需要的前提下，要追求粗料比例最大化，这样，可以降低饲料成本，促进牛的健康。因此，在可供选择的范围内，要选择适口性好、养分浓度高的粗料。在粗饲料质量有限或牛生产水平高的情况下，要尽可能不让精料比例超过60%。

④ 配合日粮时必须因地制宜。充分利用本地的饲料资源，以降低饲养成本，提高生产经营效益。

⑤ 先配粗饲料，后配精饲料，最后补充矿物质。

（二）日粮配合的方法

（1）计算机法　目前，最先进、最准确的方法是用专门的配方软件，通过计算机配合日粮。市场上有多种配方软件，其基本工作原理都是一样的，差别主要在于数据库的完备性和操作的便捷性等方面。

（2）手工计算法　首先应了解牛的生产水平或生长阶段，掌握牛的干物质采食量，计算或查出每天的养分需要量；随后选择饲料，配合日粮。

（三）配方示例

某奶牛场成年母牛平均体重550kg，日产奶30kg，乳脂率3.5%。该场饲料为玉米青贮、羊草、玉米、麸皮、豆饼、棉籽饼、磷酸氢钙、石粉、食盐等。请为该牛群设计日粮配方。

1. 计算奶牛营养需要

根据奶牛饲养标准和饲料营养成分，列出必要的营养需要（表1-1-30）和饲料营养成分（表1-1-31）。奶牛营养需要包括维持需要、生长需要、产奶需要和妊娠需要四部分，成年奶牛生长需要和妊娠需要根据实际情况确定，一般设定为0。

表1-1-30　奶牛营养需要量表（每千克饲料含量）

项目	日粮干物质/kg	奶牛能量单位/NND	可消化粗蛋白质/g	钙/g	磷/g
维持需要	7.04	12.88	341	33	25
产奶需要	11.70	27.90	1560	126	84
合计	18.74	40.78	1901	159	109

表1-1-31　奶牛常用饲料营养成分含量（每千克饲料含量）

饲料	干物质/%	奶牛能量单位/NND	可消化粗蛋白质/g	钙/g	磷/g
玉米青贮	22.7	0.36	8	1.0	0.6
羊草	91.6	1.38	37	3.7	1.8
玉米	88.4	2.76	59	0.8	2.1
麸皮	88.6	1.91	109	1.8	7.8
豆饼	90.6	2.64	366	3.2	5.2
棉籽饼	89.6	2.34	263	2.7	8.1
磷酸氢钙	100			230	160
石粉	100			380	

2. 确定奶牛粗饲料用量及食入的营养

日产乳量为10kg时，粗饲料与精饲料的干物质比例为7∶3；日产乳量为20kg时，粗饲料与精饲料的干物质比例为6∶4；日产乳量为25kg时，粗饲料与精饲料的干物质比例为4.5∶5.5；日产乳量为30kg时，粗饲料与精饲料的干物质比例为4∶6。本例中粗饲料采食量占日粮干物质40%。粗饲料干物质每天为7.5kg（18.74×40%＝7.5）。青粗饲料主要提供玉米青贮和羊草。按照饲养标准确定每天饲喂玉米青贮20kg、羊草3.5kg，可获得营养物质如表1-1-32所示。

表1-1-32　进食粗饲料的营养

饲料种类	用量/kg	干物质/kg	奶牛能量单位	可消化粗蛋白/g	钙/g	磷/g
玉米青贮	20	20×0.227＝4.54	20×0.36＝7.2	20×8＝160	20×1.0＝20	20×0.6＝12
羊草	3.5	3.5×0.916＝3.21	3.5×1.38＝4.83	3.5×37＝129.5	3.5×3.7＝12.95	3.5×1.8＝6.3
合计	23.5	7.75	12.03	289.5	32.95	18.3
与需要比尚缺		10.99	28.75	1611.5	126.05	90.7

3. 初拟精料混合料配方（表1-1-33）

初拟各原料用量（kg）：玉米5.5，麸皮2.0，豆饼2.0，棉籽饼2.0，磷酸氢钙0.2，石粉0.1，食盐0.1，预混料0.1。

表1-1-33　初拟奶牛混合料的营养

饲料种类	用量/kg	干物质/kg	奶牛能量单位	可消化粗蛋白/g	钙/g	磷/g
玉米	5.5	5.5×0.884＝4.86	5.5×2.76＝15.18	5.5×59＝324.5	5.5×0.8＝4.4	5.5×2.1＝11.5
麸皮	2	2×0.886＝1.77	2×1.91＝3.82	2×109＝218	2×1.8＝3.6	2×7.8＝15.6
豆饼	2	2×0.906＝1.81	2×2.64＝5.28	2×366＝732	2×3.2＝6.4	2×5.2＝10.4
棉籽饼	2	2×0.896＝1.79	2×2.34＝4.68	2×263＝526	2×2.7＝5.4	2×8.1＝16.2
磷酸氢钙	0.2	0.2			0.2×230＝46	0.2×160＝32
石粉	0.1	0.1			0.1×380＝38	
食盐	0.1	0.1				
预混料	0.1	0.1				
总计	12	10.73	28.96	1800.5	103.8	85.7
与需要量相比		－0.26	＋0.21	＋189	－22.25	－5

4. 拟定精料混合料配方

由表1-1-33可知，与标准相比，能量已基本满足需要，而蛋白质含量偏高。可用玉米代替豆饼，1kg玉米代替1kg豆饼则蛋白质减少307g（366－59＝307），则需用0.62kg的玉米代替等量的豆饼（189÷307≈0.62）。此时玉米的用量为6.12（5.5＋0.62），豆饼的用量改为1.38（2－0.62）。

再看钙和磷，可知钙、磷都不足，由于干物质用量尚缺，所以可适当增加磷酸氢钙和石粉用量。先用磷酸氢钙补磷。

磷酸氢钙用量＝5/0.16(每克磷酸氢钙中含磷量)＝31.25g≈0.03kg。

磷酸氢钙含钙量＝0.03×230＝6.9(g)，尚缺钙量＝22.25－6.9＝15.35(g)。用石粉补充。石粉用量＝15.35/0.38(每克石粉含钙量)＝40.39(g)≈0.04kg。因此磷酸氢钙最终用量为0.2＋0.03＝0.23(kg)，石粉最终用量为0.1＋0.04＝0.14(kg)。

最后精料混合料用量为玉米6.12kg、麸皮2kg、豆饼1.38kg、棉籽饼2kg、磷酸氢钙0.23kg、石粉0.14kg、食盐0.1kg、预混料0.1kg，共计12.07kg。

5. 拟定饲料配方

体重550kg、日产奶30kg、乳脂率3.5%的奶牛日粮组成：羊草3.5kg、玉米青贮20kg、混合精料12.07kg。

知识点四　TMR日粮制作技术

一、TMR

TMR（total mixed ration，全混合日粮）是根据奶牛在不同生长发育和泌乳阶段的营养需要，按营养专家设计的日粮配方，用特制的搅拌机对日粮各组成成分进行搅拌、切割、混合和饲喂的一种先进的饲养工艺。奶牛场TMR成本占牧场成本的70%～80%，是牧场成本的主要部分，有效评估和管理TMR具有重要的意义。TMR制作完成以后，其水分含量在45%～55%之间，干物质含量在50%以上；制作完成以后的TMR均匀度一致，无草团或混合料窝等现象出现。使用宾州分级筛进行均匀度的检测是比较科学的判定方法。

二、TMR制作

TMR饲喂的核心问题：保证三大日粮的一致性。第一大日粮就是指“纸上的日粮”，即营养师做出来的营养配方，第二大日粮是拿到配方后加料搅拌得到的混合日粮，第三大日粮就是奶牛真正采食进去并且被消化吸收的日粮。要想达到最佳的生产成绩和效率，TMR饲喂技术非常核心的问题就是这三大日粮必须一致。

（一）装料顺序

固定装料顺序，能保障TMR的均匀度和粒度的稳定。先干后湿、先长后短、先轻后重。一般饲料装入顺序为：①羊草→苜蓿；②浓缩料→玉米面→甜菜粕；③全棉籽；④青贮饲料；⑤液体饲料；⑥糟渣类饲料——啤酒糟、酒糟、块根类等。

（二）加料方法

TMR管理员需要将每一组TMR的组分数量落实在纸上，即“发料单”，交给TMR加工人员操作。按照本群牛的TMR配方，发料单要求加工的TMR数量，按照各种饲料的装入顺序，将饲料装入搅拌车进行加工。

（三）混合时间

当饲料开始装载时，可缓慢进行搅拌；在最后一种饲料装完后进行充分搅拌，要求达到分析筛对应料种要求。一般情况下，加入最后一种饲料后应继续搅拌3～8min。混合时间由操作人员自行掌握（由于饲料组分不同，混匀时间有所差别，一般在20～30min）。当放入长的粗饲料数量较多时，应先混合3～4min以切短粗饲料。

（四）饲槽投料

按规定次序投料（高产区→中产区→低产区），保证奶牛在挤奶完成后能吃到新鲜的TMR。使用TMR发料车投料时，混合均匀后严格按照发料单的各区间分发数量，最大限度地减小投料误差（误差应控制在2%以内）。还要做好报警设定，用车速度配合料门开放大小控制放料速度，使TMR均匀分撒于相应的料位，保证整个饲槽的饲料投放均匀。

【任务实施】

知识点学习

1. 牛常用精饲料识别和加工
2. 苜蓿加工调制技术
3. 全株玉米青贮技术
4. 奶牛的日粮配合设计
5. TMR日粮制作技术

有条件的可以组织参观牛场，观察牛的常用饲料、青贮设施及青贮制作过程、TMR加工设备；借助工具能够进行青贮饲料的品质鉴定。能正确使用宾州筛和粪筛评价TMR日粮；能分析评价牛场日粮配方。

技能训练六 全株玉米青贮品质评定

一、必备资源

青贮取样器、一次性手套、塑料自封袋、酸度计、色谱、光谱、分析纯试剂、烘箱、微波炉等。

二、活动步骤

(一) 采样

青贮塔窖中样品的采取：先取出覆盖物如黏土、碎草等及上层发霉的青贮料，然后再从不同层次中分点均匀取样。采集的样品可立即进行质量评定，也可以置于塑料袋中密闭，4℃冰箱保存、待测。注意事项：

(1) 青贮料取出要均匀，要沿着窖、塔中青贮料的整个表面均匀地呈层状取样，冬天取下一层的深度不得小于5～6cm，温暖季节取下一层的深度不得小于8～10cm。

(2) 采样的部位要按如下规定：以窖、塔中物料表面中心为圆心，从圆心到距离窖塔壁30～50cm处为半径，画一个平行的圆圈，然后在互相垂直的两直径与圆周相交的四个点及圆心上采样，也就是说，每一层一共是5个采样点。用锐利刀具切取约20cm见方的青贮料样块，切忌随意取样。

(3) 采样后应马上覆盖好，以免空气进入，造成腐败，冬季为了防止青贮料结块，应用草帘等轻便保暖物覆盖。

(二) 干物质测定

只有当样品具有代表性时，才能准确地测定干物质含量。

(1) 手工评估青贮含水量的方法 见表1-1-34用于粉碎后、田间。

表1-1-34 手工评估青贮含水量的方法

用手挤压青贮饲料	水分含量
水很易挤出，饲料成形	≥80%
水刚能挤出，饲料成形	75%～80%
只能少许挤出一点水(或无法挤出)，但饲料成形	70%～75%
无法挤出水，饲料慢慢分开	60%～70%
无法挤出水，饲料很快分开	≤60%

(2) Koster烘干炉法 从青贮塔窖中多处取青贮饲料约500g，准确称取100g，放在Koster烘干炉上烘干30min后取出样品称重记录，再次烘干10min称量记录，反复进行至恒重（前后两次称重之差小于0.2mg），烘干后的质量乘以100%即为该样品的干物质含量。

(3) 微波炉法

① 首先称一下微波炉使用安全的能容纳100～200g粗料的容器重量，记录重量（WC）；

② 称100～200g粗料（WW），放置在容器内，样品越大，测定越准确；

③ 在微波炉内，用玻璃杯另放置200mL水，用于吸收额外的能量以避免样品着火；

④ 把微波炉调到最大挡的80%～90%，设置5min，再次称重，并记录重量；

⑤ 重复第四步，直到两次之间的重量相差在5g以内；

⑥ 把微波炉调到最大挡的30%～40%，设置1min，再次称重并记录重量；

⑦ 重复第六步，直到两次之间的重量相差在1g以内，这是干物质重量（WD）；

⑧ 计算干物质含量：

$$DM(\%)=\frac{WD-WC}{WW-WC}\times 100\%$$

(4) 烘箱法　称取100～200g样品，在105℃下干燥5h，称量其重量，再于105℃干燥箱中干燥30min，称量其重量；如果两次称量值的变化小于等于样品质量的0.1%，以第一次称量的重量计算干物质含量；如果两次称量值的变化大于样品质量的0.1%，将试样再次放入干燥箱中于105℃干燥2h，称其重量，若此次干燥后与第二次称量值的变化小于等于样品质量的0.2%，以第一次称量的重量计算干物质含量。

(5) 近红外光谱法　利用此法实现对青贮饲料进行实时分析和在线分析，提高了效率，节约了成本，但是目前误差较大。

(三) 感官评定

开启青贮容器（窖）时，根据青贮料的颜色、气味、口味、质地、结构等指标，通过感官评定其品质好坏，这种方法简便、迅速。

(1) 色泽　优质的青贮饲料非常接近于作物原先的颜色。若青贮前作物为绿色，青贮后仍为绿色或黄绿色最佳。青贮窖内原料发酵的温度是影响青贮饲料色泽的主要因素，温度越低，青贮饲料就越接近于原先的颜色。对于禾本科牧草，温度高于30℃，颜色变成深黄；当温度为45～60℃，颜色近于棕色；超过60℃，由于糖分焦化近乎黑色。一般来说，品质优良的青贮饲料颜色呈黄绿色或青绿色，中等的为黄褐色或暗绿色，劣等的为褐色或黑色。

(2) 气味　品质优良的青贮料具有轻微的酸味和水果香味。若有刺鼻的酸味，则醋酸较多，品质较次。腐烂腐败并有臭味的则为劣等，不宜喂家畜。总之，芳香而喜闻者为上等，而刺鼻者为中等，臭而难闻者为劣等。

(3) 质地　植物的茎叶等结构应当能清晰辨认，结构破坏及呈黏滑状态是青贮腐败的标志，黏度越大，表示腐败程度越高。优良的青贮饲料，在窖内压得非常紧实，但拿起时松散柔软，略湿润，不粘手，茎叶花保持原状，容易分离；中等青贮饲料茎叶花部分保持原状，柔软，水分稍多；劣等的结成一团，腐烂发黏，分不清原有结构。综上所述，青贮饲料的感官要求见表1-1-35。

表1-1-35　感官鉴定标准

品质等级	颜色	气味	酸味	结构
优良	青绿或黄绿色，有光泽，近于原色	芳香酸味，给人以好感	浓	湿润、紧密、茎叶花保持原状，容易分离
中等	黄褐或暗褐色	有刺鼻酸味，香味淡	中等	茎叶花部分保持原状。柔软，水分稍多
低劣	黑色、褐色或暗墨绿色	具特殊刺鼻腐臭味或霉味	淡	腐烂、污泥状、黏滑或干燥或黏结成块，无结构

(四) 实验室化学分析鉴定

实验室鉴定是指应用化学试剂对青贮饲料进行品质鉴定，主要测定青贮料的酸碱度（pH）、各种有机酸含量、微生物种类和数量、营养物质含量变化及青贮料可消化性及营养价值等，其中以测定pH及各种有机酸含量较普遍采用。

1. 青贮饲料酸度测定

实验室测定pH值，可用精密酸度计测定，生产现场可用精密石蕊试纸测定。一般优良的青贮料pH值在4.2以下，超过4.2说明在青贮发酵过程中，腐败菌活动较为强烈。有机酸中的乳酸、醋酸和酪酸的含量是评定青贮品质的可靠指标，优质的青贮料中含较多的乳酸，少量的醋酸，不含酪酸。

(1) 试液及试剂

① 青贮料指示剂：A+B的混合液，其中A液为溴代麝香草酚0.1g+NaOH（0.05mol/L）3mL+水250mL；B液为甲基红0.1g+95%乙醇60mL+水190mL。

② 盐酸酒精乙醚混合液：相对密度1.19的盐酸+96%乙醇+乙醚（质量比为1∶3∶1）。

③ 硝酸。

④ 3%硝酸银溶液。

⑤ 盐酸溶液（1∶3）。

⑥ 10%的氯化钡溶液。

⑦ 各种pH试纸的使用范围如下：溴酚蓝2.8～4.4；溴甲酚绿4.2～5.6；甲基红5.4～7.0。

（2）测定方法 取400mL的烧杯加半杯青贮料，加入蒸馏水使浸没青贮料，不断地用玻璃棒搅拌，经15～20min后，用滤纸过滤，将滤液2滴滴于点滴板上，加入指示剂（或将滤液2mL注入一试管中，加入2滴指示剂）并可按三级评分（见表1-1-36）。

表1-1-36 pH和指示剂关系表

pH值的范围	指示剂颜色	评定结果
3.8～4.4	红色到红紫色	品质良好
4.6～5.2	紫到乌暗紫蓝	品质中等
5.4～6.0	蓝绿到绿色	品质低劣

2. 青贮饲料的腐败鉴定

如果青贮饲料腐败，其中含氮物质分解形成游离氨，检查有游离氨的存在即可知青贮饲料腐败。氨态氮与总氮的比值是反映青贮饲料中蛋白质及氨基酸分解的程度，比值越大，说明蛋白质分解越多，青贮质量不佳。

（1）分析试样的调制 将均匀取样的青贮饲料切成2～3cm，混合后取A g（相当于15g干物质的量），放入200mL的锥形瓶、加塞；加蒸馏水B mL（一般140mL）后，冰箱内浸取24h，期间摇晃锥形瓶4次以上，以保证浸取完全。取出锥形瓶，将提取物用80目涤纶筛网过滤，并将残渣中的提取液挤尽。再通过定量滤纸的液体部分用作为分析用提取液。

上述方法制得的提取液1mL，相当于青贮饲料$[A/(B+A\times M/100)]$g，其中M为水分含量。不能立即分析的试样，应置于－20℃冰箱中保存。

（2）总氮测定方法 按GB/T 6432—94《饲料中粗蛋白的测定方法》规定执行。

（3）氨态氮测定方法 准确吸取提取液5mL，不经硫酸消化，直接进行蒸馏、定量。测定方法按GB/T 6432—1994《饲料中粗蛋白的测定方法》规定执行。

3. 青贮饲料的污染鉴定

污染常常是使青贮饲料变坏的原因之一，地下式青贮设备常常因为内壁未抹水泥、灰浆而渗入由其他地方来的污水。因此，可根据氨、氯化物及硫酸盐的存在来判定青贮饲料的污染程度。氯化物及硫酸盐的检验方法如下：

（1）样品制备 称取青贮料25g，剪碎装入250mL容量瓶中，加入一定容积的蒸馏水（浸透即可），仔细搅拌，再加入蒸馏水至标线，在20～25℃温度下放置1h，在放置过程中经常搅拌振荡，然后过滤备用。

（2）氯化物的测定 取上述过滤液5mL，加5滴浓硝酸酸化，然后加3%硝酸银溶液10滴，如果出现白色凝乳状沉淀，就证明有氯化物的存在，说明青贮料已被氯化物污染。

（3）硫酸盐的测定 取滤液5mL，加5滴1∶3的盐酸溶液进行酸化，再加入10%氯化钡溶液10滴，如果出现白色混浊，就证明青贮料已被硫酸盐污染。

4. 有机酸含量测定

有机酸含量、有机酸总量及其构成可以反映青贮发酵过程的好坏，其中最重要的是乳酸、乙酸和丁酸，乳酸所占比例越大越好。优良的青贮饲料，含有较多的乳酸和少量醋酸，而不含酪酸。品质差的青贮饲料，含酪酸多而乳酸少。

（1）仪器与试剂 气相色谱仪与色谱数据处理机；离心机（0～4000r/min）；25%偏磷酸（分析纯）；15%高碘酸（分析纯）；有机酸标准溶液（乙酸、丙酸、丁酸均为色谱纯，乳酸为分析纯）。有机酸标准溶液：用2℃蒸馏水配制下述1～5号浓度递增的有机酸标准溶液（mg/mL）（表1-1-37）。

表 1-1-37　有机酸标准溶液　单位：mg/mL

编号	1	2	3	4	5
乙酸、丙酸、丁酸	0.01	0.03	0.05	0.07	0.09
乳酸	0.02	0.06	0.10	0.14	0.18

（2）分析试样制备　准确称取剪碎的青贮饲料样品 25g（W）于烧杯中，加入 150mL 2℃去离子蒸馏水，置于 2～3℃的冰箱中浸提 48h，然后过滤于 150mL（V）容量瓶中，定容、摇匀；移提取液 5mL（V）于 10mL 离心，并加入 1mL 25%偏磷酸，静置 30min，在 3400 转/min 下离心 10min，然后将上清液移入具塞试管内，用于上机分析。

（3）分析方法　色谱条件：氢火焰离子化检测仪（FID）；2m×3mm 不锈钢柱，内充 Porapak Q（50～100 目）；柱温 220℃，汽化室、检测器温度 260℃。流速：N_2 40mL/min，H_2 0.6kg/cm²，空气 0.4kg/cm²。纸速 5mm/min。

（4）步骤　用 10μL 注射器依次吸取 15%高碘酸 0.8μL、空气 0.4μL 和样品 2.0μL，直接注入色谱仪进行分析。

（5）计算方法　用进行定量分析。用 10μL 注射器依次吸取 0.8μL 15%高碘酸、0.4μL 空气，然后分别吸取按表 1-1-37 配制的 1～5 号标准溶液 2.0μL 进行分析，测出各组的峰面积。用峰面积照标准溶液浓度作图，求出表示两者关系的标准曲线。

样品处理时，以同样进样量测出各组分峰面积，从标准曲线上查出各组分的含量（%），然后按下式计算青贮饲料鲜样中有机酸的含量：

$$有机酸含量=\frac{V'+1\times P_i\times V'}{W\times V}\times 100\%$$

式中，W 为试样质量，g；V 为试样提取液总量，mL；V'为用于分析的提取液用量，mL；P_i 为在气相色谱仪上测出的各有机酸含量，%。

青贮饲料中各种酸含量（%）见表 1-1-38。

表 1-1-38　不同青贮饲料中各种酸含量　单位：%

等级	pH	乳酸	醋酸		丁酸	
			游离	结合	游离	结合
良好	4.0～4.2	1.2～1.5	0.7～0.8	0.1～0.15	—	—
中等	4.6～4.8	0.5～0.6	0.4～0.5	0.2～0.3	—	0.1～0.2
低劣	5.5～6.0	0.1～0.2	0.1～0.15	0.05～0.1	0.2～0.3	0.8～1.0

注：1. 各种有机酸占总酸的比例按 mg/mol 为单位计算；
2. 鲜样中的有机酸百分含量与 mg/mol 的换算关系如下：
乳酸(mg/mol)＝乳酸(%)×11.105
乙酸(mg/mol)＝乙酸(%)×16.658
丁酸(mg/mol)＝丁酸(%)×11.356

（五）优质青贮的标准

30%以上干物质、30%以上淀粉、50%以下 NDF、50%以上 NDF 消化率；色泽为金黄色或橄榄色；味道呈轻快的酸味（不是刺激性很强的酸味）；触感柔软，不黏（用手攥一把青贮，松开手指后，被攥紧的青贮能慢慢散开）；pH<3.8；乳酸含量 6%以上，越高越好（一般在 1.5%～2.5%）；丁酸含量<0.1%；氨态氮含量<6%。

技能训练七　TMR 质量评价

一、必备资源

宾州筛、农大筛、粪样筛、TMR 日粮、其他相关仪器。

二、活动步骤

(一) TMR干物质和混匀程度分析

1. 取样

(1) 在牛采食前,从饲料槽的多个位置采集新鲜的TMR,确保采集到饲槽开端、中间及末尾的样品。小心将整把的样品放入约20L的桶内,尽力确保采集样品能代表实际的精饲料和粗饲料的比例。

(2) 充分混合桶内的TMR样品,确保谷物和细小颗粒不会落到桶底。

(3) 把样品倒在平整光滑平面上形成一个圆锥形。

(4) 以四分法方式进行二次采样,并将采得的样品转移到大小合适的自封袋中,尽可能排除袋内多余的空气,密封好后尽快邮寄到实验室。

2. 样品前处理

有条件的牧场可将采集的样品在60℃的烘箱中烘干,记录干物质数据,然后进行后续指标测量。如果外送检测保证样品在2天内寄达实验室。

3. 干物质检测

一般认为,TMR干物质应控制在50%~55%为宜。为了保证TMR干物质稳定地处于合理范围,牧场要每天对不同泌乳阶段牛群的TMR进行干物质检测,发现不符合规定的TMR要及时告知相关责任人予以相应调整,TMR太干时适当添加水,TMR太湿时调整配方或者减少水的百分比。找出什么原因导致日粮水分过高,是所使用的原料干物质含量出现较大误差还是在TMR制作时加水太多,有针对性地找出原因给予解决,使TMR干物质水平达到要求。除此之外,TMR干物质含量还要为每日干物质采食量的计算提供最直接的参考依据,因此,每日进行准确及时的干物质检测是一项非常重要的工作。TMR干物质检测可采用烘干箱105℃烘干3h,也可以用Koster或者微波炉等进行检测。

4. TMR宾州筛检测

宾州筛检测是评定干草切割长度与TMR混匀程度的好方法(表1-1-39、表1-1-40)。

① 奶牛未采食前,和采食剩余料各取样400~500g。

② 水平摇,不要垂直抖动。

③ 摇一下17cm远,频率1.1s一次。

④ 每摇5下,转90°。

以上共重复8次。

⑤分别称重,计算每层占总重量的比例。

然后再根据检测每层剩余不同草料量及比例,分析发现的问题。

表1-1-39 美国宾州筛评定TMR长度标准

层	筛孔直径/mm	玉米青贮/%	干草/%	TMR/%
顶层	>19	3~8	10~20	3~8
第二层	8.0~19	45~65	45~75	30~40
第三层	1.2~8.0	30~40	20~30	30~40
底层	<1.2	<5	<5	≤20

表1-1-40 宾州筛与中国农业大学分级筛比较 单位:%

层	宾州筛(高产)	CAU分级筛(高产)	干奶牛TMR	后备牛TMR
顶层	6~10	10~15	45~50	50~55
第二层	30~50	20~25	15~20	15~20
第三层	30~50	40~45	20~25	20~25
底层	<20	20~25	7~10	4~7

5. 感官评定

随机从牛全混日粮（TMR）中取出一些，用手捧起，用眼观察。从感官上，搅拌效果好的新鲜 TMR 表现为：精粗饲料混合均匀，有较多精料附着在粗料的表面，松散不分离，色泽均匀，新鲜不发热，无异味，不结块。

6. 营养成分的检测

每周抽检一次。检测项目及方法如下：粗蛋白、粗脂肪、粗纤维、水分、钙、总磷和粗灰分的分析方法分别按照饲料工业标准汇编进行。同时应定期对新鲜 TMR 饲料样品进行完整测试，理想的话，新鲜 TMR 样品测试数据应接近“纸上”配方（表 1-1-41）。

表 1-1-41　新鲜 TMR 样品测试数据与设定配方差异

养分	“纸上配制”变化范围
干物质 DM	±3%
粗蛋白 CP	±1%
酸性洗涤纤维 ADF	±2%
中性洗涤纤维 NDF	±2%

（二）采食 TMR 后奶牛的粪便分析

1. 取样

（1）同一组牛连续采食同一日粮达到 2 周或以上，从中选取 10 头牛采集粪样。牛的泌乳天数要小于 150 天。

（2）推荐从直肠直接采集粪样，每头牛取一整把粪样，放入桶内充分混合。

（3）如果不方便进行直肠采样，可从地面仔细挑选 10 份新鲜的牛粪从中取样，小心不要混入秸秆或其他杂物，确认样品能代表牛排出的粪便。

（4）将 10 头牛的粪样充分混匀后进行二次采样。

（5）粪样分析大约需要 250mL。

2. 样品前处理

有条件的牧场可将采集的样品在 60℃的烘箱中烘干，记录干物质数据，进行后续指标测量。如果外送检测保证样品在 2 天内寄达实验室。

3. 粪便分离筛

粪样筛是由总部设在美国明尼苏达州的嘉吉公司生产制造的。其原理是对奶牛粪便采样清洗分离后，观测不同层次的剩余饲料量，进而对奶牛饲料吸收情况进行分析，从而反映出奶牛胃肠道的健康状况。评估奶牛采食 TMR 后的粪便，并且每周至少评估一次。

粪样筛由三层自上而下孔径分别为 3/16in（4.7625mm）、3/32in（2.38125mm）和 1/16in（1.5875mm）的不锈钢网构成。其使用步骤如下：

（1）对所要检测的牛群分别取样。每群 100～150 头，取 10～15 头牛粪样，每头取样 2L，并将粪样放入上层筛中。

（2）对放入筛中的粪便进行冲洗（淋浴状态，直至流出的水清亮为止）。

（3）冲洗完后，湿干分别称量，并作好记录，如日期、筛检人、牛群、筛上物比例、拍照等。

（4）根据筛上物颗粒种类判断出结果，从而发现问题并制定改善措施。

粪便分离参考标准见表 1-1-42。

粪便中颗粒的粒度不应超过 7mm，如果粪便中颗粒粒度过长，表明瘤胃通过率太高。各层达理想比例时，瘤胃消化效率高，瘤胃养分达最佳平衡，可以作为评估饲料的快速通过率、评估奶牛生产性能的有力工具。

表 1-1-42 粪便分离参考标准

单位：%

粪便类别	顶层筛	中间筛	底层筛
高产牛/泌乳早期	<20	<30	>50
低产牛	<15	<25	>60
干奶牛	<20	<20	>60
后备牛	<15	<20	>65

4. 采食 TMR 后粪便检测分析

理想的粪便应表现对绝大部分饲料和营养均匀一致的消化和利用。如果我们看到粪便中含有大量未消化的谷物和长粗饲料（大于 1.27cm），那就说明瘤胃发酵功能有问题，或较多的后肠发酵和大肠发酵。相对于瘤胃发酵，后肠发酵效果和价值较低，这是因为后肠营养物质的吸收率较低。其原因可能是有效纤维采食不够，没能有效刺激瘤胃反刍和保持正常的瘤胃 pH 值所致。干粪便的表面如有白色呈现，说明有未消化的淀粉存在，淀粉越多，白色越明显。粪便中可看到较多黏液的话，表明有慢性炎症或肠道受损，有时也能看到黏蛋白管型物在其中，这些都说明大肠有损伤，是由过度的后肠发酵和过低的 pH 值所引起。粪便中如有气泡，表明奶牛可能乳酸酸中毒或由后肠过度发酵产生气体所致。

粪堆超过 7.5cm 高，亲和性差，全粗料，一般为瘤胃缺乏可发酵能量；5～7.5cm 高，形状规则，为高粗料，瘤胃发酵效率低；2～5cm 高，圆形，中间有 2～4 个环，为中等精料，瘤胃健康，发酵效率高。粪便软，无形，周围有散点，pH<6.0，为高精料，瘤胃健康受到挑战。绿色，液体状有流动性，70%以上精料，瘤胃和大肠发酵异常。正常情况下牛的粪便情况如下：干奶前期，5cm 高；干奶后期，中间有环；泌乳前期，圆形，顶部平；泌乳盛期，中间有环；泌乳后期，5cm 高（详见表 1-1-43）。

表 1-1-43 奶牛粪便评分表及营养因素

评分	外观	营养因素
1	高水分含量，不成环状，能像稀泥一样流动	蛋白过量，碳水化合物过量，缺乏有效纤维，矿物质元素过量
2	松散、飞溅，少量成形，不成堆，高度低于 2.5cm，有可识别的环状	类似于评分 1 分的原因，饲喂大量适口性好、新鲜的牧草
3	粥样黏稠度，堆高 3～4cm，3～6 个环，中间有浅窝	理想、营养平衡的日粮
4	浓稠粪便，堆高大于 3.8cm，中间无内陷	瘤胃蛋白缺乏，碳水化合物缺乏，纤维过量，一般为干奶牛或大于 1 岁的青年牛
5	粪球、干硬、堆高大于 5～10cm	类似于评分 4 分的原因，脱水，高饲草日粮，饮水缺乏

技能训练八 规模化奶牛场日粮配方分析

一、必备资源

规模化奶牛场日粮配方软件，TMR 管理系统。

二、活动步骤

1. 学习从管理软件中调取所需要的日粮配方。
2. 结合知识点四分析规模化奶牛场高产泌乳牛日粮配方。
3. 结合当月 DHI 报告进行分析。

【巩固训练】

一、名词解释

青绿饲料、青贮饲料、饲养标准、反刍、食道沟反射、日粮、NPN

二、选择题

1. 有“牧草之王”之称的是（　　）。

A. 红豆草　　B. 燕麦　　C. 苜蓿　　D. 大豆

2. 瘤胃中精饲料发酵主要产生（　　）。

A. 甲酸　　B. 乙酸　　C. 丙酸　　D. 丁酸

3. 酸性洗涤纤维是指（　　）。

A. 纤维素　　B、纤维素＋木质素

C. 纤维素＋半纤维素　　D. 纤维素＋半纤维素＋木质素

4. 以下哪个牧草品种为豆科牧草？（　　）

A. 羊草　　B. 苜蓿草　　C. 燕麦草　　D. 全株玉米青贮

5. 家畜饲养标准的内容包括家畜营养需要量或供给量和家畜（　　）与营养价值表两部分。

A. 常用饲料种类　　B. 常用饲料成分　　C. 品种、性别　　D. 年龄

6. 根据家畜的生长发育规律，在生长后期重点保证沉积脂肪所需要的（　　）。

A. 维生素　　B. 矿物质　　C. 碳水化合物　　D. 氨基酸

7. 下列饲料中不属于能量饲料的是（　　）。

A. 玉米　　B. 大麦　　C. 大豆　　D. 燕麦

8. 干物质中粗纤维含量＜18%，粗蛋白质含量＜20%的饲料，称为（　　）。

A. 粗饲料　　B. 蛋白质饲料　　C. 矿物质饲料　　D. 能量饲料

9. 不能直接饲喂动物，必须与一定比例的能量饲料相混合，才可制成全价饲料或精料补充料，这种饲料是（　　）。

A. 饲料添加剂　　B. 粗饲料　　C. 浓缩饲料　　D. 蛋白质饲料

10. 小麦按栽培季节分为春小麦与（　　）。

A. 冬小麦　　B. 硬质小麦　　C. 软质小麦　　D. 红小麦

11. 抗出血症维生素是（　　）。

A. 维生素 D　　B. 维生素 K　　C. 维生素 E　　D. 维生素 A

12. 奶牛饲养中的最关键设备是（　　）。

A. 秸秆揉切机　　B. 饲料搅拌机　　C. 铡草机　　D. 揉搓粉碎机

13. 青绿饲料中自然水分在（　　）以上。

A. 45%　　B. 12%　　C. 18%　　D. 15%

14. 生产需要与（　　）之和便是动物的总营养需要。

A. 产毛需要　　B. 产乳需要　　C. 维持需要　　D. 产蛋需要

15. 微量元素硒和维生素 E 缺乏，在幼龄反刍动物可出现（　　）。

A. 白肌病　　B. 渗出性素质　　C. 肝坏死

16. 棉籽饼中的有毒物质主要是（　　）。

A. 氰苷　　B. 芥子苷　　C. 硝酸盐　　D. 棉酚

17. 禾本科子实中的玉米含有大量（　　）。

A. 蛋白质　　B. 淀粉　　C. 糖　　D. 粗纤维

18. 碘缺乏症常见于幼龄动物的（　　）。

A. 侏儒症　　B. 肢端肥大症　　C. 不全角化症　　D. 滑腱症

19. 有“能量之王”之称的是（　　）。

A. 高粱　　B. 大麦　　C. 玉米　　D. 小麦

20. 水溶性维生素包括（　　）。

A. 维生素 K　　B. 维生素 A　　C. B 族维生素　　D. 维生素 D

21. 动物吸收各种营养物质的主要场所是（　　）。

A. 大结肠　　B. 瘤胃　　C. 小肠　　D. 皱胃

22.（　　）是供给能量的主要来源。

A. 蛋白质　　B. 碳水化合物　　C. 粗纤维　　D. 无机酸

23. 牛对饲料中粗纤维的消化，主要靠消化道内（　　）发酵。

A. 蛋白酶　　B. 微生物　　C. 纤毛虫　　D. 胆汁

24. 动物吸收各种营养物质的主要场所是（　　）。

A. 大结肠　　B. 瘤胃　　C. 小肠　　D. 皱胃

25. 豆科子实中含有较多的（　　）。

A. 能量　　B. 淀粉　　C. 蛋白质　　D. 脂肪

26. 脂溶性维生素包括（　　）。

A. 维生素 K　　B. 维生素 C　　C. B 族维生素　　D. 胆碱

27. 三大有机营养物质包括粗蛋白质、粗脂肪和（　　）。

A. 淀粉　　B. 粗纤维　　C. 碳水化合物　　D. 氨化物

28. 饲草饲料费用约占肉牛产品成本的（　　）。

A. 50%　　B. 55%　　C. 60%　　D. 70%

29. 下列属于抑菌促生长剂的是（　　）。

A. 尿素　　B. 瘤胃素　　C. 杆菌肽锌　　D. 脲酶

30. 秸秆作为饲料的主要问题是有效能和消化率低，矿物质含量也低，最突出的问题是（　　）含量不足。

A. 钙　　B. 钾　　C. 磷　　D. 镁

31. 牛的采食特点是（　　）。

A. 一次进食一次咀嚼　　B. 一次进食两次咀嚼

C. 一次进食三次咀嚼　　D. 一次进食四次咀嚼

32. 成年牛的四个胃中最大的胃是（　　）。

A. 网胃　　B. 皱胃　　C. 瘤胃　　D. 瓣胃

33. 成年牛不必从饲料中供给 B 族维生素的原因是（　　）。

A. 牛不需要 B 族维生素　　B. 牛在体内可自己合成 B 族维生素

C. 牛的瘤胃微生物可合成足够的 B 族维生素，供牛利用

D. 牛不能消化饲料中的 B 族维生素

34. 泌乳奶牛的正常瘤胃 pH 值一般为（　　）。

A. 5.0～5.5　　B. 5.5～6.0　　C. 6.0～6.5　　D. 6.5～7.0

35. 一般认为乳牛日粮中钙和磷的比例以（　　）较好，这有利于两者的吸收利用。

A.（1.5～2）∶1　　B.（1.7～2）∶1　　C.（1.5～1）∶1　　D.（3～2）∶1

三、填空题

1. 牛体必须从饲料中提供和满足的维生素为（　　　　）、（　　　　）、（　　　　）。

2. 瘤胃微生物区系可分为细菌、（　　　　）、真菌三大类。

3. 牛的两个特殊的消化特点是（　　　　）、（　　　　）。

4. 按照生产上的习惯和牛的利用特性，牛常用的饲料为（　　　　）、（　　　　）、矿物质饲料、维生素饲料与非蛋白氮饲料。

5. 调制干草的方法基本分为两种：一种是自然干燥法，一种是（　　　　）。

6. 根据奶牛的生产特点，奶牛能量需要分为成年牛（　　　　）、产奶需要、妊娠需要和生长牛生长需要。

7. 牛对矿物质的需要包括钙、磷、氯、钠等（　　　　）和铁、铜、锌等微量元素。

8. 牛的日粮配合主要依据首先是（　　　　　　），包括年龄、品种、体重、泌乳阶段、育肥阶段、育肥目的等；其次是营养需要和当地饲料资源、价格以及适口性、实用性、安全性等。同时要确定好（　　　　）。

9. 反刍包括（　　　　）、再咀嚼、再混唾液和再吞咽四个过程。

10. 牛对各种营养物质的需要，因品种、年龄、性别、生产方向和生产性能的不同而有差异，但一般均需要（　　　　）、蛋白质、矿物质、维生素及（　　　　）。

四、简答题

1. 青贮饲料制作的关键点是什么？

2. 奶牛日粮配合的基本原则和注意事项是什么？

【知识拓展】

牛的特性和特殊的消化生理、苜蓿加工调制技术

【任务考核】

任务六 牛场规划设计与环境控制

【任务目标】

能规划设计并分析评价奶牛场、肉牛场；能够因地制宜采用无害化资源化设计工艺科学处理和利用粪污。

【必备知识】

知识点一 现代化奶牛场的规划和设计

一、现代标准化奶牛场整体规划设计

（一）现代化奶牛场的目标

四个目标：优质、高产、高效、环保；四个理念：先进性、科学性、实用性、创新性；八大标志：规模化、集约化、专业化、设施化、自动化、电子化、数字化、标准化。

（二）奶牛场的规模确定

1. 自然资源

饲草饲料资源是影响饲养规模的主要制约因素。生态环境对饲养规模也有很大影响。

2. 资金情况

奶牛生产所需资金较多，资金回报率较低，投资回收周期长。新建奶牛场按设计存栏头数，平均每头牛投资约0.6万～1万元。但因地区、生产方式、挤乳方式、粪污处理等不同，投资强度差异很大。

3. 经营管理水平

社会经济条件的好坏，社会化服务程度的高低，价格体系的健全与否，以及价格政策的稳定性等，对饲养规模有一定的制约作用。

4. 场地面积

牛场大小可根据每头牛所需面积，结合长远规划计算出来。一个比较理想的存栏1000～1500

头奶牛场，采用散栏饲养，TMR饲喂，每头牛60m²，匹配饲料地面积1亩/头，一般占地面积为150～180亩，长/宽＝1.2/1或方形场地为好（土地利用系数最高）；建筑系数20%～25%，绿化系数30%～35%，道路系数8%～10%，运动场地和其他用地35%～40%。

5. 品种因素

规模饲养奶牛应根据乳品加工产品对原料奶的要求来选择品种。不同奶牛的品种，体型大小差异较大，影响奶牛的占地面。如荷斯坦奶牛，美加系体型较大，欧系较小；荷斯坦牛体型相对较大，娟姗牛体型较小。在设计牛舍、挤奶厅等建筑和内部设施时需要考虑这些因素。

（三）奶牛场选址和规划布局

1. 选址

（1）地势　首先，地势要高，相对平坦。由于北方地区日照时间长、光照强、雨量相对南方少、气候干燥，故北方建设牛场的地理优势非常明显。第二要背风向阳，不宜建在地势低洼，风口处。第三要排水良好，有一定坡度，平原地区1%～3%的坡度为宜，山区牛场建筑坡度不宜超过8%。不要建在地下水位较高的地方，水位高局部可能会有积水，潮湿会大大提高奶牛乳房炎的发病率。然而对于南方地区，这些基本的要素说来简单，真正符合条件的并不多，雾霾天气多，光照相对少，雨量多，潮湿，需要在开工前平整场地时，适当调整现场整体地面标高，达到排水要求。

（2）土质　沙土最好，因为沙土土质松软，透水性强，雨水和尿液不易积累，雨后很快就干了，大大降低了蹄病、乳房炎和其他疾病的发病率，所以在建场之前一定要多寻找、多走访、多查看、多咨询等。土质在选址中可以说是最重要的，直接关乎整个牧场后期的生产效益。

（3）水源和水质　必须要有一个可靠的水源，并且水量充足，能满足场内人畜的饮用和生产、管理用水需要，一般牧场水源分为井水和自来水，由于井水水质容易被污染，含有重金属或其他杂质，需要进行水处理；此外水源要便于防护，保证水源水质处于良好状态，不受周围环境条件的污染，取用方便。

（4）气候　奶牛生产适宜的温度15℃（8～20℃），相对湿度50%～70%。综合我国气候条件划分为长城以北的寒冷区、长城以南至长江流域以北的温带区、长江流域的温湿区、北回归线附近的炎热区。北方地区牛舍环境建设考虑的重点是冬季，需要注意的问题主要包括牛舍保温除湿、防风、有害气体（NH_3、H_2S、CO_2）的排放、设备设施的防冻保温。南方地区牛舍环境建设考虑的重点是夏季，需要注意的问题是夏季降温防暑、冬季保持舍内空气清新。

（5）草料丰富　应距秸秆、青贮和干草饲料资源较近，以保证草料供应，减少运费，降低成本。

（6）交通便捷　由于饲料运进、牛奶运出、粪肥的销售，运输量很大，来往频繁，有些运输要求风雨无阻。

（7）卫生防疫　远离主要交通要道、村镇工厂1000m以外，一般交通道路500m以外。还要避开对奶牛场污染的屠宰、化工和工矿企业1500m以外，特别是化工类企业。符合兽医卫生和环境卫生的要求，周围无传染源。

（8）节约用地　不占或少占耕地。地形开阔整齐，理想正方形、长方形，避免狭长和多边角。

（9）避免地方病　人畜地方病多因土壤，水质缺乏或过多含有某种元素而引起。

2. 基础设施

水质符合《生活饮用水卫生标准》（GB 5749—2006）的规定；水源稳定；电力充足，交通便利，有硬化路面直通到场。

3. 场区的规划与布局

牛场规划和布局应以经营方针、饲养规模、饲养工艺、机械化程度、气象条件、地形、交通、水、电和通讯等为依据，在满足经营管理和生产要求的前提下，总体布局要本着因地制宜、统筹安排和长远规划、紧凑整齐、美观大方、提高土地的利用率和节约基本建设投资的原则来设计，以保证养殖环境的净化和畜产品的安全。一般把牛场分为办公生活区、生产区、辅助生产区、隔离区及粪污处理区。

(1) 生产区和辅助生产区

① 生产区　包括奶牛舍、泌乳牛舍、青年牛舍、育成牛舍、犊牛舍（4～6月)、犊牛岛（1～3月)、干奶牛舍、产房、配套运动场、挤奶厅等。这是奶牛场的核心，应设在场区地势较低的位置，要能控制场外人员和车辆，使之完全不能直接进入生产区，要保证安全、安静。各牛舍之间要保持不少于20m距离，布局整齐，以便防疫和防火。但也要适当集中，节约水电线路管道，缩短饲草饲料及粪便运输距离，便于科学管理。

② 辅助生产区　包括饲料库、饲料加工车间、变配电室、青贮池、干草棚、机械车辆库等。精料库的布局要靠近饲料进出门，精料库、干草棚、青贮窖等设施的布局与TMR加料顺序保持一致，考虑各种车辆的停放、维修区域。必须防止奶牛舍和运动场的污水渗入而污染草料。所以，一般都应建在地势较高的地方。

生产区和辅助生产区要用围栏或围墙与外界隔离。大门口设立门卫传达室、消毒室、更衣室和车辆消毒池，严禁非生产人员出入场内，出入人员和车辆必须经消毒室或消毒池进行消毒。消毒池长度要保证车辆轮胎旋转2圈，设置净道和污道。

(2) 奶牛场管理区　包括办公室、财务室、接待室、档案资料室、活动室、试验室等。管理区要和生产区严格分开，保证50m以上距离为好。

(3) 奶牛场生活区　职工生活区应在牛场上风头和地势较高地段，并与生产区保持100m远距离，以保证生活区良好的卫生环境。设置人员消毒室。

(4) 病牛隔离治疗区　包括兽医诊疗室、隔离舍、病牛区、病死牛处理区。此区设在下风头，地势较低处，与生产区距离300m以上。病牛区应便于隔离，单独通道，便于消毒，便于污物处理，粪污处理和加工等。

(5) 粪污处理区　粪污处理设施先进，粪尿污水处理应有单独对外出口，考虑牛场冬季粪污堆积空间，粪沟建设要考虑地区冻土层深度。

4. 环保要求

粪污处理设施齐全，运转正常；有病死牛无害化处理设施。

二、奶牛舍设计

(一) 成年母牛牛舍

1. 类型

(1) 按牛舍屋顶形式分类　分为钟楼式、半钟楼式、双坡式。钟楼式屋顶通风良好，但构造比较复杂，耗料多，造价高。半钟楼式构造较钟楼式简单，仅向阳面单侧设顶窗，也能获得较好的通风效果。双坡式构造造价相对较低，可利用面积大，适用性广。单坡式构造主要用于家庭式小型牛场，造价低廉。

(2) 按开放程度不同分类　奶牛舍可分为全开放式牛舍、单侧封闭的半开放式牛舍和全封闭式牛舍。

① 全开放式牛舍　全开放式是指外围护结构开放的牛舍。这种牛舍只能克服或缓和某些不良环境因素的影响，如挡风、避雨雪、遮阳等，不能形成稳定的小气候。但由于其结构简单、施工方便、造价低廉，应用得越来越广泛。从使用效果来看，在我国中部和北方等气候干燥的地区应用效果较好，但在炎热潮湿的南方应用效果并不好。因为全开放式牛舍是个开放系统，几乎无法防止辐射热，人为控制性和操作性不好，不能很好地达到强制吹风和喷水的效果，蚊蝇的防治效果差。

② 半开放式牛舍　这种牛舍在南方地区常见，通过单侧或三侧封闭并加装窗户。夏季开放，能良好通风降温；冬季封闭窗户，可保持舍内温度。

③ 全封闭式牛舍　应用最为广泛，尤其是西北及东北地区。冬天舍内可以保持在10℃以上，夏天借助开窗自然通风和风扇等物理送风降温。

(3) 按奶牛在舍内排列方式分类　可将牛舍分为单列式、双列式、三列式或四列式。

单列式牛舍一般适用于几十头的家庭牛场。牛舍跨度小，通风散热面积大，设计简单，容易管理；但每头牛所摊造价也高于双列式牛舍。双列式牛舍因母牛站立方向的不同，可分为牛头向墙的对尾式和牛头相向的对头式。对头双列式牛舍饲喂方便，在散放式饲养、集中挤奶的牛场应用较多。但此种牛舍粪便清理不便，牛舍侧墙容易被粪便污染。对尾双列式牛舍普遍地应用于拴系式饲养、管道式挤奶。这样可以保证奶牛牛头向窗，有利于光照通风，减少疾病传播。同时，对奶牛挤奶、生殖道和发情观察及清洁卫生工作较为便利，但饲料分发不便。三列式和四列式牛舍多见于大型奶牛场散栏式饲养。

2. 建筑结构

从建筑结构来说，严寒地区奶牛舍的典型建筑结构是钢架彩钢板砖墙建筑结构；寒冷地区的奶牛舍建筑结构，接近寒冷地区北部边缘地带的奶牛场，采用钢架彩钢板砖墙结构、钢架彩钢板结构的均有；而寒冷地区的中部和南部，一般采用钢架彩钢板建筑结构。在夏热冬冷地区、温和地区，全部采用轻钢架彩钢板屋顶建筑结构。

3. 牛舍跨度

在严寒地区、夏热冬冷地区中接近沿海的区域，牛舍的跨度较大，在27m或者24m。因为严寒地区冬季过于寒冷，运动场内长期结冰，奶牛在多数时间是在舍内活动，牛通道较宽；同时在牛舍内建造卧床，所以牛舍跨度很大。夏热冬冷地区中接近沿海的区域，为了不影响多雨天气下奶牛的躺卧和运动，牛舍内也设置卧床和牛通道。另外，由于机械刮粪板清粪的需要，也决定了牛通道/清粪道应该设计宽一些。在寒冷地区、夏热冬冷地区的非沿海区域，多数牛舍的跨度相对较小，一般为12～18m。因为这些地区的奶牛舍，有的是在舍内和舍外同时建造卧栏，有的只在运动场遮阳篷下建造卧栏，还有的根本不建造卧栏；奶牛在多数时间是在运动场活动。目前，所有的标准化标竿奶牛场均采用自由颈枷，散栏饲养。一般都采用对头双列饲喂，因为这样与TMR饲喂相配套。多数奶牛场在舍内设置卧床，一般是在每侧设置一排，所采用的卧床垫料有多样，有采用细沙，也有采用分离干燥后的粪渣，多数倾向于使用橡胶垫。以辉山控股靠边屯奶牛场为例：存栏奶牛3000头，占地250亩。有牛舍6栋，全部为泌乳牛舍，预期发展为专业化牛场——成母牛牛场。泌乳牛舍长度186m×跨度27m，沿长轴方向设置饮水槽16个。牛舍内设有牛床，牛床上铺有橡胶垫。清粪工艺：用推车沿牛舍纵向将牛舍内站立区域的牛粪推至中央粪沟，液态粪尿沿粪尿沟流至舍外，用粪罐车抽吸后运走。

（二）育成牛舍

育成牛一般散养，结构简单，与散栏成年牛舍基本相同，只是面积较小，一般为3米^2/头。

（三）分娩牛舍

分娩牛舍是奶牛产犊的专用牛舍，包括产房和犊牛保育间。产房冬季保温好，夏季通风好，舍内要易于进行清洗和严格消毒，牛床数一般按照成年母牛的10%～13%设置，产床长度为1.9～2.5m，宽度1.2～1.5m，每个床位都要有保定栏。颈枷高为1.5m，粪沟8cm。

（四）犊牛舍

犊牛培育设施也有多种类型：舍外犊牛岛、舍内犊牛岛、犊牛舍、舍内高架式单饲犊牛栏。其中舍外犊牛岛饲养是应用非常广泛的一种模式，甚至在很多地区逐渐取代了犊牛舍内群养的模式。对于严寒地区，特别是多风低温的情况下，犊牛岛外面长期积雪或结冰，常规设计的犊牛岛难以保证犊牛所要求的适宜温热环境，甚至有的奶牛场冬季时不得不给每头犊牛穿上保暖棉马甲。因此，舍内犊牛岛培育犊牛或者舍内高架式单饲犊牛栏，都是严寒地区培育犊牛中值得提倡的模式。犊牛岛也有多种类型。以辽宁辉山控股集团奶牛场的犊牛岛为例，在犊牛培育中，2月龄以前的犊牛在犊牛岛饲养。该公司有三种类型的犊牛岛：一种是以塑料材料压制而成；另一种是以竹片和纤维等材料制成复合板，用复合板作为墙壁，用双层石棉瓦作为屋顶；第三种是夹层彩钢板为墙壁和屋顶材料，后墙壁开有小窗户，夏季打开，冬季在敞开面挂上塑料帘子。其中以夹层彩钢板为墙壁和屋顶材料的犊牛岛使用效果最好。

三、奶牛场设施

（一）舍内设施

1. 牛床

(1) 饲栏与牛床　饲栏设在牛床的前方起到固定牛采食位置和防止牛进入饲槽的作用，分为通栏式（亦称柱栏式）和自由夹式，通栏式饲栏隔沿上方用活扣安装横隔栏，注意横隔栏应安装在立柱的外侧，即饲槽一面，奶牛可采食到较远的食物，并且不会对隔沿施加太大的压力，横隔栏高80～110cm，可根据牛体大小来调节。自由夹式饲栏与拴系式饲栏设计相同，在饲栏上设置自锁颈枷。位于饲栏后的牛床（采食通道）为通床，宽为2.5～3m，建筑要求与拴系牛舍相同，一般不设明粪沟，多用漏缝粪沟或机械清粪。

(2) 隔栏（隔牛栏）　一般在牛床的两头设计隔栏，与拴系式牛舍设计相同。

(3) 卧床　奶牛休息区设自由卧栏式牛床（简称卧床），卧床分单列式、两列式（头对头或尾对尾）置于牛舍中间或两侧或一侧。自由卧栏式牛床奶牛在一天当中几乎有一半的时间用来休息，卧床设计以提高奶牛舒适度为核心，最理想的状态是为每一头奶牛设置一个专门的卧床，在牛舍设计之初就可以根据饲养管理规模和未来的发展潜力，设置合适的卧床数量。散栏卧床是为奶牛提供清洁、干燥、舒适的独立休息区域，奶牛可自愿进出。卧床要足够宽，既能使奶牛舒适地躺卧，又不能让奶牛在卧栏中转身；卧栏足够长，使奶牛能在上面舒适地休息而不受到伤害，还不能太长，能使粪尿恰好落入牛走道中。卧床表面要有一定弹性，同时要保持干燥。成年牛卧栏长度×卧栏宽度×高度（卧床后沿到卧栏上杆）为(2.25～2.40)m×(1.20～1.25)m×1.00m；育成牛为2.00m×1.10m×0.85m；犊牛为(1.60～1.8)m×(0.70～1.00)m×0.75m。

2. 饲槽

散放式牛舍大多采用地面饲槽，地面饲槽比饲喂通道略低一点。如果奶牛定时饲喂则每个牛位宽度为70cm；如果不定时自由采食，则成母牛的采食槽宽度不小于50～60cm，育成牛不小于30～40cm。

3. 饲喂通道

饲喂通道位于饲槽前，是饲喂饲料的通道。通道宽度应便于操作（包括机械化饲喂和全混合日粮搅拌车），其宽度为1.5～3.5m不等，坡度为1%。

4. 牛走道与清粪通道

清粪通道也是牛进出的通道，粪便多用机械化或半机械清理。现代化奶牛场多安装链刮板式自动清粪装置，一般为3m。

（二）舍外设施

1. 运动场

运动场一般设在牛舍南侧为好，牛可从牛舍直接进入运动场。运动场是牛休息、运动的场所，地面最好用三合土夯实、立砖和水泥混凝土地面，并有一定的坡度，靠近牛舍处稍高，东西南稍低且设有排水沟。面积为牛舍的2～4倍，每头牛运动场面积为：成年牛25～30m^2、初孕牛20～25m^2、育成牛15～20m^2和犊牛8～10m^2。按照50～100头的规模用围栏划分成小区域。运动场内应设补饲槽和饮水槽，补饲槽采食长度0.15～0.2m/头，水槽宽0.8～0.9m，长度0.2～0.3m/头，槽底向场外开排水孔，以便经常清洗，保持饮水清洁。也可采购自动饮水装置。

2. 围栏

运动场四周设钢筋水泥柱围栏，栏高1.5m，栏柱间距离2m。围栏可用废钢管焊接，也可用水泥柱作栏柱，再用钢筋串联在一起。围栏门宽2m。

（三）挤奶设施与设备

1. 挤奶台的类型

在规划奶厅时，首先要把挤奶机型号定下来，用转台挤奶机、并列挤奶机、鱼骨式挤奶机还是机器人挤奶机，要根据牧场的规模、管理水平和人员配置来确定。因为牧场应该让牛舍为奶厅服务，而不是奶厅为牛舍进行配套。

在挤奶设备选型的时候首先要确定的奶牛场最大限度饲养奶牛规模，因为挤奶设备一旦确定投入使用，是没有办法增加挤奶能力的。多少头泌乳奶牛？一天挤几遍奶？一遍奶挤奶时间多长？牧场选择什么样的设备？总原则就是提高挤奶效率。牧场要根据自身的条件来选择挤奶设备，挤奶设备应适合牧场的牛群比例，人员配备合理，效率高，据此来确定挤奶设备选型。

① 鱼骨式挤奶设备 实用于小规模牧场，适合300～500头奶牛的小牧场，投资少但是挤奶效率低，一般鱼骨式挤奶机最大做成2×16位。之所以不能做得再大，是因为鱼骨式挤奶机每一个牛位占用空间比较大，进退牛速度比较慢，一般挤奶批次3.5～4批/h，如果挤奶机做得过大，影响奶牛上台和下台的速度，增加了批次挤奶时间，直接影响挤奶效率。

② 并列式挤奶设备 比较适合于中型和大型规模牧场，因为并列挤奶设备采用的是顺序门和翻转颈枷快退设计，使挤奶机挤奶效率大幅度提高，一般挤奶批次4～4.5批/h，但是这跟奶厅管理水平有一定关系，挤奶工的熟练程度和工作效率直接影响挤奶设备的挤奶效率。并列挤奶设备也不能做得位数过大，超过2×50位，也会受到进牛速度的影响，影响到挤奶设备挤奶效率。

③ 转盘式挤奶机 可以根据牧场规模需求做成如30～100各种位数，而且不受分群影响。转盘挤奶机节省人工是最大的优势。一台转盘式挤奶机在工作转台最多用6～7人/班，少的时候用5个人。但如果相同规模牛群使用一台80位转盘式挤奶机，与使用并列式挤奶机相比，在保证同样的挤奶效率时，就需要120位并列挤奶机，可能需要用10人/班。挤奶人员的增加，在牧场管理中是最难的问题。所以，牧场在使用设备时，尽量少用人，让挤奶设备的利用达到一个极致，24h不停机。

④ 机器人挤奶系统 按设计好的操作程序运行，不需要人为干预，国外牛场普遍使用。

2. 挤奶设备

挤奶厅挤奶系统主要有：利拉伐挤奶系统（鱼骨式、并列式、转盘式、管道式）、韦斯伐利亚挤奶系统（转盘式、并列式、鱼骨式）、阿菲金挤奶系统（并列式、鱼骨式），其他的挤奶厅挤奶系统（荷兰GM公司挤奶系统、美国博美特转盘挤奶系统、怀卡托鱼骨式挤奶系统）也有少量应用。转盘式挤奶系统一般应用于规模较大的奶牛场。采用自动挤奶系统，其中配置的计量系统可以准确记录每头牛每天的产奶量，自动脱杯系统可以在流量低时（＜400g/min）自动脱杯，还能够自动清洗。一些奶牛场挤奶厅配备了阿菲金在线检测系统，能够自动计量每头牛每天每次的产奶量、导电率，提前预警奶牛乳房炎的发生。挤奶走道铺设橡胶垫，挤奶返回通道设置蹄浴槽和牛只电子称重系统，保证牛蹄健康，并进行体况评价。挤出的牛奶及时冷却贮存。标准化奶牛场都配备有全自动卧式直冷式贮奶罐或其他类型的制冷贮奶罐。

知识点二 肉牛场规划设计

一、肉牛舍类型

肉牛养殖场的肉牛舍较简单，可根据各地全年的气温变化和牛的品种、育肥时期、年龄而确定。建牛舍要因陋就简，就地取材，经济实用，还要符合兽医卫生要求，做到科学合理。有条件的可盖质量好的、经久耐用的牛舍。国内常见的肉牛养殖方式有拴系式和散放式两类，牛舍建筑有牛栏舍、牛棚舍、塑料大棚等。北方的肉牛舍，要求能保暖、防寒；南方要求通风、防暑。牛舍内应设牛床、牛槽、粪尿沟、通道、工作室或值班室。牛舍南侧有条件的设运动场，内设自动饮水槽、凉棚和饲槽等，牛舍四周和道路两旁应绿化，以调节小气候。

（一）拴系式牛舍

拴系式牛舍亦称常规牛舍，每头牛都用链绳或牛颈枷固定拴系于食槽或栏杆上，限制活动；每头牛都有固定的槽位和牛床。缺点是饲养管理比较麻烦，上下槽、牛系放工作量大，有时也不太安全。目前也有的采取肉牛进厩后饲喂、休息都在牛床上，一直育肥到出栏体重的饲喂方式，减少了许多操作上的麻烦，管理也比较安全。如能很好地解决牛舍内通风、光照、卫生等问题，是值得推广的一种饲养方式。拴系式肉牛舍较为简单，从环境控制的角度可分为封闭式牛舍、半开放式牛舍、开放式牛舍、牛棚舍等几种。

1. 封闭式牛舍、半开放式牛舍、开放式牛舍

按照牛舍跨度大小和牛床排列形式，可以分为单列式和双列式。在肉牛饲养中，以双列对头式应用较多，饲喂方便，便于机械作业，缺点是清粪不方便。单列式牛舍跨度为4～5m，舍顶类型可采用平顶式、半坡式或平拱式；双列式牛舍的舍顶为双坡式，牛舍跨度为12m，最少也不能

低于 8m，因饲道宽窄而定。牛舍长可视养牛数量和地势而定。北方寒冷，也可采用封闭式的牛舍；南方气温高，两侧棚舍可敞开，不要侧墙。饲槽可沿中间通道装置，草架则沿墙壁装置，这种牛舍饲喂架子牛（育肥牛）最适合，若喂母牛、犊牛则要求设置隔牛栏，此种牛舍造价稍高，但保暖、防寒性好，适于北方地区采用。

2. 塑料暖棚式牛舍

在北方气候寒冷的冬、春季，可利用塑料薄膜暖棚养牛，不仅保温好，而且造价低，投资少，是一项适用成熟的技术，适于广大农牧户尤其是在冬、春季进行短期育肥的养牛户采用。选用白色透明的不凝结水珠的塑料薄膜，规格 0.02～0.05mm 厚。塑料棚的构造见图 1-1-10。

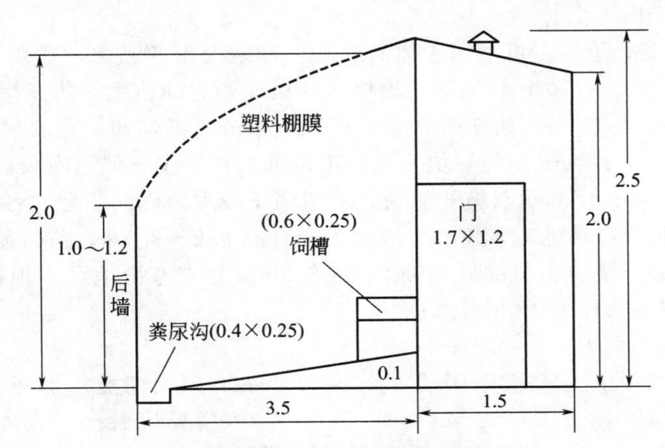

图 1-1-10　塑料暖棚牛舍侧面图（单位：m）

塑料暖棚式牛舍三面全墙，向阳一面有半截墙，有 1/2～2/3 的顶棚。向阳的一面在温暖季节露天开放，寒冷季节在露天一面用竹片、钢筋等材料作支架，上面覆单层或双层塑料，两层膜间留有间隙，使牛舍呈封闭的状态，借助太阳能和牛体自身散发热量，使牛舍温度升高，防止热量散失。暖棚舍顶类型可采用平顶式、半坡式或平拱式，以联合式（基本为双坡式，但北墙高于南墙）暖棚较好。棚舍一般坐北朝南，偏东一定的角度（如 5°～10°），屋顶斜面与水平地面的夹角（仰角）应大于当地冬至时的太阳高度角，使进入舍内的入射角增大，有利于采光。塑料薄膜覆盖暖棚的扣棚时间一般在 11 月中旬以后，具体时间应根据当地当时的气候情况决定。扣棚时，将标准塑膜或粘接好的塑膜卷好，从棚的上方或一侧向下方或另一侧轻轻覆盖。为了保温和保护前沿墙，覆盖膜应将前沿墙全部包过去，固定在距前沿墙外侧 10cm 处的地面上。棚膜上面用竹片或木条（加保护层）压紧，四周用泥或水泥固定。对于较为寒冷的地方，塑料薄膜要深入冻层之下或设防冻层。天气过冷时还要加盖草帘等以确实保温。白天利用设在南墙上的进气孔和排气装置进行 1～2 次通风换气，以排出棚内湿气和有毒气体。暖棚牛舍饲养育肥牛的密度以每头 $4m^2$ 为宜。

3. 露天式牛栏

主要是季节性育肥肉牛，有无任何挡风屏障或牛棚的全露天式、有挡风屏障的全露天式、饲槽有简易棚和露天的。投资少，但饲料成本比有房舍高，饲槽设计在一侧可实现机械化饲喂和清粪。为了节省劳力，降低劳动强度，可以采用散放式露天育肥。

4. 棚舍式舍

结构简单，造价低，适用于冬季不太寒冷的地区。棚舍四周无墙壁，仅有钢筋水泥柱代为支撑结构。棚顶的结构与常规牛舍相近，但用料简单、重量轻。采用双列头对头饲养，中间为饲料通道，通道两侧皆为饲槽，棚舍宽度为 11m，最少也不能低于 8m。棚舍长度则以牛的数量而定。

（二）围栏式散养牛舍

肉牛在围栏式牛舍内不拴系，散放饲养，牛自由采食、自由饮水。围栏式牛舍多为开放式或棚舍，并与运动场围栏相结合使用。

(1) 开放式围栏牛舍 牛舍三面有墙，向阳面敞开，与运动场围栏相接。水槽、食槽设在舍内，刮风、下雨天气，使牛得到保护，也避免饲草、饲料淋雨变质。舍内及围栏内均铺水泥地面。牛舍内牛床面积以每头牛 $2m^2$ 为宜，每舍15～20头牛。牛舍跨度较小，有单坡式和双坡式，休息场所与活动场所合为一体，牛可自由进出。舍外场地每头牛占地面积为 $3～5m^2$。

(2) 棚舍式围栏牛舍 与拴系式的棚舍式牛舍类似，但不拴系。

二、肉牛牛舍建筑

(一) 牛舍建筑结构要求

① 牛舍内环境 应干燥，冬暖夏凉，房顶有一定厚度，隔热保温性能好。舍内各种设施的安置应科学合理，以利于肉牛生长。

② 地基 土地坚实，干燥，可利用天然的地基。若是疏松的黏土，需用石块或砖砌好墙壁地基并高出地面，地基深80～100cm。地基与墙壁之间最好要有油毡绝缘防潮层。

③ 墙壁 砖墙厚50～75cm。从地面算起，应抹100cm高的墙裙。在农村也可用土坯墙、土打墙等，但从地面算起应砌100cm高的石块。土墙造价低，投资少，但不耐久。

④ 屋顶（顶棚） 最常用的是双坡式屋顶，可适用于较大跨度的牛舍和各种规模类型牛群，既经济，保温性又好，而且容易施工修建。双坡式牛舍脊高3.2～3.5m，前后墙高3.2m；单坡式前墙高2m，后墙高1.8m。平顶牛舍前后墙高2.2～2.5m。北方寒冷地区，顶棚应用导热性低、保温的材料。南方则要求防暑、防雨并通风良好。

⑤ 屋檐 屋檐距地面为280～320cm。

⑥ 门与窗 牛舍的大门应坚实牢固，宽200～250cm，不用门槛，牛舍一般应向外开门，最好设置推拉门，门高（2.1～2.2)m×宽(2～2.5)m。一般南窗应较多、较大（100cm×120cm)；北窗则宜少、较小（80cm×100cm)。牛舍内的阳光照射量受牛舍的方向，窗户的形式、大小、位置、反射面积的影响，所以要求不同。光照系数为1：(12～14)。窗台距地面高度为120～140cm。

⑦ 通气孔 设在屋顶，大小因牛舍类型不同而异，通气孔应设在尿道沟正上方屋顶上。单列式牛舍的通气孔为70cm×70cm，双列式为90cm×90cm。北方牛舍通气孔总面积为牛舍面积的0.15%左右，通气孔上面设有活门，可以自由启闭，通气孔应高于屋脊0.5m或在房的顶部。

⑧ 尿粪沟和污水池 为了保持舍内的清洁和清扫方便，尿粪沟应不透水，表面应光滑。尿粪沟宽28～30cm，深5～10cm，倾斜度1：(100～200)。尿粪沟应通到舍外污水池。污水池应距牛舍6～8m，其容积以牛舍大小和牛的头数多少而定，一般可按每头成年牛 $0.3m^3$、每头犊牛 $0.1m^3$ 计算，以能贮满一个月的粪尿为准，每月清除一次。为了保持清洁，舍内的粪便必须每天清除，运到距牛舍50m远的粪堆上。要保持尿沟的畅通，并定期用水冲洗。

(二) 牛舍内部结构

(1) 拴牛架与饲栏拴系形式 牛床的前方有拴牛架，高135～145cm，肉牛的拴系形式为软式，而且多为麻绳，使牛颈能上下左右转动，采食、休息都很方便。有条件可在饲槽旁边离地面约0.5m处安装自动饮水设备。

(2) 肉牛牛床 一般肉、乳兼用牛床长180～200cm，每头牛占床位宽110～120cm；本地牛和肉用牛的牛床长180～190cm，宽110～120cm。肉牛育肥期若是群饲，牛床面积可适当小些。牛床坡度为1.5%，前高后低。牛床类型有下列几种：

① 水泥及石质牛床 其导热性好，比较硬，造价高，但清洗和消毒方便。

② 砖牛床 用砖砌，用石灰或水泥抹缝，导热性好，硬度较高。

③ 木质牛床 导热性差，容易保温，有弹性且易清扫，但容易腐烂，不易消毒，造价高。

④ 土质牛床 将土铲平，夯实，上面铺一层砂石或碎砖块，然后再铺一层三合土，夯实即可。这种牛床能就地取材，造价低，并具有弹性，保温性好，能护蹄。

⑤ 沥青牛床 保温性好并有弹性，不渗水，易消毒。遇水容易变滑，修建时应掺入煤渣或粗砂。

(3) 饲槽　饲槽设在牛床的前面，有固定式和活动式两种，以固定式的水泥饲槽为常用，其上宽60～80cm，底宽35cm，底呈弧形。槽内缘高35cm（靠牛床一侧），外缘高60～80cm。

(4) 饲道　牛舍饲道分两侧和中央饲道两种，其中双列式牛舍对头式饲养采用的中间饲道为常用，宽为150～300cm不等，而两侧饲道宽多为80～120cm。

三、配套设施

牛场设施种类多样，主要有卧床、颈枷、修蹄架、风扇喷雾设施、青贮设施、饲料加工设备、装卸牛台、地磅、分牛系统、饮水装置、防疫消毒设备设施、清粪设备、粪污处理设施等。在规划设计时，应考虑这些设施的选型和数量。

【任务实施】

知识点学习

1. 现代化奶牛场的设计和规划
2. 肉牛场规划设计
3. 牛场的环境控制技术

技能训练九　规模化牛场的评价

一、必备资源

规模化牛场、现代化牛场视频、国内外知名牧场设计公司。

二、活动步骤

1. 结合知识点一的各项指标对牛场规划布局和建筑配置做出评价。
2. 结合知识点一的各项指标对牛场粪污处理设施做出评价。
3. 提出进一步完善的可行性对策和建议。

【巩固训练】

一、选择题

1. 选择牛场场址时必须遵循（　　）准则，使牛场不致成为周围社会的污染源，同时也不受周围环境所污染。

A. 社会公共卫生　B. 社会安全　C. 社会环保　D. 社会绿化

2. 成年奶牛运动场占地面积每头约多少平方米？（　　）

A. 1～5　B. 6～10　C. 15～20　D. 25～30

3. 犊牛运动场占地面积每头约多少平方米？（　　）

A. 1～5　B. 6～10　C. 10～15　D. 15～20

4. 畜牧场的核心区是（　　）。

A. 生活区　B. 管理区　C. 生产区　D. 隔离区

5. 牛的运动场四周种植的树木以（　　）为主。

A. 高大冠大落叶乔木　B. 松柏灌木花草
C. 桃树、杏树　D. 梨树、苹果树

6. 不同的牛舍其采光系数不同，乳牛舍采光系数为（　　）。

A. 1∶16　B. 1∶15　C. 1∶20　D. 1∶12

7. 牛场的规划中生活区应设在（　　）位置。

A. 场区的中心　B. 场区的最上风　C. 场区的最下风　D. 都可以

8. 奶牛舍内的空气湿度不宜超过（　　）。

A. 80％　B. 85％　C. 90％　D. 95％

9. 根据北方地区冬季寒冷且时间长，风多且偏西北这一特点，牛舍（　　）为好，有利于保温。

A. 坐南朝北　　B. 坐东朝南　　C. 坐北朝南　　D. 坐北朝西

10. 通过多层生态净化系统，使污水污物得以净化，下面几个过程中正确的是：(　　)。

A. 微生物→植物→动物→菌藻　　B. 菌藻→植物→动物→微生物

C. 动物→植物→微生物→菌藻　　D. 植物→动物→微生物→菌藻

11. 要与交通要道、工厂及住宅区保持（　　）以上的距离，并在居民区的下风向，以防牛场有害气体和污水等对居民的侵害。

A. 500～800m　　B. 500～1000m　　C. 400～600m　　D. 600～1000m

12. 牛粪尿中含有大量的有机物，排出体外会迅速发酵腐败，产生（　　），污染大气环境。

A. 氯化氢、氨、苯酸等有害物　　B. 一氧化碳、氨、碳酸等有害物

C. 硫化氢、氨、苯酸等有害物　　D. 二氧化碳、氨、一氧化碳等有害物

13. 全露天牛舍饲养方式投资少，便于机械化操作，适用于大规模饲养，很合适（　　）。

A. 饲养乳牛　　B. 饲养肉牛　　C. 饲养育成牛　　D. 饲养犊牛

14. 兽医室大小根据实际情况灵活设计，病牛隔离室可按牛场存栏量的设计（　　），要求地面平整，易于清洁消毒。

A. 2%～4%　　B. 2%～3%　　C. 2%～5%　　D. 3%～4%

15. （　　）浓度常作为卫生评定的一项间接指标。

A. 一氧化碳　　B. 二氧化碳　　C. 二氧化氮　　D. 氨

16. 牛场生活区应在牛场上风向和地势较高地段，并与生产区保持（　　）以上距离，以保证生活区良好的卫生环境。

A. 50m　　B. 80m　　C. 60m　　D. 100m

17. 草木灰水属于（　　）。

A. 碱性消毒剂　　B. 酸性消毒剂　　C. 醛类消毒剂　　D. 醇类消毒剂

18. 堆粪消毒粪便，当粪便太干时（　　），使其不稀不干，以促其迅速发酵。

A. 加水　　B. 加土　　C. 加沙子　　D. 加石头

19. 以下哪个奶厅类型挤奶效率最高？(　　)

A. 机器人挤奶台　　B. 转盘式挤奶台　　C. 并列式挤奶台　　D. 鱼骨式挤奶台

二、填空题

1. 有害气体主要为（　　　）、二氧化碳、一氧化碳和硫化氢等。

2. 按牛舍屋顶式样不同，分为钟楼式、半钟楼式、(　　　) 和弧形式四种。

3. 散栏式牛床可设计成单列式、(　　　)、三列式，牛群规模大也可设计成四列式等。

4. 舍内的通栏布置既可为（　　　），亦可为双排栏等。

5. 影响小气候的因素很多，对于奶牛影响最大的是（　　　）、空气湿度、气流速度、光照以及有害气体等。

6. 二氧化碳虽然本身不会引起奶牛中毒，但二氧化碳浓度能表明奶牛舍空气的污浊程度，因此，(　　　) 常作为卫生评定的一项间接指标。

7. 按饲养方式不同，分为拴系式和（　　　）两种类型。

8. 产房是专用于饲养（　　　）牛只的用房。

9. 选择牛场和建筑牛舍应根据（　　　）、种类和发展规模、资金、机械化程度和设备条件而定，并符合卫生防疫要求，经济适用，且便于管理。

三、简答题

1. 牛场建设的条件包括什么？

2. 牛场场址选择时应注意哪些问题？

3. 牛场通常分为几个区？分别是什么？

4. 牛舍的类型有哪些？各有什么优缺点？

5. 奶牛场的环境控制措施有哪些？

【知识拓展】

牛场的粪污处理技术

【任务考核】

项目二　奶牛饲养管理技术

任务一　奶牛的生产周期划分

【任务目标】

知道奶牛生产周期的节律、泌乳规律、分群技术要点；能够绘制奶牛生产周期示意图。

【必备知识】

奶牛自从第一次产犊进入成年阶段以后，进入周期性的生理现象循环过程，例如分娩、泌乳、干乳、产后配种。分娩和泌乳生理现象一般以一年为一个周期。每个循环周期都遵循规律性的变化，找出内在的规律性变化，并用周期性示意图表示出来，能更清楚地理解奶牛繁殖规律、泌乳规律，能够在生产中有目的地开展科学的饲养管理工作，提高奶牛养殖效益。不同年龄的后备母牛及不同泌乳阶段的成年母牛在日粮、营养需要和饲养管理方法上都是不一样的。所以，大型奶牛养殖场和奶牛养殖大户要想提高饲养效益，不论是后备母牛还是成年母牛，都必须分群饲养管理。

一、奶牛的生产周期节律

奶牛生产包括繁殖和泌乳。根据理想设计，母牛年产一胎，干乳期 60 天，实际挤乳 305 天，综合效益最好。365 天内产一胎，一个 305 天标准的泌乳周期，2 个月的干乳期，分娩后 80 天配种受孕，妊娠期 285 天。

二、奶牛的泌乳规律

同一个体，不同胎次泌乳期的产乳量和乳质有所区别，一般情况下第 2 胎比第 1 胎上升10%～12%；第 3 胎比第 2 胎上升 8%～10%；第 4 胎比第 3 胎高 5%～8%；第 5 胎比第 4 胎高 3%～5%；第 6 胎以后乳量逐渐下降。同一个胎次的泌乳期内的产乳量并不是保持一个水平不变，而是有一定的规律性，根据泌乳生理的规律性变化和生产实际情况，把一个泌乳期分为四个泌乳阶段，即泌乳初期、泌乳盛期、泌乳中期和泌乳后期。

（1）泌乳初期（15 天）　母牛分娩到产后各 15 天，与围产后期重合，也称恢复期。

（2）泌乳盛期（85 天）　分娩后 16～100 天，产奶量占全泌乳期产奶量的 45%～50%。

（3）泌乳中期（100 天）　分娩后 101～200 天，产奶量占全泌乳期产奶量的 30%左右。

（4）泌乳后期（105 天）　分娩后 201 天至停奶前一天，产奶量占全泌乳期产期产奶量的20%～25%。

三、奶牛的分群技术

（一）后备母牛分群

后备母牛按生理发育阶段，一般可分为：

（1）哺乳期犊牛（0～2 月龄）　此阶段是后备母牛中发病率、死亡率最高的时期。

（2）断奶期犊牛（3～6 月龄）　此阶段是生长发育最快的时期。

（3）小育成牛（7～12 月龄）　此阶段是母牛性成熟时期，母牛的初情期发生在 10～12 月龄。

（4）大育成牛（13～16 月龄）　此阶段是母牛体成熟时期，16～17 月龄是母牛的初配期。

（5）青年牛（初孕牛）

① 妊娠前期青年母牛（17～22 月龄）　此阶段是母牛初妊期，也是乳腺发育的重要时期。

② 妊娠后期青年母牛（23～24 月龄）　此阶段是母牛初产和泌乳的准备时期，是由后备母牛向成年母牛过渡的时期。

（二）成年母牛分群

成年母牛按其泌乳阶段，一般可分为五群：

（1）干乳牛群。

（2）围产期牛群（30天）　分娩前和产后各15天，对于奶牛的健康及以后的产奶量，此期是关键饲养期，包括围产前期（15天）和围产后期（15天）。

（3）泌乳盛期牛群（85天）。

（4）泌乳中期牛群（100天）。

（5）泌乳后期牛群（105天）。

【任务实施】

知识点学习

1. 泌乳规律

2. 分群技术

技能训练十　规模化奶牛场牛群分群

一、必备资源

规模化奶牛场。

二、活动步骤

1. 调研规模化奶牛场实际分群情况。
2. 能够科学绘制奶牛的生产周期示意图。
3. 对具体奶牛场生产周期设计作出合理的评定。

【巩固训练】

一、选择题

1. 奶牛泌乳中期一般是指（　　）。

A. 1～100天　　B. 60～120天　　C. 101～200天　　D. 200～305天

2. 奶牛理想的产犊间隔一般为（　　）。

A. 10个月　　B. 13个月　　C. 15个月　　D. 17个月

3. 泌乳期内奶牛产奶量的变化规律是（　　）。

A. 先上升后下降　　B. 先下降后上升　　C. 一直下降　　D. 一直上升

4. 泌乳中后期的生理特点是泌乳量逐渐下降，逐月递减约（　　）。

A. 5%～6%　　B. 5%～7%　　C. 6%～8%　　D. 6%～7%

二、分析讨论以下的奶牛生产周期示意图（图1-2-1）

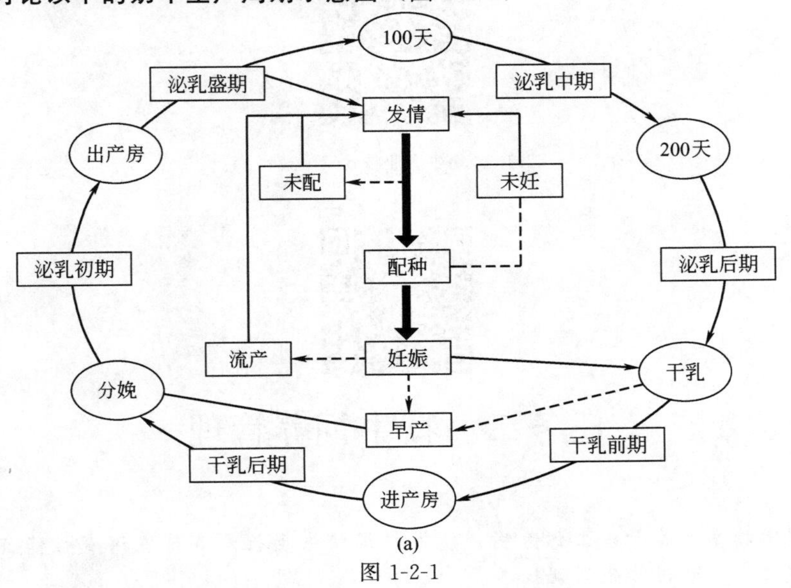

(a)

图1-2-1

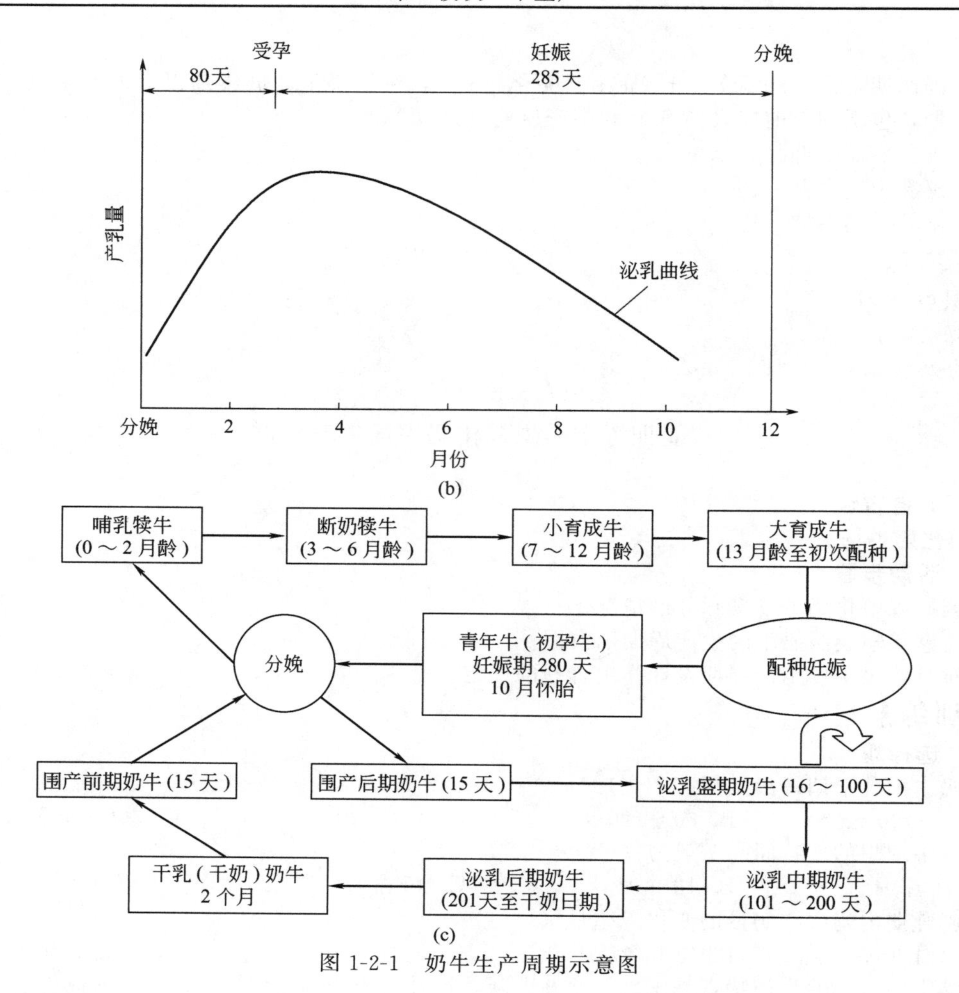

图1-2-1　奶牛生产周期示意图

【知识拓展】

2016年奶牛产业技术发展报告

【任务考核】

任务二　犊牛饲养管理

【任务目标】

能够科学制定犊牛饲养管理工作方案；能够根据犊牛生长发育特点培育性能优良的犊牛；掌握初生犊牛护理技术；掌握犊牛断奶技术。

【必备知识】

知识点一　犊牛饲养技术

犊牛培育的好坏直接关系到奶牛饲养的成败，按照奶牛生长阶段划分，犊牛是指出生后到6月龄的小牛。犊牛的饲养管理工作是养好奶牛的开始，犊牛培育是奶牛场饲养管理工作的组成部分。犊牛的生长发育对将来成年奶牛的产量有很大影响。犊牛饲养的最终目标是培育有发展潜力的育成母牛，确保在不发生难产的情况下尽早产犊，形成生产能力，大大降低成本，并有一个较长的可利用周期，获得更多的利润。

一、犊牛生长发育特点

（一）新生犊牛的生理特点

犊牛初生时，抗体（大分子蛋白质）经过消化道可以通过犊牛小肠壁进入血液，犊牛对抗体的吸收率平均为20%，但变化范围为6%～45%，抗体的吸收率在出生后2～3h急剧下降，初生24h后小牛就无法吸收完整的抗体（肠封闭）。新生犊牛的组织器官，尤其是瘤胃、网胃和瓣胃发育很不完全，只靠皱胃消化食物；对外界环境的适应力很差；胃肠空虚，缺乏分泌反射，蛋白酶和凝乳酶不活跃，真胃和肠壁上无黏液；初生犊牛皮肤保护机能较差，神经系统不健全，易受外界影响发生疾病，甚至死亡。特别是由于生存环境发生突变，自身体温调节机能虽已完成，但对外界气温的抵抗力（寒冷）还很弱，它的临界温度是15℃。

（二）犊牛消化系统的生长发育特点

犊牛在哺乳期内，其胃的生长发育经历了一个成熟过程，新出生的犊牛真胃相对容积较大，约占4个胃总容积的70%，瘤胃、网胃和瓣胃的容积都很小，仅占30%，并且它们的机能也不发达。犊牛出生的最初20天，瘤胃、网胃和瓣胃的发育极不完全，没有任何消化功能。初生的犊牛，吮奶时反射性引起食管沟闭合，形成管状结构，避免牛奶流入瘤胃，牛奶经过食管沟和瓣瘤管直接进入皱胃被消化，能很好地消化牛奶中的乳糖，但乳糖酶的活力却随着年龄的增长而逐渐降低，很容易消化利用乳脂及代乳品脂肪，总之，犊牛出生后3周龄以内主要靠皱胃进行消化，主要以乳及乳制品为日粮，20日龄后，犊牛学会吃料草，前胃迅速发育，消化功能完善，采食饲料日渐增多，瘤胃内微生物区系逐步形成。3周龄以后的犊牛，瘤胃发育迅速，比出生时增长3～4倍，3～6月龄又增长1～2倍，6～12月龄又增长1倍。满12个月龄的育成牛瘤胃与全胃容积之比，已基本上接近成母牛。

（三）犊牛体重和体型变化特点

初生犊牛和成年牛相比，显得头大、体高、四肢长，尤其后肢更长。据测定，新出生的犊牛体高为成牛的56%，后高为57%，腿长为63%。而成年牛体型则显得长、宽、深。母牛妊娠期饲养不佳，胎儿发育受阻，初生犊牛体高普遍矮小；出生后犊牛体长、体深发育较快，如发现有成年牛体躯浅、短、窄和腿长者，则表示哺乳期、育成期犊牛、育成牛发育受阻。所以犊牛和育成牛宽度是检验其健康和生长发育是否正常的重要指标。在正常饲养条件下，6月龄以内荷斯坦犊牛平均日增重为500～800g。母犊牛在4～6月龄如营养不足，会影响卵巢发育，6～7月龄后则子宫生长受阻，性成熟延缓，第二性征发育缓慢。日粮中缺磷，妨碍骨骼硬化，而影响造血器官发育，同时也会影响以后的繁殖和产乳性能。

二、犊牛培育要求与饲养方式

（一）犊牛培育要求

重视胎儿时期营养供给，确保新生犊牛的健壮；为犊牛饲养提供良好的条件；注意营养投入，保持良好的乳用体型；加强运动，增强犊牛的健康。

（二）饲养方式

在大规模牛场设有设犊牛舍和犊牛栏，犊牛栏分为单栏和群栏。犊牛出生后即在靠近产房的单栏中，每犊一栏，单独管理，1月龄后过渡到群栏。犊牛出生时患病可能性较大，隔离分养，使其互相交叉感染的机会减少，犊牛互相隔离，不易发病。

三、犊牛的饲养设备

（一）犊牛初乳管理系统

来自丹麦的犊牛初乳管理系统（coloquick 系统）：主要包括初乳库、水浴系统、灌装支架、初乳夹、一次性初乳袋、灌服插管等。主要功能是实现优质初乳的均匀快速解冻、快速灌服。

（二）犊牛自动饲喂器

利用犊牛自动饲喂系统可实现个体化精细饲喂。

四、哺乳期犊牛的饲养

（一）初乳饲喂

初乳是指奶牛产后第 1 次挤的乳。初乳色黄而黏稠，稍带咸腥味。

1. 初乳的特点

与常乳相比，初乳干物质含量高，尤其蛋白质、胡萝卜素、维生素 A 和免疫球蛋白含量是常乳的几倍至十几倍。另外，初乳酸度高，含有镁盐、溶菌酶和 κ-抗原凝集素。

2. 初乳对新生犊牛的重要性

① 由于母牛胎盘的特殊结构，母体血液中的免疫球蛋白不能在胎儿时期通过胎盘传给胎儿，因而新生犊牛无免疫能力。初乳中含有大量的免疫球蛋白，犊牛可通过哺喂初乳来获得免疫能力。

② 初乳中含有大量镁盐，镁盐具有轻泻作用，有利于犊牛胎便的排出。

③ 初生犊牛皱胃不能分泌胃酸，因而细菌易于繁殖，而初乳酸度较高，有杀菌作用。

④ 初乳中有溶菌酶和 κ-抗原凝集素，也有杀菌作用。初乳所含的各类抗体，能在特定环境下为犊牛提供抵抗各种疾病的免疫力，而初乳中抗体的类别取决于母牛所接触过的致病微生物或疫苗，即在某一牛场出生并成长的母牛，其所产的初乳是保护这一牛场所出生犊牛的理想初乳。与之相反，产犊前不久从另一牛场购进的母牛其初乳中所含抗体的免疫力与本场母牛有所不同。同理，购买或迁移出生后 6～8 周内的犊牛，其受到感染的危险性较高，因为这些犊牛没有获得抵抗新环境中抗原的特异抗体。血乳、乳房炎、特稀、有异味的初乳不合格，一律不可使用。五胎以上的经产牛的初乳不能用：产前漏奶或产犊前挤奶的牛初乳减少：干奶期超过 90 日或少于 40 日的初乳也不合格。

3. 初乳的饲喂时间

犊牛应在出生后 1h 内吃到初乳，而且越早越好。一般以犊牛能够站立时喂给（生后0.5～1h 即可站立）。

4. 初乳的喂量及饲喂方法

最好现挤现喂，乳温 37～38℃。如乳温下降，需经水浴加温至 38～39℃再喂，饲喂过凉的初乳是造成犊牛下痢的重要原因。相反，如乳温过高，则易因过度刺激而发生口炎、胃肠炎等或犊牛拒食。初乳切勿明火直接加热，以免温度过高发生凝固。同时，多余的初乳可放入干净的带盖容器或密封塑料袋内，并保存在低温环境中。在每次哺喂初乳之后 1～2h，应给犊牛饮温开水（35～38℃）一次。

（1）传统饲喂方法　第一次初乳的喂量应为 1.5～2.0kg，不能太多，以免引起消化紊乱，以后可随犊牛食欲的增加而逐渐提高，出生的当天（生后 24h 内）饲喂 3～4 次初乳。初乳哺喂的方法：可采用装有橡胶奶嘴的奶壶或奶桶饲喂。犊牛惯于抬头伸颈吮吸母牛的乳头，是其本能的生物反应，因此，以奶壶哺喂初生犊牛较为适宜。目前，奶牛场限于设备条件多用奶桶喂给初乳。欲使犊牛出生后习惯从桶里吮奶，常需进行调教。最简单的调教方法是将洗净的中指、食指蘸些奶，让犊牛吮吸，然后逐渐将手指放入装有牛奶的桶内，使犊牛在吮吸手指的同时吮取桶内的初乳，经 3～4 次训练以后，犊牛即可习惯桶饮，但瘦弱的犊牛需有较长时间的耐心调教。喂奶设备每次使用后应清洗干净，以最大限度地降低细菌的生长以及疾病传播的危险。

（2）初乳现代灌服技术 1-2-4 原则　犊牛出生后立即与母牛分开，清理口腔和鼻腔的黏液，完成称重、记录、脐带消毒工作，用吹风机吹干牛体，转入犊牛单栏，在犊牛出生 1 小时内灌服合格的初乳4kg，吃完初乳后让其休息吸收，禁止翻动犊牛，9～12h之内再次饲喂初乳2kg，2h之内挤净母牛初乳。

单人给出生犊牛灌服初乳的操作要领（图1-2-2）：用双腿将犊牛颈部加紧，并使其后躯退至死角处难以移动。右手持胃管经犊牛右侧角插入，借吞咽动作将胃管送入食道，左手需在犊牛颈部食道沟往复上下滑动检查，以确保胃管在食道内，如胃管送入食道，此时右手上下轻拉会感觉多少有些阻力。如误入气管，则感觉无阻力，同时左手在食道沟也摸不到胃管。确定胃管在食道内后才能高举初乳瓶将初乳灌入。每次饲喂结束后1～2h，饮喂温开水1次，水温和乳温均为37℃。

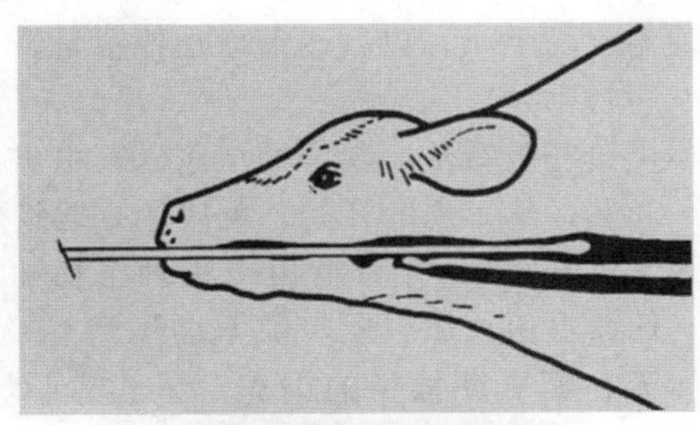

图1-2-2　初乳灌服操作示意图

5. 多余初乳的保存方法

主要有两种保存方法：犊牛初乳管理系统和发酵法。

把新鲜混合初乳过滤后倒入塑料桶内（不宜用金属桶），及时盖上桶盖（不宜过满以防发酸后溢出），放在室内阴凉的地方，任其自然发酵；为了防止乳脂与乳清分离，每天应搅拌1次。发酵时间视气温而定，室温10～15℃，发酵5～7天；室温15～20℃，发酵3～4天；室温20～25℃，发酵2天左右；室温25～30℃，发酵1天；室温30℃以上，发酵8～12h即成。也可以用乳酸菌发酵，把新鲜混合初乳过滤后水浴加温到80℃，保持5～10min，然后将其冷却到40℃，倒入已消毒的塑料桶内，按5%～7%的比例加入发酵剂（保加利亚乳酸杆菌和链球乳酸菌的扩大培养剂），搅匀后及时盖上桶盖，每天搅拌1次；当室温在10～15℃时，发酵2天左右即可；室温20～25℃时，发酵1天；室温25～30℃，发酵12h；室温30～35℃，发酵4h左右即成。发酵初乳在饲喂前应先搅拌均匀，然后取需要量加入80℃左右的水，将乳温调至38℃进行饲喂［初乳与水比例为（2～3）：1］。个别犊牛在第一次喂给时对发酵初乳可能会不适应，可掺入一些鲜乳诱食；也可在喂前加入0.5%碳酸氢钠中和，以改善其适口性。

6. 特殊情况的处理

犊牛出生后如其母亲死亡或母牛患乳房炎，使犊牛无法吃到其母亲的初乳，可用其他产犊时间基本相同的健康母牛的初乳。如果没有产犊时间基本相同的母牛，也可用常乳代替，但必须在每千克常乳中加入维生素A 2000IU、60mg土霉素或40mg金霉素，并在第一次喂奶后灌服50mL液体石蜡或蓖麻油，也可混于奶中饲喂，以促使胎便排出。5～7天后停喂维生素A，抗生素减半直到20日龄左右。

（二）饲喂过渡乳和常乳

过渡乳日喂量为犊牛体重的8%～10%。每天饲喂3次，连续饲喂4～5天以后，犊牛可以逐渐转喂正常牛奶（常乳），日喂量为犊牛体重的10%左右，日喂2次。

（三）补饲

犊牛从4～7日龄开始调教采食开食料和干草，常用的方法有：①在开食料中掺入糖蜜或其他适口性好的饲料；②可将开食料拌湿涂抹其嘴，或置少量在奶桶底，当犊牛舔食奶桶底部时，即可食入；③少喂勤添，以保持饲料新鲜；④限制犊牛喂奶量，每天喂奶量以不超过其体重10%为限。犊牛一般从4月龄开始训练采食青贮，但在1岁以内青贮料的喂量不能超过日粮干物质的1/3。在早期训练采食植物性饲料的情况下，6～8周龄的犊牛前胃发育已达到了相当程度。为了使犊牛能够适应断奶后的饲养条件，断奶前2周应逐渐增加精、粗饲料的喂量，减少奶量的供应。每天喂奶的次数可由3次改为2次，而后再改为1次。在临断奶时，还可喂给掺水牛奶，先按1：1喂给掺温水的牛奶，以后逐渐增加掺水量，最后全部用温水来代替牛奶。

（四）饮水

供给充足清洁、新鲜的饮水。犊牛出生24h后，应获得充分饮水。最初两天水温和乳温相同，37～38℃。从1周龄开始，可用加有适量牛奶的35～37℃温开水诱其饮水，10～15日龄后可直接喂饮常温开水。1个月后由于采食植物性饲料量增加，饮水量愈来愈多，可在运动场内设置饮水池，任其自由饮用，但水温不宜低于15℃。冬季应喂给30℃左右的温水。

五、断乳期犊牛的饲养

（一）适时断奶

我国目前大多哺乳期为2个月左右，哺乳量约300kg。比较先进的奶牛场，哺乳期45～60天，哺乳量为200～250kg。初乳期过后开始训练犊牛采食固体饲料，根据采食情况逐渐降低犊牛喂奶量，当犊牛精饲料的采食量达到1.5kg时即可断奶。

（二）早期断奶

目前国外犊牛早期断奶的哺乳期大多控制在3～6周，以4周居多，也有喂完7天初乳就进行断奶的报道。英国、美国一般主张哺乳期为4周（日本多为5～6周），哺乳量控制在100kg以内。例如英国的做法是：犊牛生后最初几天喂饲初乳，1周后改喂常乳，并开始训练犊牛采食开食料，任其自由采食，同时提供优质的干草，当犊牛每天能吃到1kg左右的开食料时就可断奶，这时犊牛约为1月龄，全哺乳期共消耗鲜奶96kg。

（三）代乳品和开食料的使用

犊牛早期断奶成败关键之一就是代乳品和开食料的配制技术。

1. 代乳品

代乳品是模拟牛奶的特性所制作的商品饲料，用水冲调后可代替部分或全部鲜奶饲喂犊牛，所以又称人工奶粉。代乳品在日本也称为人工乳。代乳品是一种以乳业副产品（如脱脂乳、乳清蛋白浓缩物、干乳清等）为主的粉末状商品饲料，饲喂时必须稀释为液体，且具有良好的悬浮性和适口性，浓度12%～16%。为使犊牛早期断奶或节省商品乳哺用量，犊牛生后10天左右可应用代乳品代替常乳哺喂。使用代乳品的作用除节约鲜奶、降低培育费外，还可以补充全乳某些营养成分的不足，使用它代替鲜奶饲喂犊牛在经济上比较合算，特别是在小牛肉生产中使用较为普遍。

代乳品的蛋白质含量要求达20%以上，脂肪10%～12%，一般商业代乳品脂肪含量达18%～20%，代乳品的蛋白质原料主要为乳蛋白，油脂进行均质化，并且添加卵磷脂或甘油一酯进行乳化，植物油脂由于含有大量游离脂肪酸，犊牛的消化率比较低。代乳品中的粗纤维含量应低于0.25%，添加一定量的矿物质和维生素，以及抗生素如土霉素、新霉素以促进犊牛的生长，提高饲料转化效率，一般每吨代乳品可添加200g土霉素和400g新霉素，喂用14天后再换成抗球虫药。代乳品应按产品说明进行使用，同时注意不同代乳品其所使用的蛋白质原料以及能量含量均有较大差异。

代乳品在饲喂时，按产品标签推荐的比例（代乳品与温水的常用比例为1.1∶8.9），用35～40℃的温水调匀。代乳品的使用时期可以与全乳一样，在犊牛喂完初乳即可使用，每日等量喂给两次。如果犊牛体质弱，则应先使用全乳，然后视犊牛健康状况逐渐用代乳品取代全乳。

2. 开食料

犊牛开食料是根据犊牛消化道及其酶类的发育规律所配制的，能够满足犊牛营养需要（表1-2-1），适用于犊牛早期断奶所使用的一种特殊饲料。其特点是营养全价、易消化、适口性好，它的作用是促使犊牛由以吃奶或代乳品为主向完全采食植物性饲料过渡，开食料富含维生素及微量矿物质元素等。此外，开食料一般也含有抗生素如金霉素或新霉素，驱虫药如拉沙里菌素、癸氧喹啉以及益生菌等。通常，开食料中的谷物成分是经过碾压粗加工形成的粗糙颗粒，以利于促进瘤胃蠕动，可在开食料中加入5%左右的糖蜜，以改善适口性。

表 1-2-1　犊牛的营养标准

体重/kg	日增重/g	产奶净能/NND	可消化性粗蛋白质/g	钙/g	磷/g
40	600	3.84	188	14	8
50	600	4.24	194	15	9
60	800	5.37	243	20	11

（四）早期断奶方案

早期断奶根据不同的情况有不同的方法，主要的不同是哺乳期的长短和喂奶量的多少。根据目前我国奶牛生产的水平，采用 2 个月哺乳期、总喂奶量为 255～293kg 的方法较为现实，其具体方法可参照表 1-2-2。青贮、块根饲料、优质干草可任意采食。

表 1-2-2　早期断奶实施方案

日龄	喂奶量			喂料量	
	日喂量/kg	日喂次数	总量/kg	日喂量/kg	总量/kg
1～7	4～6	3	28	0	0
8～15	5～6	3	40～48	0.2～0.3	1.42～2.1
16～30	6～5	3	90～75	0.4～0.6	3.2～4.0
31～45	5～4	2	75～60	0.7～1.0	9～12
46～60	4～2	1	60～30	1.0～1.5	13.5～15
合计			293～355		27.1～33.1

当犊牛连续 3 天采食 1.0～1.5kg 开食料即可断奶。在此之前要适当控制干草的喂量，以免影响开食料的采食量，但要保证日粮中所含的中性洗涤纤维不低于 25%。缩短哺乳期，减少哺乳量的犊牛，虽然头 3 个月体重增长较慢，但只要精心饲养，在断奶前调整好采食精料的能力，并在断奶后注意精料和青粗饲料的数量和品质，犊牛在早期受阻的体重在后期可得到补偿，不影响后备牛的配种月龄、繁殖以及投产后的产奶性能。

注意事项：

（1）在哺乳期内应视外界气温变化情况增减非奶常规饲料，调整能量的变化需要。－5℃时增加维持能量 18%，－10℃时增加 26%。当气温高时也应增加，如 30℃时增加 11%。除冬季低温和夏季高温之外还有蚊、蝇、虻等昆虫的干扰，对早期断奶犊牛都产生影响，因此建议：上半年生的犊牛用 30 天断奶，而下半年则用 45 天以上断奶。一般日增重达 500g，精饲料采食量达 1kg 以上时方可断奶。

（2）早期断奶犊牛要供应足够的饮水，此期间犊牛饮水量大约是所食干物质量的 6～7 倍，春、冬季要饮温水，并适当控制饮水量。

（3）日粮供给时要按料水比 1∶1 与等量干草或 4～5 倍的青贮料拌匀喂给，最好制成完全混合日粮，直到头日采食混合料 2kg 时不再增加，可以喂到 6 月龄。

（4）早期断奶的初期（15 天左右）增重偏低，皮毛光泽度差，不十分活泼，这是因为此阶段瘤胃机能尚不十分发育，早期断奶营养水平偏低，只要采食正常并逐日增加时会很快过渡。直至 6 月龄止，相对增重偏低，要充分利用 8～12 月龄增长较快的一段时间，给予补偿饲养，从初生到 18 月龄时平均日增重达 630～690g，期末体重达 380～400kg，24 月龄产犊后体重达 430～500kg，对头胎产奶量与终生产奶量均无不良影响，相反还有提高的倾向。

（5）早期断奶犊牛的环境更应严格，以便有利于消化机能快速转换。

（五）断奶至 6 月龄犊牛的饲养

一般犊牛断奶后有 1～2 周日增重较低，且毛色缺乏光泽、消瘦、腹部明显下垂，甚至有些犊牛行动迟缓，不活泼，这是犊牛的前胃机能和微生物区系正在建立、尚未发育完善的缘故，随着犊牛采食量的增加，上述现象很快就会消失。

犊牛断奶后，继续喂开食料到4月龄，日喂精料应在1.5～2.0kg，以减少断奶应激。4月龄后方可换成育成牛或青年牛精料，以确保其正常的生长发育。日粮一般可按1.8～2.2kg优质干草、1.8～2.0kg混合精料进行配制。6月龄前的犊牛，其日粮中粗饲料主要功能仅仅是促使瘤胃发育。4～6月龄犊牛对粗饲料干物质的消化率远低于谷物，其粗饲料的适口性和品质就显得尤为重要。饲养时可选用商用犊牛生长料加优质豆科干草或豆科禾本科干草混合物，自由饮水；饲料中添加抗球虫病药，并保持适当的通风条件。

知识点二 犊牛管理技术

一、初生犊牛的护理

犊牛由母体产出后应立即做好如下工作，即：消除犊牛口腔和鼻孔内的黏液，剪断脐带，擦干被毛，饲喂初乳。

（一）产房的准备与接产

奶牛产前1～2周进入产房待产。产房要冬暖夏凉，冬季保温防寒，严防过堂风侵袭。进入产房前，要做好产房、牛槽、牛床、牛体和用具消毒。地面、牛床要清洁、干净、有垫草，水、料充足，保持产房卫生。对临产母牛要注意看护，发现临产征兆，及时做好接产准备，发生难产要请兽医助产。产后30min左右首次挤出1.5～2kg初乳喂给犊牛，产后4～5天内不要将乳汁全部挤净，要逐渐增加挤奶量。

分娩过程中的事故常造成犊牛和母牛死亡。母牛临产，侧卧于地上，待胎包已排出一部分于阴门外，即可上前接产。若是顺产头先露，待头已娩出时再撕去胎膜，挤掉口鼻黏液，用干净布把小牛口、鼻腔胎水吸净。经产牛可待其自然分娩，头胎牛则握住犊牛两前蹄，随着母牛努责往外拉，但不可操之过急。

（二）清除口腔和鼻孔内的黏液

犊牛自母体产出后应立即清除其口腔及鼻孔内的黏液，以免妨碍犊牛的正常呼吸和将黏液吸入气管及肺内。

（三）断脐

在清除犊牛口腔及鼻孔黏液以后，如其脐带尚未自然扯断，应进行人工断脐。方法是在距离犊牛腹部8～10cm处，两手卡紧脐带，往复揉搓2～3min，然后在揉搓处的远端用消毒过的剪刀将脐带剪断，挤出脐带中黏液，并将脐带的残部放入7%碘酊中浸泡1～2min。

（四）擦干被毛

断脐后，应尽快擦干犊牛身上的被毛，立即转入温室（最低温度10℃以上）。

（五）及时饲喂初乳

初乳现代灌服技术1-2-4原则：在犊牛出生后1h内灌服初乳，分娩牛2h内挤出初乳，初乳第一次灌服4L。

二、管理要点

良好的饲养管理犊牛成活率应在95%以上，哺乳期平均日增重600～700g，2月龄断奶时体重应达75kg以上。犊牛看上去活泼，精神好，毛色光亮，犊牛“三病”（腹泻、肺炎、脐带炎）发病率低。

断奶犊牛的培育目标：①犊牛的日增重平均为760g；②6月龄的体重达到170～180kg，体高为95～100cm，体长为100～115cm；③6月龄时，犊牛日粮干物质采食量应达到4～4.5kg/天；④犊牛（6月龄时）混合精料喂量2kg/天。

（1）编号、称重、记录 犊牛出生后应称出生重，对犊牛进行编号，对其毛色花片、外貌特征（有条件时可对犊牛进行拍照）、出生日期、谱系等情况作详细记录，以便于管理和以后在育种工作中使用。目前国内广泛采用的是塑料耳标法，牛号写在塑料耳标上，用专用的耳标钳将其固定在牛耳朵的中央。

（2）哺乳 犊牛喂奶要做到五定：定位、定时、定量、定温、定人。

(3) 卫生 对犊牛的环境、牛舍、牛体以及用具卫生等，均有比较严密的管理措施，以确保犊牛的健康成长。

哺乳用具应该每用1次就清洗、消毒1次；每头犊牛有一个固定奶嘴和毛巾，每次喂完奶后擦净嘴周围的残留奶。

喂奶用具（如奶壶和奶桶）每次用后都要严格进行清洗消毒，程序为：冷水冲洗→碱性洗涤剂擦洗→温水漂洗干净→晾干→使用前用85℃以上热水或蒸汽消毒。饲料要少喂勤添，保证饲料新鲜、卫生。每次喂奶完毕，用干净毛巾将犊牛嘴缘的残留乳汁擦干净，并继续在颈枷上挟住约15min后再放开，以防止犊牛之间相互吮吸，造成舐癖。犊牛舍应保持清洁、干燥、空气流通。舍内二氧化碳、氨气聚积过多，会使犊牛肺小叶黏膜受刺激，引发呼吸道疾病。同时湿冷、冬季贼风、淋雨、营养不良亦是诱发呼吸道疾病的重要因素。

牛床、牛栏应定期用2%火碱水冲刷，褥草应勤换。犊牛的抵抗力较弱，忽视消毒，将给病菌创造入侵机会，所以要进行全面消毒；冬季每月消毒1次，夏季每周消毒1次。如果发现传染病，则应对病、死牛接触过的环境和用具进行彻底消毒。栏圈要清洁，定期打扫栏圈。

(4) 分群管理 按月龄、断奶情况分群管理。可分为哺乳犊牛群（0～3月龄）、断奶犊牛群（3～4月龄）、断奶后犊牛群（4～6月龄）。每月称体重1次。满6月龄时称体重、测体尺，转入育成牛群饲养。

(5) 刷拭 每天应给犊牛刷拭1～2次。最好用毛刷刷拭，对皮肤软组织部位的粪尘结块，可先用水浸润，待软化后再用铁刷除去。对头部刷拭尽量不要用铁刷乱挠头顶和额部，否则容易从小养成顶撞的坏习惯。顶人恶癖一经养成很难矫正。

(6) 运动 生后8～10日龄的犊牛即可在运动场做短时间运动（0.5～1h），以后逐渐延长运动时间，至1月龄后可增至2～3h。如果犊牛出生在温暖的季节，开始运动的日龄还可再提前，但需根据气温的变化，酌情掌握每日运动时间。冬季要防止大风大雪或气候寒冷的天气出外运动，夏季避免酷热天气，午间避免阳光直接暴晒，以免中暑。

(7) 去角 犊牛在4～10日龄应去角，这时去角犊牛不易发生休克，食欲和生长也很少受到影响。常用的去角方法有苛性钠法和电热去角法。

(8) 剪除副乳头 适宜的时间是2～6周龄。剪除方法是先将乳房周围部位洗净和消毒，将副乳头轻轻拉向下方，用锐利的剪刀从乳房基部将其剪下，剪除后在伤口上涂以少量消炎药。如果在有蚊蝇季节，可涂以驱蝇剂。剪除副乳头时，切勿剪错。如果乳头过小，一时还辨认不清，可等到母犊年龄较大时再剪除。

(9) 调教 犊牛要调教，达到“人畜亲和”，养成良好的规律性采食反射和呼之即来、赶之即走的驯顺性格。

(10) 预防疾病 此期的主要疾病是肺炎和下痢。肺炎最直接的致病因素是环境温度的骤变，预防办法是做好保温工作。犊牛的下痢可分两种：一是由于病原性微生物所造成的下痢，预防的办法主要是注意犊牛的哺乳卫生，哺乳用具要严格清洗消毒，犊牛栏也要保持良好的卫生条件；二是营养性下痢，其预防办法为注意奶的喂量不要过多，温度不要过低，代乳品的品质要合乎要求，饲料的品质要好。

【任务实施】

知识点学习

1. 犊牛饲养技术
2. 犊牛管理技术

技能训练十一 新生犊牛护理

一、必备资源

规模化奶牛场、围产期母牛、新生犊牛、折光仪、初乳灌服器、手术剪刀、碘酊、耳标钳子。

二、活动步骤

（一）清除口鼻黏液

用干净毛巾擦拭犊牛口腔和鼻腔。如犊牛产出时已将黏液吸入而造成呼吸困难时，可两人合作，握住两后肢，倒提犊牛，拍打其背部，使黏液排出；也可采用短小饲草刺激鼻孔和用冷水喷淋头部。如犊牛产出时已无呼吸，但尚有心跳，可在清除其口腔及鼻孔黏液后，将犊牛在地面摆成仰卧姿势，头侧转，按每6～8s一次按压与放松犊牛胸部进行人工呼吸，直至犊牛能自主呼吸为止。

（二）断脐

在距离犊牛腹部8～10cm处，两手卡紧脐带，往复揉搓2～3min，然后在揉搓处的远端用消毒过的剪刀将脐带剪断，挤出脐带中黏液，并将脐带的残部放入7%碘酊中浸泡1～2min。

（三）擦干被毛

用干净的浴巾擦干犊牛身上的被毛，立即转入保温室（最好配置浴霸）。

（四）饲喂初乳

1. 初乳饲喂1-2-4原则

见知识点二中介绍。

2. 初乳检测方法

用比重计进行检测，将待测初乳倒入量筒内，再慢慢放入初乳比重计，等比重计稳定后，保持目光与刻度平行，读数（绿、黄、红）。

初乳测定仪测定，测定温度21～27℃，免疫球蛋白含量＞50g/L时质量最好；20～50g/L时质量合格；20g/L以下时质量不合格。

初乳折光仪检测：＞22%（IgG含量＞50mg/mL）；20%～22%（IgG含量25～50mg/mL）；＜20%（IgG含量25＜mg/mL）。

3. 初乳灌服流程

首先将投喂袋（瓶）里灌好初乳，待犊牛保定后，将初乳灌服器一端插入口腔内，沿舌背面推进到咽部，继续慢慢向深部推进入食管内。犊牛未出现咳嗽或其他不安的表现说明插入正确，在颈部左侧颈静脉沟内用手可触及投喂管头位置。整个过程操作人员必须认真、细心、动作轻柔，减少应激。初乳灌服器全部插入后，提起初乳袋，快速流入犊牛的胃内。袋内初乳灌完后，缓慢抽出胃管。灌喂过程中，不能挤压灌服奶瓶，让初乳自然流入胃内。

4. 犊牛免疫球蛋白的测定

犊牛饲喂初乳后24～36h内，可颈静脉采血，分离血清后采用手持式折光仪检测血清总蛋白6～8g/dL为合格。免疫球蛋白检测的合格率应达到100%。对于低于6g/dL的犊牛应进行特殊照顾和关注。

（五）称重、编号、记录

1. 称重

犊牛出生后饲喂初乳前称出生重。

2. 牛的编号和标记

（1）编号方法　犊牛、羔羊出生后，应立即给予编号。编号的方法很多，下面推荐一种10位数编号方法：

第一部分是全国省、自治区、直辖市编号，两位数。如北京市为“01”。

第二部分是省内牛场的编号，三位数。如某牛场编号为“888”。

第三部分是年度后两位数。如2002年为“02”。

第四部分是年内出生顺序号，三位数。如某犊牛年内出生顺序号为“333”。

如此这样，就获得了一个“0188802333”的牛号。前两部分是对于一个牛场来讲是固定不变的；后两部分编号牛场可根据年度及出生顺序自己掌握。在牛群的管理中，往往只标记后两部分编号。如“02333”，说明是2002年出生的第333只犊牛。

此外，系谱还需对进口牛记载原牛号、登记号、原耳号、牛名等。不同国家来源的牛还需注明来源国家的缩写，如美国“USA”、荷兰“NLD”、加拿大“CAN”、日本“JPN”、德国“DEU”、丹麦“DNK”等（根据《世界荷斯坦弗里生联合会》规定）。

(2) 标记方法　打号的方法很多，有耳标法、截耳法、角部烙字法、刺墨法、火烙法、牛体写字法和液氮冷烙法等。目前常用的为耳标法，介绍如下：

事先准备耳标、安装钳、备用针、标签笔等相关器具。将牛保定好，在安装钳上安装耳标。把装好的安装钳和耳标一起浸泡消毒；左手固定耳朵，右手执钳，在耳部中心位置明显地方，迅速用力夹下去，便可戴上耳标。

3. 记录

对毛色花片、外貌特征进行拍照、出生日期、谱系等情况作详细记录。

技能训练十二　犊牛去角

一、必备资源

规模化奶牛场、犊牛、电动去角器

二、活动步骤

（一）苛性钠法

出生后7～25天，先剪去角基周围的被毛，在角基周围涂上一圈凡士林，然后手持苛性钠棒（一端用纸包裹）在角根上轻轻地摩擦，要包被角基，一般面积为1.5～1.8cm^2，直至皮肤发滑及有微量血丝渗出为止。约半个月后该处便结痂不再长角。利用苛性钠去角，原料来源容易，易于操作，但在操作时要防止操作者被烧伤。此外，还要防止苛性钠流到犊牛眼睛和面部。应注意的是，施行手术后4～5h才能饲喂母乳，吃奶牛奶的犊牛最好与奶牛隔离一段时间，以防犊牛吃奶时苛性钠腐蚀奶牛乳房及皮肤。另外，手术的当日防止雨淋。

（二）电热去角

适用于21天左右犊牛。电热去角是利用高温破坏角基细胞，达到不再长角的目的。先将电动去角器通电升温至480～540℃，然后用充分加热的去角器处理角基，每个角基根部处理5～10s，直到其下部组织烧得光亮为止，但不宜太深太久，以免烧伤下层组织。去角过程中应注意检查，要将角基的生长点完全烫死破坏，如果在处理过程中用力不均、时间不当，可能导致部分生长点遗留，将起不到去角的作用。去角后应注意经常检查，在夏季由于蚊蝇多，有化脓的可能。如有化脓，在初期可用3%双氧水冲洗，再涂以碘酊。

【巩固训练】

一、名词解释

犊牛　初乳　代乳品　开食料

二、选择题

1. 犊牛腹泻高发期为其出生后（　　）。

A. 1～2周　　B. 2～3周　　C. 3～4周　　D. 4～5周

2. 下列关于犊牛的消化特点的论述中，错误的是（　　）。

A. 瘤胃逐渐发育　　B. 12周龄时胃容积接近成年水平

C. 生长发育迅速　　D. 初生犊牛具备消化植物性饲料的能力

3. 犊牛一般是指（　　）。

A. 出生～6月龄　　B. 出生～3月龄　　C. 出生～13月龄　　D. 出生～产犊

4. 荷斯坦犊牛断奶时（8周）体重一般是其初生重的（　　）倍。

A. 1.0　　B. 1.5　　C. 2.0　　D. 3.0

5. 优质初乳标准（　　）。

A. IgG＞30mg/mL，TBC＜5万个/mL　　B. IgG＞30mg/mL，TBC＜10万个/mL

C. IgG＞50mg/mL，TBC＜5万个/mL　　D. IgG＞50mg/mL，TBC＜10万个/mL

6. 犊牛出生后要尽快饲喂初乳的原因是（　　）。
A. 不然犊牛会饿死　　B. 初乳放久了会变质
C. 犊牛吃了初乳会感到暖和　　D. 初乳中有许多初生犊牛所必需的特殊物质
7. 哺乳期犊牛靠食管沟反射将吮吸的乳汁直接由食管流入（　　）。
A. 瘤胃　　B. 网胃　　C. 皱胃　　D. 瓣胃
8. 犊牛训练采食干草从出生后（　　）天开始。
A. 3～5　　B. 7～10　　C. 15～20　　D. 20～30
9. 母牛的初乳是（　　）所产的乳汁。
A. 产后2h内　　B. 产后2～3周　　C. 产后24h　　D. 产后48h
10. 新生犊牛的脐带应该用（　　）涂抹处理。
A. 酒精　　B. 碘酒　　C. 抗生素　　D. 凡士林

三、填空题

1. 在正常饲养条件下，6月龄以内荷斯坦犊牛平均日增重为（　　　　）g。
2. 在清除犊牛口腔及鼻孔黏液以后，如其脐带尚未自然扯断，应进行人工断脐。方法是在距离犊牛腹部（　　　　）cm处，两手卡紧脐带，往复揉搓2～3min，然后在揉搓处的远端用消毒过的剪刀将脐带剪断。
3. 犊牛应在出生后（　　　　）h内吃到初乳，而且越早越好。
4. 一般初乳日喂量为犊牛体重的（　　　　）%。
5. 初乳期过后开始训练犊牛采食固体饲料，根据采食情况逐渐降低犊牛喂奶量，当犊牛精饲料的采食量达到（　　　　）kg时即可断奶。

四、简答题

1. 初乳对新生犊牛的重要意义是什么?
2. 犊牛的特点有哪些?
3. 犊牛出生后如其母亲死亡或母牛患乳房炎，使犊牛无法吃到其母亲的初乳，应该如何处置?
4. 新生犊牛的护理要点有哪些?
5. 哺乳期犊牛的管理要点有哪些?

【知识拓展】

“犊牛厨房”在犊牛管理中的应用

【任务考核】

任务三　育成牛和青年牛的饲养管理

【任务目标】

能够科学制定育成牛和青年牛饲养管理工作方案；掌握育成牛配种条件要求；掌握日粮标准、饲喂次数和管理要求。

【必备知识】

知识点一　育成牛和青年牛饲养技术

育成母牛是指7月龄至初次配种受胎阶段。育成母牛饲养主要目的是通过合理的饲养使其按时达到理想的体型、体重标准和性成熟，按时配种受胎，并为其一生的高产打下良好的基础。

一、7～16月龄育成母牛的饲养

（一）育成母牛生长发育特点

育成母牛阶段是生长发育最快的时期，性器官和第二性征发育很快，体躯的高度和长度均急剧增长。

（1）瘤胃发育迅速　7～12月龄时瘤胃容积大增，利用青粗饲料能力明显提高，12月龄左右接近成年牛水平。在12～18月龄，育成母牛消化器官容积更加增大。训练育成母牛大量采食青粗饲料，以促进消化器官和体格发育，为成年后能采食大量青粗饲料、提高产乳量创造条件。日粮应以粗饲料和多汁饲料为主，其重量约占日粮总量的75%，其余的25%为混合精料，以补充能量和蛋白质的不足。为此，青粗饲料的比例要占日粮的85%～90%，精料的日喂量保持在2～2.5kg。

（2）生长发育快　7～8月龄以骨骼发育为中心，7～12月龄期间是体长增长最快的阶段，以后体躯逐渐宽、深。

（3）生殖机能变化大　在6月龄至1周岁期间，牛的性器官和第二性征发育很快。

（二）育成母牛的饲养

荷斯坦母牛7～9月龄、体重175～229kg期间是一个关键阶段，因为在此期间乳腺的生长发育最为迅速。奶牛性成熟前的生长速度目标是日增重600g左右，而性成熟后日增重的指标应为800～825g。

1. 育成母牛培育要求与饲养方式

育成牛的培育要求是保证小母牛正常生长发育和适时配种；育成牛的饲养方式有小群饲养、大群饲养和放牧饲养。犊牛满6月龄后转入育成牛舍时，应分群饲养，尽量把年龄、体重相近的牛分在一起，同一小群内体重的最大差别不应超过30～50kg。生产中一般按6～9月龄、10～12月龄、13～14月龄、15～16月龄进行分群，为便于饲养管理，也可以按6～9月龄、10～14月龄、15～16月龄进行分群。

2. 育成母牛的饲养

此期育成牛的瘤胃机能已相当完善，可让育成牛自由采食优质粗饲料如牧草、干草、青贮等，整株玉米青贮由于含有较高能量，要限量饲喂，以防过量采食导致肥胖。精料一般根据粗料的质量进行酌情补充，若为优质粗料，精料的喂量仅需0.5～1.5kg即可，如果粗料质量一般，精料的喂量则需1.5～2.5kg，并根据粗料质量确定精料的蛋白质和能量含量，使育成牛的平均日增重达700～800g，14～16月龄体重达360～380kg进行配种。育成期的饲养可按育成牛不同阶段的发育特点和营养需要等情况分两个阶段进行饲养。

第一阶段（6～12月龄），此期是育成牛达到生理上最高生长速度的时期，是性成熟前，性器官和第二性征发育最快的时期。身体的高度和长度急剧增长，前胃发育较快，瘤胃功能成熟，容积扩大一倍。在良好的饲养条件下，日增重较高，尤其是6～9月龄明显。按100kg体重计算，日粮参考喂量为：青贮5kg，干草1.5～2.0kg，秸秆1.0～2.0kg，精料1.0～1.5kg。

第二阶段（13～16月龄），12月龄以后，育成母牛的消化器官已接近成熟，同时又无妊娠和产乳负担，能够尽可能利用青、粗饲料，可以降低饲养成本。为使育成牛消化器官继续扩大，需要进一步刺激其生长发育。此时饲喂足够的优质粗饲料就基本上能够满足营养需要，如粗饲料质量差则需要适当补喂精料，一般可补2～3kg精料，同时补充钙、磷、食盐和必要的微量元素。

青年初孕牛指怀孕后到产犊前的头胎母牛，也叫青年母牛。初次怀胎的母牛，未必像经产母牛那样温驯，管理上必须非常耐心，并经常通过刷拭、按摩等与之接触，使之养成温驯的习性，以适应产后管理。对初孕牛要加强饲养，但不要喂得过肥，以防发生难产；视其原来膘情确定日增重，肋骨较明显的为中等膘，可按日增重1000g饲喂。一般以看不到肋骨较为理想。

二、配种至产犊青年母牛的饲养

育成牛配种后一般仍可按配种前日粮进行饲养。处在妊娠前期的青年母牛生长速度逐渐减缓，体躯向宽、深发展，按干奶牛营养标准饲养，保证优质干草的供应，喂量占体重的1%～1.5%。在良好的饲养条件下，体内容易蓄积大量脂肪，要避免身体过肥造成难产。如营养不良，会影响牛体发育，成为体躯窄浅、四肢细高、产奶量低的奶牛。此时日粮应以优质青草、干草、青贮、根茎类为主，精料少喂或不喂，每日可补给2～3kg精料。

青年母牛妊娠后期（分娩前3个月），由于胚胎的迅速发育以及青年母牛自身的生长，需要额外增加0.5～1.0kg的精料，但喂量不得超过怀孕母牛体重的1%；胎儿日益长大，胃受压，从而使瘤胃容积变小，采食量减少，这时应多喂一些易于消化和营养含量高的粗饲料，并增加维生素、钙、磷等矿物质含量。具体日粮配方见表1-2-3。如果这一阶段营养不足，将影响育成牛的体格和胚胎的发育。但营养过于丰富，将导致过肥，引起难产、产后综合征等。

表1-2-3 青年母牛日粮组成

妊娠月	体重/kg	精料量/kg	粗料量/kg	
			干草	青贮
4	405	2.5	2.5	15
5	425	2.5	2.5	17
6	450	3.5	3.0	10
7	475	4.0	3.0	11
8	505	4.0	5.5	5
9	535	4.5	6.0	5

知识点二 育成牛和青年牛管理技术

一、合理分群

按月龄、体重组群，每40～50头为一群，每群牛的月龄差异不超过1.5～2.0个月，体重差异不超过25～30kg。为防止牛因采食不均而发育不整齐，要随时注意牛的膘情变化，根据牛的体况及时进行调整，采食不足和体弱的牛向较小的年龄群调动，过强的牛向大的年龄群转移，12月龄后会逐渐地稳定下来，分为：断乳后至6月龄、7～12月龄、13～16月龄、初次受胎至分娩。

二、定期称重

育成母牛的性成熟与体重关系极大，一般育成牛体重达到成年母牛体重的40%～50%时进入性成熟期，体重达成年母牛体重的60%～70%时可进行配种。当育成牛生长缓慢时（日增重不足350g），性成熟会延迟至18～20月龄，影响投产时间，造成不必要的经济损失。后备母牛各阶段较理想的体重见表1-2-4。

表1-2-4 荷斯坦牛后备母牛较理想的体重、胸围、体高和体况评分

月龄	体重/kg	胸围/cm	体高/cm	体况评分
初生	41	79	71	—
2	72	94	84	—
4	122	107	95	2.2
6	173	125	104	2.3
8	221	140	110	2.4

续表

月龄	体重/kg	胸围/cm	体高/cm	体况评分
10	270	150	115	2.4
12	315	158	119	2.8
14	347	163	123	2.9
16	392	168	127	2.9
18	419	176	130	3.2
20	446	180	133	3.2
22	495	185	136	3.4
24	540	191	138	3.5

三、检测体高和体况

在某一年龄段体重指标是用于评价后备母牛生长的最常见方法。因为体重侧重于反映后备牛器官、肌肉和脂肪组织的生长，而体高却反映了后备牛骨架的生长，因此，只有当体重测量和体高、体长相配合时，才能较好地评价后备母牛的生长发育。目前，国外研究认为后备母牛的体高对初次产奶量的影响大于体重。Hoffman（1997）认为荷斯坦后备母牛产前的最佳体高是138～141cm。此外，在生产实践中，还经常用体况评分来评价后备母牛的饲养和管理措施的好坏，体况评分能够较好地反映体内脂肪的沉积情况。

四、修蹄

育成母牛蹄质软，生长快，易磨损，应从10月龄开始于每年春秋两季各修蹄一次。

五、饮水

必须供应充足的饮水，运动场内设有饲槽和饮水池，供牛自由采食青粗饲料和饮水，水质要符合卫生标准。

六、刷拭和调教

注意调教，使牛性情温顺，易于管理。为了保持牛体清洁，促进皮肤呼吸和血液循环，增进人畜感情，要对牛体进行刷拭，每天至少刷拭1～2次，每次5～8min。

七、加强运动

除暴雨、烈日、狂风、严寒外，可终日散放于运动场。晴天还要让其多接受日光照射，每天在运动场驱赶运动2h以上，以促进机体吸收钙质和促进骨骼生长，严禁在烈日下长时间暴晒。舍饲时，平均每头牛占用运动场面积应达10～15m^2，可使牛充分运动，以利于健康发育。

八、乳房按摩

关注6～12月龄母犊牛性成熟，控制日增重（不超过0.9kg/天），增重过大将导致乳腺组织脂肪沉积，影响乳腺组织发育，精料给量控制在2.0～2.5kg/天。从妊娠第5～6个月开始到分娩前半个月为止，为促进妊娠后期青年母牛乳腺组织的发育，应在给予良好全价饲料的基础上，适时采取乳房按摩的办法，每日用温水清洗并按摩乳房一次，每次3～5min，以促进乳腺发育，并为以后挤奶打下良好基础。在此期间，切忌擦拭乳头，以免擦去乳头周围的蜡状保护物，引起乳头龟裂，或因病原菌从乳头孔处侵入，导致乳房炎发生。按摩可与刷拭同时进行，产前1～2个月停止按摩。

九、发情和配种

在正常情况下，育成牛到15～16月龄，体重达成年体重的70%或350～380kg时（一般南方为360kg，北方为380kg），开始初配。育成牛的初情期基本上出现在8～12月龄以前。对初情期的掌握很重要，要在计划配种前3个月注意观察其发情规律，作好记录，以便及时配种。

十、保胎

青年母牛要防止驱赶运动，防止牛跑、跳、相互顶撞和在湿滑的路面行走，以免造成机械性流产。防止母牛吃发霉变质食物，防止母牛饮冰冻的水。

十一、转入产房

计算好预产期，产前2周转入产房，以尽早适应环境，减少应激，顺利分娩。此阶段可以逐渐增加精料喂量，以适应产后高精料的日粮。但食盐和矿物质的喂量应进行控制，以防乳房水肿，并注意在产前2周降低日粮含钙量，以防产后瘫痪。有条件时可饲喂围产期日粮，玉米青贮和苜蓿也要限量饲喂。

十二、接产助产

正常情况下，多数母牛可自然分娩，而一些过肥或过瘦及初产母牛会出现难产。一般母牛产出胎儿后30min即可娩出胎盘，对于难产母牛要进行助产处理，拉出胎儿时动作应轻缓，以免撕裂外阴部，严重时造成子宫外翻。

十三、产后护理

产后母牛十分虚弱，应当让其进行适当的休息，迅速用温水清洗母牛乳房后躯和尾部，用干净毛巾擦干全身，清除产房内沾污的垫草、粪便，代之以干净的垫草。由于初产牛乳头较小，乳头括约肌紧，加之又不习惯挤奶，常表现胆怯不安。所以初产牛挤奶前要先给予和善的安抚，使其消除紧张的状态，以利于顺利操作。

十四、初产母牛体况恢复

母牛产后产乳机能迅速增加，代谢旺盛，饲养的重点应侧重于尽快恢复母牛的体况，而不应急于过早催乳，以免引起代谢疾病的发生。初产青年母牛有较强的泌乳持久力和额外生长需要，意味着青年母牛比成乳牛需求更高的额外养分，同时初产母牛产后身体尚在发育，至第2个泌乳期母牛体重还可增加10%以上。因此，在饲养上除按泌乳量和维持供足精饲料外，还应适当补加1～2kg精饲料。体重是一个影响干物质摄入量的主要因素，缺乏足够的生长会限制采食量的提高，加重初产母牛营养负平衡，失重时间较长，导致长期不发情。对于初产牛，体况较差时干奶期可适当延长60～75天。

【任务实施】

知识点学习

1. 育成牛和青年牛饲养技术
2. 育成牛和青年牛管理技术

技能点训练

1. 能够科学制定育成牛和青年牛饲养管理工作方案
2. 通过体尺体重监测育成牛是否达到配种条件

技能训练十三 修　蹄

一、必备资源

规模化奶牛场；修蹄保定装置（修蹄机）；器械（电动去角器、蹄刀、锉、锯、锤及线绳等）；药品（消毒棉、硫酸铜、来苏儿、10%碘酊、松馏油、高锰酸钾粉及绷带等）。人员包括术者1人、助手1～2人。犊牛。

二、活动步骤

（一）修蹄方法

把奶牛保定在四柱栏或两柱栏内，将牛蹄吊起，术者站立于所修蹄的外侧，根据不同蹄形及病情，分别进行整修。

（1）长蹄　用蹄刀或截断刀将蹄趾过长部分修去，并用修剪刀将蹄底面修理平整，再用锉将其边缘锉平，使其呈圆形。

（2）宽蹄　将蹄刀或截断刀放于蹄背侧缘，用木槌打击刀背，将过宽的角质部截除，再将蹄底面修理平整，锉其边缘。

(3) 翻卷蹄　将翻卷蹄底内侧增生部分除去，用锯除去过长的角质部，最后锉其边缘。

(4) 腐蹄、蹄趾间腐烂　首先根据其蹄形变化，将蹄底修整平后，再分别用药物进行处置。

(二) 注意事项

① 修蹄时，应严格执行修蹄技术操作规程，熟练掌握修蹄技能，正确修蹄。

② 在固定牛时，须注意保护其乳房和防止已孕牛受伤，且将其保定牢固，以免修蹄过程中让牛伤及术者。

③ 对蹄质坚硬、修整困难者，术前先用消毒液软化一会儿。为防止术后感染，修蹄应选晴好天气进行，修后加强护理，及时用4%硫酸铜液或福尔马林液等进行蹄浴。

④ 无论修整哪种变形蹄，都应根据各个蹄形的具体情况来决定修去角质的数量，不可过多地修去角质，否则会引起出血。

⑤ 对翻卷蹄应分次整修，否则往往因过度修去角质而造成出血。如确诊是蹄部疾病引起的跛行，应隔3～5天后，再复检一次，看其有无变化。

⑥ 凡因蹄病修整后的病牛，处置后，应在平整、干净、干燥的地面上饲养，保持牛蹄清洁，以便让其尽快康复。

【巩固训练】

一、名词解释

育成母牛、青年牛

二、填空题

1. 育成母牛蹄质软，生长快，易磨损，应从（　　　）月龄开始于每年春秋两季各修蹄一次。

2. 在正常情况下，育成牛到15～16月龄，体重达成年体重的（　　　）%或350～380kg时，开始初配。

三、简答题

1. 育成牛生长发育特点有哪些？

2. 简述7～16月龄育成牛的管理要点。

3. 简述青年牛的饲养管理要点。

【知识拓展】

育成牛和青年牛的饲养管理

【任务考核】

任务四　成年牛的饲养管理

【任务目标】

能够科学制定泌乳牛的饲养管理工作方案；解决生产中一般技术问题；掌握奶牛饲喂技术、健康管理技术、不同泌乳阶段的饲养管理技术。

【必备知识】

知识点一 泌乳牛阶段饲养管理技术

泌乳牛是指处于泌乳期内的奶牛。对泌乳牛的饲养管理是一项细致的工作，应根据不同个体的特点、习性、泌乳阶段进行饲养与管理。饲料的选择尽量多种多样，按奶牛饲养标准要求合理配合日粮，保证营养供给，奶牛的日粮组成不要突然改变，应逐渐变换，以免引起消化道疾病。此外，不能用有特殊气味的饲料饲喂奶牛，以免使牛奶出现不良气味。

一、围产期的饲养管理

围产期是指奶牛临产前15天到产后15天这段时期，也可适当缩短或延长1周。按传统的划分方法，临产前15天属于干奶期，产后15天属于泌乳早期。奶牛围产期疾病属多因子病，既有生理变化、遗传方面的因素，又有饲养管理及环境卫生等原因。围产期饲养管理的好坏直接关系到犊牛的正常分娩、母体的健康及产后生产性能的发挥和繁殖表现。因此，在围产期除应注意干奶期和泌乳早期一般的饲养管理原则，还应做好一些特殊的工作。

（一）围产前期的饲养管理

1. 接产准备

预产期前15天，母牛应转入产房，单独进行饲养管理。产房预先打扫干净，用2%火碱或20%石灰水喷洒消毒，铺上干净而柔软的垫草，并建立常规的消毒制度；进行产前检查，随时注意观察临产征兆的出现，作好接产准备。发现母牛有临产征兆时，助产员用0.1%高锰酸钾溶液洗涤外阴部和臀部附近，并擦干，铺好垫草，任其自然产出。

2. 日粮配制

母牛临产前1周会发生乳房膨胀、水肿，如果情况严重应减少糟粕料的供给；临产前2～3天日粮中适量添加麦麸以增加饲料的轻泻性，并给予优质干草让其自由采食，防止便秘；日粮中适当补充维生素A、维生素D、维生素E和微量元素，对产后子宫的恢复、提高产后配种受胎率、降低乳房炎发病率、提高产奶量具有良好作用。

（二）围产后期的饲养管理

1. 分娩处置

母牛分娩必须保持安静，并尽量使其自然分娩。夏季注意产房的通风与降温，冬季注意产房的保温与换气。一般从阵痛开始需1～4h，犊牛即可顺利产出。如果努责无力或发现异常，应进行人工助产。母牛分娩使其左侧躺卧，以免胎儿受瘤胃压迫产出困难。母牛分娩后稍事休息（20～30min）即驱起，以免流血过多，喂饮温热麸皮盐钙汤10～20kg（麸皮1kg，食盐100g，碳酸钙100g，有条件的可加益母草膏250g、红糖1kg），对高产个体，可以补“三高”（高钙、高糖、高盐），以利母牛恢复体力和胎衣排出，产后0.5～1h内进行第一次挤奶。应坚持饮温水，水温37～38℃。

2. 日粮配制

产后母牛消化机能较差，食欲不佳，因而产后第一天仍按产前日粮饲喂，从产后第二天起可根据母牛健康状况及食欲每日增加0.5～1.5kg精料，并注意饲料的适口性。控制青贮、块根、多汁料的供给；母牛产后2天内应以优质干草为主，适当补喂易消化的精料，如玉米、麸皮，并恢复钙在日粮中的水平和食盐的含量。

3. 挤奶和乳房护理

母牛产后应立即挤初乳饲喂犊牛，但由于母牛乳房水肿尚未恢复，体力较弱，第一天只挤出够犊牛吃的奶量即可，第二天挤出乳房内奶的1/3，第三天挤出3/4，从第四天起可全部挤完。每次挤奶前应对乳房进行热敷和轻度按摩。

4. 胎衣检查和恶露的排出

注意母牛外阴部的消毒和环境的清洁干燥，防止产褥疾病的发生；加强母牛产后的监护，注意恶露的排出量和颜色，尤其要注意胎衣的排出与否及完整程度，以便及时处理。

二、泌乳初期的饲养管理

(一) 生理特点

产后体质虚弱，处于代谢负平衡，体重下降，导致母牛体重骤减。如果此时动用体脂过多，在糖不足和糖代谢障碍的情况下，脂肪氧化不完全，极易发生酮病，结果使奶牛食欲减退、产奶量下降，如不及时治疗对牛体损害极大。

(二) 饲养目标

尽快使母牛恢复消化机能和食欲，千方百计提高其采食量，缩小采食营养物质与牛奶中分泌营养物质之间的差距。在提高母牛产奶量的同时，力争使母牛减重达到最小，避免由于过度减重所引发的酮病。

产后第一次喂食应该饲喂麸皮盐钙汤灌服产后保健品。产后一周内，饲喂适口性好的优质粗饲料，根据奶牛食欲、产乳量和消化情况逐渐增加精料和青贮的喂量。精粗料干物质比50∶50。产后第1天按产前日粮饲喂，第2天开始每日每头牛增加0.5～1.0kg精料，2～3天后每日每头牛增加0.5～1.5kg精料。只要产奶量继续上升，精料给量就继续增加，直到产奶量不再上升为止，其核心是“料领着奶”。

(三) 管理要点

同围产后期的饲养管理。

三、泌乳盛期的饲养管理

(一) 生理特点

此期母牛乳房水肿消失，代谢强度逐渐提高，产奶量由低到高迅速上升，并达到高峰，是整个泌乳期中产奶量最高的阶段，此期饲养效果的好坏直接关系到整个泌乳期产奶量的高低。处于代谢负平衡，体重下降。泌乳盛期是饲养难度最大的阶段，因为母牛的消化能力和食欲处于恢复时期，采食量由低到高逐渐上升，但是上升的速度赶不上产奶量的上升速度，牛奶中分泌的营养物质高于采食的营养物质，母牛须动员体储进行泌乳。另外，正常母牛在产犊大约2个月之后开始发情，第3个月时再次配种，此时如果营养负平衡问题严重，将会导致体重下降过快，代谢失常，从而会使配种延迟，繁殖率下降。把母牛减重控制在0.5～0.6kg/天，全期减重不超过35～40kg。产乳高峰一般出现在产后4～8周，最大干物质进食量出现在产后10～14周。

(二) 泌乳盛期的饲养方法

只要产奶量继续上升，精料给量就继续增加，直到产奶量不再上升为止，生产上采用的饲养方法有预付饲养法、引导饲养法等，其核心是“料追奶”或“奶追料”。

1. 预付饲养法

其方法是从奶牛分娩后15～20天开始，在吃足粗饲料、青贮饲料和青绿多汁饲料的前提下，以满足维持和泌乳实际营养需要的饲料量为基础，每天再增加1.0～1.5kg混合精料，作为奶牛每天的实际饲料供给量。在整个泌乳盛期，精饲料的喂量随着泌乳量的增加而增加，始终保持1.0～1.5kg的“预付”，直到产奶量不再增加为止。采取预付饲养法的时间不能过早，以分娩后奶牛的体质基本康复为前提，否则，容易导致各种消化道疾病。采用预付饲养法对一般产奶母牛增产效果比较理想，可以充分发挥奶牛的泌乳潜力，减轻体况下降的程度。

2. 引导饲养法

引导饲养法又称挑战饲养法。从产前2周开始，增加精饲料喂量，最初1天约喂给1.8kg精料，以后每天增加0.45～0.5kg，直到奶牛每100kg体重采食1.0～1.5kg精料为止。奶牛产犊后，继续按每天0.45kg增加精料，直到产奶高峰，等泌乳高峰过后，再按泌乳量、乳脂率和体重等调整精料喂量。采取引导饲养法可以有效减少酮血症的发病率，有助于维持体重和提高产乳量。在实施引导饲养的过程中，必须始终保证优质饲草的供给，任其自由采食，并给予充足、清洁的饮水，同时，引导饲养法所饲喂的精料（谷物）必须是粗磨或压扁的，不宜磨成粉状，否则易引起消化机能障碍。该方法仅对高产奶牛有效，对患隐性乳房炎的奶牛和低产奶牛则不宜应用。

（三）泌乳盛期的管理措施

为尽快安全地达到产奶高峰，减少体内能量的负平衡，泌乳盛期应采取如下管理措施：

① 多喂优质干草，最好在运动场中自由采食。青贮水分不要过高，否则应限量。干草采食不足可导致瘤胃中毒和乳脂率下降。

② 提高饲料能量浓度，必要时可在精料中加入过瘤胃脂肪，在日粮配合中增加非降解蛋白的比例，日粮精粗比例可达（60∶40）～（65∶35）；为防止高精料日粮可能造成的瘤胃 pH 下降，可在日粮中加入适量的碳酸氢钠和氧化镁；增加饲喂次数，由一般的每日 3 次增加到每日 5～6 次。

③及时配种，一般奶牛产后 1 个月左右，其生殖道基本康复、净化，随之开始发情。此时应详细作好记录，在随后的 1～2 个情期可抓紧配种。对产后 45～60 天尚未出现发情征兆的奶牛，应及时进行健康、营养和生殖道系统的检查，发现问题，尽早解决。

四、泌乳中期的饲养管理

泌乳中期又称泌乳平稳期，此期母牛的产奶量已经达到高峰并开始下降，而奶牛食欲旺盛，采食量则仍在上升，此期母牛采食量达高峰。采食营养物质与牛奶中排出的营养物质基本平衡，体重不再下降，保持相对稳定，在正常情况下，多数奶牛处于妊娠早、中期。此期饲养目标为尽量使母牛产奶量维持在较高水平，下降不要太快。

饲养方法上可尽量维持泌乳早期的干物质采食量，或稍有些下降，而以降低饲料的精粗比例和降低日粮的能量浓度来调节采食的营养物质量，日粮的精粗比例可降至 50∶50 或更低。饲养上采取加大青粗饲料喂量、逐渐减少精料的措施，这样可增进母牛健康，同时降低饲养成本。

五、泌乳后期的饲养管理

泌乳后期母牛的产奶量在泌乳中期的基础上继续下降，且下降速度加快，采食量达到高峰后开始下降，采食的营养物质超过牛奶中分泌的营养物质，代谢为正平衡，体重增加。

此期饲养目的除阻止产奶量下降过快外，要保证胎儿正常发育，并使母牛有一定的营养物质储备，以备下一个泌乳早期使用，但不宜过肥，按时进行干奶。其理想的总增重为 98kg 左右，平均日增重 0.635kg，在饲养上可进一步调低日粮的精粗比例，达（30∶70）～（40∶60）即可。供给母牛足够量的清洁饮水；怀孕后期注意保胎，防止流产。

知识点二 干奶牛饲养管理技术

干奶母牛是指在妊娠最后 2 个月停止泌乳的母牛，采用人为的方法使母牛停止泌乳，称为干奶技术。这段饲养期称为干奶期。

一、干奶的意义与方法

（一）干奶的意义

保证母牛在妊娠后期体内胎儿的正常发育，使母牛在紧张的泌乳期后能有一段充分的休息时间，促进乳腺修补与更新、瘤网胃机能恢复，恢复体况。

（二）干奶期的长短

以 40～70 天为宜，平均为 60 天。少于 40 天，不利于瘤胃和乳腺的修复；超过 70 天，会造成母牛过肥，导致难产和产后营养代谢病。难产影响以后的繁殖机能，产后不能正常发情与受胎；母牛产后食欲不佳，消化机能差，采食量低，体脂动用过快，导致酮病的发生；易导致乳房炎，进而乳房变形，给挤奶造成困难。

（三）干奶方法

母牛在泌乳后期到干奶期时不会自动停止泌乳，为了使母牛停止泌乳，必须采取一定的措施，即采取适宜的干奶方法。干奶是一种比较复杂的技术，不但要根据母牛的泌乳生理规律，还要有丰富的实践经验。干奶时，可在配合采取控制精料、青绿饲料、多汁饲料的前提下，根据当时的产奶量实行逐渐干奶法、快速干奶法、一次干奶法。

（1）逐渐干奶法 是一种安全、稳妥的方法。在预定干奶期前 10～20 天，开始变更母牛饲料，减少青草、青贮、块根等青饲料及多汁饲料的喂量，多喂干草，停止按摩乳房，改变挤奶时间，减少挤奶次数，由每日三次改为每日两次，再由每日两次改为每日一次，由每日一次改为每两日一次，待日产奶量降至4～5kg时停止挤奶，整个过程需10～20天。逐渐干奶法所用时间长，母牛处于不正常的饲养管理条件时间长，会对胎儿的正常发育和母体健康产生一定的不良影响；但此法对于母牛的乳房较为安全，对技术要求较低，多用于高产奶牛。

(2) 快速干奶法　快速干奶法的原理及所采取的措施与逐渐干奶法基本相同，只是进程较快，当母牛日产奶量降至8～10kg时即停止挤奶，整个过程需4～7天。快速干奶法所用时间短，对胎儿和母体本身影响小，但对母牛乳房的安全性较低，容易引起母牛乳房炎的发生，对干奶技术的要求较高，因而仅适用于中、低产量的母牛，对于高产牛、有乳房炎病史的牛不宜采用。

(3) 一次（骤然）干奶法　在奶牛干奶日突然停止挤奶，乳房内存留的乳汁经4～10天可以吸收完全，是目前较简单的干奶方法。根据预产期确定干奶日期后，在正常挤奶之后，充分按摩乳房，将奶挤净，在各乳头口注入干奶软膏5g，停止挤奶。少数日产奶量仍很高的牛，在停挤2～3天后再挤净奶，乳头中注入干奶软膏。在停奶当天开始减喂糟渣、根茎类饲料和精饲料，4～5天减到干奶期的喂量。

(4) 最后一次挤奶　不论哪种干奶法，每次挤奶都应把奶挤干净，特别是最后一次更应挤得非常彻底。然后用1%碘伏浸泡乳头进行消毒，再往每个乳头内分别注入干奶药或其他干奶针。注完药后再用1%碘伏浸泡乳头，防止细菌由此侵入乳房引起乳房炎。

(5) 异常情况的处理　在停止挤奶后的3～4天内应密切注意干奶牛乳房的情况。在停止挤奶后，母牛的泌乳活动并未完全停止，因此乳房内还会聚集一定量的乳汁，使乳房出现肿胀现象，这是正常的，千万不要按摩乳房和挤奶，几天后乳房内乳汁会被吸收，肿胀萎缩，干奶即告成功。但如果乳房肿胀不消且变硬，发红，有痛感或出现滴奶现象，说明干奶失败，应把奶挤出，重新实施干奶措施进行干奶。

(6) 干奶后护理　干奶后，认真观察母牛乳房变化，正常情况下，前2～3天乳房明显肿胀，3～5天后奶逐渐被吸收，3～10天乳房明显变小。乳房内部组织变松软，说明已停奶，若有肿胀等症状要再次挤净、注药，防止乳房胀坏。

干奶后注意观察乳房的变化：正常情况下，停止挤奶后的7～10天内，泌乳功能基本停止，乳房逐渐发生萎缩，因而看到乳房基底部空虚松弛，残存在乳房内的少量乳汁被吸收，整个乳房进一步萎缩。当干奶后1周左右乳房不仅不萎缩反而肿胀发红，触诊有疼痛反应时，应引起注意。必要时将积存的乳汁重新挤出，对于伴有炎症的要及时治疗。

干奶前还有两项重要的工作：一是要验胎，确保有孕，避免因初次验胎的失误导致奶牛长期空怀；二是必须进行隐性乳房炎检测，干奶期是治疗隐性乳房炎的最佳时期。

二、干奶牛的饲养

干奶期饲养管理的目标：使母牛利用较短的时间安全停止泌乳；使胎儿得到充分发育，正常分娩；母牛身体健康，并有适当增重，储备一定量的营养物质以供产犊后泌乳之用；使母牛保持一定的食欲和消化能力，为产犊后大量采食作准备；使母牛乳房得到休息和恢复，为产后泌乳作好准备。根据干奶牛的生理特点和干奶期饲养目标，干奶期的饲养分为两个阶段，即干奶前期的饲养和干奶后期的饲养。干奶牛宜从泌乳牛群分出，单独饲养，日粮以青粗饲料为主。

（一）干奶前期的饲养

干奶前期指从干奶之日起至泌乳活动完全停止、乳房恢复正常为止。饲养原则为在满足母牛营养需要的前提下不用青绿、多汁饲料和副料（啤酒糟、豆腐渣等），粗饲料自由采食（青贮控制在DMI的40%以内），精料3～4kg。

（二）干奶后期的饲养

干奶后期指从母牛泌乳活动完全停止、乳房恢复正常开始到分娩。粗饲料自由采食，高钾含量的牧草不能饲喂，精料3～4kg。精料给量视母牛体况而定，体瘦者多些，胖者少些。保证维生素和微量元素的供给，控制钾、钠等阳离子的摄入，母牛日增重在500～600g之间，全干奶期增重30～36kg。

三、干奶期的管理

使用乳头密封剂封闭乳头，从干奶当天开始，每天药浴乳头，持续10天；适当运动，每天2～3小时，防止滑倒和剧烈运动以防止机械性流产；刷拭牛体；牛舍保持清洁干燥，有垫草或厚的新沙土，最好单栏饲养；自由饮水，冬季水温应在15℃以上；不喂冰冻、腐败、发霉变质的饲料；分群饲养，分娩前15天进入产房，产前3天进入分娩间；干奶期膘情3.5分。

知识点三 机械化挤奶流程

一、机械挤奶操作规程

1. 赶牛

将整群待挤牛从牛舍赶往挤奶厅，挤奶结束后又将其送回原舍的过程。赶牛时要尽量减少奶牛应激，禁止使用任何工具赶牛或打牛，一切外界因素造成的应激都会抑制奶牛放乳，从而减少产奶量。赶牛时应认真观察牛群整体状况，发现异常牛及时告知兽医。

2. 验奶

验奶就是在正式挤奶前将乳池中头三把奶挤出并弃掉的过程。因为这些牛奶中含有大量的细菌，进入管道中会严重影响整罐牛奶质量。可以通过验奶判断乳房（乳头）是否发生病变，那些弃乳可以直接反映奶牛是否患有临床型乳房炎，以便使奶牛得到及时治疗。验奶是对乳头的初次按摩，促进催产素分泌，为泌乳作好准备。

3. 前消毒

挤奶前使用150mg/L碘液对奶牛乳头进行消毒处理是非常必要的。通过有效的前消毒，可以杀灭乳头表面的微生物，防止微生物污染输奶管道，降低乳房炎的发病率。

4. 擦拭

做前消毒处理的乳头，必须使用干燥、清洁、柔软的毛巾进行擦拭，严格执行“一牛一巾”制度，有效防止交叉感染。擦拭是对奶牛乳头的二次按摩，这时我们已经为奶牛泌乳作好了充分的准备。

5. 上杯

从初次接触乳头到上杯这一过程，必须控制在45～90s。因为奶牛受刺激（按摩）分泌（并维持）催产素的时间非常短，在奶牛已经做好泌乳准备而没有挤奶动作时，会大大降低奶牛的兴奋度，从而影响放乳。上杯要迅速，尽量保证真空状态。牛奶中含有不饱和脂肪酸，其吸收牛舍内空气中的异味，会降低牛奶的品质，同时也易形成“对流奶”，损伤乳腺组织，引起乳房炎。

6. 巡杯

巡杯就是对上杯结束的奶牛进行复查。通过巡杯，及时发现漏气、掉杯现象并尽快纠正；有效判断牛奶是否被挤净，防止出现牛奶未挤净或过度挤奶；随时清洗杯组及附属设备，保持挤奶卫生。

7. 后消毒

奶牛在挤奶结束后，及时使用碘液消毒乳头。因为此时的乳头孔处于开张状态，极易受到病原微生物的侵袭，所以后消毒很关键，必须使碘液完全覆盖乳头表面，以碘液在乳头末端聚滴为准。在冬季，如果环境温度在－10℃以下时，必须考虑使用凡士林均匀涂抹乳头表面，防止冻伤。

8. 泡杯

使用20～30mg/L的碘液彻底浸泡杯组，能够有效阻止乳房炎交叉感染。操作中，要严格监控碘液配比浓度，杜绝不泡、漏泡、浸泡不严等现象的发生。泡杯后约30s时，用清水冲去残留在杯组表面的碘液，准备下一轮挤奶。

9. 定期进行管道清洗

自动循环清洗（CIP）投入成本较高，但操作安全、方便，清洗结果可靠。CIP是目前大型牧场普遍采用的清洗方式，能够有效降低牛奶中细菌总数。培养专业CIP操作人员，严格按照操作规程进行管理。挤奶结束后就要立即进行清洗。由专业操作人员按照CIP管理要求进行清洗，需要在清洗过程中注意监控的几个关键点：①预冲洗很关键，使用35～40℃的温水可以带走管道中约85%的污垢；②每一遍的水温要求都不同，热水温度应在70～85℃，过高将致使乳蛋白贴于管壁难以除去，过低则会降低乳脂、蛋白质、清洗剂的溶解度，所以必须严格执行，否则难以达到理想的清洗效果；③清洗过程中，酸的pH值要达到1.5～3.5，碱的pH值要达到10.5～12.5，酸碱液浓度必须符合要求，需要定期检测；④管道清洗必须符合国家饮用水标准，根据水的硬度来决定清洗剂的用量；⑤清洗剂需要有足够的时间与污垢混合反应，一般每次的清洗时间在8～10min；⑥定期检查清洗设备的工作状况，如气压、各处阀门、排污等。一般来说，按照CIP管理要求进行清洗，管道清洗的结果完全可以让人们放心。然而，清洗过程中往往受到很多外在因素的影响（如水温过低或过高、水质受到污染、清洗剂剂量不足等），这些因素均会降低清洗的效果。有必要对管道进行定期的过滤和排查，尤其是管道接头及死角处，极易积存大量的奶垢，必须及时清除。必要时可以启动“爆炸式”清洗，即使用“强酸强碱热酸热碱”进行清洗。

10. 设备维护与保养工作

一台好的设备可以高效地工作，有较长的寿命，这些都离不开严格执行的设备维护与保养。

（1）定期更换所有与牛奶直接或间接接触的橡胶配件。如果超过使用期限则会老化，致使奶垢积存，影响牛奶质量。

（2）定期更换机械设备零部件，添加润滑剂等，保持设备良好运行。

（3）有效处理各种设备的突发故障，使设备遇故障时能够以最快的速度恢复运行。

（4）启动ISO 6690挤奶机测试标准，定期检测设备脉动及真空度是否正常。

11. 贮藏与运输

贮藏与运输是很容易被忽视的环节，在整个挤奶环节中所占时间最少，但同样决定着原料奶的质量。

（1）牛奶在输送过程中可能会混入杂质（如牛粪、橡胶碎屑等），必须通过牛奶过滤纸有效阻挡这些杂质。按时更换牛奶过滤纸，并随时观察过滤纸的卫生情况，以便及时调整更换时间。

（2）牛奶中的微生物随着温度升高而加速繁殖，快速制冷可以有效阻止微生物的繁殖。要求技术人员熟练地掌握制冷设备操作技术，保证牛奶在1min内降至2～4℃。

（3）每天必须检查装奶车的清洗情况，通过眼观、微生物培养（涂抹）来确定是否装运。

二、挤奶的次数和间隔

奶牛分娩5天后即可用机器挤奶，每天的挤奶时间确定后，奶牛就建立了排乳的条件反射，因此必须严格遵守。挤奶的次数和间隔对奶牛的产奶量有较大的影响，挤奶时间固定，挤奶间隔均等分配，都有利于获得最高产奶量。一般情况下，每天挤奶2次，最佳挤奶间隔是（12±1)h，间隔超过13h会影响产奶量。高产奶牛每天可挤奶3次，最佳挤奶间隔是（8±1)h，一般每天挤奶3次产量可比挤奶2次提高10%～20%。

三、不能上机挤奶的奶牛

以下状态的奶牛禁止机器挤奶：分娩5天内的奶牛；分娩5天以上，但乳房水肿还没有消退的奶牛；病理状态的奶牛，如患有乳房炎等疾病（特别是传染性疾病）的奶牛；抗生素治疗，停药6天内的奶牛；分泌异常乳（如含有血液、絮片、水样、体细胞计数超标）的奶牛。

【任务实施】

知识点学习

1. 泌乳牛阶段饲养管理技术

2. 高温季节奶牛的饲养管理要点

3. 干奶牛饲养管理技术

4. 机械化挤奶技术

技能训练十四 奶牛饲喂管理与评估

一、必备资源

规模化牛场、TMR日粮车、分析检测实验室。

二、活动步骤

（一）明确饲喂管理目标

泌乳奶牛日粮应按照要求时间每天饲喂3次；育成牛每天饲喂2～3次；饲喂顺序一般为：初产牛→高产牛→低产牛→干奶牛→育成牛；泌乳牛日粮的饲喂时间必须根据挤奶顺序、时间先后饲喂，牛去挤奶后，开始给该舍区投料，保证奶牛离开挤奶厅返回牛舍后可以采食到新鲜的日粮，最好做到“牛走、料到、粪清”；在日粮投料前，应将剩料推至牛舍的两端成堆，并将饲喂通道清扫干净，禁止新料投到旧料上；TMR进入舍内投料应保持时速小于5km/h；投料应保证准确、均匀、没有空缺，尽量每区一车料；应保证牛能随时采食到日粮，应有专人负责推料，并不断重复此项工作；投料后1h开始推料，每40min推料1次；推料时应清除TMR料中的杂物；应保证牛群饲喂足够的料，增加采食量，防止空槽；畜牧技术员应多次巡舍，了解饲喂情况；牛群主管应掌握牛群的饲喂情况，对饲喂工作给出正确评价；每个牛舍所有水槽必须具备充足的清洁的饮水，水槽不应改做其他用途；任何在牛舍（包括饲喂通道）操作的车辆，禁止鸣笛、猛踩油门，车辆应行驶缓慢，防止撞伤奶牛。补饲盐、钙、小苏打应少添勤加，保证新鲜和卫生；饲喂通道应干燥、卫生，没有粪便，牛舍中间挤奶通道粪便应及时清除，以防车轮带到饲喂通道上，技术人员在舍内工作后，应保证鞋底干净，才能在饲喂通道走动。

（二）饲喂管理工作的评估指标

1. 剩料管理与评估

每天测量一个牛群剩料量，每周5次；剩料量非常重要，奶牛每多采食1kg干物质，多产2kg奶，剩料量不足意味着有的奶牛干物质采食量不足；每次投喂前0.5～1h，畜牧技术员应提前观察剩料情况；在投料前对牛舍剩料进行清理，同时将饲喂通道打扫干净，禁止新料投到旧料上；清理剩料可用铲车装至全混合日粮搅拌（TMR）车中，直接称出重量，便于计算干物质采食量及剩料率，铲车司机或记料员应作好记录，工作结束后，交给牛群主管或畜牧技术员，最好建立微信群，随时把数据传输给大家；各群牛剩料率要求3%～5%。高产牛群、新产牛群的剩料按青贮量饲喂给中低产奶牛，其他牛群剩料应及时喂给低产牛群或大于12月龄的育成牛。

2. 各牛群干物质采食量的评估

每天测量一个牛群干物质采食量，每周5次；每日记录全天投喂量和剩料量，可计算出干物质采食量情况；平均每头牛干物质采食量=(总饲喂量—剩料量)×日粮干物质/牛头数。泌乳牛干物质采食量标准：高产牛体重3.5%～4%；中产牛体重3%～3.5%；低产牛2.5%～3%；干奶牛体重2%～2.5%；围产牛1.8%～2.2%。

3. 各牛群日粮滨州筛的评估

每天测量一个牛群滨州筛数据，每周5次；按照TMR日粮的分级测定比例标准。

4. 其他重要评估技术

奶牛体况的评估每月进行一次。奶牛粪便的评估：每月进行一次奶牛粪便评分，抽测1/3进行评定。奶牛反刍的评估：饲喂后及挤奶前1～2h不采食日粮的奶牛约50%在反刍；每天反刍6～8次，每次反刍40～50min，每天反刍时间约7h；奶牛每次反刍应该咀嚼50～60次，若咀嚼次数低于40次，就表明粗饲料饲喂过少，如果咀嚼次数高于70次，就意味着粗饲料饲喂太多。营养代谢病发病率的评估，各营养代谢病发病率标准：胎衣不下<5%；真胃移位<1.5%；产后瘫痪<5%；酮病<2%。TMR日粮营养成分检测：畜牧技术员每月应将TMR日粮按照采样要求，送至公司化验室；公司巡检不定期采取TMR日粮样品，送至公司化验室；公司化验室至少每月对TMR日粮做一次营养成分分析。

技能训练十五 规模化奶牛场挤奶

一、必备资源

规模化牛场、现代化挤奶厅。

二、活动步骤

（一）各岗位职责

详见知识点三。

（二）一般奶厅挤奶工操作要点

1. 验奶

头三把奶挤出并弃掉。

2. 前消毒

挤奶前使用150mg/L碘液对奶牛乳头进行药浴消毒。

3. 擦拭

做前消毒处理后的乳头，必须使用干燥、清洁、柔软的毛巾进行擦拭，严格执行“一牛一巾”制度。

4. 上杯

控制在45～90s。

5. 巡杯

巡杯就是对上杯结束的奶牛进行复查。

6. 后消毒

奶牛在挤奶结束后，及时使用碘液消毒乳头。

【巩固训练】

一、选择题

1. 成年泌乳牛的干物质进食量为体重的（ ）。

A. 2.0%～2.3% B. 2.4%～2.8% C. 3.0%～3.5% D. 1.5%～2.0%

2. 排乳反射一般可持续（ ）。

A. 3～5min B. 5～7min C. 8～10min D. 10～12min

3. 黑白花奶牛的产奶量最多的胎次为（ ）。

A. 第一胎 B. 第二胎 C. 第三胎 D. 第四胎

4. 奶牛的干奶期最好为（ ）。

A. 1个月 B. 2个月 C. 3个月 D. 4个月

5. 奶牛泌乳期日粮的粗纤维含量下限是（ ）。

A. 30% B. 25% C. 20% D. 17%

6. 泌乳盛期母牛的生理特点：母牛体况恢复，代谢强度逐渐提高，泌乳机能逐渐（ ）。

A. 增强 B. 减小 C. 不变 D. 平衡

7. 母牛产后3天内，饲养技术是（ ）。

A. 喂给足够的精料 B. 自由采食多汁饲料

C. 喂精料加多汁饲料 D. 自由采食优质干草，给温水麸皮汤

二、填空题

1. 同样的饲料，不同的饲喂方法，会产生不同的饲养效果。具体的饲喂技术有传统饲喂方法和（ ）技术。

2. 一般奶牛场多采用日喂3次，中低产牛群也有日喂2～3次的情况，高产牛群（ ）kg可日喂3～4次。国外较普遍采用2次饲喂或采用电子自动给料箱让奶牛自由采食。

3. 实践证明，干奶期以50～70天为宜，平均为（ ）天，过长或过短都不好。

4. 常见的干奶方法有（　　　　）、（　　　　）、（　　　　）。

三、简答题

1. 简述奶牛一般饲喂原则。

2. 干奶期的管理要点有哪些？

【知识拓展】

高温季节奶牛的饲养管理要点

【任务考核】

项目三　肉牛饲养管理技术

任务一　肉牛的生产周期划分

【任务目标】

熟悉肉牛的生产周期；掌握肉牛生长发育的一般规律；能够科学进行肉牛的分群。

【必备知识】

一、肉牛的生产周期

（一）哺乳期

哺乳期是指从出生到6月龄断奶的时期。此期生长速度是一生中最快的阶段。2月龄内主要长头骨和体躯高度，2月龄后体躯长度增长较快；肌肉组织的生长也集中于8月龄前。哺乳期瘤胃生长迅速，6月龄达到初生重时的31.62倍，皱胃为2.85倍。

（二）幼年期

幼年期是指从断奶到性成熟为止的时期。这个时期骨骼和肌肉生长强烈，各组织器官相应增大，性机能开始活动。体重的增加在性成熟以前是呈加速度增长，绝对增重随月龄增大而增加。这个时期的犊牛在骨骼和体型上主要向宽、深发展，后躯的发育最迅速，是控制肉用生产力和定向培育的关键时期。

（三）青年期

青年期是指从性成熟到发育至体成熟的阶段。绝对增重达到高峰，但增重速度进入减速阶段，各组织器官渐趋完善，体格已基本定型，直到牛达到稳定的成年体重，可以肥育屠宰。

（四）成年期

成年期体型已定，生产性能达到高峰，性机能最旺盛，种公牛配种能力最高，母牛亦能生产初生重大且品质较高的后代。在良好的饲养条件下，能快速沉积脂肪。到老龄时，新陈代谢及各种机能、饲料利用率和生产性能均已下降。

二、肉牛生长发育的一般规律

（一）体重的增长规律

1. 体重的一般增长

妊娠期间，胎儿在4个月以前的生长速度缓慢，以后生长变快，分娩前的速度最快。犊牛的初生重与遗传、孕牛的饲养管理和妊娠期长短有直接关系。初生重与断奶重呈正相关，是选种的重要指标。

胎儿身体各部分的生长特点，在各时期有所不同。一般，胎儿在早期头部生长迅速；以后四肢生长加快，占全部体重的比例不断增加。维持生命的重要器官如头部、内脏、四肢等发育较早，肌肉次之，脂肪发育最迟。因为初生犊牛的肌肉、脂肪和体躯等这些在生产上直接需要的部分发育较差，所以，把初生犊牛肉用是很不经济的。

在充分饲养的条件下，出生后到断奶生长速度较快，断奶至性成熟最快，性成熟后逐渐变慢，到成年基本停止生长。从年龄看，12月龄前生长速度快，以后逐渐变慢。

生长发育最快的时期也是把饲料营养转化为体重的效率最高的时期。掌握这个特点，在生长较快的阶段给予充分的营养，便可在增重和饲料转化率上获得最佳的经济效果。例如，夏洛来牛的平均日增重，初生到6月龄达1.15～1.18kg，从6月龄到12月龄平均日增重下降到0.5kg。

2. 补偿生长

在生产实践中，常见到牛在生长发育的某个阶段，由于饲料不足造成生长速度下降，当一旦恢复高营养水平饲养时，则其生长速度比未受限制饲养的牛只要快，经过一定时期的饲养后，仍能恢复到正常体重，这种特性叫补偿生长。根据这一特性，生产中我们常选择架子牛进行育肥，往往获得更高的生长速度和经济效益。

但需注意，补偿生长不是在任何情况下都能获得的。

① 生长受阻若发生在初生至3月龄或胚胎期，以后很难补偿。

② 生长受阻时间越长，越难补偿，一般以3个月内，最长不超过6个月补偿效果较好。

③ 补偿能力与进食量有关，进食量越大，补偿能力越强。

④ 补偿生长虽能在饲养结束时达到所要求的体重，但总的饲料转化率低，体组织成分要受到影响，比正常生长骨比例高，脂肪比例低。

（二）体组织的生长规律

牛体组织的生长直接影响到体重、外形和肉的质量。肌肉、脂肪和骨骼为三大主要组织。

1. 肌肉的生长

从初生到8月龄强度生长，8～12月龄生长速度减缓，18月龄后更慢。肉的纹理随年龄增长而变粗，因此青年牛的肉质比老年牛嫩。

2. 脂肪的生长

12月龄前较慢，稍快于骨，以后变快。生长顺序是先储积在内脏器官附近，即网油和板油，使器官固定于适当的位置，然后是皮下，最后沉积到肌纤维之间形成“大理石”花纹状肌肉，使肉质变的细嫩多汁，说明“大理石”状肌肉必须饲养到一定肥度时才会形成。老年牛经育肥，使脂肪沉积到肌纤维间，亦可使肉质变好。

3. 骨骼的生长

骨骼在胚胎期生长速度快，出生后生长速度变慢且较平稳，并最早停止生长。

【任务实施】

知识点学习

1. 肉牛的生产周期

2. 肉牛生长发育的一般规律

技能训练十六 规模化肉牛场牛群分群

一、必备资源

规模化肉牛场，教学视频。

二、活动步骤

1. 调研规模化肉牛场实际分群情况。

2. 能够科学绘制肉牛的生产周期示意图。

3. 对具体肉牛场生产周期设计作出合理的评定。

【巩固训练】

一、名词解释

补偿生长、肉牛

二、简答题

1. 哺乳期、幼年期、青年期和成年期肉牛的特点各有哪些？

2. 简述补偿生长及其注意事项。

【知识拓展】

2015年度肉牛牦牛产业技术发展报告

【任务考核】

任务二　不同阶段肉牛的饲养管理

【任务目标】

掌握犊牛的饲养管理、繁殖母牛的饲养管理、育成牛的饲养管理。

【必备知识】

一、犊牛的饲养管理

（一）新生犊牛护理

保持呼吸畅通，吃足初乳。可采用奶牛犊牛饲喂的“1-2-4”原则，出生后1h之内灌服4L优质初乳，母牛初乳2h之内挤净。其他管理要点同奶牛。

（二）哺乳期犊牛的饲养管理

1. 饲养

饲养目标：预防腹泻，促进瘤胃发育。

饲养方式包括随母哺乳、保姆牛、人工哺乳。

(1) 随母哺乳　犊牛出生后一直跟随母牛哺乳、采食和放牧。优点是犊牛可以直接采食鲜奶，有效预防消化道疾病，并可节约人力物力。随母哺乳的犊牛成活率高，病少，成本低。缺点是母牛产奶量无法统计，母牛疾病容易传染犊牛，并可能造成犊牛的哺乳量不一致。

(2) 保姆牛　和犊牛分栏饲养，每日定时哺乳2次。

(3) 人工哺乳　适用于奶牛业淘汰公犊，根据需要量人工给犊牛饲喂，需要注意哺乳温度35～38℃，5周龄内日喂3次，6周龄以后日喂2次。

2. 管理

7日龄后，在母牛栏旁边设犊牛补饲栏，使母牛和犊牛短期隔开。犊牛栏设置饲槽、水槽。优质青干草自由采食，训练采食咀嚼，以促进瘤胃、网胃发育。生后10～15天开始训练犊牛采食精料，开始日喂干粉料10～20g；到1月龄，每天可采食150～300g；2月龄，每天可采食500～700g；3月龄，每天可采食7500～1000g。青绿多汁饲料，20日龄开始饲喂，每天先喂20g，到2月龄时可达1.5kg，3月龄达3kg。青贮饲料，2月龄开始饲喂，每天100～150g，3月龄时可达1.5～2kg，4～6月龄达5kg。

1月龄后过渡到群饲栏。7日龄以内的犊牛适应环境的能力较差，通常不要到户外活动，室温不要低于0℃，并应干燥明亮，无穿堂风，若室温较低，可用火墙暖炕或暖气加温，忌直接用煤火取暖。7日龄以后天气暖和时可随母牛到户外活动，15日龄后可随母牛放牧或随犊牛群户外活动。犊牛3周龄内，最易患病。例如，脐带炎（多见夏天和气候炎热地区）、感冒、肺炎（多见寒冷地区）和消化器官病。可通过精心饲养来预防，发现病牛及早治疗。

（三）犊牛断奶的饲养管理

1. 饲养

饲养目标平稳渡过断奶关。每天采食1kg精饲料时可以断奶。刚断奶的犊牛应细心喂养，断奶后2周内日粮与断奶前相似。

2. 管理

后备种牛6月龄断奶，育肥牛根据条件2～4月龄断奶。断奶后即分群，后备犊牛按照性别分群。

二、育成牛的饲养管理

（一）繁殖场育成牛饲养管理

育成母牛是指犊牛断奶至第一次产犊的母牛。饲养目标是达到理想的体型、体重标准和性成熟，按时配种受胎。全放牧条件下，15～24月龄初配；较好的舍饲条件下，12～15月龄初配。

1. 饲养

（1）7～12月龄　为母牛性成熟期。在此时期，母牛的性器官和第二性征发育很快，体躯向高度和长度两个方向急剧生长。同时，其前胃已相当发达，容积扩大1倍左右。因此，在饲养管理上要求供给足够的营养物质；所喂饲料必须具有一定的容积，才能刺激其前胃的生长。所以对这时期的育成牛，除给予优良的牧草、干草、青贮料和多汁饲料外，还必须适当补充一些混合精料。精料比例约占饲料干物质总量的30%～40%。

（2）13～18月龄　育成牛消化器官更加增大，为了促进其消化器官的生长发育，日粮应以粗饲料和多汁饲料为主，比例约占日粮总量的75%，其余25%为配（混）合饲料，以补充能量和蛋白质的不足。在育成牛阶段精心饲养挑选出来的生长发育好、性情温驯、节省草料而又日增重较快的小母牛，在15～18月龄如果达到成年体重的70%，就可以适时配种。

（3）19～24月龄　母牛已配种受胎，应以优质干草、青草、青贮料为基本饲料，精料可少喂。但到妊娠后期，由于体内胎儿生长迅速，则须补充精料，日定额为2～3kg。

2. 管理

（1）建档　育成母牛全部要登记建卡和详细档案。包括监测6月龄、12月龄、18月龄、24月龄体重和体尺，记录疫苗接种、疾病发生及治疗、配种信息。

（2）分群和护理　断奶后公母牛分群饲养，可以拴系饲养，也可围栏饲养。每天应至少刷拭1～2次，每次5min。10月龄开始修蹄。同时要加强运动，促进其肌肉组织和内脏器官，尤其是心、肺等呼吸和循环系统的发育，使其具备高产母牛的特征。配种受胎5～6个月后，母牛乳房组织处于高度发育阶段，为了促进其乳腺组织的发育，养成母牛温顺的性格，分娩后容易接受挤奶。一般早晚可按摩2次，每次按摩时用热毛巾擦拭乳房，产前1～2月停止按摩。

（3）配种　初配年龄体重达成年体重的70%以上。根据档案记录，做好选配计划，并严格执行。

（二）育肥场育成牛饲养管理

1. 饲养

（1）日粮　育肥场的育成牛年龄一般为6～12月龄，是骨骼、肌肉、瘤胃等发育速度最快的时期。干物质采食量一般为牛体重的2.5%以上，精饲料按体重的1.3%～1.5%供给，粗饲料自由采食，秸秆类粗饲料长度一般为2～3cm。精饲料由玉米、豆粕、棉籽粕、酒糟、大豆皮、麦麸等组成；粗饲料以玉米秸、玉米青贮和优质干草为主。在保证营养需要的条件下，应尽量多喂粗饲料。

（2）饲喂方式　饲养方式以小群散养效果最好，自由饮水，北方地区注意冬天饮水槽的保温。每天饲喂2～3次，先粗后精。

2. 管理

（1）分群、驱虫及档案记录　6月龄开始按性别、体重、大小、强弱进行分群，进行体内、体外驱虫（口服左旋咪唑+注射伊维菌素），以生产高档牛肉为目的的公犊宜在6月龄以前进行去势。每天记录饲料饲喂量、健康等信息。

（2）环境卫生　有条件的牛场可使用锯末或稻草进行垫圈，垫料根据污染程度更换，一般1个月左右更换一次。不使用垫料的育肥场设专门清粪员，保证每天清粪2次，保持牛舍清洁、通风、干燥。每周对料槽、水槽、圈舍等消毒一次。冬天注意保温和换气，夏天要防止中暑。

三、繁殖母牛的饲养管理

（一）妊娠母牛的饲养管理

保持适宜体况，做好保胎工作。一般在母牛分娩前，至少要增重45～70kg，才足以保证产犊后的正常泌乳与发情。胎儿增重主要在妊娠的最后3个月，此期的增重占犊牛初生重的70%～80%。若胚胎期胎儿生长发育不良，出生后就难以补偿，增重速度减慢，饲养成本增加。

1. 饲养

妊娠前期（从受胎到怀孕26周），一般按空怀母牛进行饲养，以优质青粗饲料为主，适当搭配少量精料；如果能保证玉米青贮或青草供应，可不喂精料。每天饲喂2～3次。

妊娠后期（27～38周龄），以青粗饲料为主，搭配适量精料。精料饲喂量应根据体况和粗饲料的质量来确定。如果饲喂全株青贮玉米或豆科和禾本科的混合牧草，基本上不需要饲喂精料。自由饮水，水温应在12～14℃。

2. 管理

妊娠母牛应保持中上等体况即可，不宜过肥。控制棉籽饼（粕）、菜籽饼（粕）、酒糟等的饲喂量。判断母牛膘情的简易方法是看肋骨凸现程度。离牛1～1.5m处观察，看不到肋骨说明偏肥，能看到3根肋骨说明膘情适中，看到4根以上肋骨说明偏瘦。

应做好保胎工作，妊娠后期单独组群。无论放牧或舍饲，都要防止挤撞、猛跑。临产前注意观察，保证安全分娩。每天让牛自由活动3～4h。纯种肉用牛难产率较高，尤其初产母牛，须做好助产工作。

（二）围产期母牛的饲养管理

重点：预防流产、胎衣不下、产后瘫痪，促进母牛体况恢复。

1. 围产前期（产前半个月至分娩）

（1）饲养　饲喂营养丰富、品质优良、易于消化的饲料。

（2）管理　产前15天，将母牛转入产房，自由活动。母牛分娩时，应左侧位卧，用0.1%高锰酸钾清洗外阴部，出现异常则需助产。

2. 围产后期（产后半个月）

（1）饲养　分娩后应随即驱赶母牛站起，加强管理，使母牛完整排出胎衣和恶露。胎衣完整排出后，要用0.1%高锰酸钾消毒母牛外阴部和臀部，并立即给母牛喂温热足量的麸皮汤，一般用36～38℃温水15kg、麸皮1.5kg、食盐100g。有条件的加250g红糖效果更好，搅拌均匀喂给。

（2）管理　母牛产后7天内要饮用37℃的温水，7天之后可以降至10～20℃。观察粪便，发现粪便稀薄、颜色发灰、恶臭等不正常现象，则应减少或停喂精补料。

自由采食优质干草，产后3天内，一般饮用豆饼水较好，3天后补充少量混合精料，逐渐增至正常，产后15天精补料喂量达到体重的1%。

（三）哺乳母牛的饲养管理

重点：早断奶，及早发情。

1. 舍饲哺乳母牛

（1）饲养　母牛分娩2周后，日粮粗蛋白含量不能低于10%，同时，供给充足的钙、磷、微量元素和维生素。混合精料补饲量2～3kg，可大量饲喂青绿、多汁饲料，保证母牛产后正常发情。

（2）管理　产后2周，若母牛恢复良好，可回原群饲养。舍饲哺乳母牛宜根据牛场的饲料资源和管理水平在产后2～4月进行人工断奶，产后3个月逐步减少混合精料喂量，青粗饲料应少给勤添。加强运动，刷拭牛体，让牛自由饮水。

2. 放牧哺乳母牛

（1）饲养　春季当牛群由舍饲转为放牧时，开始1周不宜吃得过多，放牧时间不宜过长，每天至少补充2kg干草。要注意保证食盐或舔砖的补给，方法是在母牛饮水的地方设置盐槽，供其自由舔食。

（2）管理　有条件的地方，哺乳母牛夏季应以放牧管理为主。在放牧季节到来之前，要检修房舍、棚圈及篱笆；确定水源和饮水后休息场所。从舍饲到放牧要逐步过渡，夏季过渡期需7天，冬季过渡期10～14天。放牧时间从2h逐渐过渡到12h。过渡期内要用粗饲料弥补放牧不足。不要在有露水的草场上放牧，也不要让牛采食大量易产气的幼嫩豆科牧草。

(四) 空怀母牛的饲养管理

主要是提高受配率、受胎率,充分利用粗饲料,降低饲养成本。母牛发情,应及时予以配种,防止漏配和失配。初配母牛,发情不明显,应加强观察和管理。经产母牛产犊后3周要注意其发情情况,对发情不正常或不发情者,要及时采取措施。一般母牛产后1~3个情期,发情排卵比较正常,随着时间的推移,犊牛体重增大,消耗增多,如果不能及时补饲,往往母牛膘情下降,发情排卵受到影响,因此产后多次错过发情期,则情期受胎率会越来越低。如果出现此种情况,应及时进行直肠检查,对症处理。

母牛出现空怀,应根据不同情况加以处理。造成母牛空怀的原因,有先天和后天两个方面。先天不孕一般是由于母牛生殖器官发育异常,如子宫颈位置不正、阴道狭窄、幼稚病、异性孪生的母犊和两性畸形等,先天性不孕的情况较少,在育种工作中淘汰那些隐性基因的携带者,就能加以解决。后天性不孕主要是由于营养缺乏、饲养管理及使役不当、生殖器官疾病所致。成年母牛因饲养管理不当造成不孕,在恢复正常营养水平后,大多能够自愈。在犊牛时期由于营养不良致生长发育受阻,影响生殖器官正常发育而造成不孕,则很难用饲养方法补救。若育成母牛长期营养不足,则往往导致初情期推迟,初产时出现难产或死胎,并且影响以后的繁殖力。

运动和日光浴对增强牛群体质、提高牛的生殖机能有密切关系,牛舍内通风不良、空气污浊、有害气体量超标、夏季闷热、冬季寒冷、过度潮湿等恶劣环境极易危害牛体健康,敏感的个体,很快停止发情,因此,改善饲养管理条件十分重要。

【任务实施】

知识点学习

1. 犊牛的饲养管理
2. 育成牛的饲养管理
3. 繁殖母牛的饲养管理

技能训练十七 优质肉牛饲养管理

一、必备资源

肉牛场、肉牛交易市场、体尺测量工具、驱虫药、健胃药、舔砖、饲料加工设备、视频资源。

二、活动步骤

(一) 饲喂

1. 饲喂时间

在黎明和黄昏前后,是牛每天采食最紧张的时刻,尤其在黄昏采草频率最大。因此,无论舍饲还是放牧,早晚是喂牛的最佳时间。多数牛的反刍时间在夜晚,特别是天刚黑时,反刍活动最为活跃。因此,在夜间应尽量减少干扰,使其充分消化粗饲料。

2. 饲喂次数

肉牛的饲喂可采用自由采食或定时定量饲喂两种方法。目前,我国肉牛企业多采用每天饲喂2次的方法。自由采食牛可根据其自身的营养需求采食到足够的饲料,达到最高增重,并能有效节约劳动力,一个劳动力可管理100~150头牛,同时也便于大群管理,适合机械化、电子化管理。而采用定时定量饲喂时,牛不能根据自身要求采食饲料。因此,限制了牛的生长发育速度。但饲料浪费少,粗饲料利用量高,并便于观察牛只采食、健康状况。

3. 饲喂顺序

随着饲喂机械化程度越来越高,应逐渐推广全混合日粮(TMR)喂牛,提高牛的采食量和饲料利用率。不具备条件的牛场,可采用分开饲喂的方法。为保持牛的旺盛食欲,促其多采食,应遵循“先干后湿,先粗后精,先喂后饮”的饲喂顺序,坚持少喂勤添、循环上料,同时要认真观察牛的食欲、消化等方面的变化,及时做出调整。

4. 饲料更换

在育肥牛的饲养过程中，随着牛体重的增加，各种饲料的比例也会有调整，在更换饲料时应采取逐渐更换的办法，应该有3～5天的过渡期。在饲料更换期间，饲养管理人员要勤观察，若发现异常，应及时采取措施。

5. 饮水

育肥牛采用自由饮水法最为适宜。在每个牛栏内装有能让牛随意饮到水的装置，位置最好设在牛栏粪尿沟的一侧或上方。冬季北方天冷，只能定时饮水，但每天至少3次。

6. 新引进牛只的饲养

对新引进牛只饲养，重点是解除运输应激，使其尽快适应新的环境。

(1) 及时补水　牛经过长距离、长时间的运输，胃肠食物少，体内缺水严重，因此对牛进行补水是首要的工作。补水方法是：第一次补水，饮水量限制在15～20kg，切忌暴饮，每头牛补人工盐100g；间隔3～4h后，第二次饮水，此时可自由饮水，水中掺些麸皮效果会更好。

(2) 日粮逐渐过渡到育肥日粮　开始时，只限量饲喂一些优质干草，每头牛4～5kg，加强观察，检查是否有厌食、下痢等症状。第二天起，随着食欲的增加，逐渐增加干草喂量，添加青贮、块根类饲料和精饲料，经5～6天后，可逐渐过渡到育肥日粮。

(3) 给牛创造舒适的环境　牛舍要干净、干燥，不要立即拴系，宜自由采食。围栏内要铺垫草，保持环境安静，让牛尽快消除倦躁情绪。

7. 育肥期的分阶段饲养

生产中常把育肥期分成两个阶段，即生长育肥阶段和成熟育肥阶段。

(1) 生长育肥期　饲喂富含蛋白质、矿物质、维生素的优质粗料、青贮饲料，保持良好生长发育的同时，使消化器官得到锻炼。因为该阶段的重点是促进架子牛的骨骼、内脏、肌肉的生长，所以，此阶段要限制精饲料喂量，为架子牛活重的1.5%～1.6%左右。该阶段日增重不宜追求过高，每头日增重0.7～0.8kg为宜。

(2) 成熟育肥期　经生长育肥期的饲养，架子牛骨骼已发育完好，肌肉也有相当程度的生长。因此，此期的饲养任务主要是改善牛肉品质，增加肌肉纤维间脂肪的沉积量。因此，肉牛日粮中粗饲料的比例不宜超过30%～40%，日采食量达到牛活重的2.1%～2.2%，在屠宰前100天左右，日粮中增加大麦粉或饲喂啤酒糟，进一步改善牛肉品质。肉牛生产过程中，根据牛肉生产的需要来确定最终脂肪的沉积程度。高档牛肉生产，需要有足够的脂肪沉积。

(二) 管理

1. 合理分群

育肥前应根据育肥牛的品种、体重大小、性别、年龄、体质强弱及膘情情况合理分群。采用圈群散养时，一群牛数量15～20头为宜。牛群过大易发生争斗，过小不利于劳动生产力的提高，临近夜晚时分群易成功，同时要有人不定时进行观察，防止争斗。

2. 及时编号

编号对生产管理、称重统计和防疫治疗工作都具有重要意义。编号可在犊牛出生时进行，也可在育肥前进行。采用易地育肥时，应在牛购进场后立即编号，并换缰绳。编号方法多采用耳标法。

3. 定期称重

增重是肉牛生产性能高低的重要指标。为合理分群和及时了解育肥效果，要进行育肥前称重、育肥期称重及出栏称重。育肥期最好每月称重1次，既不影响育肥效果，又可及时挑选出生长速度慢甚至不长的牛，随时处理。称重一般是在早晨饲喂前空腹时进行，每次称重的时间和顺序应基本相同。由于实际称重较烦琐，所以生产中多采用估测法估测体重。

4. 限制运动

到育肥中、后期，每次喂完后，将牛拴系在短木桩或休息栏内，缰绳系短，长度以牛能卧下为宜，缰绳长度一般不超过80cm，以减少牛的活动消耗，提高育肥效果。此期牛在运动场的目的，主要是接受阳光照射和呼吸新鲜空气。

5. 刷拭

随着肉牛育肥程度加大，其活动量越来越小。坚持每天上下午刷拭牛体各1次，每次5～10min，以增加血液循环，提高代谢效率。

6. 定期驱虫

寄生虫病的发生具有地方性、季节性流行特征，且具有自然疫源性。因此，加强预防尤为重要。肉牛转入育肥期之前，应做一次全面的体内外驱虫和防疫注射；育肥过程中及放牧饲养的牛都应定期驱虫。外购牛经检查健康后方可转入生产牛舍。下面提供预防肉牛寄生虫病的用药程序，仅供参考：

3月，丙硫咪唑口服，驱杀体内由越冬幼虫发育而成的线虫、吸虫及绦虫成虫。

5月，氨丙啉或磺胺喹啉口服，预防夏季球虫病发生。

6月，定期（可每周1次）用敌杀死等溶液喷雾进行环境消毒，以驱杀蚊蝇。

7月，丙硫咪唑口服，防夏季线虫、吸虫及绦虫感染。

10月，阿维菌素口服或注服，预防当年10月至次年3月间牛的疥癣、虱等体外寄生虫病的发生，同时可杀灭体内当年繁殖的幼虫、成虫。

寄生虫病的治疗，要采取“标本兼治，扶正祛邪”的原则，采用特效药物驱虫和对症治疗。使用驱虫、杀虫药物要剂量准确、对症。在进行大规模、大面积驱虫工作之前，必须先小群试验，取得经验并肯定其药效和安全性后，再开展全群的驱虫工作。

7. 加强防疫、消毒工作

每年春秋检疫后对牛舍内外及用具进行消毒；每出栏一批牛，都要对牛舍进行一次彻底清扫消毒；严格防疫卫生管理，谢绝参观；结合当地疫病流行情况，进行免疫接种。

8. 适时去势

现在，国际上育肥牛场普遍采用不去势公牛育肥。2岁前的公牛宜采取公牛育肥，生长快，瘦肉率高，饲料报酬高；2岁以上的公牛及高档牛肉的生产，宜去势后育肥，否则不便管理，会使肉脂有膻味，影响胴体品质。如需要去势，去势时间最好在育肥开始前。无论有血去势还是无血去势，愈合恢复的时间大约在半个月，这期间牛的生长缓慢，而且只有正常恢复状况的牛只方可进入育肥期。

9. 适时出栏

判断肉牛最佳结束期，适时出栏，对提高养殖经济效益及保证牛肉品质都具有极其重要的意义。判断肉牛是否达到最佳育肥结束期，一般有以下几种方法：

（1）从肉牛采食量来判断　在正常育肥期，肉牛的饲料采食量有规律可循，即：①绝对日采食量随着育肥期的增加而下降，如下降量达正常量的1/3或更少；②按活重计算，日采食量（以干物质为基础）为活重的1.5%或更少。这时认为已达到育肥的最佳结束期。

（2）用育肥度指数来判断　利用活牛体重和体高的比例关系来判断，指数越大，育肥度越好，但也不是无限的。据日本的研究认为，阉牛的育肥指数以526为最佳。

（3）从肉牛体型外貌来判断　利用肉牛各个部位脂肪沉积程度进行判断，主要部位有：胸垂部脂肪的厚度，腹肋部脂肪的厚度，腰部脂肪的厚度，坐骨部脂肪的厚度，下肷部内侧、阴囊部脂肪的厚度。

【巩固训练】

一、名词解释

“1-2-4”原则、空怀母牛、繁殖母牛

二、简答题

1. 繁殖母牛的饲养管理要点有哪些？
2. 繁殖场育成牛的饲养管理要点有哪些？

【知识拓展】

肉牛牛犊断奶后育肥技术和妊娠母牛
不同阶段的饲养管理技术

【任务考核】

任务三　肉牛的育肥

【任务目标】

掌握高档牛肉生产技术；掌握架子牛快速育肥技术。

【必备知识】

知识点一　高档牛肉生产技术

一、高档牛肉及其特征

（一）高档牛肉

高档牛肉是指制作国际高档食品的质量上乘的牛肉，要求肌纤维细嫩，肌间有一定量的脂肪，所制作食品既不油腻也不干燥，鲜嫩可口。一般包括牛柳、眼肉和西冷。

（二）特征

1. 活牛

肉牛年龄30月龄以内；屠宰前活重550kg以上，膘情上等（看不到骨头突出点）；尾根下平坦无沟，背平宽，手触摸肩部、胸垂部、背腰部、上腹部、臀部，皮较厚，并有较厚的脂肪层。

2. 胴体

胴体表覆盖的脂肪颜色洁白；胴体表脂覆盖率80%以上；胴体外形无严重缺损；脂肪坚挺。

3. 牛肉品质

（1）牛肉嫩度　肌肉剪切仪测定的剪切值3.62以下，出现次数应在65%以上；咀嚼容易，不留残渣，不塞牙；完全解冻的肉块，用手指触摸时，手指易进入肉块深部。

（2）大理石花纹　根据我国试行的大理石花纹分级标准应为1级或2级。

（3）肉块重量　每条牛柳重2kg以上；每条西冷重5kg以上；每块眼肉重6kg以上；大米龙、小米龙、膝圆、腰肉、臀肉和腱子肉等质优量多。

（4）多汁　牛肉质地松弛，多汁色鲜，风味浓香。

（5）烹调　符合西餐烹调要求，国内用户烹调食用满意。

二、高档牛肉生产技术要点

1. 品种选择

生产高档牛肉应选择国外优良的肉牛品种，如安格斯牛、利木赞牛、皮埃蒙特牛、西门塔尔牛等，或它们与国内优良地方品种（如秦川牛、晋南牛、鲁西牛、南阳牛）的杂种牛。这样的牛生产性能好，易于达到育肥标准。

2. 年龄选择

因为牛的脂肪沉积与年龄呈正相关，即年龄越大，沉积脂肪的可能性越大，而肌纤维间脂肪是较晚沉积的。但年龄与嫩度、肌肉、脂肪颜色有关，一般随年龄增大肉质变硬，颜色变深变暗，脂肪逐渐变黄。生产高档牛肉，牛的屠宰年龄一般为18～22月龄，屠宰体重达到500kg以上，这样才能保证屠宰胴体分割的高档优质肉块有符合标准的剪切值、理想的胴体脂肪覆盖和肉汁风味。因此，对于育肥架子牛，要求育肥前12～14月龄体重达到300kg，经6～8个月育肥期，活重能达到500kg以上。

3. 性别选择

一般母牛沉积脂肪最快，阉牛次之，公牛沉积最迟而慢；肌肉颜色则公牛深，母牛浅，阉牛居中；饲料转化效率以公牛最好，母牛最差。年龄较轻时，公牛不必去势；年龄偏大时，公牛去势（育肥期开始之前10天进行）。母牛则年龄稍大亦可，因母牛肉一般较嫩，年龄大些可改善肌肉颜色浅的缺陷。综合各方面因素，用于生产高档优质牛肉的牛一般要求是阉牛。因为阉牛的胴体等级高于公牛，生长速度又比母牛快。因此，在生产高档牛肉时，应对育肥牛去势。时间应选择在牛3～4月龄以内进行去势较好，可以改善牛肉的品质。

4. 营养水平

生产高档牛肉，要对饲料进行优化搭配，饲料应多样化，尽量提高日粮能量水平，但蛋白质、矿物质和微量元素的给量应该足够。不同时期的营养水平如下：

（1）断奶至6月龄　CP（粗蛋白质）为16%～19%，TDN（总的可消化养分）为70%，配合饲料占体重的2.0%～2.5%，粗饲料占1.0%～1.2%。

（2）7～12月龄　CP为14%～16%，TDN为68%～70%，配合饲料占体重的1.2%～1.5%，粗饲料占1.2%～1.5%。

（3）育肥前期（13～18月龄，300～450kg）　CP为11%～12%，TDN为71%～72%，配合饲料占体重的1.7%～1.8%，粗饲料占1.0%～1.2%。

（4）育肥后期（19～24月龄，450kg到550～650kg）　CP为10%～11%，TDN为72%～73%，配合饲料占体重的1.8%～2.0%，粗饲料占0.5%～0.8%。

5. 适时出栏

为了提高牛肉的品质（大理石花纹的形成、肌肉嫩度、多汁性、风味等），应该适当延长育肥期，增加出栏重。中国黄牛体重达到500～550kg，月龄为25～30月龄时出栏较好。此时出栏，体重在450kg的屠宰率可达到60.0%，眼肌面积达到83.2cm^2，大理石花纹1.4级；体重在550kg的屠宰率可达到60.6%；体重在600kg的屠宰率可达到62.3%，眼肌面积达到92.9cm^2，大理石花纹2.9级。

6. 严格的生产加工工艺

高档牛肉只占牛肉总重的10%左右，但其经济价值却占整个牛的近50%。要获得比较好的经济效益，必须按照高档牛肉的生产加工工艺进行生产，其屠宰工艺流程为：

检疫→称重→淋浴→击昏→倒吊→刺杀放血（电刺激）→剥皮（去头、蹄和尾巴）→去内脏→劈半→冲洗→修整→转挂→称重→冷却→排酸成熟→剔骨分割、修整→包装

三、高档牛肉生产技术体系

1. 选择合适的育肥季节

育肥季节最好选在气温低于30℃的时期。气温较低时，有利于增加饲料采食量和提高饲料消化率，同时减少蚊蝇以及体外寄生虫的危害，使牛处于安静适宜的环境。春秋季节气候温和，牛的采食量大，生长快，育肥效果最好；其次为冬季；夏季炎热，不利于牛的增重。如果必须在夏季育肥，则应严格执行防暑措施，如利用电风扇通风、在牛身上喷洒冷水等。冬季育肥气温过低时，可考虑采用暖棚防寒。

不同的季节对育肥经济收益有影响。在牛肉生产不能均衡供应之时，不同季节的牛肉销售价格存在较大的差异，尤其是在南方地区特别明显，冬季的牛肉价格要比夏季高许多，因此秋冬季节育肥经济收益最好。

2. 合理搭配饲料

优质粗饲料是肉牛饲养的主要饲料，粗饲料对于保持牛的消化机能是必不可少的。因此，配合肉牛日粮应该首先考虑利用粗饲料。不少肉牛场常以麦秸、氨化麦秸、青贮玉米秸或青干草作为主要饲料，让牛自由采食，为牛提供大部分营养物质。但从粗蛋白质含量和饲料的可消化性上看，常用粗饲料中青干草、豆秸、玉米秸质量较好，而麦秸、稻草和谷草质量相对较差。如果仅用麦秸饲喂肉牛，肉牛体重几乎不增加或稍减轻；只饲喂氨化麦秸，肉牛每天增重只有200g左右；随着饲喂精料量的增加，肉牛的日增重增加。因此，育肥牛必须饲喂一定量的精料。常用的能量饲料有玉米、大麦、麸皮、高粱等，常用的蛋白质饲料主要有豆饼、棉籽饼、菜籽饼等。一般将能量饲料和蛋白质饲料混合饲喂，按饲养标准合理搭配，育肥期每头肉牛每天饲喂混合精料量通常为2.5～4kg，肉牛日增重可达1kg左右。

3. 糟渣等副产品的利用

我国啤酒糟、淀粉渣、豆腐渣、糖渣和酱油渣的产量每年约3×10^7t，它们是肉牛育肥很好的饲料资源。这些饲料的缺点是营养不平衡，单独饲喂时效果不好，牛易生病。如果合理使用添加剂，糟渣类副产品能够代替日粮的90%精饲料，日增重仍可达到1.5kg左右。用法和参考用量如下：

啤酒渣：每天每头牛喂15～20kg，加150g小苏打、100g尿素和50g肉牛添加剂。

酒糟：每天每头牛喂10～15kg，加150g小苏打、100g尿素和50g肉牛添加剂。

淀粉渣、豆腐渣、糖渣、酱油渣：每天每头牛喂10～15kg，加150g小苏打、100g尿素和50g肉牛添加剂。

4. 饲料添加剂的使用

在肉牛生产中主要使用以下几种饲料添加剂：

(1) 饲草料调味剂　按每100kg秸秆喷入2～3kg含有糖精1～2g（注意不要过量）、食盐100～200g的水溶液，在饲喂前喷洒，所产生的鲜草香味，可提高牛的采食量，从而提高日增重。

(2) 碳酸氢钠　牛瘤胃的酸性环境对微生物的活动有重要影响，尤其是当变换饲料类型而精料增加时，可使瘤胃的pH显著下降，影响瘤胃内微生物的活动，进而影响饲料的转化。在肉牛饲料中添加0.7%碳酸氢钠后，能使瘤胃的pH保持在6.2～6.8的范围内，符合瘤胃微生物增殖的需要，瘤胃具有最佳的消化机能，采食量提高9%，日增重提高10%以上。按碳酸氢钠66.7%、磷酸二氢钾33.3%组成缓冲剂，育肥第一期添加量占牛日粮干物质的1%，第二期添加0.8%日增重可提高15.4%，精料消耗减少13.8%，并使消化系统疾病的发病率大为减小。

(3) 益生素　这是一种有取代或平衡胃肠道内微生态系统中一种或多种菌系作用的微生物制剂，如乳酸杆菌剂、双歧杆菌剂、枯草杆菌剂等，可激发自身菌种的增殖，抑制别种菌系的生长；产生酶，合成B族维生素，提高机体免疫功能，促进食欲，减少胃肠道疾病的发病率，具有催肥作用。添加量一般为牛日粮的0.02%～0.2%。

(4) 非蛋白氮　用得最多、最普遍的非蛋白氮是尿素。应用尿素等非蛋白氮可替代牛饲料中的一部分蛋白质，提高低蛋白饲料中粗纤维的消化率，提高氮的保留量和增重。每1kg尿素的营养价值相当于5kg大豆饼或5kg亚麻籽饼的蛋白质营养价值。当前的饲喂尿素方法有：按每100kg体重将尿素20～30g均匀混在精料中饲喂；或将混有尿素的精料与粗饲料混合；或直接把尿素用水溶解后混拌或喷洒在青干草上，或尿素、玉米与糖浆混合成液状饲料；或添加尿素制作青贮，添加量一般为青贮物湿重的0.2%～0.5%。如用尿素3.4～4kg、硫酸铵1.5～2kg分别配制成水溶液，掺入1t青贮物中青贮，不仅增加了硫元素，还可减少尿素用量，降低成本，增重可提高10%～20%。

(5) 矿物质添加剂　根据当地矿物质含量情况，有针对性地选用矿物质添加剂。如果是舍饲，可以将矿物质添加剂均匀拌入精料中；如果是放牧，则可购买矿物舔砖补充。

(6) 维生素添加剂　肉牛育肥日粮中应补充维生素。一般瘤胃可合成水溶性维生素，而缺乏脂溶性维生素，尤其饲喂秸秆为主要日粮的肉牛更易缺乏脂溶性维生素。饲喂酒糟多的牛必须补充维生素，尤其是维生素A，可采用粉剂拌入饲料中饲喂。

四、其他高档牛肉

（一）小白牛肉生产

小白牛肉是指犊牛出生后只使用全乳、脱脂乳或代用乳饲喂，哺乳期3个月，体重100kg左右时屠宰，其肉质细致软嫩，味道鲜美，肉呈全白色稍带粉色，营养价值比较高，蛋白质含量比一般牛肉高63%，脂肪却低95%，人体所需的氨基酸和维生素含量丰富。

（二）小牛肉生产

小牛肉是指犊牛出生后6～8个月内，在特殊饲养条件下育肥至250～300kg时屠宰。小牛肉风味独特，价格昂贵。在我国现有条件下，进行小牛肉生产，宜选择荷斯坦奶公犊为主，利用其前期生长发育速度快、便于组织生产等特点，也可选用西门塔尔牛三代以上杂种公犊育肥。

知识点二　肉牛育肥技术

一、育肥牛选择

1. 杂交牛

最好选择杂交牛。如利木赞、夏洛来、西门塔尔与蒙古牛杂交一代6月龄公母犊平均体重比同龄蒙古牛增加40.6kg、66.35kg和43.71kg，分别提高35.11%、57.37%和38.0%。由此可见，杂交优势十分显著。

2. 奶公牛

主要对奶公犊进行育肥，这种育肥牛的优势：

(1) 生产潜力大　因荷斯坦牛初生重大，成年体重也更大，可达650～700kg，高于一般肉牛品种，因此日增重潜力很大。

(2) 经济效益高　荷斯坦牛从136kg直线育肥到450kg，饲料利用效率最高，肌肉大理石纹最理想，皮下脂肪最少，牛肉等级最高。

(3) 利用粗饲料的能力强　即使利用粗饲料育肥，也可以获得很高的效益。方法是先用粗饲料饲养到350g，然后增加精饲料喂到500kg。

已去势的公牛更好，瘦肉多，增重快。在育肥前，首先要加服虫力黑或者丙硫苯咪唑驱除体内寄生虫，剂量每千克体重15mg，或每100g体重口服虫克星胶囊4粒，或按每100g体重皮下注射虫克星2mL，可驱除体内外绝大多数寄生虫。然后用茶叶400g、伍草藓200g、双花200g煎汁内服，开胃健脾，增加采食量，为快速育肥打好基础。

3. 淘汰牛

除了用上述优良品种牛育肥之外，广大养殖者在目前牛源紧缺的情况下若遇到体况不佳的肉牛，即那些老、弱、病、残的淘汰牛，也不能轻易放弃。

二、肉牛育肥方法

1. 青年牛育肥

青年牛育肥又称育成牛持续育肥技术，利用牛早期生长发育快的特点，在犊牛5～6月龄断奶后直接进入育肥阶段，提供高水平营养，进行强度育肥，在13～24月龄出栏时体重达到360～550kg。育成牛持续育肥可分为舍饲强度育肥和放牧补饲强度育肥两种。

(1) 舍饲强度育肥技术

舍饲强度育肥指在育肥的全过程中采用舍饲，不进行放牧，保持始终一致的较高营养水平，一直到肉牛出栏。舍饲强度育肥饲养管理的主要措施：

① 合理饮水与给食　第一次饮水量应限制在10～20kg，切忌暴饮。如果每头牛同时供给人工盐100g，则效果更好。第二次给水时间应在第一次饮水3～4h后，此时可自由饮水，水中如能掺些麸皮则更好。当牛饮水充足后，便可饲喂优质干草。第一次应限量饲喂，按每头牛4～5kg供给；第2～3天逐渐增加喂量；5～6天后才能让其自由充分采食。青贮料从第2～3天饲喂。精料从第4天开始供给，也应逐渐增加，不要一开始就大量饲喂。开始时按牛体重的0.5%供给精料，5天后按1%～1.2%供给，10天后按1.6%供给，过渡到每日将育肥喂量全部添加。经过15～20

天适应期后，采用自由采食法饲喂。

② 隔离观察　从市场购回断奶犊牛，应对入场牛隔离观察饲养。注意牛的精神状态、采食及粪尿情况，如发现异常现象，要及时诊治。

③ 分群　隔离观察临结束时，按牛年龄、品种、体重分群，目的是使育肥达到更好效果。一般10～15头牛分为一栏。

④ 驱虫　可从牛入场的第5～6天进行驱虫。驱虫3天后，每头牛口服“健胃散”350～400g健胃。驱虫可每隔2～3个月进行一次。

⑤ 合理去势　舍饲强度育肥时可不对公牛去势。试验研究表明，公牛在2岁前不去势育肥比去势后育肥不仅生长速度快，而且胴体品质好，瘦肉率高，饲料报酬高。2岁以上公牛以去势后育肥较好。

⑥ 运动　肉牛既要有一定的活动量，又要让它的活动受到一定的限制。前者的目的是为了增强牛的体质，提高其消化吸收能力，并使其保持旺盛的食欲；而限制牛的过量活动，则主要是为了减少能量消耗，以利于育肥。因此，如果采用自由活动法，育肥牛可散养在围栏内，每头牛占地4～5m^2。

⑦ 刷拭　每日在喂牛后对牛刷拭2次，可促进牛体血液循环，增加牛的采食量。刷拭必须彻底，先从头到尾，再从尾到头，反复刷拭。

⑧ 保持牛舍卫生　在育肥牛入舍前，应对育肥牛舍地面、墙壁用2%火碱溶液喷洒消毒，器具消毒用新洁尔灭或0.1%高锰酸钾溶液。进舍后，每天应对牛舍清扫2次，上午和下午各1次，清除污物和粪便。每隔15天或1个月应对用具、地面消毒1次。

(2) 放牧补饲强度育肥技术　在有放牧条件的地区，犊牛断奶后，采取以放牧为主，并根据草场情况，适当补充精料或干草的强度育肥方式。要实现在18月龄体重达到400kg这一目标，要求犊牛哺乳阶段，平均日增重达到0.9～1kg，冬季日增重保持0.4～0.6kg，第二个夏季日增重在0.9kg。在枯草季节每天每头喂精料1～2kg。技术要点如下：

① 以草定畜　放牧时，实行轮牧，防止过牧。牛群可根据草原、草地大小而定，一般50头左右一群为好。120～150kg活重的牛，每头牛应占有1.3～2hm^2草场。300～400kg活重的牛，每头牛应占有2.7～4hm^2草场。

② 合理放牧　北方牧场在每年的5～10月份、南方草地4～11月份为放牧育肥期，牧草结实期是放牧育肥的最好季节。每天的放牧时间不能少于12h。最好设有饮水设备，并备有食盐砖块，任其舔食。当天气炎热时，应早出晚归，中午多休息。

③ 合理补饲　不宜在出牧前或收牧后立即补料，应在回舍后过几小时补饲，每天每头补喂精料1～2kg，否则会减少放牧时牛的采食量。

2. 架子牛育肥

一般将12月龄左右、骨骼得到相当程度发育的牛称为架子牛。

(1) 育肥架子牛的选择　应选择身体健康、被毛光亮、精神状态良好的牛用于育肥。牛的年龄应在1.5岁左右，1岁以下育肥需要的时间较长，而超过2.5岁生长速度缓慢。一般杂种牛在一定的年龄阶段其体重范围大致为：6月龄体重为120～180kg，12月龄体重为180～250kg，18月龄体重为220～310kg，24月龄体重为280～380kg。

要注意选择杂种牛，利用杂种优势。首先要选良种肉牛或肉乳兼用牛及其与本地牛的杂种，其次选荷斯坦公牛及其与本地牛的杂交后代。2岁前不去势的公牛，生长速度和饲料转化率均明显高于阉牛，且胴体瘦肉多，脂肪少。一般公牛日增重比阉牛高14.4%，饲料利用率高11.2%。

要选择双肌牛与普通牛的杂交后代。双肌牛生长快，胴体脂肪少而肌肉多。双肌牛胴体的脂肪比正常少3%～6%，肌肉多8%～11.8%，个别双肌牛的肌肉比正常牛多20%，骨少2.3%～5%。

(2) 减少应激反应　架子牛在运输过程中，以及刚进入育肥场新环境条件，会产生应激现象。牛应激反应越大，养牛的损失也越大。为减少牛应激的损失，可采用如下措施：

① 口服或注射维生素 A。运输前 2～3 天开始，每头牛每日口服或注射维生素 A 2.5×10^5～1.0×10^6 IU。

② 装运前合理饲喂。在装运前 3～4h 就应停止饲喂具有轻泄性的饲料（如青贮饲料、麸皮、新鲜青草），否则容易引起腹泻，排尿过多，污染车厢和牛体。装运前 2～3h，架子牛亦不宜过量饮水。

③ 装运过程中，切忌任何粗暴行为或鞭打牛只，否则可导致应激反应加重。

④ 合理装载。用汽车装载时，每头牛按体重大小应占有的面积是：300kg 以下为 0.7～0.8m^2，300～350kg 为 1.0～1.1m^2，400kg 为 1.2m^2，500kg 为 1.3～1.5m^2。

（3）新购进架子牛的饲养管理　新到架子牛应在干净、干燥的地方休息，应先提供清洁饮水。首次饮水量限制为 15～20L，并每头牛补人工盐 100g；第二次饮水应在第一次饮水后 3～4h，切忌暴饮，水中掺些麸皮效果更好；随后可采取自由饮水。对新到架子牛，最好的粗饲料是长干草，其次是玉米青贮和高粱青贮。不能饲喂优质苜蓿干草或苜蓿青贮，否则容易引起运输应激反应。用青贮料时最好添加缓冲剂（碳酸氢钠），以中和酸性。每天每头可喂 2kg 左右的精饲料，加喂 350mg 抗生素和 350mg 磺胺类药物，以消除运输应激反应。不要喂尿素。补充无机盐，用 2 份磷酸氢钙加 1 份盐让牛自行采食。补充 5000IU 维生素 A 和 100IU 维生素 E。架子牛入栏后立即进行驱虫。常用的驱虫药物有丙硫苯咪唑、敌百虫、左旋咪唑等。驱虫应在空腹时进行，以利于药物吸收。驱虫后，架子牛应隔离饲养 15 天，其粪便消毒后进行无害化处理。

（4）分阶段饲养　在应激时期结束后，架子牛应进入快速育肥阶段，并采用阶段饲养。如架子牛快速肥育需要 120 天左右，可以分为 3 个育肥阶段：过渡驱虫期（约 15 天）、第 16～60 天和第 61～120 天。

① 过渡驱虫期　此期约 15 天。对刚从草原买进的架子牛，一定要驱虫，包括驱除内外寄生虫。实施过渡阶段饲养，即首先让刚进场的牛自由采食粗饲料。粗饲料不要铡得太短，长约 5cm。上槽后仍以粗饲料为主，可铡成 1cm 左右。每天每头牛控制喂 0.5kg 精料，与粗饲料拌匀后饲喂。精料量逐渐增加到 2kg，尽快完成过渡期。

② 第 16～60 天　这时架子牛的干物质采食量要逐步达到 8kg，日粮粗蛋白质水平为 11%，精粗比为 6∶4，日增重 1.3kg 左右。精料参考配方为：70%玉米粉、20%棉仁饼、10%麸皮。每头牛每天补充 20g 食盐和 50g 添加剂。

③ 第 61～120 天　此期干物质采食量达到 10kg，日粮粗蛋白质水平为 10%，精粗比为7∶3，日增重 1.5kg 左右。精料参考配方为：85%玉米粉、10%棉仁饼、5%麸皮。每头牛每天补充 30g 食盐和 50g 添加剂。

饲喂方式有定时定量饲喂和自由采食两种。

（5）架子牛育肥的管理　育肥架子牛可采用短缰拴系，限制活动。每天刷拭两次，有利于皮肤健康，促进血液循环，以改善肉质。及早出栏，达到市场要求体重则出栏，一般活牛出栏体重为 450kg，高档牛肉则为 550～650kg。要定期了解牛群的增重情况，随时淘汰处理病牛等不增重或增重慢的牛。

3. 成年牛育肥

成年牛一般指 30 月龄以上牛，其大多来源于肉用母牛、淘汰的成年乳用母牛及老弱黄牛。这种牛骨架已长成，只是膘情差，进行 3～5 个月的短期育肥，以增加膘度，出栏重达 500kg 以上。经过育肥，使肌肉之间和肌纤维之间脂肪增加，肉的味道改善，并由于迅速增重，肌纤维、肌肉束迅速膨大，使已形成的结缔组织网状交联松开，肉质变嫩，经济价值提高。

育肥前对牛进行健康检查，病牛应治愈后育肥；过老、采食困难的牛不要育肥；公牛应在育肥前 10 天去势。成年牛育肥期以 2～3 个月为宜，不宜过长，因其体内沉积脂肪能力有限，满膘时就不会增重，应根据牛膘情灵活掌握育肥期长短。有草地的地方可先行放牧育肥 1～2 个月，再舍饲育肥 1 个月。

成年牛育肥应充分利用我国的秸秆和糟渣类资源。我国农区秸秆资源丰富，特别是玉米秸，其产量高，营养价值也较高，粗蛋白含量可达5.7%左右，比麦秸和稻草等秸秆的粗蛋白含量高；易消化的糖、半纤维素和纤维素含量也比麦秸和稻草高，玉米秸的干物质消化率可达50%。在冬季饲料比较缺乏的季节，玉米秸完全可以用作肉牛的饲料。

青贮玉米是育肥肉牛的优质饲料。青贮饲料的用量根据肉牛活重而定，每100kg活重喂6～8kg，其他粗饲料0.8～1.0kg。同时，需要补充精饲料0.6～1.0kg（根据年龄及膘情确定）。随着精料喂量逐渐增加，青贮玉米秸的采食量逐渐下降，日增重提高，而成本也会增加。玉米青贮按干物质的2%添加尿素饲喂能取得较好的效果。这时给牛喂缓冲剂碳酸氢钠能防止酸中毒，提高肉牛的生长速度。碳酸氢钠用量占日粮总量的0.6%～1.0%，每天每头牛50～150g。用1/5氨化秸秆和青贮饲料搭配喂肉牛，也可中和瘤胃酸性，提高进食量。精料的一般比例为玉米65%、麸皮12%～15%、油饼15%～20%、矿物质类4%。

【任务实施】

知识点学习

1. 高档牛肉生产技术
2. 肉牛育肥技术

技能训练十八　架子牛的运输

一、必备资源

肉牛场、肉牛交易市场、草料、维生素等。

二、活动步骤

（一）准备工作

架子牛在运输之前，应当备齐以下各种证件：

（1）出境证明，包括准运证和税收证据。

（2）兽医卫生健康证件，包括非疫区证明、防疫证和检疫证明。铁路运输时必须要有检疫证明，可由各级铁路兽医检疫站进行检疫出证。

（3）车辆消毒证件。

（4）用于证明畜主产权的证件。

以上各种证件，赶运时由赶运人员持证；汽车运输时由押运人员持证；火车运输时交车站货运处，以保证运输畅通，减少途中不必要的麻烦。

（二）运输管理

架子牛在运输过程中，由于生活环境及规律的变化，导致生理活动的改变，造成运输应激反应。肉牛所受到的应激越大，损失也越大，掉重也越多。运输中的体重损失包括牛的排泄物和体组织两部分。据研究，减重中排泄物和体组织的损失约各占一半。运输后体重的恢复所需平均时间，犊牛为13天，1岁牛为16天。运输过程中如过度拥挤、气温过高或过低、遇风雨等都会引起减重增加。

减少运输应激反应，以减少掉重。合理装载，不超量或装运不足。运输过程中忌对牛粗暴鞭打。装运前3～4h停喂具有轻泻性的青贮饲料、麸皮、鲜草等，装运前2～3h不能超量饮水。运输前2～3天，每天每头口服或注射维生素A 25万～100万国际单位。长途运输时，每千克日粮中添加溴化钠3.5g，或在运输前4～5天，每千克日粮添加5～10mg利血平。运输前2h及运输后进食前2h饮口服补液盐溶液，每头2000～3000mL。配方为：氯化钠3.5g，氯化钾1.5g，碳酸氢钠2.5g，葡萄糖20g，加凉开水至1000mL。

技能训练十九　牛的膘情评定

一、必备资源

肉牛育肥场。

二、活动步骤

1. 目测

主要观察牛体大小、体躯的宽窄与深浅度、腹部状态、肋骨的长度与弯曲度，以及垂肉、肩、背、尻、腰角等部位的肥满度。

2. 触摸

以手探测牛体各主要部位的肉层厚薄和脂肪沉积的状况。触摸的部位和顺序是：先背线，从鬐甲经背、腰、尻至尾根；后侧面，从肩胛骨、肩端、肋骨、腰部两侧到臀端。

3. 肥度测定

通过目测和触摸，对牛体的规定部位进行感觉和评定。牛的膘情等级评定标准见表1-3-1。

表1-3-1 牛的膘情等级评定标准

膘情等级	评定标准
特等	全身肌肉丰满，外形匀称。胸深厚，背脂厚度适宜，肋圆，与肩合成一体，背、腰、臀部肌肉充盈，大腿肌肉附着优良并向外突出和向下延伸
一等	全身肌肉较发达，肋骨开张；肩肋结合较好，略呈凹陷，臀部肌肉较宽平而圆度不够；腿肉充实，但外突不明显
二等	全身肌肉发育一般，肥度不够，胸欠深，肋骨不很明显，臀部肌肉较多，尻部短，后腿之间宽度不够
三等	肌肉发育较差，脊骨、肋骨明显，背窄，胸部肌肉较少，大腿消瘦
四等	各部关节外露明显，骨骼长而细，体躯浅，臀部凹陷

测定项目和评定方法如下：

（1）检查下肋　以拇指插入下肋内壁，余四指并拢，抚于肋外壁，虎口紧贴下肋边缘，掐捏其厚度与弹性，确定其育肥水平，特别是脂肪沉积水平。

（2）检查颈部　评定者站于牛体左侧颈部附近，以左手牵住牛缰绳，令牛头向左转，随后右手抓摸颈部。育肥牛肉层充实、肥满；瘦牛肌肉不发达，抓起有两层皮之感。

（3）检查垂肉及肩、背、臀部　用手掌触摸各部位，并微微移动手掌。然后对各部位进行按压，按压时由轻到重，反复数次，以检查其育肥水平。肥者肉层厚，有充实感；瘦者骨棱明显。

（4）检查腰部　用拇指和食指掐捏腰椎横突，并以手心触摸腰角。如肌肉丰满，检查时不易触觉到骨骼；否则，可以明显地触摸到皮下的骨棱。只有在高度育肥状态下，腰角处才覆有较多脂肪。

（5）检查肋部　用拇指和食指掐捏肋骨，检查肋间肌肉的发育程度。育肥良好的牛，不易掐住肋骨。

（6）检查耳根、尾根　用手握耳根，高度育肥的牛有充实感；尾根两侧的凹陷很小，甚至接近水平，用手触摸坐骨结节，有丰满之感。

（7）检查阴囊　高度育肥的阉牛，用手捏摸阴囊，充实而有弹性，内部充满脂肪。如阴囊松弛，证明育肥尚未达到理想水平。

【巩固训练】

一、选择题

1. 肉牛持续育肥通常需（　　）个月。

A. 2～3　　B. 6～7　　C. 3～5　　D. 8～10

2. 小牛肉是指犊牛饲养至（　　）月龄屠宰而生产的。

A. 3～4　　B. 6～8　　C. 12　　D. 18

3. 成年牛育肥日粮应以（　　）饲料为主。

A. 蛋白质　　B. 能量　　C. 多汁　　D. 矿物质

4. 一般肉牛青贮玉米的日喂量约为（　　）kg。

A. 1～5　B. 5～15　C. 20～25　D. 25～30

5. 生产高档牛肉的优质肉牛屠宰体重要求达到（　　）kg。

A. 300～400　B. 400～500　C. 500～600　D. 600～700

6. 幼龄牛育肥日粮中，（　　）含量应高些。

A. 蛋白质　B. 粗纤维　C. 能量　D. 矿物质

7. 肉牛肥育的第二阶段，日粮的精粗比例（　　）为宜。

A. 40∶60　B. 60∶40　C. 70∶30　D. 50∶50

8. 我国目前条件下不宜大量进行小牛肉生产的原因是（　　）。

A. 我国没人爱吃小牛肉　B. 小牛肉营养价值没有大牛肉高

C. 小牛性情活泼，不易管理　D. 小牛肉生产成本高，价格昂贵，市场较小

9. 选择架子牛时，对性别选择的顺序是（　　）。

A. 无所谓　B. 母牛、公牛、阉牛

C. 公牛、阉牛、母牛　D. 阉牛、公牛、母牛

10. 肉用牛短期快速育肥的育肥期一般在（　　）。

A. 2～4 个月　B. 3～5 个月　C. 3～6 个月　D. 4～6 个月

11. 公牛应在育肥前（　　）去势，母牛可配种使其怀孕，避免发情影响增重。

A. 10 天　B. 20 天　C. 15 天　D. 8 天

12. 吊架子期的牛对粗饲料利用率较高，主要是保证（　　）正常发育，以降低饲养成本为主要目标。

A. 骨骼　B. 肌肉　C. 毛发　D. 皮肤

13. 架子牛运输前的准备。装运前要给牛喂一些容易消化的青草、青贮饲料、麸皮和少量的玉米，在装运前（　　）停喂。

A. 1～2h　B. 2～4h　C. 4～5h　D. 3～4h

14. 生产高档优质牛肉的育肥时间，选择在（　　）开始最适宜。

A. 3 月下旬至 4 月初　B. 4 月下旬至 5 月初

C. 5 月下旬至 6 月初　D. 2 月下旬至 3 月初

二、简答题

1. 肉牛一般饲养管理技术要点有哪些？
2. 我国育肥牛的饲养方式和肉牛育肥方法有哪些？
3. 简述优质肉牛生产技术要点。
4. 简述高档牛肉生产及加工工艺。

【知识拓展】

育肥技术操作

【任务考核】

项目四　牛的繁殖技术

任务一　人工授精

【任务目标】

了解牛的初配年龄及配种方法；掌握牛发情鉴定方法；能对发情母牛进行人工授精操作。提高学生动手实践能力，培养认真的工作态度，为以后担任牛场的繁殖工作打下基础。

【必备知识】

一、牛的繁殖规律

母牛达到性成熟后，在发情期内每隔一定时间，卵巢内就有成熟的卵子排出，此时，母牛生理状态、行为和生殖器官等方面发生很大的变化，这标志着母牛已开始发情。

（一）初情期、性成熟与体成熟

1. 初情期

初情期是指母牛初次发情和排卵的时期，是性成熟的初级阶段。由于初情期母牛的生殖器官尚未发育成熟，虽然有发情征兆，但发情表现不明显，发情周期不正常。有的母牛第一次发情往往有安静发情现象，这实际上是性成熟的开始。在初情期之后，经过一定时期，母牛才达到性成熟。初情期一般为6～12月龄。

2. 性成熟

牛生长发育到一定的年龄，生殖器官已基本发育完全，具备了繁殖后代的能力，此时称为性成熟。性成熟的时期主要受品种、个体、气候和饲养管理条件等影响。早熟的品种比晚熟的品种性成熟早，温暖地区较寒冷地区性成熟早，饲养管理条件好的比饲养管理条件差的性成熟也较早。一般母牛的性成熟年龄为8～14月龄。虽然达到性成熟，但此时身体的生长发育尚未完成，故一般不宜配种，以免影响母牛本身和胎儿的生长发育。

3. 体成熟

一般母牛的体成熟年龄为18～24月龄，其体重达到成年体重的65%～70%，可见体成熟较性成熟晚，只有达到体成熟后才能开始配种。如果在性成熟时进行配种，对母牛的发育和后代都有不良的影响。

（二）初配年龄

在实际生产中，牛的初配年龄应根据个体生长发育情况而定，当机体各器官、组织发育基本完成后，一般牛体重达到成年体重的65%～70%进行配种。早熟品种，公牛15～18月龄，母牛16～18月龄；晚熟品种，公牛18～20月龄，母牛18～24月龄。大型品种，青年母牛体重一般达到300kg，可以进行配种。

（三）牛的发情与发情周期

1. 发情

发情是指发育到一定年龄时所表现的一种周期性的性行为表现。处于发情阶段的母牛会表现出一系列发情特征。

（1）卵巢的变化　母牛卵泡发育加快，卵泡内膜增厚，随着母牛开始发情，卵泡增大，卵泡液不断增多使卵泡体积不断增大，卵泡壁变薄并突出于卵巢表面，最后成熟排卵。

（2）生殖道变化　在发情的过程中，由于雌激素的作用，母牛外阴红肿、子宫颈开张、腺体分泌增加；从子宫颈流出的黏液量由多到少并变稀，适合精子的通过和运行，有利于受胎。

(3) 行为的变化　在发情时，由于雌激素增多，刺激神经系统中枢，表现为兴奋不安、对外界变化十分敏感、常哞叫、后肢开张、频频排尿、食欲减退、喜欢接近公牛、爬跨其他牛或接受其他牛爬跨等一系列行为变化。

2. 发情周期

发情周期的计算是从一次发情开始到下次发情开始，或者从一次发情结束到下次发情结束所间隔的时间。

在牛发情周期中，根据其发情的生理变化特点，可将发情周期分为发情前期、发情期、发情后期和休情期四个阶段。

(1) 发情前期　在这个时期，卵巢上的功能黄体已经退化，卵巢上新的卵泡开始生长发育，卵巢略有增大，生殖器官充血，子宫颈口稍开张，腺体活动逐渐增加，母牛尚无性欲表现，无明显的外部发情特征。

(2) 发情期　在这期间，母牛有明显的外部表现，愿意接受公牛的爬跨，卵巢上卵泡的发育迅速，雌激素分泌显著增加，子宫颈充血，子宫颈口开张，腺体分泌增多，有透明而稀薄的黏液排出。当卵巢质地变软，卵泡壁变薄，波动明显，多数在发情期末排卵。

(3) 发情后期　到了这个时期，母牛的发情表现消失，也变得安静，外阴部肿胀、充血逐渐消退，子宫颈收缩，阴道黏液变稠，腺体分泌减少，子宫内膜逐渐增厚，阴道黏膜增生。卵泡在破裂后开始形成黄体。

(4) 休情期　在休情期，母牛的性欲已经完全停止，精神状态恢复正常，卵巢内黄体形成，母牛生殖器官处于相对稳定状态。

母牛的发情周期平均为21天，其变化范围为18～24天，一般青年母牛比经产母牛要短。荷斯坦奶牛21天，青年母牛17～19天，老年体弱母牛22～25天；肉牛21天（18～25天），青年母牛20天；受品种、营养水平、饲养管理水平影响。奶牛一般在产后30～172天发情，肉牛46～104天，黄牛58～83天，受品种、个体、温度、生产水平、营养状况影响。

牛的发情持续期：奶牛一般10～36h，青年牛8～18h，黄牛24～48h，受品种、年龄、季节、营养水平的影响。

二、牛发情鉴定

1. 外部观察法（表1-4-1）

表1-4-1　牛发情期各阶段观察项目及鉴定方法

观察内容	发情期各阶段		
	发情初期	发情盛期	发情末期
爬跨行为	母牛发情时常有公牛或其他母牛跟随爬跨，并且爬跨其他母牛，初期时并不接受爬跨	发情的母牛表现接受爬跨，被爬跨时站立不动，两后肢叉开举尾	母牛拒绝公牛接近和爬跨，但有时也爬跨其他牛 在末期时可观察到母牛尾根和尾骨被摩擦过，在身体背部两侧有被爬跨的印迹，被毛蓬乱，证明已经接受过爬跨
外阴部变化	外阴部充血，微肿。阴道间断地排出黏液，透明，量少而稀薄	阴户肿胀。阴道黏液多而浓稠，呈牵丝状	阴户肿胀减退，阴道黏液混浊，呈乳白色，量少黏稠，有干燥黏液附于尾部
行为变化	食欲不佳，精神不安，左顾右盼，常站立不卧，有几声哞叫	食欲差，精神不安，走动频繁，不停哞叫，交配欲强烈	母牛逐渐转入安静状态

2. 阴道检查法

阴道检查法是将阴道开膣器插入母牛阴道，借助光源，观察母牛阴道黏液的色泽、黏液性状及子宫颈口开张情况，判断母牛发情程度的方法。

（1）检查方法　先将母牛牵入保定架内，并用1%来苏儿或0.2%新洁尔灭消毒母牛的外阴部；在发情鉴定前，将开膣器洗净消毒，最后涂上润滑剂；检查时鉴定人员用左手拇指和食指拨开母牛的两阴唇，将开膣器轻轻插入阴道，直至顶端，并横转张开开膣器。操作时要小心谨慎，防止造成阴道黏膜损伤。同时注意阻力，在发情盛期插入开膣器时阻力较小，容易插入。母牛不发情，阻力较大，如果母牛已妊娠，有黏稠阻力感，开膣器插入困难，阻力明显。此外，检查时间要短，否则对阴道黏膜刺激大，导致充血，影响检查效果。

（2）发情母牛阴道的主要变化　见表1-4-2。

表1-4-2　发情母牛阴道的主要变化

观察内容	发情期各阶段		
	发情初期	发情盛期	发情末期
黏液色泽	阴道黏膜呈淡粉红色，无光泽	生殖道充血、肿胀，黏膜颜色较深，呈潮红色，有光泽和滑润感	阴道黏液色泽变淡
黏液性状	黏液量少，稀薄呈水样	黏液浓稠，呈无色透明状	黏液量少较黏稠，呈混浊状态
子宫颈口开张情况	子宫颈口稍有开张	子宫颈口充血、肿胀、松弛、开张。适合输精	子宫颈口收缩闭合

3. 直肠检查法

在对牛进行直肠检查时，检查者将手伸进直肠，然后寻找卵巢，触摸卵泡的变化情况。先将手伸入骨盆腔上方位置，将手掌伸平，掌心向下，手指轻轻左右抚摸，在骨盆腔底正中可以触摸到子宫颈，然后顺着子宫颈向前移动，可以触摸到较软的子宫体和角间沟，在稍向前子宫角间沟的两旁各有一条向前向下弯曲的管状物，即左右两侧子宫角。沿着子宫角大弯至子宫角尖端外侧即可摸到卵巢。可以触摸卵巢的大小、形状、弹性和卵泡的发育情况。摸完一侧卵巢后，再将手移到另一侧卵巢，以同样方法触摸。在操作中发现母牛努责或过于扩张，应停止检查，注意动作要轻，防止捏碎卵泡。

根据卵泡发育情况，可将母牛卵泡发育分为四个时期。

第一期（卵泡出现期）：卵巢体积稍增大，卵泡直径为0.5～0.75cm，触之能感觉到卵巢上有一个软化点。这一期持续约10h。母牛开始出现发情的特征。

第二期（卵泡发育期）：卵泡直径1～1.5cm，呈小球状波动明显。这一期持续10～12h。

第三期（卵泡成熟期）：卵泡体积不再增大，但卵泡壁变薄，紧张性增强，有一触即破的感觉。这一期持续6～8h。此期母牛的发情特征明显。

第四期（排卵期）：母牛性兴奋消失后10～15h卵泡开始破裂，泡液流失，泡壁变松软，呈一凹陷。排卵后6～8h黄体形成，触感柔软，凹陷不明显。直径0.5～0.8cm。这时母牛即进入休情期。

【任务实施】

知识点学习

1. 牛的繁殖规律

2. 牛发情鉴定

技能点训练

1. 通过多媒体课件讲授、观看视频了解牛发情鉴定与人工授精的方法，学生分组讨论交流。

2. 到实训基地，教师组织并指导学生进行人工授精操作，在实习教师指导下，对牛进行直肠把握法输精。

3. 学生归纳发情鉴定方法，在人工授精操作中应注意的问题。

4. 小组间互评，教师点评。

技能训练二十　人工输精

一、必备资源

输精器及外套管；保定架；一次性长臂塑料手套；恒温水浴锅（可用烧杯或保温杯结合温度计代替）；镊子；细管剪；0.3%高锰酸钾；消毒纸巾；记录簿等。

二、活动步骤

1. 配种时机的掌握

母牛发情开始约18h后接近发情结束或结束时配种为最佳时机。

2. 牛的保定

将待配母牛保定在六柱保定架内或在奶牛的畜床上进行输精。

3. 精液的准备

用镊子从液氮罐中取出细管冷冻精液，提取细管冻精时，注意细管冻精在液氮罐颈部停留不应超过10s，提筒停留的部位应在距罐口8cm以下处。从液氮罐取出细管冻精到投入水浴锅或保温杯的时间尽量控制在3s以内。直接将细管投入到30℃水浴锅或盛有37℃温水的保温杯中，轻轻摇晃使细管中的冷冻精液完全融化。也可将细管冷冻精液投入40℃水浴环境中解冻3s左右，待有一半精液融化以后取出使其在室温下完全融化。将细管冻精解冻后，用专用剪刀剪去细管输精器棉塞封口端约0.5cm（用聚乙烯醇粉或热封端，另一端为中间夹有聚乙烯醇粉的棉塞），把细管专用输精枪捅针向后拉10～15cm，将剪口端向前装入输精枪的前端。将输精枪外套管的后端从塑料膜中推出塑料膜外，然后将外套管与输精枪套在一起旋紧。

4. 引导排粪及外阴部消毒

将母牛的尾巴拉到一侧，操作员站在牛的后方。用0.3%高锰酸钾冲洗母牛的外阴、肛门，并用消毒纸巾吸干水分，将外阴部及唇裂擦拭干净。

5. 输精枪的插入

左手压开阴门裂，右手将输精枪连同外套塑料膜呈向上45°角插入阴门内，进入约15cm后，左手拉住外套塑料膜向后拉，右手固定住输精枪，使输精枪从塑料膜中穿出，并使输精枪的外套管推出塑料膜7～10cm。

6. 直肠内的操作

左手上涂以润滑剂，先以手抚摸肛门周围，再将手呈锥形伸入母牛的直肠中，使牛排出宿粪。然后将手向前伸，并将直肠向后扒，在骨盆腔内寻找子宫颈（手掌展平，向骨盆腔底部下压，可找到一个棒状物，质硬而且有弹性），找到后，手握子宫颈的外口处，并使子宫颈呈水平，向前推送（图1-4-1）。

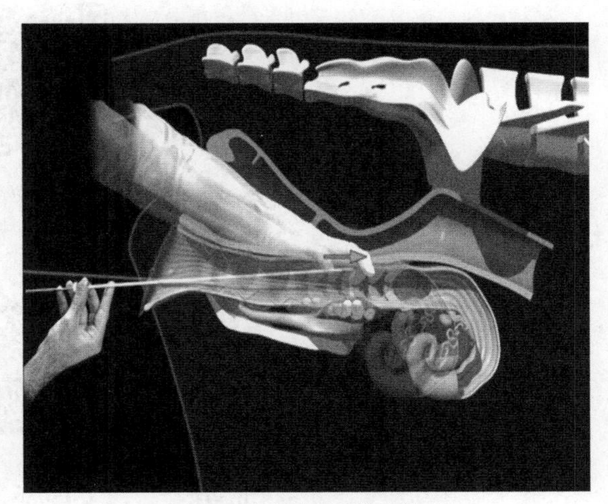

图1-4-1　直肠把握法输精

7. 输精枪进入子宫颈管内及输精

右手将输精枪向前推送，使输精枪前端到达子宫颈阴道部。双手配合，使输精枪插入子宫颈口，当输精枪进入子宫颈内时，能感觉到其通过子宫颈皱褶时发出“咔嘣、咔嘣”的声音。输精枪应随着子宫颈管内的皱褶变化上下调整方向，直到向前推送没有被皱褶阻挡的感觉时，说明输精枪已经到达子宫体，这时应避免继续向前推送。将输精枪捅针缓缓向前推，将精液送入子宫体内。

注意事项：输精枪向前推送时，避免用蛮力，应不断调整方向，使输精枪轻松通过子宫颈管。

如果在输精枪未插入子宫颈管口时，母牛努责，应将子宫颈向前推送，使阴道壁伸直。如果不能确认输精枪是否到达子宫体，为了避免输精枪戳伤子宫黏膜，可在输精枪在子宫颈管内通过4～5个皱褶时，就将精液输入。将精液输入时应缓慢，以防倒流。

8. 输精次数

一般情况下，发情母牛只需输精一次即可，但如果输精后8h内母牛仍有明显的发情特征，应在第一次输精后8～10h进行第二次输精。

【巩固训练】

一、填空题

1. 新采出的牛精液偏（　　）性。
2. 母牛最常用的输精方法是（　　　　）。
3. 我国南方的牛初情期较北方的牛（　　　）。
4. 一般来说，营养水平高的母牛初情期比营养水平低的（　　　）；

二、名词解释

初情期；性成熟；体成熟；人工授精；发情周期

三、选择题

1. 母牛的排卵发生在（　　）。

A. 发情前期　B. 发情中期　C. 发情后期　D. 发情终止后

2. 母牛的排卵时间发生在（　　）。

A. 发情期　B. 发情终止期　C. 发情后期　D. 发情后2天

3. 母牛的产后发情一般在（　　）出现。

A. 产后6周左右　B. 产后18周　C. 产后3周　D. 产后2周

四、简答题

1. 实际生产中牛的发情鉴定方法有哪些？
2. 牛人工授精过程中，应注意哪些问题？
3. 牛直肠把握法输精时，正确方法是什么？

【知识拓展】

奶牛场繁殖新技术

【任务考核】

任务二　妊娠与分娩助产

【任务目标】

能对配种后母牛及早地作出诊断；能正确进行牛妊娠诊断，做好母牛接产和产后护理工作；掌握母牛妊娠、分娩征兆；熟悉牛妊娠检查及接产方法。

【必备知识】

一、牛的妊娠诊断技术

妊娠诊断是确定母牛配种后是否已经妊娠的一项技术。搞好妊娠诊断，可以防止母牛空怀，提高繁殖率，尤其是早期妊娠诊断更为重要。经妊娠诊断，对确定已经妊娠的母牛，应加强饲养管理，保证胎儿的发育，维持母牛的健康；对未妊娠的母牛，及时检查，找出未孕原因，采取相应的技术措施。下面介绍生产中常用的几种妊娠诊断的方法：

（一）外部观察法

牛妊娠后，发情周期停止，食欲增强，营养状况改善，毛色光亮，性情变得较为温顺，在妊娠后5个月左右，牛腹围增大，乳房增大。这种方法虽然简单，容易掌握，但不易早期确切诊断，还应结合其他方法来确定。

（二）阴道检查法

用开膣器进行妊娠诊断。向阴道内插入开膣器时感到有阻力；打开开膣器后，可看到黏膜苍白、干燥，宫颈口关闭，向一侧倾斜。妊娠达1.5～5个月时，子宫塞的颜色变黄、浓稠；6个月后，黏液变得稀薄、透明，有些排出体外，在阴门下方结成痂块。子宫颈位置前移，阴道变得深长。

（三）直肠检查法

母牛配种后19～22天子宫变化不明显，如果卵巢上有发育良好的黄体，可怀疑已受孕。

妊娠30天后两侧子宫大小开始不一，孕角略为变粗质地松软，有波动感，孕角的子宫壁变薄；空角较坚实，有弹性。用手握住孕角，轻轻滑动时可感到有胎囊，用拇指与食指捏起子宫角，然后放松，可感到子宫腔内有胎囊滑过。胎囊在40天时才有球形感，直径达3.5～4cm。但经产牛也常易错判。

妊娠60天后，孕角大小为空角的2倍左右，波动感明显，角间沟变得宽平，子宫向腹腔下垂，但依然能摸到整个子宫。

妊娠90天，孕角的直径长到10～12cm，波动极明显；空角也增大1倍，角间沟消失，子宫开始沉向腹腔，初产牛下沉要晚些。子宫颈前移，有时能摸到胎儿。孕侧的子宫动脉出现微弱的妊娠脉搏。

妊娠120天，子宫全部沉入腹腔，子宫颈越过耻骨前缘，一般只能摸到两侧的子宫角。子叶明显，可摸到胎儿，孕侧子宫动脉的妊娠脉搏已向下延伸，可明显感到脉动。

妊娠150天，子宫膨大，沉入前腹腔区，子叶增长到胡桃核到鸡蛋大小，子宫动脉增粗，达手指粗细。空角子宫也增粗，出现妊娠脉搏。子宫动脉沿荐骨前行，在荐骨与腰椎交界的岬部前方，可摸到主动脉的最后一个分支，称髂内动脉。在左右两根髂内动脉的根部，顺子宫阔韧带下行，可摸到子宫动脉。

图1-4-2显示了直肠检查妊娠母牛的方法。

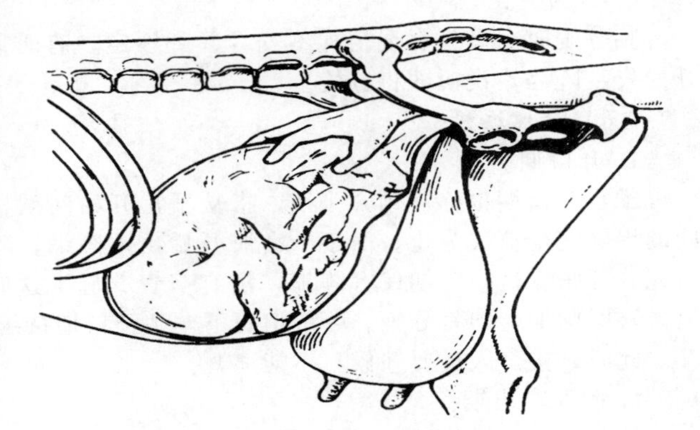
图1-4-2　直肠检查妊娠母牛

（四）乳汁孕酮测定法

配种后第35～83天，乳汁孕酮含量达到35ng/mL以上可确定为妊娠。

（五）超声波检测法

对妊娠25天以上的牛可用B超检查。利用探头通过直肠轻轻地在子宫角滑动，在荧光屏上便可观察到周围黑色中间有一个长1～2cm灰白色图像，即为胎儿。胎儿60日龄时为6～7cm长，90日龄时为14～17cm长。

使用B超探头检查时要特别注意，防止动作过重，检查过度，以免引起流产。

（六）巩膜血管诊断法

母牛配种后20天，将牛保定，可以观察到瞳孔正上方巩膜表面有1～2条呈直线状态（少数为弯曲）的纵向血管，颜色深红、轮廓清晰，比正常血管要粗，直径约为1mm，同时母牛也无发情表现，判断为妊娠。如果没有妊娠，巩膜表面无明显血管暴露，血管细，颜色淡。

二、牛分娩与助产技术

（一）预产期的推算

牛预产期按“月减3，日加6”（按280天计算）来推算。即：母牛配种月份减3，配种日加6，即是预产日期。若配种月份在1月、2月、3月不够减时，则需借1年（即加上12个月）再减。如果配种日加6超过1个月时，则需减去本月实际天数，日数按剩余日数计算，同时在月份上加1。

【例】某牛2016年4月28日配种受胎，预产期为：

月份：4－3＝1（月）

天数：28＋6＝34（日），减去1月的31天，即34－31＝3（日）

月份进一个月，即1＋1＝2（月）

即该牛的预产期是2017年2月3日。

（二）分娩预兆

母牛在分娩前，在生理和行为上均发生显著的变化，根据机体的一系列变化，准确判断分娩时间，以便做好接产工作。

1. 乳房变化

对于待产母牛，分娩前半个月，母牛乳房明显膨大，有的还并发水肿；在产前10天，乳头表面有蜡状光泽；在产前1～3天，乳房明显增大，乳头直立，可挤出乳来，若奶由乳白色、稀薄变得黄色而浓稠时，就快分娩了，当出现漏乳现象后，数小时至一天左右即分娩。

2. 外阴部变化

产前数天到1周左右，外阴部明显肿胀且不紧闭，母牛阴唇逐渐变松软、肿胀并体积增大，阴唇皮肤皱褶展平，并充血稍变红，封闭子宫颈口的胶状黏液溶化，在分娩前1～2天，从阴道流出黏液由浓稠变稀薄。

3. 骨盆韧带的变化

临产前骨盆韧带松弛，臀部有塌陷现象，肷窝明显下陷，骨盆腔在分娩时稍增大，这是临产的主要特征。另外，荐髂韧带也同样变得很软。

4. 行为变化

临分娩时，母牛表现精神不安，起卧不定，有时用蹄刨地，频频排尿，不断回顾腹部，母牛开始发生阵缩，说明即将分娩。

（三）分娩过程

1. 开口期

子宫开口期也称宫颈开张期，指从子宫开始间歇性收缩起，到子宫颈口完全开口、与阴道之间的界限完全消失为止。由于子宫肌开始出现阵缩，阵缩时将胎儿和胎水推入子宫颈，使子宫颈口充分开张，这一时期仅有阵缩，没有努责。母牛这时表现起卧不安，脉搏、呼吸加快，食欲减退，转圈刨地，即将分娩。一般情况下，牛开口期持续时间为0.5～24h、羊开口期持续时间为3～7h。此时，接产人员要守候，不能离开。

2. 胎儿产出期

胎儿产出期指从子宫颈完全开张到胎儿全部产出为止。在这个时期，阵缩和努责同时进行，共同作用，努责是排出胎儿的主要动力，母牛表现极度不安、腹痛、腹内压显著升高、回顾腹部、弓背努责，此时应准备接产。牛持续3～4h。产双胎间隔20～120min。

3. 胎衣排出期

胎衣排出期指从胎儿排出后起，到胎衣完全排出为止。胎儿产出后，母牛安静下来，间隔片刻，子宫肌又重新开始收缩，同时也伴有努责，直到胎衣完全排出为止。持续时间为2～8h，超过

12h为胎衣不下。

（四）助产技术

1. 产前的准备工作

接产工作是牛繁殖中的一项重要工作，直接关系到母仔生命的安危及产后疾病的预防，助产不当或没有及时助产，会给生产和经济上带来损失，因此，在产前做好准备工作非常重要。

（1）产房及用具的准备　在产前3～5天，必须对产房、运动场、饲草架、饲槽、分娩栏等进行修理和清扫，并进行彻底的消毒。消毒后的产房应做到地面干燥、光线充足、空气新鲜、挡风御寒。还应在产房内准备好清洁的盆、桶等用具及毛巾、刷子、绷带、产科绳、剪刀、体温计、听诊器、注射器等器械，有条件的最好准备一套产科器械。

（2）饲草、饲料的准备　应为产仔的母牛准备充足的青干草、质地优良的农作物秸秆、多汁饲料和适当的精料等，以保证其营养平衡和充足。

（3）助产人员的准备　要求助产人员坚守岗位，认真负责地完成自己的工作任务，杜绝一切责任事故发生。所有参加助产的工作人员均应具备接产的基本知识和兽医技术，以便发现问题及时处理。

（4）药品的准备　产房内应具备消毒药（如0.1%新洁尔灭、70%酒精、碘酒等）、强心剂、催产素、止血敏等药物，从而保证接产的顺利进行。

2. 判断胎向、胎位及胎势

分娩时胎儿的姿势、方向和位置正常与否，是决定能否顺利产出的关键。因此，接产人员正确判断胎儿的胎向、胎位及胎势至关重要。

（1）胎向　表示胎儿的方向，也就是胎儿脊柱与母体脊柱的关系。胎向一般分为纵向、横向和竖向三种。其中纵向为胎儿脊柱与母体脊柱相平行，为分娩的正常方向；而横向和竖向分别为胎儿脊柱与母体脊柱呈水平垂直和上下垂直，属于分娩的不正常胎向。

（2）胎位　表示胎儿在母体内的位置，也就是胎儿背部和母体背部的相互关系。胎位一般可分为上位、下位和侧位三种。其中上位为胎儿的背部向着母体的荐骨，为正常的胎位；下位为胎儿的背部向着母体的下腹壁，这是分娩的不正常胎位；侧位为胎儿的背部向着母体的一侧的腹壁，这种胎位若斜度不大，算作正常胎位，若斜度过大，为不正常胎位。

（3）胎势　表示胎儿的姿势，一般可分为伸展和弯曲两种姿势。

为了防止发生难产，特别是母牛属于大家畜，更应把预防难产放在首位。当胎儿先露部分进入产道时，就应先进行胎儿的方向、位置及姿势的确定，以便对胎儿的反常及早做出诊断。及早发现和矫正不但容易克服难产，甚至还能救活胎儿。

3. 自然产出

接产应在严格消毒的原则下，按照正确的步骤和方法进行，以保证胎儿顺利产出和母牛的安全。

（1）接产时，当胎膜露于阴门时，助产者将消毒并涂有润滑剂的手臂伸入产道，隔着胎膜触摸胎儿，来判断胎向、胎位和胎势是否正常。如果胎儿正常，正生时三件（唇及二蹄）俱全，就不要助产，可以让母牛自然产出。除此之外，还要检查母牛的硬、软产道的情况，包括骨盆有无变形，阴门、阴道及子宫颈的松软扩张程度，以判断有无因产道反常而发生难产的可能。

（2）当胎儿唇部或头部露出阴门外时，如果上面有羊膜，可将其撕破，并把胎儿的鼻孔内的黏液擦净，以利于其呼吸。当羊水流出时，最好用容器接住，产后喂给母牛3～4kg，可以预防胎衣不下的发生。与此同时，母牛努责及阵缩加剧，胎儿的两前肢伸出，随后是头、躯干和后肢产出。这属于正常的，是顺产，助产人员只要稍加帮助即可。

4. 难产处理

（1）难产发生的因素　分娩过程是否正常，取决于产力、产道和胎儿三个因素。这三个因素是相互影响的。如果其中任意一个因素发生异常，不能适应胎儿的排出，就会导致分娩受阻，造成难产。可以说，难产是牛临床上常见的疾病。如果在母牛发生难产时，接产人员处理及时，助产得当，最终可以使难产变顺产。

（2）难产的种类　由于发生的原因不同，常见的难产可分为产力性难产、产道性难产及胎儿性难产三种。前两种是由母体异常引起，后一种是胎儿异常造成的。

产力性难产包括阵缩及努责微弱、阵缩及破水过早、子宫疝气；产道性难产包括子宫捻转、子宫颈狭窄、阴道及阴门狭窄、软产道肿瘤、骨盆狭窄等；胎儿性难产包括胎儿与骨盆大小不相适应、胎儿姿势不正、胎儿位置不正、胎儿方向不正。上述三种难产中，胎儿性难产较为多见，占难产的70%以上。因此，一旦出现难产，要判断属于哪一类，然后来判断胎儿的死活。若胎儿已经死亡，助产时不要顾及胎儿的损伤。

（3）助产方法　助产的目的是尽可能做到母仔平安，仅在不得已时才舍子保母，同时还必须力求保持母牛的繁殖力。因此，在进行产道检查和助产时，术者的手臂、母牛的外阴及周围，必须进行严密消毒。

胎膜小泡露出后约10～20min，母牛多已卧下，应帮其向左侧卧，以免胎儿受瘤胃压迫而难以产出。正常分娩是胎儿两前脚夹着头先出来，这属于正常胎位，一般以自然产出为原则；如破水时间长或胎儿露出时间较长，而母牛努责微弱，则要抓住两前肢，并用力拉出胎儿。倒生时更应及早拉出。拉出胎头时，要捂住阴唇及会阴，避免撑破。胎头拉出后，应放慢动作，以免子宫内翻或脱出。正常产出一般需要0.5～4h。

如母牛努责无力，需要拉出胎儿时，应与母牛的阵缩同步，牵引方向与母牛的骨盆轴方向一致。矫正胎儿异常时应在母牛努责间歇期进行。破水过早、产道狭窄、胎儿过大时，可向阴道灌注肥皂水或植物油润滑产道。

【任务实施】

知识点学习

1. 牛的妊娠诊断技术
2. 牛分娩与助产技术

技能训练二十一　接　　产

一、必备资源

药品：消毒药液，如甲酚皂、新洁尔灭、碘伏、10%碘酒、75%酒精；经消毒的石蜡油或食用油；催产剂、止血剂及局部止血药等。器材：产科器械一套，产科绳数根，止血钳、听诊器、注射器械、注射针等。此外，还有一般用具如毛巾、纱布、药棉、剪、肥皂、水桶、橡胶或塑料围身等。

二、活动步骤

1. 临产母牛的准备

母牛在入临产室前，先去尾毛，用温水洗净母牛外阴、尾巴、尾根、肛门及臀部两侧的污物，用纱布绷带或软棉绳把尾巴系于一侧，用消毒药水消毒外阴部。

2. 接产人员的准备

穿戴工作服、帽、长筒胶靴，系围身，洗净并消毒手臂。

3. 接产的步骤和方法

① 依次用温水和消毒液清洗和消毒（最后用酒精棉擦干）母牛外阴及其周围，用绷带包扎牛尾根，将尾系于体侧。产出期到来时，接产员迅速穿好工作服，清洗及消毒手臂，准备或者进行产道内诊，以清楚胎位、胎势、胎向、产道通畅情况及产力状态。

② 注意观察产程的阶段，正确选定助产时机，给以恰当协助。

在开口期完成之后，母牛表现极度不安，起卧无定，回视腹部，嗳气或呻吟，阵缩与努责变得强而有力、发作频繁、间歇短促。随着产程进展，球样胎水囊泡出现于阴道前庭或露出到阴门之外，并随同产力的发作与休止，时隐时现，进退不定，但胎泡越来越大，隔着胎膜可以看到胎儿的前置部位。

正常产时，胎儿在产出期的姿势，大多数情况为纵头向，上胎位，两前肢伸入产道，颈部伸展，头部位于两前肢之间之上；少数情况为纵尾向上胎位，两后肢伸入产道。

当胎儿的口唇部或头部及两蹄尖已经露到阴门之外，羊膜囊尚未破裂时，要及时撕破胎膜，清除胎儿口鼻黏液，稍做牵引，抽出胎儿。当遇到胎位不正常，两后肢伸进产道或伸露到阴门之外时（此时蹄底向上，以跟腱和前肢区别），一定要积极进行助产，以免由于脐带被挤压于母体骨盆前缘或者胎体与骨盆之间，而造成胎儿血液循环障碍、供氧不足或者再反射性引起吞咽活动，误咽胎水，最后导致胎儿的窒息和死亡。如果遇到产力微弱，母牛无力娩出胎儿；胎儿过大或骨盆狭窄；胎头通过阴门困难，分娩迟迟无进展；由于某种原因而有难产趋势时（此时需稍加整复——理顺），都必须及时牵引抽出胎儿。抽出胎儿时按下列要求进行：

- 在产力发作的同时进行牵引；
- 沿着母体骨盆轴的方向；
- 胎儿的肩或髋部通过产道时，以交互牵引两前肢的方法抽出；
- 胎儿的较宽部位通过阴门时，助手要撸住阴门，以防阴门撕裂；
- 如果胎儿的腹部已经露到阴门之外，助产人员要在减缓抽出速度的同时，保护（握住）脐带，防止脐带过早断裂。

【巩固训练】

一、选择题

1. 假如一头成年母牛的最后一次配种时间为 2016 年 7 月 22 日，那么这头牛的预产时间是（　　）。

A. 2017 年 2 月 17 日　　B. 2017 年 4 月 28 日

C. 2017 年 6 月 22 日　　D. 2017 年 8 月 28 日

2. 牛的妊娠期大约是（　　）天。

A. 280　　B. 320　　C. 250　　D. 400

3. 荷斯坦牛初次配种体重一般为其成年体重的（　　），提高达到（　　）cm 以上。

A. 45%，120　　B. 55%，130　　C. 65%，130　　D. 80%，140

4. 当胎儿的头部露出母牛的阴门而胎衣尚未破裂时，应（　　）。

A. 立即拉出胎儿　　B. 任胎儿自然产出

C. 立即将胎儿推回子宫　　D. 立即撕破胎衣

二、填空题

1. 母牛的妊娠期一般为 280～285 天。如按 280 天的妊娠期计算，配种月份数减（　　　），配种日期数加（　　　），即得到预产期。

2. 牛早期妊娠诊断的方法主要有（　　　　）、（　　　　）、（　　　　）及其他检查方法。

3. 分娩是借子宫和腹肌收缩，将胎儿及其附属膜产出的过程，可分三个阶段：（　　　）、（　　　）、（　　　）。

4. 母牛分娩且胎衣排出的正常时间为（　　　）h，最多不超（　　）h。

5. 由于发生难产的原因不同，牛常见的难产可分为（　　　）、（　　　）、（　　　）三种。

三、问答题

1. 如何更为有效地提高牛的受胎率？

2. 某头奶牛于 2012 年 6 月 25 日配种，请计算其预产期，并说明如何进行妊娠诊断。

3. 接产前应做好哪些准备工作？

【知识拓展】

假死胎儿的急救技术

【任务考核】

任务三 现代繁殖技术应用

【任务目标】

了解牛场的繁殖技术程序；掌握牛发情控制和胚胎移植技术，锻炼学生调查分析能力、提出问题和解决问题的能力。

【必备知识】

一、发情控制

应用某些激素或药物以及饲养管理措施，人工控制雌性动物个体或群体发情并排卵的技术，称为发情控制。诱导单个动物发情并排卵的技术，称为诱导发情。使一群动物在同一时期内发情并排卵的技术，称为同期发情。使单个或多个动物发情并排出超过正常数量卵子的技术，称为超数排卵。

（一）诱导发情

在生产中常发现，有些牛生长发育到初情期后，仍不出现第一次发情。有些母牛在分娩后甚至在断奶后迟迟不出现发情。为了提高繁殖效率，常常需要对这些乏情母牛进行诱导发情处理。

青年母牛用“三合激素”（为雌激素、雄激素和孕激素的配伍制剂）处理便可诱导发情。对于泌乳期乏情的母牛，宜用促性腺激素［促卵泡生长激素（FSH）、孕马血清促性腺激素（PMSG）］处理。对于患持久黄体或黄体囊肿的母牛可用前列腺素 $F_{2\alpha}$ 进行治疗，使黄体溶解，引起发情。奶牛用促性腺激素释放激素（GnRH）类似物 LRH-A2 或 LRH-A3 200～400μg 进行肌内注射，每日 1 次，连续 1～3 次，也可诱导发情并排卵。

（二）同期发情

1. 同期发情的原理

自然状况下，母牛排卵后，在卵巢的原排卵位置会形成黄体，黄体分泌孕激素，抑制卵泡的生长，从而抑制发情。黄体形成后，母牛若受孕，则黄体将持续存在，直至分娩。若未受孕，黄体则存在一段时间即被体内的激素溶解掉而消失，母牛进入下一个发情周期。同期发情的原理就是人为地向母牛体内注射溶解黄体的激素，使黄体同时被溶解，卵泡则同时开始生长，同时排卵。现行的同期发情技术有两途径，都是通过控制黄体——延长或缩短其寿命，降低孕酮水平，从而达到同期发情的目的。

2. 同期发情的途径

（1）延长黄体期　即给一群母牛同时用孕激素进行处理，抑制卵泡发育，使之处于人为的黄体期。在人为黄体期，黄体发生退化，外源孕激素代替了内源激素。经过一定时间后同时停药，使卵巢机能同时恢复正常，随之出现卵泡发育，达到同期发情。

（2）缩短黄体期　消除母牛卵巢上黄体最有效的方法是利用前列腺素及其类似物（PG）。母牛用PG处理后，黄体消退，卵泡发育成熟，从而发情。

3.同期发情的激素

目前常用的同期发情激素，根据其性质大体可分3类：

① 抑制卵泡发育的激素　包括孕酮、甲孕酮、氟孕酮、氯地孕酮、甲地孕酮及18-甲基炔诺酮等。这类药物的用药期可分为长期（14～21天）和短期（8～12天）两种，一般不超过一个正常发情周期。

② 促进黄体退化的激素　前列腺素如$PGF_{2\alpha}$和氯前列烯醇均具有显著的溶解黄体作用。

③ 促进卵泡发育、排卵的激素　在使用同期发情药物的同时，如果配合使用促性腺激素，则可以增强发情同期化和提高发情率，并促使卵泡更好地成熟和排卵。这类药物常用的有PMSG、人绒毛膜促性腺激素（HCG）、FSH、促黄体生成素（LH）、GnRH和氯地酚等。

4.同期发情的方法

目前常用的方法有阴道栓塞法、埋植法、注射法。

（1）孕激素阴道栓塞法　优点是药效可持续发挥作用，投药简单。缺点是容易发生脱落。将一块柔软的泡沫塑料或海绵块（一般直径10cm、厚2cm，因牛的个体而定），拴上细线，经严格消毒后浸入孕激素制剂溶液中，再用长柄钳送入靠近子宫颈的阴道深处，线的一端引至阴门外，以便处理结束时取出。一般放置9～12天后取出海绵，并及时注射孕马血清促性腺激素800～1000IU，2～4天奶牛发情。孕激素制剂的种类和用量：18-甲基炔诺酮100～150mg，甲孕酮120～200mg，甲地孕酮150～200mg，氯地孕酮60～100mg，孕酮400～1000mg。

（2）孕激素埋植法　其方法是将专用埋植复合剂埋植于奶牛耳皮下，经12天后取出，同时，肌注孕马血清促性腺素800～1000IU，2～4天母牛发情。

（3）注射法　注射前列腺素$F_{2\alpha}$及其类似物，溶解黄体，缩短黄体期，达到同期发情。多数奶牛在处理后2～4天发情。该方法适用于卵巢上有黄体的奶牛，无黄体的奶牛不起作用。注射剂量通常为0.2～0.5mg。用前列腺素处理后，可能有部分奶牛没有反应，对于这些奶牛可采用两次处理法，即在第一次处理后间隔11～13天，进行第二次注射，同期发情率可达到80%以上。由于前列腺素有溶解黄体作用，已怀孕奶牛注射后会出现流产，故使用前列腺素时，必须确认奶牛空怀。

（三）超数排卵

超数排卵简称超排，牛超数排卵使用的激素主要有促卵泡素（FSH）、孕马血清促性腺激素（PMSG）、绒毛膜促性腺激素（HCG）等几种。使用前应根据母牛体重、超数排卵次数等情况，确定超数排卵所使用FSH剂量，一般体型较大的牛剂量大些，重复超数排卵的剂量也要适当提高。

二、胚胎移植

胚胎移植是以优良母牛作供体，经超数排卵处理后，将其早期胚胎取出，移植到另一头生理状态相同的母牛输卵管或子宫内，使之发育成新的个体。这样能生产出比自然繁殖高几倍的后代，大大提高优良母牛的利用率，充分发挥优良母牛的繁殖潜力。胚胎移植技术是克隆、转基因、体外受精和性别鉴定等各项胚胎生物技术研究和发展必要的技术手段和环节。

（一）供体、受体母牛的选择

提供胚胎的个体称为供体，而接受胚胎的个体称为受体。

1.供体母牛的选择

供体牛选择的原则，要求健康无疾病、具有较高的育种价值、生殖机能处于较高的水平。

① 品种优良　符合本品种标准，血统、体型外貌和生产性能全优，具有早熟性和长寿性，且遗传性稳定，系谱清楚，无遗传缺陷。

② 体质健康　体质健壮、肢蹄强健、繁殖机能正常，无遗传病、传染病、难产、流产和繁殖障碍的经历，或助产率很低。发情周期不明显的繁殖障碍母牛、患子宫内膜炎或长期空怀母牛，都不能作为供体。

③ 年龄适宜 在15月龄到8周岁以内为宜。

④ 繁殖品质 具有较高的繁殖力，生殖器官正常，发情周期正常。从幼龄起发情周期就正常（或至少以前有过两次正常发情）的母牛，经产后60天以上有两次正常发情记录；受胎性好，受胎率及配种指数较好，连续一年产一犊。

⑤ 排卵成绩 母牛生殖器官发育良好，尤其是卵巢、子宫的状态，对超数排卵要有良好的反应，且排卵数多，采得的受精卵质量良好。

⑥ 性情温顺 选择性情温顺的母牛作为供体，以便于操作。预作为供体的母牛，最好有一次完整的生产记录（产犊、产奶），以衡量其种用价值后，才有可能作为供体选择的对象。

2. 受体母牛的选择

受体牛仅用于借腹怀胎，不要求遗传性状，但发情周期必须正常，生殖器官无疾病，体型大且健康，可用廉价低产的青年奶牛或黄牛作受体。

（二）供体、受体母牛的发情同期化处理

由于在发情周期内，母牛的生理变化很大，供体和受体的生理状况要趋于一致，否则移植后的胚胎不能存活。因此，要求供体、受体母牛在发情时间上要相同或相近，前后相差不宜超过1天。所以要对供体和受体进行同期发情处理。

（三）体外受精胚胎生产

体外受精是指精子和卵子在体外人工控制的环境中完成受精过程的技术。把体外受精胚胎移植到母牛体内后获得的婴儿称为试管婴儿。在牛品种改良中，体外受精技术为胚胎生产提供高效的手段，对充分利用优良品种资源、缩短繁殖周期、加快品种改良速度等有重要价值。体外受精技术的主要操作程序包括精子的采集、精子的获能、卵子的采集和卵子的成熟、受精、受精卵培养和移植等。受精的成功与否，主要在于精子的获能和卵子的成熟这两个环节。

（四）移植胚胎

将封装好胚胎的细管开口一端（远离棉芯的一端）向内装入移植器中。直肠检查受体牛卵巢排卵一侧的黄体质地，通过直肠把握子宫颈，将移植器送入子宫颈，再直肠把握子宫角，把移植器轻轻推入有黄体一侧的子宫角，并使其深入到子宫角的大弯部，随后将胚胎推入并缓慢取出移植器。操作时注意动作要稳、快，移植部位要准确，移植后检查细管，看有无胚胎遗漏。如有遗漏，则需重新移植。

（五）供体和受体的术后观察

胚胎移植后要注意观察供体和受体的健康状况和在预定的时间内是否发情。对于供体牛，在下一次发情即可配种，如仍要作供体则一般要经过2～3个月才可超排卵。对于受体牛，如移植后发情，则表明移植失败，可能胚胎丢失、死亡、吸收或有缺陷，也可能是受体牛的子宫环境不相适宜；如未发情，也要继续观察3～5个情期，并在适宜时期进行妊娠诊断。

三、克隆技术

克隆是指由一个细胞或个体以无性繁殖方式产生遗传物质完全相同的一群细胞或一群个体。在动物繁殖中，它是指不通过精子和卵子的受精过程而产生遗传物质完全相同的新个体的一项胚胎生物技术。哺乳动物的克隆技术包括胚胎分割和细胞核移植两种，一般情况下，仅指细胞核移植技术，其中又包括胚胎细胞核移植和体细胞核移植技术。

1. 胚胎细胞核移植

胚胎细胞核移植又称胚胎克隆，是通过显微操作将早期胚胎细胞核移植到去核卵母细胞中构建新合子的生物技术。哺乳动物胚胎克隆的基本操作程序主要包括卵母细胞的去核，供体核的准备和移植，卵裂球与去核卵子融合，卵子的激活，胚胎克隆与培养，胚胎冷冻保存或胚胎移植。

2. 体细胞克隆

体细胞核移植技术又称体细胞克隆，是把分化程度较高的体细胞移入去核卵母细胞中，构建新合子的生物技术。体细胞克隆的主要技术程序与胚胎细胞克隆基本相同，主要差别在供体细胞的选择。

四、性别控制

性别控制对于奶牛业来说，具有极其重要的经济意义，多生母犊，不仅减少怀公犊的生产成本，而且可以迅速扩大奶牛群的生产规模。

1. X、Y 精子的分离

依据两类精子头部 DNA 含量的差异以流式细胞器分类仪对 X、Y 精子进行分离。在家畜中，X 精子的 DNA 含量比 Y 精子高出 3%～4%。用分离后的精子进行人工授精或体外受精对受精卵和后代的性别进行控制。这种方法对 X、Y 精子分离准确率达 90%以上。

2. 早期胚胎的性别鉴定

运用细胞学、分子生物学或免疫学方法可对哺乳动物附植前的胚胎进行性别鉴定，通过移植已知性别的胚胎可控制后代性别比例。目前胚胎性别鉴定最有效的方法是胚胎细胞核型分析法和 SRY-PCR 法。

【任务实施】

知识点学习

1. 发情控制
2. 胚胎移植
3. 克隆技术
4. 性别控制

技能训练二十二　规模化牛场现代繁殖

一、必备资源

规模化奶牛场、种公牛站。

二、活动步骤

1. 学生分组讨论回答，同期发情的原理、方法和途径；超数排卵、胚胎移植的程序，然后教师进行点评和总结。

2. 学生到牛场实习，跟随技术员生产，观察奶牛发情情况，并对奶牛进行同期发情处理。

【巩固训练】

一、选择题

1.（　　）对卵泡发育起主要作用。

A. FSH　　B. LH　　C. GnRH　　D. OT

2. LH 在（　　）协同下激发排卵。

A. FSH　　B. GnRH　　C. OT　　D. $PGF_{2\alpha}$

3. 牛每次输入精子数为（　　）$\times 10^7$。

A. 0.8～1.0　　B. 1～3　　C. 2～4　　D. 1～5

4. 液态保存的精液，输精前活力大于（　　）为宜。

A. 0.3　　B. 0.5　　C. 0.7　　D. 0.6

5. 目前，牛的冷冻精液多采用什么方法分装？（　　）

A. 颗粒　　B. 细管　　C. 安瓿　　D. 袋装

6. 输精器在临用前要用（　　）冲洗 2～3 次。

A. 清水　　B. 蒸馏水　　C. 生理盐水
D. 稀释液　　E. 酒精

7. 胚胎移植处理的第一步是（　　）。

A. 超数排卵　　B. 诱导发情　　C. 同期发情　　D. 诱导排卵

8. 同期发情时供体和受体的发情时间，前后不宜相差超过（　　）天。

A. 1　　B. 2　　C. 3　　D. 4　　E. 5

二、名词解释

同期发情；胚胎移植；转基因；情期受胎率

三、问答题

1. 生产上经常采用什么方法进行牛同期发情？
2. 怎样选择供胚胎移植的供体和受体母牛？

【知识拓展】

繁殖管理技术

【任务考核】

项目五　牛安全生产技术

任务一　牛场防疫计划

牛场防疫计划贯穿各养牛场整个养牛过程，是养牛场最常见、最具实际意义、最重要的防疫制度。防疫计划的制订是畜牧兽医技术人员重要的技能之一。防疫计划及制度的实施是每个养殖场预防疾病的基础。

【任务目标】

能够通过学习给定资料和自主获取的资料完成牛场防疫计划相关知识的准备；能够科学制定牛场防疫计划工作方案；能根据牛不同养殖规模、特点来制定最为合理的检疫制度；掌握牛场防疫制度的拟定方法。

【必备知识】

一、牛场防疫操作规程

建造布局合理的牛舍结构、制定严格的消毒制度、建立系统的驱虫制度、制定科学的免疫程序，是控制牛疫病发生、降低死亡率和淘汰率、提高养牛效益的有效途径。

1. 建造布局合理的牛舍结构

牛场合理的布局，是预防疾病的关键。牛场要选择地势高、平坦、向阳、无污染、水电和交通都方便的地方，生产区、生活区要分开。要设置病牛隔离舍，将发病牛或潜伏期的牛及时隔离观察，及时治疗。病死牛要远离牛场进行焚烧或深埋，大群及时消毒以防传染。场内还要设置专门的堆粪场或粪便处理设施，减少病原微生物对牛场的污染。

2. 制定严格的消毒制度

严格的消毒制度，是及时切断传染源、有效控制疫病的发生和传播的主要措施。

(1) 要对整个牛舍和用具进行一次全面彻底的消毒，方可进牛。场门、生产区入口处消毒池内的药液要经常更换（可用2%的氢氧化钠液），保持有效浓度，车辆、人员都要从消毒池经过。

(2) 严格隔离饲养，杜绝带病源的人员或被污染的饲料、车辆等进入生产区。从外面进入牛场内的人员需紫外线消毒15min。

(3) 牛舍内要经常保持卫生整洁、通风良好。每天都要打扫干净，牛舍每月消毒一次，每年春、秋两季各进行一次大的消毒。常用消毒药物有：可佳消毒液、10%～20%生石灰乳、2%～5%烧碱溶液、0.5%～1%过氧乙酸溶液、3%福尔马林溶液、1%高锰酸钾溶液。

(4) 每年进行2～4次结核病定期预防消毒，常用消毒药有：5%来苏儿、10%漂白粉、3%福尔马林溶液，为监测阳性牛进行隔离治疗。

3. 建立系统驱虫制度

(1) 从外地引进的牛要进行检疫和驱虫后再并群，牛场内应消灭老鼠、蚊蝇及吸血昆虫。

(2) 每年春秋两季各进行一次全牛群的驱虫，平常则转群时实施。

常用驱虫药：丙硫咪唑，每千克体重5～10mg，驱牛新蛔虫、胃肠线虫、肺线虫；吡喹酮，每千克体重30～50mg，驱虫血吸虫；别丁，每千克体重40～50mg，驱肝片吸虫；贝尼尔，每千克体重3～5mg，配成5%～7%的溶液，深部肌注驱伊氏锥虫、梨形虫和牛泰勒虫；1%敌百虫溶液，喷于患部，可杀死牛皮蝇蛆和牛螨。犊牛1月龄和6月龄各驱虫一次。

4. 制定科学的免疫程序

根据传染病的种类及发生季节、流行规律，制订预防计划，适时进行预防接种。

5. 奶牛的驱虫

每年春、秋季各进行一次疥癣等体表寄生虫的检查；6～9月，焦虫病流行区要定期检查并做好灭蜱工作；10月份对牛群进行一次肝片吸虫等的预防驱虫工作；春季对犊牛群进行球虫的普查和驱虫工作。或按以下方法预防：

(1) 体内寄生虫

① 4～6月龄犊牛用左旋咪唑、芬苯达唑。

② 配种前30天用左旋咪唑、芬苯达唑驱虫一次。

③ 产后20天用哈罗松或蝇毒灵驱虫一次。

(2) 体内外寄生虫

① 4～6月龄犊牛用阿维菌素驱虫一次。

② 配种前30天用阿维菌素驱虫一次。

6. 疫病监测

每年春秋两季（5月、10月）进行两次结核病、副结核病、布鲁菌病的检疫，方法按农业部颁发的《动物检疫操作规程》进行，检出阳性反应牛应送隔离场或场外屠宰，可疑反应牛隔离复检后按法规处置。在牛群中应定期进行传染性鼻气管炎和牛病毒性腹泻/黏膜病的血清学检查。当发现病牛或抗体阳性牛时，应隔离观察，必要时注射疫苗。

二、牛场的防疫卫生

(一) 严格执行卫生防疫制度

牛场应贯彻“预防为主，防重于治”的卫生防疫方针，它对保障牛只健康生长发育及高产具有重要意义。尤其对于规模化养牛场更是如此，一旦疫病流行，将会造成巨大的经济损失。因此，一定要加强对牛传染病的认识，掌握传染病的流行规律，增强控制预防的主动性。具体方法如下：

① 严格执行国家和地方政府制定的有关畜禽防疫卫生条例。

② 牛场门口或生产区出入口，应设有消毒池，池内保持有效消毒液，保证出入人员及车辆做好消毒工作。

③ 外来人员不得随意进入生产区；疫病流行期间，非生产人员不得进入生产区。

④ 牛场新员工必须经健康检查，证实无结核病及其他传染性疾病。老员工每年必须进行一次健康检查，如患传染性疾病时，应及时在场外治疗。结核病恢复期仍需服药者，不得进入生产区。

⑤ 牛舍和运动场每个季度要大扫除、大消毒一次。如牛舍、运动场和通道等可用0.5%过氧乙酸、2%～3%火碱消毒；空气用福尔马林熏蒸或用过氧乙酸消毒；工具、衣物等用0.1%新洁尔灭或10%漂白粉消毒。每年春、夏、秋季要进行大范围灭蚊蝇及吸血昆虫活动。病牛舍、产房及隔离牛舍每天要进行清扫和消毒。

⑥ 根据免疫程序按时预防接种疫苗。疫苗种类、接种时间、剂量应按免疫程序进行操作。

⑦ 奶牛场要配合检疫部门做好每年两次全群牛的结核病检疫、一次布鲁菌病检疫和上级兽医防疫卫生部门认为必需的检疫。

⑧ 外购的牛只应持有畜牧检疫部门的健康检疫证明，并经隔离观察和检疫，确认无传染病时，方可并群饲养。同时，患传染病的牛严禁调出或出售。

⑨ 奶牛场内不得屠宰牛只，死亡牛只应交由专人剖检，并作无害化处理。尸体接触之处和运送尸体后的车辆要做好清洁及消毒工作。

⑩ 奶牛场内禁止饲养其他畜禽，禁止将市购活畜禽及其产品带入场区。

(二) 牛场一般防疫消毒设施

消毒的目的在于消灭牛体表面、设备器具及场内的病原微生物，切断传播途径，防止疾病的发生或蔓延，保证奶牛健康和正常的生产。牛场一般防疫消毒设施有：

1. 消毒池

在奶牛饲养区进口处设消毒池。消毒池构造应坚固，并能承载通行车辆的重量。消毒池一般长4m、宽3m、深0.1m，地面平整，耐酸、耐碱，不透水。消毒池如仅供人和自行车通行，可采用药液湿润，踏脚垫放入池内进行消毒，其大小为：长 2.5m，宽 1.5m，深 0.05m。池底有一定坡度，并设有排水孔。

2. 消毒室

室内安装紫外线灯，距离地面约 2m，以紫外线有效消毒距离 2m 计算所需紫外线灯的数量，消毒时间一般 30min 即可。

3. 隔离舍

用于观察和治疗病牛。隔离舍应建在牛场的下风处和低洼处，墙壁应用水泥抹至 1.5m 处，地面亦应为水泥结构，以利于消毒处理。

4. 高压蒸汽灭菌器

凡耐高温、不怕潮湿的物品，如各种培养基、溶液、玻璃器皿、金属器械、敷料、橡皮手套、工作服等均可用此设备进行灭菌。

(三) 免疫接种

有计划地给健康牛群进行免疫接种，可以有效地抵抗相应传染病的侵害。为使免疫接种达到预期的效果，必须掌握本地区传染病的种类及其发生季节、流行规律，了解牛群的生产、饲养、管理和流动等情况，以便根据需要制订相应的防疫计划，适时地进行免疫接种。此外，在引入或输出牛群、施行外科手术之前，或在发生复杂创伤之后，应进行临时性免疫注射。对疫区内尚未发病的动物，必要时可做紧急免疫接种，但要注意观察，及时发现被激化的病牛。

每年 5 月或 10 月对全牛群进行一次无毒炭疽芽孢菌免疫注射。按免疫程序每隔 4～5 个月用灭活苗进行一次牛口蹄疫疫苗免疫。必须严格执行各级动物防疫监督机构有关免疫接种的规定，以预防地区多发性传染病的发生和传播。

当牛群受到某些传染病威胁时，应及时采用有国家正规批准文号的生物制品，如抗炭疽血清、抗出血性败血症血清、抗气肿疽血清等进行紧急接种。

1. 免疫要求

① 疫苗应按规定保存，注射时如遇瓶盖松动、破裂、瓶内有异物或凝块应弃用。

② 免疫时作好详细记录，首免牛及时佩带免疫耳标。

③ 免疫时应详细记录疫苗生产厂家、批号、操作人员等。

④ 注射所用的针头、针管等器具应事先进行消毒。注射部位经剪毛消毒后注射疫苗，严禁“飞针”方式注射，注射时针头逐头更换，禁止一个注射器供两种疫苗使用。

⑤ 注射量严格按照疫苗说明书执行。

⑥ 注射疫苗时，应备足肾上腺素等抗过敏药；凡病、瘦弱牛、临产牛（10～15 天）缓注疫苗，待病牛康复、产后再按规定补注。

⑦ 疫苗的瓶子用后应焚烧深埋。

2. 强制免疫

① 口蹄疫：按照市“防疫”有关规定执行。

② 炭疽：凡 6 月龄以上的牛每年春季均需皮下注射第二号炭疽芽孢苗一次（注射时应用 12×15 针头）。

三、奶牛场常规检疫工作

① 每年春季对牛群注射炭疽芽孢疫苗。

② 春秋两季进行口蹄疫和流行热疫苗防疫注射。

③ 每年春秋季节按农业部颁发的《动物检疫操作规程》分别进行布鲁菌病和结核病常规检疫，有可疑者，重复一次，两次可疑即判为阳性。凡检出阳性牛只，一律按有关兽医卫生法规淘汰处理，不再治疗。

④ 严格控制牛只进场，凡调入牛只，必须有兽医法定单位的检疫证书并进行结核、布鲁菌病的检疫；入场前还必须进行防疫隔离，经确定健康无病者，方可进场。

(1) 结核检疫　奶牛场要配合检疫部门安排好每年春秋两次全群牛的结核检疫。结核检疫出现的阳性牛只，应在3天内扑杀。初次检疫可疑的牛只，应隔离饲养，45天后复检；两次检疫均可疑的按阳性处理。对阳性牛所在牛舍增加消毒频率，暂停牛只调动。该群牛每隔45天复检一次，连续两次不出现阳性反应牛为止。

(2) 布病检疫　牛场应配合检疫部门进行每年春秋两次检疫，凡3月龄以上的牛均需采血检疫。采血针头和部位应严格消毒，一牛一针，严禁一针多牛。

(3) 副结核检疫　每年对3月龄以上的牛进行一次副结核检疫，检疫规定与结核检疫相同。

定期开展牛传染性鼻气管炎和牛病毒性腹泻-黏膜病的血清学检查。当发现病牛或血清抗体阳性牛时，应采取严格防疫措施，必要时要注射疫苗。

其他疾病检疫按上级防疫主管部门安排进行。

四、疫病扑灭措施

① 牛场一旦发现传染疫病，应立即（24h内）上报有关兽医行业部门，并对牛场采取防疫封锁措施，及时隔离病牛，并对未出现症状牛群进行紧急防疫注射，严格控制人、畜、车辆流动，每3～5天进行全场大消毒一次，可用2%～4%氢氧化钠溶液或生石灰等。

② 病、死畜应按兽医卫生要求进行无害化处理。待疫情解除后，牛场经全面终末大消毒，并上报上级有关部门批准，方可解除封锁。常用的防疫消毒药有：3%～5%来苏儿溶液、2%～4%氢氧化钠溶液、5%～10%克辽林溶液、4%热碳酸氢钠溶液、2%～4%福尔马林溶液、生石灰等。

【任务实施】

知识点学习

1. 选择和配制消毒液
2. 使用消毒器械
3. 牛场的消毒
4. 对地面、环境、牛舍、用具粪便等进行消毒

技能训练二十三　防疫计划的编制

一、必备资源

牛场流行疾病的规律和记录。

二、活动步骤

1. 防疫计划编制的范围

防疫计划编制的范围包括一般的疫病预防、某些慢性疫病的检疫及控制、遗留疫情的扑灭等工作。

2. 防疫计划编制的内容

(1) 基本情况　简述该场与流行病学有关的自然因素和社会因素；动物种类、数量，饲料生产及来源，水源、水质，饲养管理方式；防疫基本情况，包括防疫人员、防疫设备、是否开展防疫工作等；该场及其周围地带目前和最近两三年的疫情，对来年疫情的估计等。

(2) 预防接种计划　应根据养殖场及其周围地带的基本情况来制订，对国家规定或本地规定的强制性免疫的疫病，必须列在预防接种计划内。预防接种计划参考表1-5-1。

表1-5-1　________年预防接种计划表

接种名称	畜别	应接种的头数	计划接种的头数				
			第一季	第二季	第三季	第四季	合计

(3) 诊断性检疫计划表　格式参考表1-5-2。

表 1-5-2 ________年检疫计划表

检疫名称	畜别	应检疫的头数	计划检疫的头数				
			第一季	第二季	第三季	第四季	合计

（4）兽医监督和兽医卫生措施计划　包括消灭现有疫病和预防出现新疫病的各种措施的实施计划，如：改良畜禽舍的计划，建立隔离室、产房、消毒池、贮粪池等的计划。加强对养殖场饲养全过程的防疫监督，加强对养殖场人员的防疫宣传教育工作。

（5）生物制剂和抗生素计划表　格式参考表 1-5-3。

表 1-5-3 ________年生物制剂抗生素及贵重药品计划表

药剂名称	计算单位	全年需用量					库存情况		需要补充量					备注
		第一季	第二季	第三季	第四季	合计	数量	失效期	第一季	第二季	第三季	第四季	合计	

制表人：　　　　审核人：　　　　年　月　日

（6）普通药械计划表　格式参考表 1-5-4。

表 1-5-4 ________年普通药械计划表

药械名称	用途	单位	现有数量	需要补充数量	要求规格	代用规格	需要用时间	备注

（7）防疫人员培训计划　包括培训的时间、人数、地点、内容、考核评价等。

（8）经费预算　可按开支项目分月（季）列表表示。

3. 防疫计划编制的注意事项

① 重视“基本情况”的编写。

② 充分考虑防疫人员的素质，计划应做到切实可行。

③ 防疫计划要符合经济原则。

④ 计划制订要有重点。

⑤ 积极应用新成果。

⑥ 防疫时间的安排要恰当，既要把握疾病的最佳时期，又要避免与生产冲突。

【巩固训练】

一、选择题

1. 以下哪类疾病为奶牛一类疫病？（　　）

A. 布病　　B. 口蹄疫　　C. 副结核　　D. 传染性鼻气管炎

2. 以下哪类疾病经常发生在产后 1 个月以内？（　　）

A. 酮病　　B. 乳房炎　　C. 蹄病　　D. 酸中毒

二、问答题

1. 如何做好牛场的卫生防疫措施？

2. 如果牛场爆发口蹄疫该如何处理？

3. 疫苗注射的注意事项有哪些？

【知识拓展】

奶牛场防疫与管理

【任务考核】

任务二 牛群卫生保健

【任务目标】

能够通过学习给定资料和自主获取的资料完成牛群卫生保健相关知识的准备；能够科学制定牛群卫生保健工作方案；能独立进行奶牛乳房保健技术操作；掌握牛群卫生保健主要的技术；掌握奶牛蹄部保健操作技术。

【必备知识】

一、乳房卫生保健

1. 加强挤乳卫生，执行挤奶操作规程

奶牛乳房的健康，直接决定了牛奶的质量，还对牛奶中细菌数量产生一定的影响，为此应做好以下几个方面的保健工作：

(1) 挤奶员必须保持个人卫生。指甲勤修，工作服勤洗，每挤完 1 头牛应洗手臂，可用 0.1% 漂白粉或 0.1%新洁尔灭溶液洗手。

(2) 保持清洁的挤奶环境。用 45～50℃的温水按顺序洗净乳房、乳头，并将其由上而下擦干。夏季（7～9 月份）可在水中加入 3%～4%次氯酸钠。挤乳时必须用清洁水清洗乳房，然后用干净的毛巾擦干（每头牛固定 1 条毛巾，毛巾要及时清洗、消毒），挤完乳后，必须用消毒药浸泡每个乳头数秒钟，消毒药液可选用 3%次氯酸钠、0.5%洗必泰、0.1%雷夫奴尔、0.1%新洁尔灭等。应注意经常更换消毒液，以免菌株产生耐药性而影响消毒效果。

(3) 乳房洗净后应进行按摩，使其膨胀后再挤奶，采用正确挤奶方法和操作规程。

(4) 要干奶的牛，应在干奶前 10 天进行隐性乳房炎监测，阳性牛进行治疗。干奶时，每个奶区注射一次抗生素药物。预产前 1 周，开始药浴乳头，每天 2 次。

(5) 在乳房炎流行季节（7～9 月份），每月对泌乳牛进行一次隐性乳房炎的监测。

(6) 停乳前 10 天要进行隐性乳房炎的监测，反应阳性牛要及时治疗，两次均为阴性反应的牛可施行停乳。停乳后继续药浴乳头 1 周，并定时观察乳房的变化。预产期前 1 周恢复药浴，每日 2 次。

2. 坚持乳头药浴

乳头药浴（乳头进行药液消毒）是控制奶牛乳房炎主要措施之一。特别是对消除病原菌具有重要作用。

(1) 药浴药品　常用药品有 4%次氯酸钠、0.3%～0.5%洗必泰、0.2%过氧乙酸和 0.5%～1%碘酒。

(2) 药浴杯　为特制的塑料乳头药浴杯，用时宜用 85℃热水清洗干净，为盛药液的特制杯。

(3) 药浴方式　有浸泡法和喷洒法两种：浸泡法，是指在浴杯内盛上药浴液，将药液挤压或倾入杯中，使乳头在药液中浸泡一定时间的方法；喷洒法是用喷雾器将消毒药喷洒到乳头上，此法效果不如浸泡法。

(4) 药浴时间　于挤完乳或停挤乳机后1min进行，越早越好。以浸入半个乳头为最佳，浸整个乳头也可。

(5) 药浴次数　对干奶牛，在停乳时的前10天，每日1次或2次；孕牛在预产期前10天开始，每日1次或2次；泌乳牛在每班挤乳后进行一次，持续1个泌乳期。

药浴注意事项：①初次使用，药物浓度由低逐渐增大，使乳头皮肤有一个适应过程；②使用新的药液，如对其药物性能尚不了解，应先用几头牛做试验，如无反应，再扩大范围，以免发生乳头损伤；③使用药物要合乎标准，如次氯酸钠的含碱量不超过0.05%；④严冬季节，为防止乳头冻伤和破裂，可暂停药浴。

3. 干奶期注入抗菌药物

干奶初期，由于乳腺细胞变性和对感染抵抗力降低，故极易为微生物侵入，因此，在干奶期预防乳房炎的发生极为重要。

关于干奶期乳头内注入干奶药物，目前有两种观点：一种认为全部乳区注射，能保证防治效果高；另一种认为选择乳区注射，即感染的乳区注射，未感染的乳区不注射，能节省药费，较为经济。究竟采取何法合适，各场应从实际出发，选择适宜的治疗方案。

二、蹄部卫生保健

蹄部疾病是影响养牛业的重要疾病之一。牛患蹄部疾病会影响牛的正常行走、生产性能和利用年限。据报道，我国奶牛蹄病的发病率为30%以上，其中以南方潮湿和炎热地区尤为严重。因此，在生产中一定要做好蹄部保健工作。

1. 牛舍和运动场的环境与卫生

牛舍和运动场的地面应保持平整，及时清除粪便和砖头瓦块、铁器、石子等坚硬物体，夏季不积水，冬季不结冰，保持干燥。严禁使用炉灰渣垫运动场和通道。

2. 营养平衡

母牛蹄叶炎与消化道、子宫和泌乳系统的一些机能障碍有关。这些机能障碍在很大程度上受营养因素的影响。因此，日粮营养成分的平衡与否和日粮结构的变化对牛蹄的健康有很大影响，有时甚至造成牛群中大面积发病。

3. 修蹄

要经常保持蹄部卫生，牛在出产房前要预防性修蹄1次。另外，每年春秋两季应全群普查牛蹄底部，对增生的角质要修平，过长或变形的蹄应及时修剪，对于腐烂坏死的组织要削除并清理干净。修蹄工具主要包括：修蹄刀、蹄切刀、弯曲手锉各1把及磨石1块。

4. 蹄浴

蹄浴是预防腐蹄病的有效方法。其药物一般用3%甲醛溶液或10%硫酸铜溶液，可达到消毒作用，并使牛蹄角质和皮肤坚硬，达到预防趾间皮炎及蹄变形的目的。蹄浴方法：拴系饲养奶牛注意清除趾间污物，将药液直接喷雾到趾间隙和蹄壁。散养乳牛在挤乳厅出口处（不是在入口处）修建药浴池，该池大小为长×宽×深＝(3～5)m×0.75m×0.15m，药浴池地板要注意防滑。药液(3～5L福尔马林＋100L水）或10%硫酸铜溶液。一池药液用2～5天。每月药浴1周。采用此法，乳牛走过遗留的粪土等极易污染药液，故应及时更换新液。

5. 育种措施

蹄病的遗传已越来越被人们所重视。育种方案的实施对奶牛后代的肢蹄性状有很大的影响。有目的地选择育种性状，将肢蹄结构纳入育种选择指标，可有效提高后代蹄的质量。在生产中要使用已知可以提高肢蹄质量的验证过的公牛精液。

三、营养代谢病监控

营养代谢病系奶牛特别是高产奶牛长期摄入某种营养物质不足或过量，导致机体代谢失调和紊乱。因此，对代谢病的防治要早期监测，及早预防。在奶牛生产中应采取以下措施：

1. 定期进行血样抽查

定期监测血液中的某些成分，可预报一个牛群的代谢性疾病的发生。通过血检发现某一成分下降至“正常”水平以下时，则可认为应该增加某一物质的摄入量，以代偿过量输出所造成的负平衡；而当发现某一成分过高“超常”时，则与某一物质摄入量过多有关。所以，每年应定期对干奶牛、低产牛、高产牛进行2～4次血检，及时了解血液中各种成分的含量和变化。所要检查的项目为：血糖、血钙、磷、钾、钠、碱储、血酮体、谷草转氨酶、血脂等。根据所测结果，与正常值比较，找出差异，为早期预防提供依据。这样，使疾病由被动的治疗转为主动的防治。

2. 建立产前和产后酮体检测制度

产前和产后奶牛的健康，是影响奶牛产奶量的一个重要因素，故应对其加强检查。在产前1周和产后1个月内，隔日测尿pH（可用试纸法，正常尿液pH值为7.0，当变黄时，即为酸性）、酮体或乳酮体1次，凡测定尿液呈酸性、尿（乳）酮体阳性者，可静脉注射葡萄糖液和碳酸氢钠溶液。另外，产前产后奶牛食欲不佳、体弱者，可静脉注射10%葡萄糖酸钙，以增强体质。在产奶高峰，精料喂量多时，应适当补充瘤胃缓冲剂，如碳酸氢钠和氧化镁、醋酸钠等，防止酸中毒。

四、繁殖障碍预防

随着奶牛产奶水平的不断提高，不孕症的发病率也呈上升趋势。据报道，高产牛群（年产量超过8000kg）母牛子宫和卵巢疾病发病率较一般牛群高5%～15%。据2013年北京、上海、南京等41个奶牛场9754头适繁母牛调查，不孕症发病率为25.3%。为此，必须采取以下综合措施加以防范：

1. 保持良好体况

牛在泌乳初期和泌乳高峰期，由于营养不足和体重的下降，受孕率明显下降，因此一定要注意日粮的适口性和营养平衡。定期对饲料营养成分进行化验监测，并保证优质干草和青贮饲料的充足供应，是克服繁殖障碍行之有效的措施。

2. 干乳期和围产期饲养管理

干乳期合理投料，适当运动，控制母牛膘情（7～8成膘），防止过肥或过瘦。过肥产后易出现繁殖障碍，如胎衣不下、子宫炎、子宫复原慢、平状卵泡等，使产后配种期延迟。围产期要注意维生素A、维生素D、维生素E和微量元素硒的补充，同时还要注意矿物质的摄入，如Ca、P比例要适宜，以减少胎衣滞留和子宫复原延迟。

3. 产房管理

产房管理是奶牛健康管理的重点。产房人员必须接受培训合格后才能上岗，大型奶牛场的产房要24h有人看守。产房要保持清洁干燥，每周进行一次大扫除和大消毒，并保持室内通风干燥，以防产后感染。接产遵守自然分娩原则，注意防止造成产道创伤和感染。当出现临产征兆时，应尽快移至分娩牛床位。胎儿出生后要做好新生犊牛的护理工作。

4. 实施母牛产后监控

产后24h以内要观察胎儿产出情况和产道有无创伤、失血等，还应注意观察胎衣排出时间和是否完整，以及母牛努责情况，要预防子宫外翻和产后瘫痪等；产后1～7天为恶露大量排出期，要注意颜色、气味、内含物等变化，并应于早晚各测体温1次；产后7～14天，重点监控子宫恶露变化（数量、颜色、异味、炎性分泌物等），必要时还应做子宫分泌物的微生物培养鉴定。根据药敏试验结果进行对症治疗；产后15～30天，主要监控母牛子宫复原进程、卵巢形态，并描述卵巢形状、体积、卵泡或黄体的位置和大小，必要时可检测乳汁进行孕酮分析，此期间还可以称量体重，如失重过大，应设法在3个月内恢复，如超过4个月将对繁殖造成不良影响；产后30～60天，重点监控卵巢活动和产后首次发情出现时间，如出现卵泡囊肿、卵巢静止则应对症治疗；到60天如仍未见发情征兆，须查清原因，及时采取措施。

5. 建立繁殖记录体系

为了不断改进管理措施，奶牛开始繁殖以后就要建立终生繁殖卡片和产后监控卡片等。

【任务实施】

知识点学习

1. 奶牛乳房按摩和药浴的方法
2. 奶牛蹄部保健和修蹄的方法
3. 奶牛酮体监测制度的应用
4. 奶牛繁殖障碍疾病的预防方法

技能训练二十四　牛的保健

一、必备资源

实体牛、药浴杯、新洁尔灭、聚维酮碘、毛巾、修蹄刀。

二、活动步骤

（一）乳房卫生保健

1. 挤奶员的个人卫生

指甲勤修，工作服勤洗，每挤完1头牛应洗手臂，洗手水可用0.1%漂白粉或0.1%新洁尔灭溶液。

2. 清洁的挤奶环境

用45～50℃的温水按顺序洗净乳房、乳头，并将其由上而下擦干。夏季（7～9月份）可在水中加入3%～4%的次氯酸钠。

3. 乳房按摩

乳房洗净后应进行按摩，使其膨胀后再挤奶，采用正确挤奶方法和操作规程。

4. 验乳

要干奶的牛，应在干奶前10天进行隐性乳房炎监测，阳性牛进行治疗。干奶时，每个奶区注射一次抗生素药物。预产期前1周，开始药浴乳头，每天两次。在乳房炎流行季节（7～9月份），每月对泌乳牛进行一次隐性乳房炎的监测。

（二）蹄部卫生保健

参见【必备知识】内容。

【巩固训练】

一、名词解释

蹄浴、乳头药浴、修蹄

二、简答题

1. 奶牛乳房保健有什么作用？
2. 如何进行牛的蹄部保健？
3. 为什么牛群保健会成为牛场生产的重要工作任务？

【知识拓展】

美国大型牧场乳房炎健康管理

【任务考核】

任务三 犊牛疾病防治

【任务目标】

能够科学制定犊牛疾病防治工作方案；掌握犊牛腹泻、水中毒的发病原因；掌握外界因素对犊牛疾患的影响；掌握牛场犊牛的疾病防治措施。

【必备知识】

一、犊牛腹泻

犊牛腹泻又称犊牛下痢，其原因很复杂，在临床上分为中毒性下痢和单纯性下痢。

1. 病因

中毒性下痢是由细菌、病毒和寄生虫感染而引起的，特别是大肠杆菌和沙门菌危害最大。近几年也有由于轮状病毒和冠状病毒感染而群发的报告。单纯性下痢大部分是由于母牛营养不良、犊牛饲养管理不当、犊牛组织器官发育不健全而引起的。

2. 症状

生后1周龄以内的犊牛出现下痢时，突然发病，排出白色水样下痢便，大多经2～3天即死亡。一般认为主要是由于大肠杆菌所引起，生后10日龄以内的犊牛症状较轻，多呈慢性经过。病初粪便呈水样，食欲减退或废绝，病情进一步发展出现鼻黏膜干燥、皮肤弹力下降、眼球凹陷等脱水症状。不久体温降低呈虚脱状态，并发肺炎等呼吸道疾病而死亡。一般认为犊牛的中毒性下痢90%以上是与大肠杆菌有关系的，其他大都是几种病毒混合感染。沙门菌引起的下痢，多见于生后2～3周龄的犊牛，其传染力极强，死亡率也高。其特征是突然发病、精神沉郁、食欲废绝，体温升高至40℃左右。排混有黏液和血液的下痢便，也有的引起脑炎，出现神经症状，由于严重的脱水和衰弱，经过5～6天而死亡。

3. 治疗

对发病的犊牛要立即隔离进行治疗，加强护理。

治疗原则：治胃整肠、促进消化、消炎解毒，防止脱水。

① 下痢脱水牛 葡萄糖生理盐水1000mL，25%葡萄糖液250mL，四环素75万国际单位，1次静注。

② 中毒性消化不良牛 5%碳酸氢钠液100mL，25%葡萄糖液200mL，生理盐水600mL，1次静注，每日1～2次，连续2～3天。

③ 伴有肺炎牛 氨苄青霉素80万国际单位，安痛定注射液10mL，1次肌注，每日2次，磺胺脒、碳酸氢钠各5.0g，灌服。

④ 下痢带血牛 氯霉素注射液10mL，肌注，每日2次，磺胺脒和碳酸氢钠各4g灌服。维生素K_3 4mL，肌注每日2次。

⑤ 犊牛下痢 要减少或停止喂饲牛奶，应经口内服电解质液。

4. 预防

在预防上要严格掌握以下几点：

第一，犊牛出生1h内必须喂初乳，初乳量可稍大，连喂3～5天以便获得免疫抗体；

第二，坚持“四定”“四看”“二严”。四定：定温，定时，定量，定饲养员；四看：看食欲，看精神，看粪便，看天气变化；二严：严格消毒，严禁饲喂变质牛奶。

第三，要保持犊牛舍清洁、通风、干燥，牛床、牛栏、运动场应定期用2%火碱水冲刷，褥草应勤换，冬季要做好防寒保暖工作。

二、犊牛水中毒

本病是犊牛大量饮水后排出红尿（血红蛋白尿）的一种疾病。出生6个月以后特别是断奶前后的犊牛极易发生。

1. 病因

犊牛具有一次大量饮水的习性，因为其瘤胃还不十分发达，肠道吸收过量的水分引起血管内溶血而引发本病。

2. 症状

排出红褐色的血红蛋白尿。体温呈一时性的下降，呼吸及脉搏数减少，继而腹部膨大，精神越来越沉郁，呼吸变得逐渐急促，病牛开始出现呼吸困难、流涎和流泡沫性鼻汁，继发轻度不安的症状。

重症牛临床表现精神高度沉郁、出汗、可视性黏膜苍白以及浑身发抖等症状。排泄水样便，排尿次数增多，尿量也逐渐增加。轻症的时候尿色呈淡红色，重症时尿色由黑褐色变为暗红色。轻症的病例除较轻的血红蛋白尿症状外，从外观上完全看不到异常状态。

3. 防治

首先要充分注意犊牛的饮水管理，每次的饮水量有必要控制在体重的8%以下。如果将食盐按0.4%～0.8%的比例加入水中，可起到预防本病发生的作用。

病初的牛可灌服5%食盐水600mL/100kg体重，或者静脉缓慢注射10%氯化钠溶液300mL，同时可注射20%安钠咖5～10mL。另外，可静脉或肌内注射2～4mL速尿注射液。以上的处置主要是使血液的渗透压恢复正常，使体内的水分向尿中排泄。

对于呼吸困难特别严重的病例，在进行上述治疗后，有必要同时进行输氧疗法。

单纯的血尿，如加强饲养管理，可于1～2天内痊愈，血尿自行消失，通常不引起犊牛不良后果。

三、脐炎

脐炎是犊牛出生后，脐带断端及周围组织感染细菌而发生的一种化脓性、坏疽性炎症。如治疗不及时或方法不当，可导致化脓、坏死，形成顽固性硬肿或化脓性脐炎，严重影响犊牛发育，甚至导致死亡。

1. 病因

① 接生或助产过早，用力不均匀，导致脐带过短。

② 牛舍环境差，杂菌滋生，导致脐血管发炎、肿胀。

③ 犊牛间互相舔吸脐带。

④ 维生素A缺乏，导致脐孔愈合慢。

⑤ 先天遗传因素。

2. 症状

发病初期不被注意，仅见犊牛食欲降低，消化不良，随病程延长，犊牛精神沉郁，体温升高至40～41℃，患犊多不愿走动。检查脐带可见脐带断端或脐周围湿润、肿胀。触诊脐部患犊疼痛，在脐带中央及其根部皮下，可以摸到如铅笔或手指粗的索状物，或流出带有臭味的浓稠脓汁。重症时，肿胀常波及周围腹部，脐部肿大像拳头大或皮球大，界限清楚。发生脐带坏疽时，脐带残段呈污红色，有恶臭味。除掉脐带残段后，脐孔处肉芽赘生，形成溃疡，常附脓性渗出液。如化脓菌及其毒素沿血管侵入肝、肺、肾及其他脏器，可引起败血症或脓毒血症。

3. 治疗

① 初期可在脐孔周围皮下分点注射普鲁卡因青霉素溶液，一日一次，连续3天。炎症表面涂碘酒消毒，一日二次。

② 如已形成脓肿，可切开排脓，按化脓创处理。排脓后先用双氧水冲洗，再用生理盐水冲洗干净，最后创口用碘酒消毒防感染。如此处理数日，直至伤口愈合。

③ 当有食欲不振、中毒时，可按标准量静脉注射10%葡萄糖溶液、10%葡萄糖酸钙溶液、维生素C等。下痢者，可内服磺胺脒、碳酸氢钠各5克，酵母片或健胃片5～10片，每日2次，连服2～3天。

4. 预防

产房、产圈应经常保持清洁干燥，垫草要勤换。分娩后，由脐带距离腹壁4～6cm处剪断，一手握脐根部，一手将脐带中的血水轻轻挤干，并用碘酊溶液将整个脐带浸泡1min，以防感染。加强对犊牛的护理，防止犊牛互相吸吮脐带。

四、新生仔畜窒息

新生仔畜窒息又称假死，指犊牛或羔羊出生后，出现呼吸微弱或呼吸停止，仅有心跳现象。如不及时抢救，往往死亡。

1. 病因

一般由于气体代谢不足或胎盘血液循环障碍所致。

① 分娩时胎盘过早分离脱离，胎膜破裂过晚，胎盘水肿，子宫痉挛收缩。

② 各种原因造成分娩时间拖延或胎儿产出受阻，胎儿倒生时脐带受到压迫，阵缩过强或胎儿脐带缠绕等。

③ 母畜患有严重热性病或贫血、过度疲劳、大出血、心力衰竭等病引起胎儿缺氧，使之过早呼吸而吸入羊水发生窒息。

④ 早产胎儿易发生。

2. 症状

① 轻者　仔畜呼吸微弱而短促，有时喘气或咳嗽，全身软弱无力，黏膜发绀，舌脱出口角，心跳快而弱。口鼻腔内充满黏液，肺部有湿啰音，喉、气管最明显。

② 严重者　呈假死状态，出生后即没有呼吸，全身松软，黏膜苍白，反射消失，仅有微弱心跳，如不及时治疗，很快死亡。

3. 诊断

新生仔畜呼吸微弱或丧失，但有心跳可确诊。

4. 治疗

关键是保持呼吸道通畅、刺激呼吸。

① 保持呼吸通畅　倒提仔畜，抖动或轻拍和按压胸腹部，同时用手或纱布擦去口鼻内的羊水、黏液，并抬高后肢，促使口腔、鼻腔及气管内的黏液流出，可用长胶管插入气管吸出其内黏液。

② 刺激呼吸　将其背部垫高，头部放低，有节律地按压仔畜的腹部，或者让其嗅闻氨水。呼吸衰竭者，可用25%尼可刹米注射液1.5mL皮下注射。

③ 纠正酸中毒　窒息缓解后，可静脉注射5%碳酸氢钠注射液50～100mL，为防止继发呼吸道感染，可应用抗生素。

5. 预防

在母牛分娩时及时进行合理助产仔畜护理，积极治疗原发病。对胎儿倒生、胎膜破裂过晚、胎儿产出期延长以及各种难产要及时助产。

【任务实施】

知识点学习

1. 犊牛腹泻
2. 犊牛水中毒
3. 脐炎
4. 新生仔畜窒息

技能训练二十五　犊牛健康监测

一、必备资源

犊牛疾病的相关图片、视频与案例；规模化奶牛场。

二、活动步骤

① 观察每头犊牛的被毛和眼神。喂乳接近犊牛时，健康的犊牛会双耳伸前，抬起头迎接饲养员，犊牛双眼有神，呼吸有力，动作活泼；而健康状态不良的犊牛则会低头，垂耳，两眼失神，没有活力。

② 每天两次观察犊牛的食欲以及粪便情况。观察刚刚排出的粪便可了解消化道的状态和饲养

管理状况。在哺乳期中犊牛若哺乳量过高，则粪便软，呈淡黄色或灰色；黑硬的粪便，则可能是由于饮水不足造成的；受凉时粪便多气泡；患胃肠炎时粪便混有黏液。正常犊牛粪便呈黄褐色，开始吃草后变干并呈盘状。

③ 查有无体内外寄生虫。

④ 注意是否有咳嗽或气喘。

⑤ 刚出生的犊牛心跳快，一般 120～190 次/min，以后逐渐减少，哺乳期犊牛 90～110 次/min。

⑥ 呼吸次数的正常值：犊牛 20～50 次/min，在寒冷的条件下呼吸数稍有增加。健康犊牛的呼吸方式为胸腹式，是在胸部和腹部的协调作用下完成的。在犊牛患肺炎时肺呼吸面积缩小，胸式呼吸加强，而且还伴有咳嗽、流鼻涕和眼泪等症状，应注意观察。

⑦ 留意犊牛体温变化。正常犊牛的体温为 38.5～39.5℃，当体温高达 40.5℃以上即属异常；当犊牛体温达 40℃时称微热，在 40～41℃时称中热，在 41～42℃时称高热。发现犊牛异常时应先测体温，并间断性多测几次，记下体温变化情况，这有助于对疾病的诊断。一般情况下犊牛正常体温是上午偏低，下午偏高，所以在诊断疾病时要加以鉴别。

⑧ 检查干草、水、盐以及添加剂的供应情况，检查饲料是否清洁卫生。

⑨ 通过体重测定和体尺测量检查犊牛生长发育情况。

⑩ 发现病犊应及时进行隔离，并要求每天观察 4 次。

【巩固训练】

一、案例题

案例一：某牛场一犊牛在 5 日龄时发病，患病犊牛初期表现体温升高至 41.5℃，精神沉郁，四肢无力，心跳加快，脉搏 126 次/min，肠音高亢，粪便中有未消化的乳凝块及饲料，粪便恶臭。随病情发展，病犊牛开始排黑色稀便，并带有血液。

案例二：某牛场一 3 月龄的病犊牛，出现精神沉郁，体温升高至 40～41℃，患犊多不愿走动，检查脐带可见脐带断端或脐周围湿润、肿胀。触诊脐部患犊疼痛，在脐带中央及其根部皮下，可以摸到如铅笔或手指粗的索状物，流出带有臭味的浓稠脓汁。呼吸与脉搏加快，脐带局部增温。

案例三：某牛场的奶牛分娩，产出的犊牛出现没有呼吸，反射消失，可视黏膜苍白，仅有微弱心跳，皮肤发绀。

案例四：某牛场一犊牛，脐部呈现局限性球形膨胀，质地柔软、紧张，在改变体位时该膨大部位内容物能还纳回到腹腔，当腹内压增大时，脐疝也增大。听诊膨大部位可听到肠蠕动音。

对以上案例进行分析，并诊断出是哪种疾病，开出处方或提出具体治疗措施，提出有效的预防措施。

二、简答题

1. 简述犊牛心跳、呼吸次数、体温变化规律。
2. 犊牛的被毛和眼睛观测要点有哪些？

【知识拓展】

新生犊牛腹泻、呼吸道疾病、感染性腹泻、脐带感染和球虫病

【任务考核】

任务四 常见产科疾病的防治

【任务目标】

掌握常见难产防治措施；掌握卵巢囊肿防治措施；掌握子宫内膜炎防治措施；掌握子宫阴道脱防治措施；掌握流产防治措施；掌握胎衣不下防治措施；掌握乳房炎防治措施；掌握产后瘫痪防治措施。

【必备知识】

一、难产

母畜在分娩过程中，由于产力、产道及胎儿异常的影响，不能顺利地通过产道将胎儿娩出，需要人工辅助或全靠人工将胎儿取出者，称为难产。发生难产时，若助产不及时或助产方法不当，可造成母仔双亡。即使母畜存活下来，也常常引起母畜生殖器官发生疾病。各种动物均可发生难产，其中以牛、羊较为多见。

1. 病因

引起难产的原因主要有母畜异常和胎儿异常两种。

（1）母畜异常

① 产力异常　常见于妊娠期间饲养管理不当、营养缺乏、使役过重、机体瘦弱或者临产前患有某些疾病，导致子宫肌或腹肌收缩无力而发生难产。

② 产道异常　软产道异常有子宫捻转、子宫颈狭窄、阴道及阴门狭窄等；硬产道异常主要见于骨盆腔狭窄。

（2）胎儿异常　主要见于胎儿过大、双胎难产、胎儿姿势不正、胎向不正和胎位不正等。

2. 症状

母畜超过预产期仍没有努责反应，或频频阵缩和努责、腹肌收缩、频频举尾，但仍不见胎儿产出。母畜外阴部肿胀充血，流有黏液和少量血液及胎粪，食欲减退或不食，反复起卧、疼痛不安。

3. 难产的检查

为了正确决定助产方法，事先必须仔细检查产道、胎儿及母畜全身状态，确定难产的原因及性质，以便做好助产前的准备工作及决定助产措施，才能使手术顺利进行，达到预期效果。

（1）病史调查　调查了解内容主要包括以下几点：

① 母畜是初产还是经产。一般初产母畜可考虑产道是否狭窄，胎儿是否过大。经产母畜绝大多数是由于胎向、胎位或胎势不正，或胎儿畸形、单胎动物的双胎怀孕等原因所引起的。

② 母畜怀孕是否足月或已超过预产期。

③ 分娩的开始时间，阵缩、努责的强弱及频率，是否破水，胎膜及胎儿是否露出，露出情况如何。

④ 母畜分娩前是否有过骨盆损伤、腹部外伤、阴道疾病及软骨病等。

（2）产道检查　首先清洗和消毒外阴部及术者的手臂，手臂涂液体石蜡后伸入产道。检查产道、盆腔是否狭窄，子宫颈口是否完全开张，有无扭转现象，产道是否干燥以及有无水肿和损伤等。

（3）胎儿检查　术者手臂伸入胎膜内，主要检查胎儿进入产道程度、正生或倒生、胎向、胎位、胎势及胎儿的死活等情况。

① 胎向　胎向即胎儿的方向。当胎儿纵轴与母体纵轴互相平行一致时，叫纵胎向。如胎儿的两前肢和头朝向产道为正生（纵前向）。胎儿的两后肢朝向产道为倒生（纵后向）。两者均为正常胎向。近于横卧或纵立于子宫内时，分别叫做横胎向或竖胎向，都是造成难产的胎向。

② 胎位　胎位即胎儿的位置。胎儿的背部对向母畜的背部为上胎位，是正常胎位。如果胎儿

的背部朝向母畜一侧腹壁或腹下，分别叫做侧胎位或下胎位，都可能造成难产。

③ 胎势　胎势即胎儿的姿势。正生时胎头及两前肢或倒生时两后肢伸直进入产道，是正常姿势。如果进入产道的头颈或四肢是弯曲的，则是异常姿势。

④ 胎儿的死活　判定胎儿的死活，对选择助产方法有重要意义。正生时可将手伸入胎儿口内，轻拉舌头，或牵拉前肢、轻压眼球，注意有无生理性活动反应。倒生时可牵拉后肢，或将手伸入肛门内，或触摸脐带血管，判定有无生理性活动。同时也要注意胎儿有无大量脱毛与气肿等现象。

（4）全身检查　对待难产的母畜，除检查产道及胎儿外，还应检查母畜的精神及营养状况、体温、脉搏、呼吸、结膜以及阵缩、努责的强弱等，以便掌握病情发展状况，决定助产方法和步骤，保证施行手术的安全性。

4. 难产助产的准备

动物发生难产以后，不能盲目地强行牵拉胎儿，强行牵拉容易给以后的助产工作带来困难，甚至造成母仔双亡。助产之前应做好以下准备工作：

（1）病畜准备　为了术者助产、矫正胎儿的操作方便，母畜应取前低后高的站立姿势，如不能站立可取侧卧保定，同时将后躯垫高。

（2）严密消毒　为了防止感染，施术前对场地、母畜外阴部、露出胎儿部分、助产器械及术者手臂等要进行严密消毒。手臂消毒后涂上液体石蜡再进行操作。

（3）润滑产道　对破水较早、产道干燥的母畜，要往产道内灌以适量的液体石蜡，以利引出胎儿，防止损伤产道。

（4）准备器械　根据助产方法的要求，准备好有关产科器械。如产科绳、产科梃、产钳及手术刀、手术剪等，并对器械进行消毒。

5. 难产的护理

难产虽然不是多发病，但是一旦发生，助产十分困难；若助产不当，一是易引起仔畜死亡，二是容易引起母畜子宫和产道损伤及感染，轻则该母畜的生产性能下降或不孕，严重时可危及母畜生命。因此，积极预防难产的发生，对于保障畜牧业的健康发展具有十分重要意义。

（1）加强对空怀母畜的饲养管理　青年母畜配种不可过早，以免影响母畜本身和胎儿的生长发育；空怀期间使役不要过重，发情时适时配种；及时治疗母畜各种疾病，尤其应注意对子宫及生殖道疾病的治疗。

（2）加强对妊娠母畜的饲养管理　妊娠期间要增加所需要的营养物质，以保证母畜和胎儿生长发育的需要。妊娠前期合理使役，产前 2 个月停止使役，但要牵遛或自由运动，这样有利于胎儿转为正常分娩时的位置和姿势及顺利分娩。

（3）做好临产检查　母畜的检查时间在从胎膜露出至胎水排出这一段时间。这一时期正是胎儿的前置部分刚进入骨盆的时间。

检查的方法是将手臂及母畜外阴部消毒后，把手伸入阴门，进行触诊。触诊的内容包括胎儿及产道，如胎儿及产道均正常，可等待它自然分娩；如果胎儿异常，应立即进行矫正，因为这时胎儿前置部分尚未进入骨盆腔，异常程度不大，胎水流失不多，产道及子宫润滑，比较容易矫正；如果产道异常，有发生难产的可能性时，应及时作好助产准备。

（一）产力性难产

母畜阵缩及努责微弱，分娩时子宫及腹壁收缩强度低、次数少、时间短和间歇长，以致不能将胎儿排出。此种难产多见于牛和羊，其发病率随年龄和胎次增加而增长。按分娩过程中发生时间的早晚，阵缩及努责微弱分为两种：分娩一开始就微弱者，叫原发性阵缩及努责微弱；开始分娩时正常，以后收缩力变弱的，称为继发性阵缩及努责微弱。

1. 病因

原发性阵缩及努责微弱原因很多。例如怀孕末期，尤其是在分娩之前孕牛内分泌功能紊乱，雌激素、前列腺素分泌不足，或孕酮量过多，或分娩时催产素分泌不足；怀孕期间饲养管理不当，营养不良，使役过度，运动不足等；孕牛患有某些全身性疾病（如创伤性网胃炎及心包炎、前胃弛缓等）；胎儿过大或胎水过多使肌纤维过度伸张而引起子宫壁过薄；腹壁下垂、腹壁疝、腹膜炎以及子宫和周围组织粘连等，都可引起阵缩及努责无力。低血钙时也容易发生阵缩微弱。

继发性阵缩及努责微弱大多继发于难产，开始分娩时子宫及腹壁的收缩正常，分娩时间过久，因过度疲劳致使阵缩和努责微弱甚至完全停止。

2. 症状及诊断

特征性症状是分娩时阵缩及努责微弱，不能将胎儿排出。

（1）原发性阵缩及努责微弱　母畜怀孕期满，分娩预兆也已出现，但努责次数少、时间短、力量弱，长久不能将胎儿排出。检查产道，子宫颈口开张不全，可摸到未破的胎囊或胎儿的前置部分。

（2）继发性阵缩及努责微弱　母畜分娩开始阵缩及努责正常，且逐渐增强，但不见胎儿产出，以后由于母畜过度疲劳，阵缩及努责逐渐变弱或停止。产道检查，子宫颈口开张，胎儿停留在子宫或产道内，并发现胎儿姿势或产道异常。

3. 助产

（1）牵引拉出胎儿　确认子宫颈口已全开，胎势无异常，可按一般助产方法迅速拉出胎儿。胎囊未破的做人工破水，胎势异常的经矫正后拉出。子宫颈口开张不充分，对牛可通过直肠按摩子宫，以促使子宫颈开张和子宫收缩，然后使用牵引术。

（2）催产　一般对牛尽可能不用药物催产。（在羊确认子宫颈口已全开张，胎势正常，手或器械又不能达到胎儿前置部时，可使用子宫收缩剂。常应用垂体后叶素或催产素注射液，但给羊注射前，必须确认子宫颈已开张，胎儿的方向、位置和姿势均正常，骨盆无狭窄或无其他异常，方可使用，否则可能造成子宫破裂。如因低血钙症引起阵缩及努责微弱，可静注葡萄糖酸钙注射液。）

（3）继发性　可按难产的助产原则，尽快除去原因，拉出胎儿。

当上述措施无效，不能拉出胎儿时，可施行剖宫产手术取出胎儿。

4. 护理

对怀孕母畜要合理饲养管理，注意饲料品质和数量，后期要减轻使役，适当加强运动，以增强其体力。分娩时如发现进展缓慢，产道或胎儿异常，应及时采取措施。

（二）产道性难产

子宫颈狭窄是软产道狭窄中较为常见的一种。主要发生于牛和羊。因牛、羊子宫颈肌层较厚，需要较长时间才能软化松弛，如阵缩过早或早产，就可引起子宫颈扩张不全。其次，子宫颈收缩、子宫颈炎及子宫颈肿瘤，可造成子宫颈不能扩张。

1. 诊断

母畜具备分娩征兆和正常的阵缩及努责，但不见胎膜及胎儿的排出。产道检查，可发现子宫颈稍开张，仅能伸进几指或一拳，子宫颈松软不够，有时发现子宫颈完全闭锁。由于努责，颈口外部向阴道突出成半球形的盲囊，有时伴随阴道脱出。触摸盲囊时，有波动而富弹性，并可摸到胎儿的蹄，但摸不到绒毛膜及胎盘。

2. 助产

对于子宫颈扩张不全，宜稍等待子宫颈自行扩张，再助产慢慢拉出胎儿。但须时时检查子宫颈扩张的程度，以便决定拉出胎儿的时机。必要时可试行扩张子宫颈，先用45℃温水灌注子宫颈，并热敷荐部，然后术者用一至二指乃至全手指逐次扩大子宫颈口，当扩张到一定程度时，再缓慢地强行拉出胎儿。如颈口开张很小，扩张困难或宫颈闭锁，应及早剖腹取胎。

分娩过程中，软产道及胎儿均正常，而盆腔的大小和形态异常，致使胎儿不能产出，叫盆腔狭窄。主要由于盆腔发育不全（见于过早配种的母牛）或骨盆骨折、骨裂引起骨盆变形及骨质异常增生所造成。

（三）胎儿性难产

[胎儿过大]

1. 诊断

母畜产道无狭窄现象，而胎向、胎位及胎势也正常，只发现胎儿体躯过大，充塞于产道而不能产出。

2. 助产

助产方法主要是强行拉出胎儿，在拉出前先向产道内注入液体石蜡或温肥皂水，以润滑产道。

（1）正生时，先用两条产科绳分别缚住胎儿两前肢系部，并交给助手，术者手握住胎儿下颌（如死胎可用产科钩钩住两眼眶），然后趁母牛努责的同时，以缓力强行拉出胎儿，在强拉时助手配合交替拉两前肢，并转动两前肢，使胎儿肩胛骨与盆骨围呈斜向通过母牛盆腔，方能拉出胎儿。严禁过快过猛，以免拉断前肢。

（2）倒生时，拉两后肢的方法与正生相同。即使两侧髋结节及膝关节之间的连线成为斜的。如胎儿的后躯受到母体盆骨入口侧壁的阻碍，可扭转胎儿后肢，使臀部成为侧立（变为侧胎位）即可容易拉出。因母牛盆腔的垂直径通常比胎儿臀部最宽的两髋结节要大，所以这样扭转以后，容易通过。

（3）无论是正生或倒生，不能强行拉出时，可考虑采用剖宫产手术或截胎术取出胎儿。

（羊的胎儿过大，可用手拉出。正生时，术者的手伸入产道握住整个胎头拉出。倒生时，则用食指、中指和无名指夹住两个跗关节上部，并用手握住跖部拉出胎儿。）

［双胎难产］

母牛在分娩时，两个胎儿同时进入产道，都不能通过，造成的难产，叫双胎难产。也见于羊怀双胎时。

1. 诊断

两个胎儿多数是一个正生、一个倒生（也有两个都是正生成倒生的），产道检查可能发现一胎头和长短不齐的四条腿，其中两个蹄底向下，两个向上。亦可发现两个胎头或只是四条腿。由于两个胎儿挤入产道深度及先后的不同，头和四肢的姿势及胎儿位置往往也有异常，因此，产道检查时必须仔细触摸，分辨清楚，同时也要注意双胎畸形、腹部前置的竖向及横向区别开来，才能作出正确诊断。

2. 助产

原则上是先推回一胎儿，再拉出另一胎儿。助产时首先要分清肢体各属于那个胎儿的，并用附有不同标记的产科绳，分别缚好两胎儿的肢体，以免推拉时发生错误。然后术者用手推回里面的或下面的胎儿，助手配合术者趁势拉出就近的或上边的胎儿，拉出一胎儿后，再拉另一个胎儿。如伴有胎势不正，影响推回及拉出时，须先行矫正再推回或拉出。

［头颈姿势异常］

分娩时两前肢虽已进入产道，但头颈姿势异常，常有头颈侧转，胎头下弯、胎头后仰和头颈扭转等，以头颈侧转、胎头下弯最多见。

1. 病因

主要由于胎儿的活力不够旺盛，分娩过程中缺乏应有的反应，头颈未能伸直，或者是子宫收缩急剧，胎膜过早破裂，胎水流失及阵缩微弱无力等，胎头未能以正常姿势进入产道。另外，分娩过程中，头部未进入产道之前，过早地单独拉动前腿，亦可使头部姿势发生异常。

2. 诊断

从阴门伸出一长一短的两前肢，不见胎头露出。产道检查，可在盆腔前缘或子宫内摸到转向一侧的胎头或胎颈，通常是转向伸出较短前肢的一侧。

3. 助产

根据侧转程度的不同，可采用以下助产方法：

（1）徒手矫正法　手伸入产道握住胎唇或眼眶，稍推退胎头的同时就可拉正胎头进入盆腔。亦可用手推胎儿的颈部使产道腾出一些空间后，趁势立即握住胎儿的下颌或颈部拉正胎头，而后牵引两前肢缓慢拉出胎儿。

（2）器械矫正法　主要用产科绳套住胎儿的下颌或颈部进行拉正。方法是在术者右手的中间三指套上单绳套带入子宫，将绳套套在胎儿的下颌拉紧，术者用拇指和中指捏住两眼眶或握住唇部向对侧压迫胎头，推动胎儿的同时，助手拉绳，两人配合，即可拉正胎头。也可用双绳套，方法是将绳折叠为二，折叠处借导绳器带入子宫，将绳套绕在胎儿颈部后拉出产道外，将两绳端穿于绳套内后拉紧至颈部，然后再将颈上的双绳套的一股，用手推移越过耳朵滑至胎儿颜面部或口角内，术者用手或产科梃推胎儿的颈部，趁腾出空隙的瞬间，助手拉绳，即可拉正胎头。

当胎儿死亡时，可用产科钩钩住眼眶或耳道，用手保护住，在推进胎儿的同时，由助手协助拉正，较为方便。

(3) 颈部截断法 当操作困难无法矫正时，可采用线锯或绞断器将颈部截断，分别取出胎头及胎体。方法是按线锯或绞断器的使用方法，将锯条或钢制绞绳套住颈部，锯管或钢管前端抵在颈的基部，将颈部锯断或绞断，而后分别取出。

[前肢姿势异常]

前肢姿势异常可能由于胎儿对分娩缺乏应有的反应，颈口开张不充分，或阵缩过强所引起。分腕关节屈曲、肩肘关节屈曲、肩关节屈曲及足顶位等，以腕关节屈曲较多见。

腕关节屈曲

1. 诊断

一侧腕关节屈曲时，在阴门上可看到一前蹄。两侧腕关节屈曲，两前蹄均不伸出产道。产道检查，可摸到正常的胎头和一或二前肢屈曲的腕关节。

2. 助产

依屈曲情况可选用以下几法：

① 术者用产科梃抵于胎儿胸前与不正肢之间交给助手推入胎儿，此时术者用手握住屈曲肢的掌部，尽力一面往里推，一面往上抬，趁势下滑握住蹄子，将蹄子拉入产道。

② 术者用单绳套套在系部或借导绳器将绳带入子宫绕在系部，术者一手拉绳，一手握掌骨上部向上并向里推的同时，另一手拉动系部绳子（或由助手拉动），当拉到一定程度时，可转手拉蹄，协力拉正前肢。

③ 当胎儿较小，矫正又有困难时，可将屈曲的腕关节尽力推回子宫内，使其变成肩关节屈曲，然后拉头及正常肢，也可能将胎儿拉出。

④ 如胎儿死亡或屈曲的腕关节挤在产道，不能拉出时，可截断腕关节。方法是用导绳器将锯条带入产道或子宫内，绕过屈曲的腕关节，按线锯操作方法将其锯断，先取出截断的部分，然后把断端包好，再把胎儿拉出。

肩肘关节屈曲

胎儿前肢未充分伸直，肘关节呈屈曲状态，肩关节也因此而屈曲，致使胸部体积增大，产出困难，叫肩肘屈曲。

1. 诊断

一前蹄或两前蹄（一侧或两侧屈曲）位于胎儿颌下，未伸至唇部之前，并可摸到肘关节屈曲位于肩关节之下或后方。

2. 助产

先用绳缚好屈曲肢的系部，术者用手推肩关节，或用产科梃抵于肩端与胸壁之间，用力推动胎儿的同时，由助手往外牵拉绳子，即可将屈曲肢拉直。

肩部前置

1. 诊断

产道内可摸到胎头及一前肢或两前肢前置的肩关节，该肢肩端以下位于胎儿腹侧或腹下。

2. 助产

① 先用产科梃推入胎儿，并用手握住腕或臂部下端，尽力向上抬并向外拉，使之变成腕关节屈曲；也可借导绳器将绳缚在前臂下端，在推动胎儿的同时，由助手牵绳将其拉成腕关节屈曲。以后再按腕关节屈曲的助产方法进行矫正。

② 如仅为一前肢肩部前置，胎儿又不太大，可用绳系住正常肢及胎头，不加矫正，有时可能拉出胎儿。

③ 当无法矫正，又不能拉出，且胎儿已死亡时，可行截胎术，截除一前肢。方法是用隐刃刀或指刀沿肩胛骨的背缘做一深而长的切口，切进皮肤和肌肉或软骨，用导绳器把锯条绕过前肢和躯干之间，锯条放在切口内，装好线锯，再把锯管前端抵在肩关节和躯干之间，锯下前肢，然后分别取出。

[后肢姿势异常]

倒生有跗关节屈曲和髋关节屈曲两种，以一后肢或两后肢的跗关节屈曲较多见。

1. 诊断

一肢跗关节屈曲时，从产道伸出一蹄底向上的后肢。产道检查，可摸到尾巴、肛门及屈曲的跗关节。两侧肢跗关节屈曲时，阴门处什么也看不见，可摸到尾巴、肛门及屈曲的两个跗关节。

2. 助产

(1) 先用产科绳缚住后肢系部，用产科梃抵在胎儿尾根与坐骨弓之间往里推胎儿，助手用力向上向外拉绳子，术者借此时机顺次握跖部乃至蹄部，尽力上举，将屈曲肢拉入产道，最后拉出胎儿。

(2) 如跗关节挤入产道较深，且胎儿又不大，可把跗关节推回子宫，使其成为髋关节屈曲，再用绳子分别套绕在两后肢的基部，然后拉正常肢及两后肢的绳子，有时可能拉出胎儿。

[胎位、胎向异常]

胎位异常：有侧胎位及下胎位两种。

1. 诊断

侧胎位分正生与倒生两种。即进入产道的两蹄底朝向左侧或右侧。产道检查，可发现胎儿背部朝向母体的腹侧。正生时可摸到头及颈。倒生时可摸到胎儿的尾巴及肛门。

下胎位是胎儿仰卧于子宫及产道内，分正生与倒生两种。正生时两前蹄蹄底向上，头颈屈曲于盆骨入口处，可摸到胎唇及颈。或两前肢与头颈屈曲于盆骨入口前。倒生时蹄底朝下，可摸到尾巴及肛门。

2. 助产

胎位异常助产的原则，必须把胎儿翻转成上胎位或轻度侧胎位，方能拉出胎儿。拉前先用绳缚好两前肢，倒生时缚好两后肢。术者用手拉下颌（下胎位时要将胎儿推回子宫）或握住适当位置的同时，由两名助手向一个方向翻转两前肢或两后肢，三人协力配合，使之转为上胎位或轻度侧胎位，再拉出胎儿。

胎向异常：分为纵腹向、横腹向、纵背向及横背向四种，一般很少发生。

1. 诊断

纵腹向是胎头及两前肢进入产道，同时两后肢也进入产道，呈犬坐姿势，腹部向产道。横腹向是胎儿横卧于子宫内，腹部对盆腔入口，四肢同时挤入产道。

纵背向及横背向均是胎儿背部呈竖的或横的朝向盆腔入口，为犬坐及横卧姿势，胎儿的腹部及四肢朝向母牛头部。

2. 助产

胎向异常的矫正比较困难，往往由于助产时间过长，易造成胎儿死亡，还达不到救助的目的。所以最好考虑及早施行剖宫产手术。

二、卵巢囊肿

由于某些因素使卵巢排卵机能和黄体的正常发育受到扰乱，而形成卵巢囊肿。卵巢囊肿可分为卵泡囊肿和黄体囊肿两种。

卵泡囊肿是由于卵泡上皮变性，卵泡壁结缔组织增生变厚、卵细胞坏死、卵泡液未被吸收或者增多而形成的。黄体囊肿是由未排卵的卵泡壁上皮细胞黄体化而形成的，因而又称黄体化囊肿。卵巢囊肿常见于各种家畜，而牛较为多见。卵巢囊肿以卵泡囊肿居多，黄体化囊肿约占25%。

1. 病因

一般认为卵巢囊肿是由于控制卵泡成熟和排卵的神经内分泌机能发生紊乱所致。垂体前叶所分泌的促黄体素（LH）和促卵泡素（FSH）均受丘脑下部促性腺激素释放激素（GnRH）的调节，当其发生紊乱时，可因分泌的LH不足或FSH过多，而使卵泡过度增大，不能正常排卵而形成囊肿；有时也可使卵巢不断产生新的卵泡而形成小囊肿，黄体的正常发育受到扰乱。

从实践中观察到，下列因素可能影响排卵：

（1）促黄体素分泌不足　排卵前或排卵时LH的释放量不足。

（2）医源性原因　大剂量或小剂量长期应用雌激素制剂，可干扰正常的LH释放而发生卵巢囊肿。

（3）饲养管理不当　饲料中缺乏维生素或者摄取含雌激素过多的饲草，如三叶草、豌豆、青贮料及苜蓿草等，可发生卵巢囊肿。配种季节使役过重，长期发情而不配种，卵泡可变为囊肿。

（4）卵巢炎　各种原因引起卵巢炎时，使排卵受到扰乱，也可伴发卵巢囊肿。

（5）遗传因素　在某些品种的品系中，卵巢囊肿呈明显的家族性发生，淘汰具有卵巢囊肿素质的公牛和母牛，牛群中该病的发病率显著下降。

（6）气候因素　在卵泡发育过程中，气候突然变化，可发生卵巢囊肿。奶牛在寒冷季节比温暖季节多发。

2. 症状及诊断

卵泡囊肿和黄体化囊肿的临床表现正好相反。前者是发情表现过分强烈，后者是不发情。卵泡囊肿时，由于分泌过多的FSH，使发情周期变短，发情期延长，甚至持续表现强烈的发情行为，在牛可成为慕雄狂。母牛表现高度性兴奋，哞叫不安，追逐或爬跨其他母牛，久之食欲减退，消瘦，因盆腔韧带松弛，尾根与坐骨结节间形成明显凹陷。虽然发情表现明显，但屡配不孕。黄体化囊肿时，由于分泌的LH不足，黄体的正常发育受到扰乱，使未排卵的卵泡壁上皮细胞黄体化，长期存在于卵巢中，且能分泌孕酮，使血浆孕酮的浓度升高，因而母牛长期不发情。

对于牛可通过直肠检查，根据卵巢的变化进行确诊。当发生卵泡囊肿时，可以摸到卵巢上有一个或数个泡壁紧张而有波动的囊泡，间隔2～3天再次检查，若为正常卵泡届时消失，若为囊肿卵泡则长期存在。黄体化卵泡比正常卵泡大1～3倍，多次检查，依然存在；若超过一个发情周期，再次检查结果相同，母牛长期不发情，即可确诊。

3. 防治

治疗卵巢囊肿首先应清除病因，从改善饲养管理及使役制度着手，增喂所需饲料，特别是含有维生素的饲料，更为重要。这样做不仅可以使囊肿自行消散，而且治愈后不易复发。对于舍饲高产奶牛可以增加运动，减少挤奶量；对于役用牛要减轻使役。

（1）激素疗法　包括促性腺激素、性腺激素、肾上腺皮质激素及局部激素等。常用制剂有以下几种：

① 绒毛膜促性腺激素　牛1000～5000IU肌内注射，一般用药后1～3天外表症状逐渐消失。

② 黄体酮注射液　牛50～100mg一次量肌内注射，每天或隔天注射一次，连用2～7次。

③ 促性腺激素释放激素　牛0.5～1.0mg肌内注射，对卵巢囊肿疗效较好。于产后第12～14天给母牛注射可预防囊肿发生。

④ 促黄体激素　肌内注射100～200IU。对卵泡囊肿和黄体囊肿都可应用，一般用药1周以后，症状可逐渐消失。15～30天可恢复正常发情周期，如无效可稍加大剂量，再次用药。

⑤ 糖皮质激素　地塞米松磷酸钠注射液肌注或静脉注射，牛5～20mg。

（2）激光疗法　激光照射阴蒂部，有一定效果。

（3）电针疗法　对卵巢囊肿也有一定作用。

（4）中药疗法　以破血逐瘀、温经理气为治疗原则。常用大气汤加减。

① 处方　三棱30g、莪术30g、桃仁25g、红花20g、香附40g、益母草50g、青皮30g、陈皮30g、肉桂15g、甘草15g。

② 用法　水煎取汁，候温灌服；或共为末，开水冲，候温灌服。隔日一剂，连用2～3剂。

三、子宫内膜炎

子宫内膜炎是子宫黏膜的炎症病变。本病是常见的母牛生殖器官疾病，是造成母牛不育的主要原因之一。可分为急性和慢性两种。急性子宫内膜炎多发生于产后，因子宫黏膜受到损伤和感染而发病，多数伴有全身症状；慢性子宫内膜炎多由急性子宫内膜炎转变而来，炎症变化一般局限于子宫黏膜，通常无全身症状。

1. 病因

子宫内膜炎可分为原发性和继发性两大类。

(1) 原发性子宫内膜炎　配种、人工授精、产道检查、分娩及难产助产时消毒不严，操作方法不当，生殖道损伤之后，细菌侵入而引起发病；另外，饲养管理或使役不当，机体抵抗力下降时，生殖道内存在的非致病性细菌乘机大量繁殖，亦可引起发病。

(2) 继发性子宫内膜炎　常继发于产道损伤、阴道炎、子宫弛缓、胎衣不下、子宫脱出、难产、子宫复旧不全及流产。此外，结核、布鲁菌病、副伤寒等传染病也常并发子宫内膜炎。引起子宫内膜炎的病原微生物很多，主要有大肠杆菌、链球菌、葡萄球菌、棒状杆菌、变形杆菌、嗜血杆菌等；有些病例还见有霉形体、牛腹泻病毒、胎儿弧菌、滴虫及马的沙门菌等感染。

2. 症状

(1) 急性子宫内膜炎　一般发生在产后或流产后，患牛拱背、努责、常将尾根举起，从阴门排出灰白色混浊的黏液性或黏液脓性分泌物，卧下时排出量增多。患牛精神沉郁，体温升高，食欲减少，反刍减少或停止，并伴有轻度瘤胃臌气。

阴道检查时，子宫颈稍开张，外口充血肿胀，常流出炎性分泌物。直肠检查时，可感到子宫角增大，疼痛，呈面团样，有时波动。严重时流出含有腐败分解组织碎块的恶臭液体，并有明显的全身症状。

(2) 慢性子宫内膜炎　根据炎症性质可分为卡他性、卡他性脓性和脓性三种。

① 慢性卡他性子宫内膜炎　病牛性周期紊乱，有的虽然正常但屡配不孕，卧下或发情时常从阴门排出较多混浊带有絮状物的黏液。阴道检查时子宫颈外口黏膜充血肿胀，并有上述黏液。直肠检查时感到子宫壁肥厚。

② 慢性卡他性脓性及脓性子宫内膜炎　病牛性周期紊乱，屡配不孕，有时并发卵巢囊肿。阴道内存有较多的污白色或褐色混有脓汁的分泌物，或从阴道排出带有臭味的灰白色或褐色混浊浓稠的脓性分泌物。

阴道检查时，子宫颈外口松弛，充血肿胀，有时发生溃疡。直肠检查时感到子宫壁厚度和硬度不均，有时还出现波动部位。

有的由于子宫颈黏膜肿胀和组织增生而狭窄，脓性分泌物积聚于子宫内，称为子宫积脓。如卡他性渗出物不得排出，积聚于子宫内，称子宫积液。病牛常伴有精神不振，食欲减少，逐渐消瘦，体温有时升高等轻微的全身症状。隐性子宫内膜炎呈慢性经过时，患病牛无明显症状，发情周期正常，但屡配不孕。

3. 诊断

患子宫内膜炎的动物，一般症状比较明显，不难作出诊断。隐性子宫内膜炎，因无明显症状，较难诊断，可用实验室诊断方法进行确诊。

(1) 子宫回流液检查　冲洗子宫，镜检回流液，若发现脱落的子宫黏膜上皮细胞、白细胞或脓球，即表明子宫内膜有炎症。

(2) 发情时分泌物检查　发情时取分泌物2mL，置洁净的试管内，加入等量4%氢氧化钠液，煮沸冷却后无色为正常，呈微黄色或柠檬黄色为阳性。

(3) 分泌物生物学检查　将一载玻片加温至38℃，在玻片不同部位各滴一滴精液，其中一滴加被检分泌物，另一滴作对照。然后镜检精子活动情况，精子很快死亡或凝聚者为阳性。

4. 防治

治疗原则是增强机体的抵抗力，消除炎症及恢复子宫机能。

(1) 改善饲养管理　给予富有营养和含维生素的全价饲料，适当加强运动和放牧，提高机体抵抗力，促进生殖机能的恢复。

(2) 冲洗子宫　使用防腐剂冲洗子宫，清除子宫内的渗出物，消除炎症，是治疗急、慢性子宫内膜炎的有效疗法之一。

除在产后冲洗牛的子宫以外，最好在发情时进行。必要时事先可肌内注射己烯雌酚或苯甲酸雌二醇 20～30mg，促使子宫颈松弛开张后，再行冲洗。药液温度最好在 35～45℃，能增强子宫的血液循环。量不宜过大，压力不宜过强，一般每次进量 500～100mL，反复冲洗，直至排出的液体变为透明为止。冲洗后必须排净子宫内液体，以免引起子宫弛缓或感染的扩散。

① 急、慢性卡他性子宫内膜炎　每天可选用 0.1%高锰酸钾熔液、0.1%雷佛奴尔溶液、1%～2%等量碳酸氢钠盐水或 1%氯化钠溶液，反复冲洗子宫，直至排出透明液体为止。排净药液后，向子宫内注入抗生素溶液，每日冲洗一次，连用 2～4 次，有良好效果。

② 隐性子宫内膜炎　在配种前 1～2h 用生理盐水、1%碳酸氢钠盐水或碳酸氢钠糖溶液（氯化钠 1g、碳酸氢钠 3g、葡萄糖 90g、蒸馏水 1000mL）300～500mL，加入青霉素 40 万国际单位，冲洗子宫；或于配种前直接向子宫内注入抗生素溶液，可提高受胎率。

③ 慢性卡他性脓性及脓性子宫内膜炎　可用碘盐水（1%氯化钠溶液 1000mL 中加 2%碘酊 20mL）3000～5000mL 反复冲洗。此外，也可用 0.02%新洁尔灭溶液、0.1%高锰酸钾溶液冲洗子宫。当子宫内分泌物腐败带恶臭味时，可用 0.5%煤酚皂或 0.1%高锰酸钾溶液冲洗子宫，但次数不宜过多。以后根据情况再采用其他药液冲洗。

④ 对病程较久的慢性病例　可用 3%～5%氯化钠溶液冲洗子宫，然后再按一般方法冲洗；也可用 3%过氧化氢溶液 200～500mL 冲洗。经过 1～1.5h 后，再用 1%氯化钠溶液冲洗干净，而后向子宫内注入抗生素。上述两法一般只用一次，必要时可用第二次。

(3) 注入药液　一般在冲洗后，均要向子宫内注入抗生素，增强抗感染的能力。如子宫内渗出物不多，也可不进行冲洗，直接向子宫内注入 1∶(2～4) 碘甘油（液体石蜡也可）溶液 20～40mL、等量的液体石蜡复方碘溶液 20～40mL、磺胺石蜡混悬液（磺胺 10～20g、液体石蜡 20～40mL）以及抗生素等，有良好效果。

(4) 激素疗法　对产后患子宫内膜炎的动物，可肌注催产素或麦角新碱，促进炎性产物排出和子宫复原。催产素用量：牛 20IU，羊 10IU，每天注射一次，连用 3 天。对有炎性渗出物蓄积的患畜，每 3 天注射一次雌二醇 8～10mg，注射后 4～6h 再注射催产素 10～20IU。

(5) 生物疗法　将乳酸杆菌接种于 1%葡萄糖肝汁肉汤培养基中，37～38℃培养 72h，使 1mL 培养物中含菌 40 亿～50 亿，吸取 4～5mL 注入病牛子宫，经 11～14 天可见症状消失，20 天后可恢复正常发情和配种。

(6) 全身疗法　当病畜伴有全身症状时，宜配合抗生素和磺胺疗法，并注意全身变化，进行对症治疗。据报道，应用氦氖激光照射阴蒂，配合洗涤子宫，注入抗生素溶液治疗慢性子宫内膜炎，可取得良好效果。

5. 护理

怀孕母牛应给予营养丰富的饲料，适当运动，增强机体的抗病能力。人工授精时，必须遵守无菌操作规则进行，否则易使母牛遭受感染。在分娩接产及难产助产时，必须注意严格消毒。患有生殖器官炎症的病牛在治愈之前，不宜参加配种。对分娩后母牛的栏舍，要保持清洁、干燥，预防子宫内膜炎的发生。

四、子宫阴道脱

子宫阴道脱包括子宫脱和阴道脱。子宫角前端翻入子宫腔或阴道内，称为子宫内翻，或叫子宫套叠；子宫全部翻转脱出于阴道内及阴门外，称为子宫脱出。严重病例，子宫颈甚至部分阴道也随之脱出于阴门之外。阴道壁全部或一部分脱出于阴门之外，称为阴道脱出。前者称为完全脱出，后者称为不完全脱出。

（一）子宫脱

本病多发生于产后数小时内，产后1天之后发病者极为少见。牛（尤其奶牛）多发，羊也常发生。如若发生，常在分娩时随胎儿一起脱出。

1. 病因

子宫内翻及脱出是由于产后不久，子宫肌和子宫阔韧带紧张性降低，加之强力努责及外力牵引所致。怀孕母牛产仔过多及衰老、营养不良、运动不足，使子宫弛缓无力；胎儿过多、过大、怀双胎，可使子宫过度扩张导致产后子宫肌弛缓及子宫阔韧带松弛收缩不全；分娩时产道及子宫受到过强刺激，发生急性炎症及水肿，或者发生严重损伤；产后继续强力努责；当脐带过短而且较坚韧的情况下，易在产出胎儿的同时，将子宫牵拉翻转；助产方法不当也容易引起子宫脱出。如助产时未配合母牛，在阵缩的间歇期急速将胎儿抽出，使子宫腔内压突然降低，同时由于腹压很大，容易使子宫脱出；或者发生难产时，分娩时间过长，母牛体力消耗过大，导致机体衰弱，子宫肌弛缓，产道干涩，胎儿与产道壁摩擦力增大，此时若强行牵拉胎儿，往往在拉出胎儿的同时，将子宫牵拉脱出；亦有当胎衣不下时，在胎衣上系以重物，或人工用力牵拉，再加上母牛努责，可使子宫被牵引脱出。

2. 症状

子宫内翻及脱出是同一病理过程的两种表现，只是发生的程度轻重不同。

（1）子宫内翻　多见于牛，牛多发生在子宫孕角侧。牛发生子宫内翻时，表现轻度不安，频繁举尾，努责，食欲及反刍减少或停止。产道检查可发现子宫角套叠于子宫、子宫颈或阴道内。患牛卧下时，可看到阴道内的子宫角。若内翻的子宫角未能恢复原位，又未及时发现和治疗，病牛可发生浆膜粘连、坏死性或败血性子宫炎，从阴道流出污红色发臭的液体，并出现明显的全身症状。

（2）子宫全脱出　可见到子宫脱出于阴门之外。牛、羊脱出的子宫悬垂于阴门之外，似囊状，柔软，初期为红色，如胎衣已脱离，可看到黏膜上有许多大小不等暗红色的子叶，极易出血。

牛的母体胎盘为圆形或长圆形，如海绵状；绵羊的为浅杯状；山羊的为圆盘形。子宫脱出后血液循环受阻，脱出的子宫暴露过久，子宫黏膜及胎盘会发生瘀血、水肿、坏死，冬季常因冻伤而发生坏死，或者继发腹膜炎、败血症。还有的出现排尿困难和腹痛症状等变化，甚至表现出严重的全身症状。

3. 防治

以尽早还纳子宫、抑菌消炎、防止继发感染为治疗原则。

（1）子宫内翻　应立即整复，手臂消毒涂油后伸入阴道及子宫内，轻轻向前推压套叠的子宫角，或将并拢的手指伸入套叠部的凹陷内，左右摇动向前推送，并使展平，当感觉到子宫壁收缩变厚而体腔变小时，说明子宫已经复位。

（2）子宫脱出

① 保定　牛如能站立，使其后肢站于高处，前肢站于低处，并用绳子固定两后肢，以防蹴踢。发生子宫脱的病牛，大多数不愿或不能站立，这时可用粗绳将臀部及后肢捆紧，将后躯抬高。

② 清洗　先用消毒液充分清洗子宫、外阴及尾根区，除去子宫上黏附的污物及坏死组织，再用2%明矾水冲洗，然后涂上抗生素药膏。子宫黏膜有较大伤口时应进行缝合。

③ 硬膜外麻醉　牛用2%～3%的盐酸普鲁卡因注射液20～30mL；羊用1%盐酸普鲁卡因注射液5～10mL。做腰荐硬膜外腔麻醉。

④ 整复子宫　有下述两种方法：

a. 从子宫基部开始整复法　助手将子宫托至与阴门同高或稍高，术者两手的手指并拢，趁患牛不努责时，依次将阴道壁、子宫颈、子宫体和子宫角送入骨盆腔，然后术者将手握拳，把子宫推入腹腔，并矫正位置，使其展开。此后，将手臂在子宫内停留几分钟，待患牛不努责时，缓缓将手抽出。

b. 从子宫角开始整复法　助手将子宫托起，术者用拳头伸入脱出的子宫角凹陷内，趁患牛不努责时，轻轻用力向骨盆腔内推送。其后操作方法与子宫基部开始整复法相同。整复后向子宫内撒入抗生素，必要时肌内注射子宫收缩剂。整复完了将母牛系于前低后高的地面上，注意看护。如母牛仍有努责，为防止再脱出，可在阴门上做2～3个钮孔缝合，2～3天后母牛不努责时，再拆除缝线。同时注意观察全身反应及子宫变化，随时采取对症治疗。

⑤ 如果子宫脱出时间较长，发炎、水肿、坏死现象严重，或者患牛强烈努责，无法整复时，可手术切除子宫。

将患牛横卧保定，用消毒液彻底清洗脱出的子宫，施行腰荐硬膜外腔麻醉，然后认真检查脱出的子宫腔内有无肠管及膀胱，有则先将它们送回原位。在距子宫颈10～15cm处用绳索作一双套结缚在子宫上，在结扎线的前方用普鲁卡因肾上腺素做局部浸润麻醉，把结扎线分3～5次扎紧，每次间隔5min，这样既不至于将子宫勒断，又可将子宫束紧，达到完全止血的目的。然后分别将子宫阔韧带上及子宫上的粗大血管进行结扎，在距结扎子宫线的后方5cm处，将子宫切除，断端先做全层连续缝合，再进行内翻缝合，最后将缝合好的子宫送回阴道内。

无论采用上述何种方法，均要根据情况配合药物疗法。整复子宫后，要向子宫内置入抗生素类药物，防止感染；再肌内注射青霉素和链霉素，控制感染；出现酸中毒现象时，静注碳酸氢钠注射液；脱出子宫切除术后必须进行强心补液。

4. 护理

加强怀孕母牛的饲养管理，给予富有营养的饲料及矿物质，适当加强运动和合理使役。助产时必须缓慢拉出胎儿，难产的助产要遵守助产原则进行，切不可随意粗暴操作。

（二）阴道脱出

阴道壁全部或一部分脱出于阴门之外，称为阴道脱出。前者称为完全脱出，后者称为不完全脱出。本病多发生于牛及羊妊娠中后期。发生于妊娠中期多为不完全脱出，发生于妊娠后期多为完全脱出。水牛发情期偶尔亦能发生阴道脱出。阴道脱出是常见病之一，牛的阴道脱出约占产科病的1%左右，但海福特牛的发病率高达产犊牛的10%；绵羊阴道脱出的发病率为5%，有些羊群高达20%。经产牛比初产牛发病率高。

1. 病因

阴道脱主要由于固定阴道的组织弛缓，腹内压增高及强烈努责而引起。

① 孕牛老龄经产、饲料不足、矿物质缺乏、瘦弱及运动不足等，易使固定阴道的组织弛缓无力。

② 孕牛长期卧于前高后低的畜床上，或胎儿过大、胎水过多、多胎怀孕等，使韧带持续伸张，易发生阴道脱出。

③ 孕牛由于腹压持续增高，过度努责，压迫松软的阴道壁也可引起阴道脱出。如瘤胃臌气、便秘等疾病，或者患产前截瘫、严重骨软症的牛，长期卧地不起，使腹压增高，压迫阴道壁，使之脱出于阴门之外。

④ 雌激素过多。妊娠后期，胎盘产生较多的雌激素；产后患卵泡囊肿，也能产生大量的雌激素；水牛发情期卵巢分泌雌激素过多；给动物使用雌激素时间过长或剂量过大等。上述原因均可导致体内雌激素过多，使骨盆腔内固定阴道的组织弛缓、阴道及外阴松弛，发生阴道脱出。

⑤ 饲养管理不良。长期喂单一饲料，营养成分不全，加之缺乏适当运动，容易发生阴道脱出。特别是年老、体弱、膘情差的动物，妊娠后若饲养管理不良，骨盆腔内支持组织张力减退，更容易发生阴道脱出，甚至同时发生直肠脱出。

⑥ 遗传因素。海福特牛和某些品系绵羊容易发生阴道脱出。患病动物一般无全身症状，主要表现不安、回头观腹、拱背及常做排尿姿势，每当努责时排出少量尿液。

⑦ 当难产、不正确的助产以及胎衣不下时强力牵拉，常会导致本病的发生。

2. 症状

（1）阴道部分脱出　病初仅在动物卧下时见有拳头大的粉红色瘤状物，夹在阴门之中，或露出阴门外，站立后，脱出部分可自行缩回。以后如病因未除，经常脱出，而且脱出部分逐渐增大，以致患牛站起后，脱出部分经过较长时间才能缩回，脱出部分的黏膜变得红肿干燥。

（2）阴道完全脱出　多由阴道壁部分脱出发展而成。此时阴道壁全部翻转，脱出于阴门之外。脱出的阴道壁呈囊状，球形。牛的阴道完全脱出，如排球至篮球大，不能自行复位。若子宫颈也随之脱出，宫颈外口紧缩，有黏液塞，宫颈位于脱出阴道末端的凹陷内。严重病牛，阴道下壁前端还可见到尿道外口，膀胱及胎儿的前置部分进入脱出的阴道壁囊内；有时膀胱经尿道外翻而脱出，呈苍白色球状，位于脱出的阴道壁下面。个别病例，可继发直肠脱出。

阴道脱出的部分由于长时间不能缩回，受到风吹、日晒、摩擦、污染，使脱出的阴道黏膜发生瘀血、水肿，变为紫红色，黏膜表面破裂、发炎、坏死，流出带血的液体。

3. 防治

防治阴道脱出的原则是，清除阴道黏膜上沾污的粪土及坏死组织、消炎、整复固定。

（1）阴道部分脱出　怀孕期阴道脱出的病牛，每 10 天注射一次缓释孕酮 500mg，直到分娩前 10 天停药。临产病牛要单独饲养，供给柔软易消化的全价饲料，使病牛站立时保持前低后高姿势。对便秘、下痢、瘤胃臌气等伴有腹压增高的疾病，应当及时治疗。

（2）阴道完全脱出　对于阴道完全脱出和不能复位的病牛，应尽早进行整复，并加以固定，防止再脱。

① 准备　病牛站立保定取前低后高姿势。当努责强烈，妨碍整复时，应进行一、二尾椎间隙轻度硬膜外腔麻醉。给牛注射 2%盐酸普鲁卡因溶液 5～10mL（羊 2～5mL），可后海穴注射。

② 局部清理　对于脱出部分用防腐消毒液（0.1%高锰酸钾液、0.1%新洁尔灭液等）冲洗消毒，彻底清理沾污的粪土及坏死组织。若脱出的阴道黏膜水肿剧烈，用消过毒的针头穿刺，排出液体，再用 5%的明矾或硫酸镁溶液温敷 10～20min，使脱出部分柔软，体积缩小，然后涂敷一层抗生素软膏或消过毒的植物油，使其光滑。

③ 整复　助手用消毒毛巾或纱布将脱出的阴道托起与阴门等高，术者趁患牛不努责时，用拳头将脱出的阴道从子宫颈开始向阴门内推送，待全部送入后，用手将阴道壁舒展，手臂在阴道内停留一定时间，当患牛不再努责时，将手臂缓慢抽出。然后向阴道内撒入抗生素或在阴门两旁注入抗生素，也可温敷阴门等，以抑制炎症，减轻努责。

④ 固定　整复后为防止阴道再次脱出，应进行固定。

a. 阴门缝合固定　常用的固定方法有双内翻缝合固定法、袋口缝合固定法和阴道侧壁与臀部缝合固定法。现将袋口缝合固定法介绍如下：距阴门裂 2.5cm 处进针，与阴门裂平行，在距进针点 3cm 处出针，按同样距离和方法，围绕阴门缝合一周，将两线头束紧，打一活结，松紧适中，以既不影响排尿，努责时阴道又不能脱出为度。

轻度的阴道脱，可在阴门两侧深部组织内及上壁各注射 70%酒精 10～20mL，刺激阴部周围组织，使其发炎肿胀，压迫阴门，有防止阴道再脱出的作用。

b. 中兽医治疗方法　经临床多次验证，中兽医电针疗法和中药疗法具有很好的治疗效果。

ⅰ. 电针疗法　将两根长针距阴门裂 2cm 处分别水平刺入两侧阴唇内，进针 10cm 左右，勿将针刺入阴道内。然后接通电疗机，通电 30min 即可，必要时可进行第二次电疗。

ⅱ. 中药疗法　黄芪 50g、党参 30g、白术 30g、柴胡 30g、升麻 20g、熟地 30g、枳壳 40g、陈皮 20g、生姜 20g、大枣 20g、甘草 20g。水煎 2 次，取汁，牛一次灌服，每日一次，连服 3 日。本方对于因饲养管理不良、老年、体弱、膘情差，骨盆内支持组织张力减退所致的牛阴道脱效果较好。

对站立后仍能自行回缩的部分阴道脱，要加强护理，防止脱出部分的继续增大和损伤及感染。因此，将病牛饲养在前低后高的畜床上，适当增加运动，减少卧地时间，同时改善饲养管理，增强营养。并要注意防止脱出部分的摩擦损伤。一般分娩后可自行恢复。

4. 护理

对孕牛加强饲养管理，给予营养全面而充足的日粮，少喂容积过大的粗饲料，适当使役和运动，预防和及时治疗生殖系统疾病及会增加腹压的各种疾病。

五、流产

流产是由于胎儿或母体的生理过程发生紊乱，或它们之间的正常关系受到破坏，而使怀孕中断。流产可发生在怀孕的各个阶段，但以怀孕早期为多见。各种动物均能发生，以牛较多。流产所造成的损失甚大，不仅使胎儿夭折或发育不良，而且常损害母体健康，使生产能力降低，严重影响畜牧业发展。因此要特别重视对流产的防治。

1. 病因

引起流产的原因很多，大致可分为非传染性流产、传染性流产和寄生虫性流产三类。

（1）非传染性流产（普通流产） 主要原因有以下几种：

① 饲养性流产 包括饲料品质不佳，饲喂量不足或营养成分不全。如饲喂发霉、腐败、有毒的饲料，常能引起怀孕母牛流产；草料严重不足，母牛长期处于饥饿的状态，胎儿得不到所需的营养，就会造成流产或早产；日粮中缺乏某种维生素、矿物质和微量元素时，胎儿的生长发育受到影响，可引起流产或胎儿出生后孱弱。

② 管理或使役不当性流产 怀孕动物与其他动物角斗或被挫伤、撞伤、挤伤，怀孕后剧烈奔跑或使役过度，均可诱发子宫收缩而引起流产。

③ 配种及医疗错误性流产 母牛本已怀孕而被误认为空怀，强行配种或人工授精，往往引起流产。临床上，给怀孕动物进行全身麻醉、腹腔手术及使用大剂量利尿药、驱虫药、泻下药和误服中药或妊娠禁忌药等，均能引起流产。近几年发现，对怀孕动物应用地塞米松、磺胺二甲基嘧啶、三合激素等，引起流产的情况较多。

④ 症状性流产 是孕牛某些疾病的症状之一。主要见于怀孕动物生殖器官疾病、胎儿发育正常、生殖激素失调及某些非传染性全身性疾病的孕牛。

⑤ 生殖器官疾病 母牛生殖器官疾病所造成的流产较多。例如，患局限性慢性子宫内膜炎时，交配可以受孕，但在怀孕期间，如果原有的局限性炎症逐渐发展扩散，则胎儿受到侵害，就会死亡。患阴道脱出、阴道炎及子宫颈炎时，炎症可以破坏子宫颈黏液塞，向子宫蔓延，引起胎膜发炎，危害胎儿，导致胎儿死亡或流产。

⑥ 胎儿及胎盘发育异常 精子或卵子发生缺陷，所形成的受精卵生命力低下，胚胎发育至某个阶段而死亡。胎膜水肿、胎盘上的绒毛变性、胎水过多等病变，可影响胎儿的生长发育或导致胎儿死亡而流产。

⑦ 生殖激素失调 怀孕以后，雌性动物子宫的机能状况及内环境的变化受激素的影响，其中直接有关的是孕酮和雌激素。当激素作用紊乱时，子宫的机能活动和内环境变化不能适应胚胎发育的需要，胚胎发育会受到影响或出现早期死亡。

⑧ 非传染性全身性疾病 牛、羊的瘤胃臌气，可反射性地引起子宫收缩；牛顽固性前胃弛缓及真胃阻塞，拖延日久，导致机体衰竭，胎儿得不到营养；以及患妊娠毒血症等，都会导致流产。此外，凡是能引起怀孕动物体温升高、呼吸困难、高度贫血的疾病，均可能发生流产。

⑨ 有的孕牛每当怀孕至一定时期就发生流产，称为习惯性流产，多半是由于子宫内膜变性、硬结及瘢痕、子宫发育不全、近亲繁殖及卵巢机能障碍等所引起。

（2）传染性流产 如牛、羊及猪的布鲁菌病、沙门菌病、牛结核病、病毒性下痢及胎儿弧菌病等会发生自发性流产；又如钩端螺旋体病等会发生症状性流产。

（3）寄生虫性流产 如毛滴虫病、弓形虫病、鞭虫病、梨形虫病等，常会导致怀孕动物流产。

2. 症状

由于流产发生的时期、原因及怀孕动物反应能力不同，流产的病理过程、胎儿的变化及症状也不一样。归纳起来有四种，即：隐性流产、排出不足月的活胎儿、排出死亡而未经变化的胎儿和延期流产。

（1）隐性流产 妊娠中断而不出现症状称为隐性流产，包括完全隐性流产和不完全隐性流产。

① 完全隐性流产 怀孕早期（怀孕～1.5个月），胚胎死亡，组织液化被母体吸收，子宫内不残留任何痕迹；或者死胎及其附属胎膜伴随发情时黏液或尿一起排出来，不容易被管理人员发现，

看不到明显的症状，只是发情周期延长，故称为隐性流产。

② 不完全隐性流产　多胎动物怀孕后，一个胚胎死亡，而其他同胎有的胚胎仍然正常发育，只是在分娩时发现排出的胎儿中有死胎。此种流产多见于猪。

(2) 排出不足月胎儿　这类流产多发生在怀孕后期，排出的胎儿是活的，因其不足月即产出，所以又称为早产。流产前的征兆及产出过程和正常分娩相似，但不像正常分娩那样明显，仅在排出胎儿的前2～3天乳房突然膨大，阴唇稍微肿胀，乳头可挤出清亮的液体，从阴门排出清亮的黏液。

(3) 排出死胎　胎儿死亡后成为异物刺激子宫，引起子宫收缩反应，将死胎排出。有些怀孕动物，胎儿死亡后未能排出，可根据乳房增大，能挤出初乳；但在腹部看不到胎动所引起的腹壁颤动；直肠检查时，触摸牛子宫感觉不到胎动；阴道检查，可发现子宫颈口稍开张，子宫颈黏液塞发生溶解等症状进行诊断。

(4) 延期流产　胎儿死亡后，由于子宫收缩无力，子宫颈口未开或开口不大，未能将死胎排出，死胎长期停留于子宫内，即称为延期性流产。延期流产主要有以下三种情况：

① 胎儿干尸化　胎儿死亡后，如果黄体不萎缩，子宫不强烈收缩，子宫颈口也不开张，胎儿仍停留于子宫内。因为子宫腔与外界隔绝，阴道中的细菌不能进入子宫，如果细菌也未能通过血液进入子宫，胎儿就不会腐败分解。日久，胎水及胎儿组织中的水分逐渐被母体吸收，胎儿变干、体积缩小，并且头及四肢缩在一起，称为胎儿干尸化。干尸化胎儿，一般在怀孕期满后数周内，黄体作用消失而再发情时，才被母体排出；有些干尸化胎儿在怀孕期满之前被排出；有些则长久停留于子宫内。其干尸化胎儿在怀孕期满后仍不被排出，可根据怀孕现象逐渐消退后仍不发情，直肠检查时感觉子宫膨大，像一圆球，内容物很硬，摸不到胎动，做出诊断。

② 胎儿浸溶　妊娠中断后，死胎被非腐败性细菌发酵分解，软组织变为液体被排出，而骨骼仍留在子宫内，称为胎儿浸溶。患病动物精神沉郁，体温升高，食欲减退，久之逐渐消瘦；经常从阴门流出红褐色黏稠液体，气味恶臭，努责时流出量更大，其中常有小骨片；最后仅排出脓液。阴道检查，可见阴道黏膜发炎，子宫颈口开张；直肠检查，可摸到子宫内参差不平的骨块。

③ 胎儿腐败　腐败细菌通过开张的子宫颈口侵入子宫内，使胎儿组织腐败分解，产生多量气体（如硫化氢、氨、氮及二氧化碳等），积存于胎儿皮下组织、胸腹腔及阴囊腔内，使胎儿体积显著增大。患病动物腹围增大，精神不振，呻吟不安，频频努责，从阴门流出污红色恶臭液体。阴道检查，产道黏膜发炎，子宫颈口开张；触摸胎儿时，有捻发音，胎儿被毛容易脱落。

3. 防治

应首先确定属于何种类型的流产以及怀孕是否继续下去，在此基础上确定相应的治疗原则。

(1) 先兆性流产　怀孕动物未到分娩期，出现腹痛、起卧不安、呼吸脉搏加快等流产征兆，但子宫颈口黏液塞尚未液化，子宫颈口紧闭，直肠检查胎儿仍活着，应全力保胎，及时采取制止阵缩及努责的措施，并选择安胎药物，使母畜安静，减少不良刺激，避免发生流产。可用黄体酮注射液牛50～100mg，羊15～25mg，肌内注射，每日或隔日用药一次，连用2～3次。

在注射黄体酮的同时，内服白术安胎散，效果更好。白术安胎散：炒白术25g、当归30g、川芎20g、白芍30g、熟地30g、阿胶20g、党参30g、苏梗25g、黄芩20g、艾叶20g、甘草20g。上药共煎取汁，候温灌服。隔日1剂，连服3剂。此方具有补气、养血、清热、安胎作用，适用于冲任不固、不能摄血养胎之胎动不安及习惯性流产。

经上述处理病情仍未好转，阴道排出物继续增多，起卧不安或加剧，胎囊已进入阴道或已破水，应尽快促使排出胎儿，可肌内注射垂体后叶素，牛50～80IU，羊5～10IU；或注射己烯雌酚20～200mg，促使胎儿排出。或按助产原则引出胎儿，以免胎儿腐败，诱发子宫内膜炎，导致母畜不育。如引出困难，可行截胎术。

(2) 延期流产　以迅速排空子宫及控制感染扩散为治疗原则。

① 胎儿干尸化　若子宫颈口开张不足，可肌内或皮下注射己烯雌酚，牛20～30mg，羊5～15mg，隔日注射一次；子宫颈口开张后，再注射催产素，牛30～100IU，羊5～15IU，增强子宫

收缩，将胎儿排出。用药后子宫颈口已开张，但仍不能将死胎排出时，可向子宫及阴道内灌注植物油以润滑产道，然后将死胎拉出，再用防腐消毒液冲洗子宫。

② 胎儿浸溶及腐败　首先将死胎组织及胎骨取净，再用复方碘溶液400倍稀释后冲洗子宫，导出冲洗液，放入金霉素胶囊或将青霉素、链霉素溶解后注入子宫内。同时对全身症状给予必要的治疗，可用抗生素控制感染扩散，静脉注射碳酸氢钠注射液以防止自体酸中毒。

经上述方法处理后，可灌服加味生化汤：当归60g、益母草100g、党参40g、川芎25g、桃仁25g、红花20g、炮干姜20g、甘草20g、黄酒100mL。上药共煎取汁，候温冲黄酒灌服。中小家畜剂量酌减。该方药具有祛瘀生新，促进子宫复原作用。

4. 护理

流产不仅可导致胎儿死亡，对母体也有很大危害，甚至造成母仔双亡。因此，必须查明流产的发生原因，对流产的胎儿、胎衣及胎盘，要进行仔细检查，有无异常和病变，并应销毁掩埋。必要时可进行实验室检查，并深入调查研究，以查清引起流产的原因，及时采取有效的预防措施。

(1) 非传染性流产　要向饲管人员传授孕畜的饲养管理知识，改善对怀孕动物的饲管；及时治疗生殖器官疾病和非传染性全身疾病；兽医工作者要提高业务素质，禁止使用妊娠禁忌药。

(2) 传染性流产和寄生虫性流产　搞好驱虫防疫工作；保持圈舍、饲具、役具清洁卫生；发现传染病及寄生虫病及时治疗。

总之，要针对流产的发生原因，积极采取有效措施，把流产的发病率控制到最低限度，以减少流产造成的损失。

六、胎衣不下

母牛分娩后胎衣在正常的时限内不排出，就叫胎衣不下，亦称胎衣停滞。牛产后排出胎衣的时间为3～12h，山羊2.5h，绵羊4h。胎衣不下多发生于结缔组织绒毛膜胎盘类型的反刍动物，牛发病率为3%～12%。

1. 病因

引起胎衣不下的原因很多，主要与产后子宫收缩无力、胎盘发炎及胎盘结构有关。

(1) 产后子宫收缩弛缓无力　母牛产仔后，依靠子宫的后阵缩作用将胎衣排出。如果在怀孕期间饲料单纯，缺乏矿物质及微量元素和维生素，特别是缺乏钙和维生素A，孕牛消瘦、过肥、运动不足等，都可引起子宫收缩弛缓。胎儿过多、双胎、胎儿过大及胎水过多，使子宫过度紧张，可继发产后子宫阵缩无力而发生胎衣不下。难产、流产、早产的母牛容易发生胎衣不下，这是因为患牛难产时，产出时间过长，使子宫疲劳，无力将胎衣排出；早产和流产还与胎盘上皮未及时变化及雌激素不足，孕酮水平高有关。

(2) 胎盘炎症　怀孕期间，子宫受到某些病原微生物的感染，使子宫或胎膜发生轻度炎症，结缔组织增生，导致胎儿胎盘和母体胎盘发生粘连，产后难以分离而造成胎衣滞留。常见的病原微生物有布鲁菌、李氏杆菌、胎儿弧菌、生殖道霉形体、弓形体、毛滴虫等；当维生素A缺乏时，能降低胎盘上皮的抵抗力，更容易招致感染。

(3) 胎盘组织构造　牛的胎盘属于上皮绒毛膜与结缔组织绒毛膜混合型，胎儿胎盘与母体胎盘结合紧密，所以牛的产后胎衣不下发病率较高。

(4) 其他因素　高温季节发病率较高；随着胎次的增长而发病率增加；分娩时，外界不良环境的干扰引起母牛应激反应，抑制子宫肌的正常收缩，容易发病。此外，牛患有布鲁菌病、结核病时，易造成粘连，引起胎衣不下。

2. 症状

根据胎衣在子宫内滞留的多少，分为全部胎衣不下和部分胎衣不下。

(1) 全部胎衣不下　胎儿的胎盘大部分仍与母体连接，仅见一部分胎衣悬吊于阴门之外；严重子宫弛缓的病例，全部胎衣滞留于子宫内。以上两种情况均称为全部胎衣不下。发生全部胎衣不下的患牛，若不及时进行人工剥离取出胎衣，滞留于子宫内的胎衣就会腐败分解，高温季节腐败得更快。患牛常从阴道内排出污红色恶臭液体，内含腐败的胎衣碎片，卧下时排出更多。腐败产物刺激子宫黏膜，可引起子宫内膜炎；吸收后出现全身症状，患牛体温升高，精神不振，胃肠机能紊乱，并常伴有举尾、努责和腹痛不安的症状，严重时可伴发子宫内膜炎或产后败血症。

（2）部分胎衣不下　部分胎衣不下又可见两种情况：一种是少部分胎衣与子宫粘连，大部分垂于阴门之外，初期为粉红色，久之受外界污染，胎衣上粘粪土、草屑，并发生腐败，呈熟肉色，散发出刺鼻的腐臭气味；另一种情况是大部分胎衣脱落，少部分残留于子宫内。此种胎衣不下，从外部不易发现，诊断的主要根据是恶露排出时间延长，有臭气，其中含有腐烂的胎衣碎片。

3. 防治

应当根据动物种类及病情采用相应的治疗方法，但总的治疗原则应是尽快排出胎衣、抗菌消炎、控制感染。牛等大家畜全部胎衣不下，应以手术剥离为主；山羊对胎衣不下很敏感，除了尽快排出胎衣之外，应积极控制全身感染。

（1）激素疗法　可采用促使子宫颈口开张和子宫收缩的激素，加速胎衣排出。

① 己烯雌酚注射液肌内注射，牛 20～50mg，羊 1～3mg，每日一次，可酌情用 2～3 次。

② 催产素注射液皮下或肌内注射，牛 30～100IU，羊 20～50IU。每天注射 2～4 次。

③ 催产素与雌激素同时应用效果更好，而且催产素要早用，牛最好在产后 12h 以内使用，超过 24h 效果不佳。

（2）抗生素疗法　为了控制感染，必须使用抗生素药物。

① 子宫注入法　牛可用金霉素 3～4g，注射用水或冷开水 50～100mL 溶解后注入子宫。或者用磺胺嘧啶钠注射液 20～30mL 注入子宫，隔日一次，连用 2～3 次，排出胎衣后，可继续向子宫内注药 2～3 次，以防止胎膜腐败和子宫感染。羊可用输精管或导尿管将上述药物酌情减量注入子宫。

② 肌内注射法　牛用青霉素 4000 万国际单位、链霉素 300 万国际单位，注射用水 20mL，溶解后肌内注射，每天 2 次，连用 3～5 天。羊剂量酌减，用法同上。

除上述介绍的药物之外，可根据病情需要，选用其他抗生素药物进行治疗。

（3）手术治疗即剥离胎衣　如果药物无效，应立即进行手术剥离。此法主要用于牛等大家畜，也可试用于体格较大的羊。牛的剥离胎衣手术应在产后 20～24h 进行，羊的剥离胎衣手术应在产后 3h 进行。剥离过早，患畜不安，强烈努责，容易损伤子宫和造成子宫出血；剥离过晚，胎衣分解腐烂，不容易彻底剥离。

① 术前准备　母牛外阴部及后躯用 0.1％高锰酸钾液冲洗消毒，术者手臂皮肤除进行常规消毒外，再涂上一层抗生素软膏，一是使手臂光滑不损伤产道黏膜，二是防止术者被感染。如果术者手臂上有伤口，要戴上长臂乳胶手套。

② 手术方法　术者一手握紧垂于阴门外的胎衣，另一只手沿着胎衣与阴道壁之间伸入子宫内，逐片将胎盘与子宫分离。进入子宫的手，用食指和中指夹住胎儿胎盘根部的绒毛膜，使成一束，然后用拇指剥离母仔胎盘相互结合的周缘，当剥离 2/3 时，在外边的手稍用力牵拉胎衣，就可剥下。按此方法，直至剥净为止。

③ 术后处理　术后用 0.1％高锰酸钾液或 0.1％新洁尔灭液等消毒液冲洗子宫，并导出冲洗液，反复冲洗 2～3 次，至流出的液体基本清亮为止，然后再往子宫腔内放置抗菌防腐药物。

（4）其他治疗方法

① 高渗盐水的疗法　5％～10％氯化钠液 2000～3000mL（牛），加温后灌入子宫内，使胎盘绒毛膜脱水收缩，从母体胎盘上脱落，高渗盐水还有刺激子宫收缩作用。

② 钙制剂疗法　10％葡萄糖酸钙注射液 100mL，25％葡萄糖注射液 500mL，一次静注，每天一次，连用 2～3 次。钙可促进子宫收缩，加速胎衣脱出。在饲喂低钙或缺钙饲料的牛群中，产后投服或注射钙剂，还能降低胎衣不下的发病率。

4. 护理

胎衣不下是引起子宫内膜炎甚至造成不孕症的重要因素，极大地影响繁殖率，因此要重视对胎衣不下的预防工作。首先要提供给怀孕母牛含钙及维生素丰富的饲料，并适当增加运动和光照，以增强体质。及时治疗子宫炎症，加强对结核病、布鲁菌病等的检疫工作，减少胎衣不下的发生。有胎衣不下发病史的母牛，可于产前1周内，每日或隔日静注一次10%葡萄糖酸钙和25%葡萄糖；也可在产后肌注催产素和雌激素；还可灌服中药生化汤，均可降低胎衣不下的发病率。

七、乳房炎

乳房炎泛指乳腺组织的各种不同类型的炎症。各种动物均可发生乳房炎，但以奶牛、奶山羊发病率最高。其特点是乳中的体细胞特别是白细胞增多，乳腺组织发生形态学变化。

1. 病因

发生乳房炎时，病理变化在乳房，但与整个机体的抗病力下降有关。引起机体抗病力下降的原因主要是乳房的损伤及饲养管理不当。在机体抵抗力下降时，病原微生物乘机感染而引起发病。引起乳房炎的病原微生物多达80余种，较为常见的有23种。

(1) 革兰氏阳性菌　是引起乳房炎最常见的细菌，80%～90%的病例为葡萄球菌和链球菌感染。葡萄球菌属中主要是金黄色葡萄球菌，少数为表皮葡萄球菌；链球菌属中，主要是无乳链球菌，其次是停乳链球菌、乳房链球菌、化脓链球菌、兽疫链球菌。被链球菌感染引起的乳房炎，多数无症状或临床症状不明显，呈慢性经过，隐性乳房炎以无乳链球菌感染为主。

(2) 革兰氏阴性菌　主要是大肠杆菌属、克雷伯杆菌属和产气杆菌属。这几类细菌广泛存在于自然界和机体体表，侵入机体的机会很多，但乳汁中检出率和临床发病率均不高，呈散发性，引起的乳房炎大多数呈急性或最急性病程，甚至引起乳房坏疽。

(3) 霉形体　目前已知导致牛乳房炎的霉形体至少有12种，常分离到的有牛乳房炎霉形体、牛生殖道霉形体、牛鼻霉形体等。感染后常呈地方性流行。牛在干乳期对霉形体的敏感性较高。临床特征以乳区肿胀但无热痛反应为主，泌乳的数量及乳汁的质量下降，常伴有关节炎、跛行及呼吸道症状。

(4) 真菌　主要有念珠菌属、隐球菌属、曲霉菌属、诺卡菌属。被上述真菌感染引起的乳房炎，多数为急性炎症，呈散发性，而且多发生于使用抗生素类药物治疗之后及药品或器械被污染的情况下。

(5) 病毒　常见的病毒有牛乳头炎疱疹病毒、牛痘病毒、口蹄疫病毒，多数为继发感染。

(6) 外伤　乳房遭到打击、冲撞、挤压、蹴踢等外力作用，也是引起本病的重要因素。

(7) 疾病　患子宫内膜炎、生殖器官疾病、产后败血症、布鲁菌病、结核、胃肠道急性炎症等疾病的病牛，亦可伴发乳房炎。

(8) 引起乳房炎的其他因素　气候突然变化，挤奶技术不熟练，乳汁不能挤净，以及挤乳机使用不适等。据报道，挤乳机挤乳的牛群较手挤乳牛群的发病率高4～5倍或更多。

病原微生物可通过三条途径进入乳房而引起乳房炎，即：乳源性径路、血源性径路、淋巴性径路。大多数人认为病原微生物经乳头管侵入乳房是主要途径，奶牛主要是因挤奶前乳头消毒不严、环境污染及经乳头管给药时消毒不严而引起发病。乳源性感染常只限于一个乳区。血源性径路主要见于家畜患胃肠炎、弥漫性腹膜炎、产后败血症、急性子宫内膜炎及阴道炎、胎衣不下等疾病时，病原微生物随血流进入乳腺而引起发病。当乳房外伤时，病原微生物可经淋巴管侵入乳腺组织引起乳房炎。

2. 症状

根据发病时的症状不同可分为临床型、亚临床型及隐性型3种。

(1) 临床型乳房炎　有明显的症状，乳区炎症显著，乳汁质量明显异常，临床容易发现，但发病率仅占乳房炎的1%～25%左右。按炎症的性质可分为浆液性、卡他性、纤维蛋白性、化脓性及出血性乳房炎等5种。

各种不同性质乳房炎的共同症状是乳房均患区红肿、热痛、增大、皮肤紧张，泌乳量减少或停止，乳汁发生显著变化。表现乳汁稀薄、含絮状物、乳凝块、纤维凝块、脓汁或血液，患侧乳上淋巴结肿大。严重的病例伴有精神沉郁、食欲不振、反刍停止及体温升高等全身变化。

各种不同性质乳房炎有不同的特点。

① 浆液性乳房炎　呈急性经过，浆液及大量白细胞渗到间质组织内，患区增大，坚实较硬，乳汁初期无变化，但侵害实质时，乳汁稀薄水样，含絮状物。

② 卡他性乳房炎　乳管及乳池卡他性炎，患叶无明显炎症表现，开始挤出的乳汁稀薄，含絮状物。后挤出的乳汁无变化。腺泡卡他性炎，乳量下降，乳汁水样，含絮状物和凝块，可能出现全身症状。

③ 纤维蛋白性乳房炎　纤维蛋白沉积于上皮表面或组织深处，患区为急性重剧炎症，触诊热痛有硬块，乳量显著下降，发病2～3天后，即挤不出奶来或只能挤出几滴乳清，或带有纤维素性脓性渗出物，伴有全身症状。

④ 化脓性乳房炎　根据化脓灶的病变性质分为化脓卡他性乳房炎、乳房脓肿和乳房蜂窝织炎。

a. 化脓卡他性乳房炎　急性型除患区炎症反应外，伴有较重的全身症状，泌乳量剧减或无乳，及时治疗可痊愈。如果转为慢性，局部无疼痛反应，乳汁稀薄而有异味，最后乳区萎缩硬化，泌乳量逐渐减少乃至完全无乳。

b. 乳房脓肿　乳房中有多个大小不等的脓肿，位于乳房浅表或深部，初期触之坚硬，后期波动。脓肿位于乳房浅表部位者常向外破溃流脓；脓肿位于乳房深部组织者产奶量下降，或者仅能挤出少量黏性脓样乳汁，乳汁内含有絮片。患牛体温升高，呈弛张热型。

c. 乳房蜂窝织炎　皮下及腺泡间质结缔组织呈弥漫性化脓性炎症，通常为乳房创伤、浆液性乳房炎及乳房脓肿的继发症。患区体积增大，皮肤紧张，局部温度升高，触诊疼痛，产奶量急剧下降或挤出少量灰污分泌物。患牛体温升高，食欲减少或废绝，呼吸及心跳加快，步态僵硬或跛行。乳房蜂窝织炎常继发败血症。

⑤ 出血性乳房炎　通常为急性过程，全身症状明显。出血性乳房炎病变特征是乳房深部组织、腺泡及输乳管腔出血。挤奶时剧痛，乳汁稀薄如水，呈淡红色或血色，内含絮状物及血凝块。患牛精神沉郁，体温升高，食欲减退或废绝。乳房皮肤上有红色斑点，局部温度增高。

(2) 亚临床型乳房炎（慢性型）　似隐性型，不出现症状，仔细检查时，可在乳腺上触摸到硬结节，乳汁中含有絮片状凝乳。

(3) 隐性型乳房炎　乳房无症状，乳汁无肉眼可见的异常，但产奶量受一定影响，可通过化检、镜检、细菌学等方法检查到乳汁变化，可检查出每毫升乳中有病原菌50万个，以及大量白细胞和脓球等。本型乳房炎在泌乳牛中约占50%，占乳房炎的大多数，但常不被人们所注意。极易转为亚临床型和临床型乳房炎。

3. 诊断

临床型乳房炎，症状明显，容易发现和诊断。隐性型乳房炎则需用特定方法检查方能检出。隐性型乳房炎的实验室检验方法如下：

(1) 过氧化氢（H_2O_2）玻片法（过氧化氢酶试验法）　大多数活细胞包括白细胞都含有过氧化氢酶，能分解过氧化氢而产生氧。但正常乳中的白细胞少，过氧化氢酶很少；乳房炎时，白细胞增多，故过氧化氢酶也增多，释放出的氧也多。

① 试剂　取双氧水（30% H_2O_2），按1∶(2.33～4)的比例加入中性蒸馏水，配成6%～9%过氧化氢试剂待用。

② 方法　将载玻片置于白色衬垫物上，滴被检乳3滴，再加过氧化氢试剂1滴，混合均匀，静置2min后观察。

③ 判定标准　见表1-5-5。

表1-5-5　过氧化氢玻片法检验乳汁的反应特征

被检乳	反应特征	判定符号
阴性乳	液面中心无气泡，或有小如针尖的气泡聚集	－
可疑乳	液面中心有少量大如粟粒的气泡聚集	±
感染乳	液面中心布满或有大量大如粟粒的气泡聚集	＋

(2) 氢氧化钠凝乳法　正常乳加药后无变化，有乳房炎的乳汁，混合后变为黏稠或絮片。但不适用于初乳及末期乳的检验。

① 试剂　4%苛性钠溶液。

② 方法　将载玻片置于黑色衬垫物上，先加被检乳5滴，再加试剂2滴。用细玻棒或火柴杆迅速将其扩展成直径2.5cm的圆形，并继续搅拌20s，观察。如乳样事先经冷藏保存，则只加试剂一滴。

③ 判定标准　见表1-5-6。

表1-5-6　氢氧化钠凝乳法检验乳汁的反应特征

被检乳	反应特征	判定符号	推算细胞总数
阴性	无变化，无凝乳	－	50以下
可疑	出现细小凝乳快	±	50～100
弱阳性	有较大凝乳快，乳汁略微透明	＋	100～200
阳性	乳凝块大，搅拌混合时有丝状凝结物形成全乳略成水样透明	＋＋	200以上
强阳性	大凝块，有时全部形成凝块，完全透明	＋＋＋	500～600

(3) 溴麝香草酚蓝(B.T.B)法　是一种较简单常用的方法，测定乳汁的pH变化。健康牛乳呈弱酸性，pH6.0～6.5；乳房炎乳为碱性，其增高的程度依炎症的轻重不同而异。

① 试剂　47.4%酒精500mL加B.T.B 1g，再加5%苛性钠溶液1.3～1.5mL，三者混合均匀，试剂呈微绿色。偏酸时，滴碳酸氢钠液；偏碱时，滴加盐酸，校正成中性。

② 方法

a. 试管法　首先在10mL试管中加入B.T.B试剂1mL，再加入被检乳5mL，混合均匀后静置1min观察。或者首先在10mL试管中加入被检乳5mL，然后用2mL吸管吸取B.T.B试剂1mL，沿试管壁缓慢滴入被检乳中，观察被检乳与试剂接触的变化。

b. 玻片法　将载玻片置于白色衬垫物上，滴被检乳1滴，再加B.T.B试剂一滴，混合观察。

③ 判定标准　见表1-5-7。

表1-5-7　溴麝香草酚蓝法检验乳汁的反应特征

被检乳	颜色反应特征	pH	判定符号
阴性乳	黄绿色	6～6.5	－
可疑乳	绿色	6.6	±
感染乳	蓝绿或青绿	6.6以上	＋

(4) C.M.T试验法(烷基硫酸盐检验法)　是通过测定DNA的量来估测乳中白细胞数的方法。试剂是一种阳离子表面活性剂(烷基丙烯硫酸钠)和一种指示剂(溴甲酚紫)，但对初乳期和末期的牛乳不适用。

① 试剂　苛性钠15g，烷基硫酸钠30～50g(烷基硫酸钾、烷基烯丙基硫酸钠、烷基烯丙硫酸钾亦可代用)，溴甲酚紫(B.C.P)0.1g，蒸馏水1000mL，混合为溶液。

② 方法　先将被检乳2mL置于深1.5cm、直径5cm的乳白色塑料皿中，再加入试剂2mL，缓慢进行同心圆搅拌15s，观察结果。

③ 判定标准　见表1-5-8。

表1-5-8　C.M.T试验法检验乳汁的反应特征

被检乳	反应特征	判定符号
阴性	液状无变化	－
可疑	有微量沉淀物，但不久即消失	±
弱阳性	部分形成凝胶沉淀物	＋
阳性	全部形成凝胶物，回转搅动向心集中，停止搅动则呈凹凸状，覆于皿底	＋＋
强阳性	全部形成凝胶物，回转搅动向心集中，停止搅动则恢复原状，覆于皿底	＋＋＋
酸性乳	由于乳酸分解，液体呈黄色	酸性乳
碱性乳	呈深黄色，为接近干乳期、感染乳房炎、泌乳量降低的现象	碱性乳

(5) 注意事项

① 奶样应保持新鲜，如采集时间已久，即使冷藏保存也可能变质而影响检验结果，特别是B. T. B检验法，对奶样的要求更加严格，乳汁 pH 发生变化，判断的结果则不准确。最好现场操作。

② 配制试剂的各药品均应为化学纯，所用的各种器皿（试管、吸管、塑料平皿等）用前均须用中性蒸馏水冲洗干净，否则会影响准确性。

③ 为了增加学生操作机会及熟悉各种不同奶样（正常的、感染的）反应现象，可根据实习时间，尽可能收集足够数量和质量的奶样，以便进行对照检验。

4. 防治

对乳房炎的治疗，宜根据炎症的种类、性质和病情，分别采取相应的治疗措施。

首先改善饲养加强护理，减少对病乳房的刺激，提高机体的抵抗力。畜床保持清洁干燥，注意乳房卫生。为了减轻乳腺的内压，限制泌乳过程，及时排出乳房内容物。宜停喂或少喂多汁饲料与精料，限量饮水，增加挤奶次数，每隔 2～3h 挤奶一次，夜间隔 5～6h 一次。同时每次挤奶时按摩乳房 15～20min。根据炎症性质不同，宜采用不同按摩手法：浆液性炎症宜自下而上按摩；卡他性炎症和化脓性炎症须自上而下按摩；纤维素性炎症、乳房脓肿、乳房蜂窝织炎以及出血性炎症等，应禁止按摩（包括其他急性炎症的进行期）。

(1) 抗生素疗法　近年来治疗乳房炎较普遍使用抗生素及磺胺类药物，或这些药物混合使用，在治疗各种急性乳房炎或伴有全身症状时，均有良好效果。可通过静脉注射、肌内注射和乳头管内注入的方法进行给药。当治疗时，尚未查明病原菌种类之前，可先采用广谱抗生素或青霉素、链霉素并用，或用磺胺类药物，待查明病原菌之后，再改用特效抗生素。应用时宜遵守抗生素使用原则用药。

(2) 乳房内注入药液疗法　向乳腺内注入抗生素溶液或防腐剂溶液治疗各种乳房炎症，是常用而有效的方法。

注药之前，先挤净病乳区内的分泌物和乳汁，用酒精棉擦拭乳头及乳头管口，再经乳头管口插入灭活苗的连接胶管的乳导管，胶管的另一端连接装有药液的注射器或吊瓶、输液瓶，然后向乳池内徐徐注入药液。注射完毕，用双手由乳头基部向上顺次按摩，促进药液上升，使药液扩散至整个乳腺内，每日 1～3 次。

注入的药液有油剂抗生素或抗生素水溶液（如 20 万～40 万国际单位青霉素或 30 万～50 万国际单位链霉素溶液等）、2%～3%碳酸氢钠溶液或 0.2%高锰酸钾溶液等。每次注 200～250mL，注药时压力不宜过大，以自然流入为宜。药液在乳房内停留时间：防腐剂一般停留 20～30min，抗菌药物可停留 4～6h。实践证明，先注入防腐剂冲洗出乳房内分泌物，再注入抗菌药液，效果更好。

(3) 乳房神经封闭疗法

① 会阴神经封闭　先将尾巴拉向一侧，在阴唇下联合处消毒，以左手食指向上推赶阴唇下联合，可触到坐骨切迹，针沿坐骨切迹中央刺入，深 1.5～2cm，注入 3%盐酸普鲁卡因溶液 15～20mL；亦可注入 0.25%～0.5%盐酸普鲁卡因溶液 10～20mL 加青霉素 40 万～80 万国际单位。

② 乳房基部封闭　前乳区患病时，乳房间沟的侧方，乳房前侧与腹壁形成的沟中，沿腹壁与乳房基部之间，面向对侧膝关节方向刺入 8～10cm；后乳区患病时，在乳房后壁基部，距乳房中线旁 2cm 处，沿腹壁向前下方同侧腕关节刺入 8～10cm。每个乳区注药量为 0.25%～0.5%盐酸普鲁卡因溶液 100～150mL 加入青霉素 20 万～40 万国际单位。

③ 大小腰肌间封闭　在 3～4 腰椎横突之间，距背中线 6～9cm 处剪毛消毒。用长 10～12cm 连接胶管的封闭针头，针尖与棘突成 55°～60°角刺入，针抵椎体后，稍向回退针，即可达到大小腰肌间疏松结缔组织内，连接注射器注射 0.25%～0.5%盐酸普鲁卡因溶液，每侧 80～100mL。

(4) 温敷疗法　适用于非化脓性乳房炎的急性炎症稍平息时，可改善循环，促进炎性产物的吸收和消散。方法是用毛巾、敷布或纱布等浸38～42℃温药液，敷在患病乳房上，每次30～60min，每日2～3次。常用的药液有10%～20%硫酸镁溶液、1%～3%醋酸铅溶液、10%鱼石脂溶液及10%鱼石脂酒精溶液等；或涂鱼石脂软膏、樟脑软膏。

（5）中药疗法　以清热解毒、活血散瘀、消肿止痛为治疗原则。

① 当归30g、川芎20g、红花20g、赤芍30、连翘30g、大贝25g、花粉30g、青皮25g、白芷20g、甘草20g，煎水灌服，每天1剂，一般2剂即可。中小家畜剂量酌减。

② 芸苔子200～300g，研碎拌饲料内喂服，日1剂，3剂为一疗程。据报道，该方法对奶牛乳房炎的疗效优于青霉素、链霉素经乳头注入疗法。

（6）左旋咪唑疗法　左旋咪唑是一种免疫增强剂，它能激活免疫功能，增强抗病能力。服药后7天，末梢血液中淋巴细胞增加，T细胞比例也上升；同时还可增加产奶量，增加乳中脂肪、蛋白质及干物质的含量。对隐性乳房炎疗效较好。

（7）激光等物理疗法　近来试用氦氖激光照射患部或乳头管基部阳明穴，已取得良好效果，特别是对隐性乳房炎疗效甚好。红外线和紫外线疗法或离子透入疗法等，也有一定成效。近来又有人试用特定电磁波谱疗法治疗乳房炎，也取得初步疗效。

（8）外科疗法　乳房浅在性脓肿，宜早期切开排脓，进行外科疗法处理。深在性脓肿，抽出其内容物，然后向腔内注入0.1%雷佛奴尔溶液或生理盐水青霉素溶液进行反复冲洗，排净脓汁，最后注入抗生素溶液。

对乳房炎的治疗，应掌握时机与炎症的变化，尽早选择适宜的疗法，要做到各种方法相互配合，灵活运用，方能提高疗效。

5. 护理

乳房炎的危害性很大，它可使乳腺机能减退甚至完全丧失泌乳能力，给乳牛的饲养造成巨大的损失，同时患乳房炎牛产出的乳汁亦可危害人体健康。因此，预防乳房炎的发生和蔓延是一件非常重要的工作。

（1）加强饲养管理，保持牛舍及用具的清洁卫生，定期消毒，及时更换垫草，刷拭牛体。防止乳房发生外伤，如有发生应及时处理。

（2）要有正确的挤奶方法，人工挤奶时，最好应用拳握挤奶法，以防乳头受伤。使用挤奶机挤奶，挤奶员要经过专门训练。

（3）严格执行操作规程，注意挤奶卫生。挤奶员应穿工作服，经常修剪指甲。挤奶前须用温水洗净乳房及乳头，每挤完一头洗手一次。挤奶时将牛尾缚在一后肢上，并轻轻按摩乳房将奶挤净。挤完奶后用清洁干燥毛巾擦干乳头，再轻轻按摩乳房。此外，要定时挤奶，以免乳房内乳汁过于充满而使乳头管过度扩张。

（4）母牛在产前要及时而合理地停乳。产后要加强护理，防止从产道排出的恶露或炎性分泌物污染乳头。对污染的垫草应及时清除、消毒，并经常消毒阴门附近及尾部。

（5）对病牛要及时隔离和治疗。挤奶时应按照先健牛后病牛、先健乳区后病乳区的原则进行。从病乳区挤出的乳汁应放在专用的容器内，予以消毒或废弃，切勿挤在地面上；对病牛的粪便及垫草要单独堆放和处理。

（6）加强干乳期的治疗。干乳期治疗是防治隐性型及临床型乳房炎的有效措施，可降低发病率20%～80%。对无病牛可起到预防作用，同时对上个泌乳期检出的隐性型乳房炎以及干乳期感染的牛，也有治疗效果。

方法是用青霉素100万国际单位、链霉素1g、2%～3%硬脂酸铝2g和医用花生油4～8mL，制成油剂混悬液，分别从乳头管口注入四个乳区，经常使用青霉素的牛群，可改用氨苄青霉素或邻氯苯甲异噁唑青霉素1g，分四个乳区注入。一般注入1～2次，有良好预防和治疗效果。

八、产后瘫痪

产后瘫痪又称生产瘫痪，也称乳热病，是成年母牛分娩后突然发生的以急性低血钙为主要特征的一种营养代谢障碍病。此病多发生在饲养良好的高产奶牛，常发生在3～6胎。

1. 病因

确切原因还不清楚，一般认为，饲料中钙、磷供应及肠道吸收和内分泌功能失调，加上胎儿生长及乳汁分泌消耗大量的钙，使血钙浓度急剧下降是本病发生的重要原因。奶牛分娩后立即开始产奶，血浆中钙随乳汁大量排出体外，引起严重的低血钙症，从而出现产后瘫痪。

2. 症状

产后瘫痪多数发生在分娩后的48h以内。根据临床症状可分为趴卧期及昏睡期。

趴卧期病牛呈趴卧姿势，头颈向一侧弯扭，无意识，闭目昏睡，瞳孔散大，对光反应迟钝。四肢肌肉强直消失以后，反而呈现无力状态，不能起立。这时耳根部及四肢皮肤发凉，体温下降，出现循环障碍，脉搏每分钟增至90次左右，脉弱无力，反刍停止，食欲废绝。如上所述，此期以意识障碍、体温降低、食欲废绝为特征。

昏睡期病牛躺卧姿势特殊，即四肢屈于体下，头向后弯于胸部一侧或头颈部呈“S”状弯曲，昏迷，瞳孔散大。体温进一步降低和循环障碍加剧，脉搏急速（每分钟达120次左右），用手几乎感觉不到脉搏。体温降低是此病又一特征。因横卧引起瘤胃臌气，瞳孔对光的反射完全消失。对此病若不及时治疗，很少能够恢复，大多在12～24h内病情恶化，最终因呼吸衰竭而死亡。

3. 诊断

根据发病时间、病状发展及防治效果进行诊断，有典型症状时一般较易诊断，但应与产后截瘫及酮病相鉴别。

4. 治疗

治疗产后瘫痪的方法主要有钙剂疗法和乳房送风法。

（1）钙剂疗法　此法主要是使血钙尽快恢复到正常水平，约有80%的病牛经用8～10g钙1次静脉注射后即可恢复。10%的葡萄糖酸钙800～1400mL静脉注射效果甚佳，多数病例在4h内可站起。对在注射6h后不见好转者，可能伴有严重的低磷酸盐血症，可静脉注射15%磷酸二氢钠250～300mL，有较好效果，但必须缓慢注射。

（2）乳房送风法　是使用乳房送风器向乳房内充气，使乳房内压力增高，减少泌乳，以减少体内钙的消耗。送风时，先用酒精棉球消毒乳头和乳头管口，为了防止感染，先注入青霉素注射液80万国际单位，然后用乳房送风器往乳房内充气，充气的顺序是先充下部乳区，后充上部乳区，而后用绷带轻轻扎住乳头，经2h后取下绷带，约12～24h后气体消失。此种方法如果和静脉注射钙剂同时进行，效果更佳。

5. 预防

据报道在分娩前2～8天肌内注射维生素D 1000IU有预防效果。从分娩前大约3周开始不给钙添加剂或者给予钙少磷多的饲料（1∶3），而在分娩之后反而要给予含钙高的饲料（占干物质1%以上），有预防效果。另外，为了防止此病发生，分娩后不要急于挤奶。如乳房正常，可在产犊后3～4h进行初次挤奶，但不能挤净，只挤出乳房内乳量的1/3～1/2。以后每次挤出的奶量可逐渐增加，到产后第3天可完全挤净。

【任务实施】

知识点学习

1. 难产
2. 卵巢囊肿
3. 子宫内膜炎
4. 子宫阴道脱
5. 流产
6. 胎衣不下
7. 乳房炎

技能训练二十六 奶牛子宫冲洗

一、必备资源

奶牛、子宫洗涤器、抗菌消炎药等。

二、活动步骤

（一）方法

一般使用40～45℃的温溶液冲洗子宫。冲洗子宫应使用带回流装置的器材，每次注入的药液量要以子宫角的膨胀程度来确定，一般每次50～100mL，反复多次，总用液量1000mL左右，以回流液不含炎性分泌物、清亮透明为宜。市售的牛用子宫洗涤器都没有回流功能，不利于子宫冲洗液导出，可采用回收胚胎的冲胚管来代替，将子宫洗治液充分导出，达到清洁子宫的目的。

（二）药物选用

子宫冲洗所选药物的种类，要按子宫内膜炎的类型来确定。慢性卡他性子宫内膜炎，可以选用1%～5%的氯化钠溶液，也可用1%～2%的苏打溶液。慢性卡他性脓性子宫内膜炎及慢性脓性子宫内膜炎，可采用0.1%高锰酸钾溶液、0.1%利凡诺溶液、0.01%～0.05%新洁尔灭溶液或碘盐液（生理盐水100mL加2%碘酊2～3mL）等冲洗。对病程较久的患牛，可先用10%氯化钠溶液冲洗子宫，以后逐渐将浓度降到1%，并配合其他疗法。

（三）冲洗时机

为了能够比较容易地将洗涤器插入奶牛子宫，大多数人选择在奶牛发情期进行子宫冲洗，这是因为奶牛子宫颈口只有在发情时才处于开张状态。但此时子宫角与输卵管的宫管结合部也处于开放状态，如果在此期间冲洗子宫，冲洗液的用量和压力掌握不恰当，很容易使冲洗液连同子宫内的炎性分泌物顺着宫管结合部流入输卵管，引起输卵管炎。因此，子宫洗治应避开奶牛发情期，一般在奶牛发情结束6天以后再冲洗子宫。为了使子宫洗涤器通过子宫颈容易一些，可事先给患牛肌内注射雌激素，使子宫颈口开张，再插入子宫洗涤器进行冲洗。

（四）注意事项

1. 一定要用40～45℃的温溶液冲洗子宫。

2. 以回流液不含炎性分泌物、清亮透明为宜。

3. 冲洗奶牛子宫后，向奶牛子宫内注入适量的广谱抗生素，可起到消炎和预防继发感染的作用。

【巩固训练】

一、问答题

1. 如何治疗奶牛难产？

2. 子宫内膜炎发生的原因及症状有哪些？

3. 奶牛瘫痪有哪些症状？

二、案例题

案例一：某牛场一头高产奶牛出现发情周期停止、长时间不发情的现象。直肠检查时可触到一侧卵巢增大，卵巢内有实质稍硬硬块，间隔5天后，进行第2次直肠检查。该硬块位置、大小、形状及硬度均无变化。

1. 该奶牛可能出现的疾病是（ ）。

A. 卵泡囊肿 B. 持久黄体 C. 卵巢增生 D. 死胎滞留

2. 该牛的体内哪种激素较多？（ ）

A. 雌激素 B. 孕激素 C. 前列腺素 D. 催产素

3. 下列哪种情况不是该奶牛发病的原因？（ ）

A. 子宫内膜炎 B. 饲料品质差

C. 过渡加料催奶产量 D. 饲料中雌激素过多

4. 此时该牛的子宫颈口状况为（　　）。

A. 开张　B. 半开张　C. 关闭

5. 能用以下哪种药物治疗本病？（　　）

A. 氯前列烯醇　B. 绒毛膜促性腺激素

C. 雌二醇　D. 垂体后叶素

案例二：某奶牛场部分奶牛，突然出现以下症状：食欲减退，产奶量急剧下降，乳房红肿、坚硬，温度升高，挤出的乳汁稀薄水样，含絮状物。饲养人员说在前几天牛场停电，牛场奶牛采用人工挤奶后出现该症状。这有可能是什么病？应该怎么处理？

案例三：某奶牛场的母牛，表现反常，持续表现强烈的发情行为，性欲亢进并长期持续或不定期地频繁发情，喜爬跨或被爬跨。严重时，性情粗野好斗，经常发出犹如公牛般的吼叫。对外界刺激敏感，一有动静便两耳竖起。荐坐韧带松弛下陷，致使尾椎隆起。外阴部充血、肿胀，触诊呈面团感。卧地时阴门开张，经常伴有“噗噗”的排气声。这有可能是什么病？应该怎么处理？

【知识拓展】

隐性乳腺炎的综合防治措施、牛产后血红蛋白尿

【任务考核】

任务五　常见传染病的防治

【任务目标】

掌握口蹄疫、布鲁菌病、结核病防治措施。

【必备知识】

一、口蹄疫

口蹄疫俗称口疮、蹄癀，是由病毒引起偶蹄动物的一种急性热性高度接触性传染病。特征是在口腔黏膜、蹄部和乳房皮肤发生水疱和溃烂。

1. 病原体

口蹄疫病毒（foot and mouth disease virus），属于小核糖核酸病毒科口蹄疫病毒属，为RNA型病毒。病毒呈球形，无囊膜，可在胎牛肾、胎猪肾、乳仓鼠肾原代细胞及其传代细胞中增殖。

口蹄疫病毒具有多型性和易变异性。已知的病毒有7个血清型，即A型、O型、C型、南非1型、南非2型、南非3型和亚洲1型，每一主型又分若干亚型，目前已发现65个亚型。各主型之间无交互免疫性，同一主型各亚型之间有一定的交叉免疫性。病毒在实验和流行中都能出现变异，实践中疫苗的毒型与流行毒型不同时，不能产生预期的防疫效果。我国口蹄疫的毒型为A型、O型和亚洲1型。

本病毒对外界环境的抵抗力很强。被病毒污染的饲料、土壤和毛皮传染性可保持数周至数月。但对紫外线、热、酸和碱敏感，1%～2%氢氧化钠、3%～5%福尔马林、0.2%～0.5%过氧乙酸、0.1%灭菌净等是其良好的消毒剂。

2. 流行病学

(1) 传染源 患病动物和带毒动物是本病主要的传染源。患病动物通过水疱皮、水疱液以及发热期的乳、唾液、眼泪、粪尿、呼出的气溶胶等排毒。特别是猪通过气溶胶排毒量最大。潜伏期和康复后动物是本病危险的传染源。

(2) 传播途径 本病通过直接接触和间接接触传播，经呼吸道、消化道及损伤的皮肤黏膜而感染。近年来证明通过污染的空气经呼吸道传染更为重要。饲料、垫草、用具、饲养管理人员以及犬、猫、鼠类、家禽等都可成为本病的传播媒介。

(3) 易感动物 口蹄疫的易感动物多达30余种，主要是偶蹄动物，其中奶牛、黄牛最易感；牦牛、水牛和猪次之；绵羊、山羊、骆驼再次之。一般幼龄动物较成年动物易感。人也可感染。实验动物中豚鼠、10日龄以内的乳鼠易感，后者是检出病料中微量病毒最好的实验动物。

(4) 流行特点 本病传播迅速，流行猛烈，发病率高，死亡率低。一年四季均可发生，但在牧区一般从秋末开始，冬季加剧，春季减少，夏季平息，在农区这种季节性特征则不明显。该病常呈流行性或大流行性，自然条件下每隔1～2年或3～5年流行一次，往往沿交通线蔓延扩散或传播，也可跳跃式地远距离传播。

3. 症状

牛潜伏期平均2～4天，最长1周左右。病牛体温升高到40～41℃，精神沉郁，食欲减退，流涎咂嘴，开口时有吸吮声。1～2天后，在唇内面、齿龈、舌面和颊部黏膜发生蚕豆至核桃大水疱。此时病牛大量流涎。水疱约经一昼夜破溃形成边缘整齐浅表的红色溃烂，以后体温降至正常，溃烂逐渐愈合，全身状况好转。如继发感染，则溃烂加深，愈合后形成瘢痕。在口腔发生水疱的同时或稍后，趾间、蹄部柔软部皮肤发生水疱，并很快破溃形成浅表溃疡，以后干燥结痂而愈合。如继发感染则发生化脓、坏死、跛行，重者蹄匣脱落。乳头和乳房部皮肤有时也出现水疱和烂斑。

本病多呈良性经过，一般经1～3周可痊愈。恶性口蹄疫在上述病程中病情突然恶化，因心脏麻痹而死亡，病死率达20%～50%。犊牛患病时多呈恶性，水疱症状不明显，主要表现出血性肠炎和心肌炎，病死率高达60%～90%。

羊潜伏期1周左右。症状与牛相似但较轻。绵羊蹄部症状明显，山羊口腔症状明显，羔羊常因出血性胃肠炎和心肌炎而死亡。

人主要由于饮食带毒乳，或通过挤奶接触患病动物等引起感染。主要表现为唇、齿龈、颊部黏膜及指尖、指甲基部等处发生水疱，水疱破裂后形成薄痂或溃烂。病程1周左右，愈后良好。儿童感染后发生胃肠卡他，严重者可因心肌麻痹而死亡。

4. 病理变化

除口腔和蹄部的水疱和烂斑外，在咽喉、气管、支气管和反刍动物前胃黏膜可见圆形烂斑，真胃和大小肠黏膜呈出血性炎症，心包膜有弥漫性或点状出血，心脏松软似煮肉样，心肌切面有灰白色或淡黄色斑点或条纹，称为“虎斑心”。

5. 诊断

根据流行病学特点、症状及剖检变化等可作出诊断。但在确诊和提供防疫用苗时必须进行毒型鉴定。采取患病动物的水疱皮或水疱液（置于50%甘油生理盐水中），或取恢复期血清送检。以补体结合试验、乳鼠中和试验进行毒型鉴定，也可用反向间接血凝试验、琼脂扩散试验。阻断夹心酶联免疫吸附试验等新方法已用于进出口动物血清的检测，利用生物素标记探针技术检测口蹄疫病毒国内外都有报道。

牛口蹄疫应注意与牛瘟、牛恶性卡他热、牛黏膜病、牛传染性水疱性口炎鉴别。牛瘟口舌黏膜没有水疱，仅有灰色小结节或麸皮样坏死假膜或有边缘不整的烂斑，蹄部无病变，有严重的下痢，病死率极高。牛恶性卡他热在口鼻黏膜坏死之前无水疱，有角膜混浊，全身病状严重，致死率高，散发。牛黏膜病在口腔黏膜糜烂过程中没有水疱，并有较重的腹泻，发病率低。传染性水疱性口炎猪、牛、马都感染，流行范围小，发病率低。

6. 治疗

早期可使用高免血清或康复血清治疗。其他治疗主要是对症治疗，对口腔病变可用10%盐水、食醋或0.1%高锰酸钾冲洗，溃烂面上涂以1%～2%明矾或碘甘油，也可用冰硼散撒布（冰片16g、硼酸160g、芒硝160g，共研为末）。对蹄部病变可用3%来苏儿洗净蹄部，擦干后涂以松馏油或鱼石脂软膏，绷带包扎。乳房病变可用肥皂水或2%～3%硼酸水洗净，然后涂以青霉素等抗炎软膏。

7. 预防

平时加强检疫，禁止从疫区购入动物、动物产品、饲料、生物制品等；购入动物必须隔离观察，确认健康方可混群；常发区、受威胁区，对牛、羊、猪等易感动物坚持接种口蹄疫疫苗。目前用于预防口蹄疫的疫苗有弱毒苗和灭活苗。弱毒苗有A型、O型和AO型联苗，对牛、羊均安全有效。猪接种强毒灭活苗，或猪专用的O型弱毒苗。接种疫苗时注意，所用的疫苗病毒型必须与当地流行的病毒型一致，否则不能预防和控制口蹄疫的发生和流行。疫苗第一年注射两次，以后每年一次，连续注射3～5年。

发生口蹄疫时，应立即上报疫情，及时采取病料，迅速送检确诊定型，划定并封锁疫点、疫区，扑杀患病动物及同群动物，尸体焚烧或化制；对污染的环境和用具进行彻底消毒；对疫区内的假定健康动物及受威胁区的易感动物进行紧急免疫接种。待最后一头病牛消灭之后，3个月内不出现新的病例，经过终末大消毒后解除封锁。

二、布鲁菌病

本病是由布鲁菌引起的人兽共患传染病，在家畜中以牛、羊、猪最常发生，且可传染人和其他动物。其特征是生殖器官和胎膜发炎，引起流产、不育和各种组织的局部病灶。

1. 病原体

布鲁菌属的细菌是一组微小的球杆状的革兰阴性菌，布鲁菌属有6个种，即马耳他（羊）布鲁菌、流产（牛）布鲁菌、猪布鲁菌、林鼠布鲁菌、绵羊布鲁菌和狗布鲁菌。各个种与生物型菌株之间的特征有些差别，但形态及染色特征等方面无明显差别。布鲁菌的抵抗力和其他不能产生芽孢的细菌相似。用巴氏灭菌法或0.1%升汞、1%来苏儿、2%福尔马林、5%生石灰乳可很快将其杀死。

2. 流行病学

本病易感动物广泛，但主要是羊、牛、猪；马、犬多为隐性。

传染源是患病动物及带菌者。最危险的是受感染的妊娠母牛，在流产和分娩时大量排菌，流产后的阴道分泌物及乳汁中均含菌。带菌动物的睾丸及精囊中有本菌。此外，本菌间或随尿排出。主要传播途径是消化道；经皮肤、创伤处、结膜、交媾也可感染；吸血昆虫可传播本病。动物的易感性似乎随着性成熟年龄接近而增高，不同性别动物的易感性无显著差别。

3. 症状

牛潜伏期2周至6个月。母牛最显著的症状是流产，妊娠期内均可发生，但以6～8个月为多，流产数日前表现分娩征兆、生殖道炎症。流产时胎水多清朗，但有时混浊，常见胎衣滞留，特别是妊娠后期流产者。早期流产的胎儿，通常在产前已经死亡。胎衣不滞留时可康复且能受孕，但可再度流产。胎衣滞留可能发生慢性子宫炎，引起长期不育，但大多数流产牛经2个月后可再次受孕。公牛最常见的是睾丸炎及附睾炎，阴茎潮红肿胀。常见的还有关节炎。

羊常不表现症状，主要是流产。流产前食欲减退、口渴、阴道流出黄色黏液，流产发生在妊娠后第3或第4个月。其他症状可能有乳房炎、支气管炎、关节炎和滑囊炎而引起跛行。公羊可发生睾丸炎。绵羊布鲁菌可引起绵羊附睾炎。

4. 病理变化

牛、羊的病理变化相似，表现为：胎衣呈黄色胶冻样浸润，有纤维蛋白絮片和脓液，绒毛叶或全部贫血呈苍白色。胎儿胃特别是皱胃中有淡黄色或白色黏液絮状物，胃、肠和膀胱浆膜下可能有点状或线状出血。皮下呈出血性浆液性浸润。淋巴结、脾脏和肝脏有不同程度的肿胀，有的散在有炎性坏死灶。胎儿和新生犊可见有肺炎病灶。公牛精囊内可能有出血点和坏死灶，睾丸和附睾可能有炎性坏死灶和化脓灶。

5. 诊断

流行病学、流产、胎儿胎衣病理变化、胎衣滞留以及不育等均有助于诊断。确诊需实验室诊断。除流产材料的细菌学检查外，对牛主要是血清凝集试验及补体结合试验；无病乳牛群可用乳环状试验监测。羊群用变态反应，少量羊只常用凝集试验与补体结合试验。

本病应与发生流产症状的疾病相鉴别，如弯曲菌病、胎毛滴虫病、钩端螺旋体病、乙型脑炎、衣原体病、沙门菌病以及弓形虫病等，关键是检出病原体和证明特异性抗体。

6. 防制

对未感染动物群，最有效的措施是自繁自养。引进种畜和补充畜群时应严格检疫，两次免疫生物学阴性者方可合群，清净动物群至少每年一次检疫，阳性者淘汰。

动物群中发现流产者，除隔离流产动物、环境消毒和妥善处理胎儿、胎衣外，应尽快诊断。消灭本病的措施是检疫、隔离、控制传染源、切断传播途径、培养健康动物群及主动免疫接种。

三、结核病

结核病是由分枝杆菌引起的人兽共患慢性传染病。其病理特征是在多种组织器官形成结核性肉芽肿（结核结节），继而结核中心干酪样坏死或钙化。

1. 病原

致病的病原菌是分枝杆菌属的三个种，即结核分枝杆菌、牛分枝杆菌和禽分枝杆菌，形态稍有差异。结核分枝杆菌是直或微弯的细长杆菌，呈单独或平行相聚排列，多为棍棒状，间有分枝状。牛分枝杆菌稍短粗，且着色不均匀。禽分枝杆菌短而小，为多形性。本菌无芽孢和荚膜，不能运动，革兰氏染色阳性，一般染色法较难着色，常用 Zichl-Neelsen 抗酸染色法。

本菌对干燥和湿冷的抵抗力很强，但对热的抵抗力差，60℃ 30min 即死亡，直射阳光下数小时死亡；常用消毒剂 4h 可杀死。对链霉素、异烟肼、对氨基水杨酸和环丝氨酸等敏感；对磺胺类药物、青霉素及其他广谱抗生素均不敏感。

2. 流行病学

约有 50 多种哺乳动物、20 多种禽类可患本病。家畜中牛最易感，尤其是奶牛，猪和家禽易感性也较强，羊较少。

病人和患病动物（尤其是开放型患者）是主要传染源，其痰液、粪、尿、乳汁和生殖道分泌物均可带菌，污染饲料、食物、饮水、空气和环境而传播。主要经呼吸道、消化道感染。病菌飘浮在空气飞沫中，健康人和动物吸入后即可感染。饲养管理不当与本病传播关系密切。

3. 症状

潜伏期短者十几天，长者数月至数年。

牛结核病主要由牛分枝杆菌引起。结核分枝杆菌和禽分枝杆菌对牛毒力较弱，多引起局限性病灶且无眼观变化，即“无病灶反应牛”，这种牛一般很少能成为传染源。牛常发生肺结核，病初食欲和反刍无变化，但易疲劳，常发出短而干的咳嗽声，日渐消瘦、贫血，有的体表淋巴结肿大。当纵隔淋巴结肿大压迫食道时，则有慢性臌气症状。病情恶化可发生全身性结核，即粟粒性结核。胸膜腹膜发生结核病灶即所谓的“珍珠病”，胸部听诊有摩擦音。多数牛乳房被侵害感染，乳房上淋巴结肿大但无热痛，泌乳减少，乳汁初无变化，严重时稀薄。肠道结核多见于犊牛，顽固性下痢。生殖器官结核时可见性机能紊乱、发情频繁、性欲亢进、慕雄狂或不孕、孕牛流产；公牛副睾丸肿大，阴茎前部可发生结节、糜烂等。脑与脑膜结核时可出现神经症状。

4. 病理变化

病理变化特点是在器官组织发生增生性或渗出性炎症，或两者混合存在。当机体抵抗力强时以细胞增生为主，形成增生性结核结节，由上皮细胞和巨噬细胞集结在结核菌周围，构成特异性肉芽肿；在机体抵抗力降低时以渗出性炎症为主，在组织中有纤维蛋白和淋巴细胞的弥漫性沉积，而后发生干酪样坏死、化脓或钙化。这种变化主要见于肺和淋巴结。

在牛的肺脏或其他器官常见有很多突起的白色结节，切面为干酪化坏死，有的钙化，切开时有砂砾感，有的坏死组织溶解和软化，排出后形成空洞。胸膜和腹膜发生密集结核结节，呈粟粒大至豌豆大的半透明灰白色坚硬的结节（珍珠病）。胃肠黏膜可能有大小不等的结核结节或溃疡。乳房结核多发生于进行性病例，剖开可见大小不等的病灶，内含有干酪样物质，还可见到急性渗出性乳房炎的病变。子宫多为黏膜弥漫性干酪化，子宫腔含有油样脓液。卵巢肿大，输卵管变硬。

5. 诊断

在牛群中发生进行性消瘦、咳嗽、慢性乳房炎、顽固性下痢、体表淋巴结慢性肿胀等，可作为初步诊断的依据。但须结合流行病学、临诊症状、病理变化、结核菌素试验以及细菌学试验等综合诊断更为可靠。

细菌学诊断对开放性结核病的诊断具有实际意义。采取患病动物的病灶、痰、粪、尿、乳及其他分泌物，直接涂片镜检或集菌处理后涂片镜检（可用抗酸性染色法）；还可分离培养和动物接种试验。采用免疫荧光抗体技术检查病料，快速、准确，检出率高。

结核菌素试验是目前诊断结核病最有实践意义的方法。

6. 防制

牛结核病一般不予治疗，而是采取综合性防疫措施，加强检疫和隔离，防止疾病传入，净化污染群，培育健康群；每年进行2～4次预防性消毒，每当牛群中出现阳性动物后，都要进行一次大消毒。常用消毒剂为5%来苏儿或克辽林、10%漂白粉、3%福尔马林或3%苛性钠溶液。

【任务实施】

知识点学习

1. 口蹄疫、布鲁菌病和结核病的养牛业的危害
2. 布鲁菌病和结核病的检验方法
3. 口蹄疫、布鲁菌病和结核病的防治方法

技能训练二十七　布鲁菌病的实验室检验

一、必备资源

（1）仪器　试管架×1，小试管×7，微量移液器(250μL)×1，微量移液器(10～50μL)×1，吸头10个玻板×1，牙签×6，酒精灯×1，恒温培养箱。

（2）材料　布鲁菌琥红平板凝集抗原、布鲁菌试管凝集抗原、布鲁菌标准阳性血清和阴性血清、牛布鲁菌病待检血清。

二、活动步骤

1. 布鲁菌病的平板凝集试验

方法步骤：

（1）取一长方形洁净玻璃板，用玻璃铅笔划成若干方格，每格约4cm^2，编号。

（2）分别吸取25μL被检血清、生理盐水、标准阳性血清、标准阴性血清加于不同编号的方格内，每吸一种成分需换一个吸头。

（3）吸取25μL抗原加到玻璃板的每一个格内，用牙签将抗原与血清充分混匀，每混匀一格需更换一根牙签。

于室温（15℃以上）静置4min观察结果，如室温过低，可适当加温。

（4）在对照标准阳性血清（+）、标准阴性血清（－）、生理盐水（－）反应正常的前提下，被检血清出现大的凝集片或小的颗粒状物，液体透明判为阳性（+），液体均匀混浊，无任何凝集物判为阴性（－）。

2. 布鲁菌病的试管凝集试验

（1）实验目的　试管凝集试验是一种定量试验，可排除玻片法凝集试验的非特异凝集，是鉴定细菌更为准确可靠的凝集试验，用以检测待检血清中是否存在相应抗体和测定该抗体的含量，以协助临床诊断或供流行病学调查。

（2）方法步骤　见表 1-5-9。

表 1-5-9　试管凝集试验

管号	1	2	3	4	5	6	7	8
血清稀释倍数	1∶12.5	1∶25	1∶50	1∶100	1∶200	抗原对照	阳性血清对照 1∶25	阴性血清对照 1∶25
0.5%石炭酸生理盐水/mL	2.3 0.2 ↘	0.5 0.5 ↘	0.5 0.5 ↘	0.5 0.5 ↘	0.5 0.5 ↘	0.5	—	—
被检血清/mL					弃 0.5	—	0.5	0.5
抗原（1∶20）/mL	—	0.5	0.5	0.5	0.5	0.5	0.5	0.5

注：检查羊时，用 5%石炭酸的 10%盐水稀释血清和抗原；检查牛时，用 5%石炭酸生理盐水稀释抗原和血清。

各试管加完抗原后，充分振荡，置 37℃温箱中 4～10h，取出后置室温 18～24h，然后观察并记录结果。待检血清稀释度：猪、羊、犬为 1∶25、1∶50、1∶100、1∶200，牛、马和骆驼为 1∶50、1∶100、1∶200、1∶400。大规模检疫可只用两个稀释度，即猪、羊、犬为 1∶25 和 1∶50，牛、马、骆驼为 1∶50 和 1∶100。

结果判定：判定结果时用“＋”表示反应的强度。

＋＋＋＋：液体完全透明，菌体完全被凝集呈伞状沉于管底，振荡时，沉淀物呈片状、块状或颗粒状，表示菌体 100%被凝集。

＋＋＋：液体稍有混浊，菌体大部分被凝集沉于管底，振荡时情况同上，表示菌体 75%被凝集。

＋＋：液体不甚透明，呈淡乳白色混浊，管底有明显的凝集沉淀，振荡时有块状或小片絮状物，表示菌体 50%被凝集。

＋：液体透明度不明显或不透明，管底有不甚显著的沉淀或仅有沉淀的痕迹，表示菌体 25%被凝集。

－：液体完全混浊，不透明，有时管底中央有一部分圆点状沉淀物，但振荡后立即散开呈均匀混浊，表示菌体完全不凝集。

确定血清凝集价（滴度）时，应以出现＋＋以上凝集现象的最高稀释度为准。

判定标准：牛、马和骆驼凝集价为 1∶100 以上，猪、羊和犬的凝集价为 1∶50 判为阳性；牛、马和骆驼凝集价为 1∶50，猪、羊和犬凝集价为 1∶25 判为可疑。

可疑反应的家畜，经 3～4 周后再采血重新检查。牛和羊若仍为可疑判为阳性；猪和马若仍为可疑，而畜群中又没有病例和大批阳性病牛，则判为阴性。

3. 虎红平板凝集试验平板

在清洁的玻片上加 0.03mL 的被检血清，然后再加入虎红平板凝集抗原 0.03mL，充分均匀，4min 内观察结果。

以出现可见的凝集现象判定阳性，无凝集现象为阴性，无可疑反应。

注意事项：

① 待检血清必须新鲜，无溶血现象和腐败。

② 稀释血清时，要反复吹吸几次，完全混匀才能移入另一管，而且注意不要在吹吸时产生气泡。

③ 每次需做阳性血清、阴性血清和抗原三种对照，在结果判定时，要先检查对照管，只有对照管均正确时才能检查判定试验等。

技能训练二十八　牛结核病的检验

一、必备资源

酒精棉、卡尺、1～2.5mL注射器、针头、牛型提纯结核菌素。

二、活动步骤

(1) 注射部位及术前处理　在颈侧中部上1/3处剪毛（或提前一天剃毛），3个月以内的犊牛，也可在肩胛部进行，直径约10cm，用卡尺测量术部中央皮皱厚度，作好记录。如术部有变化时，应另选部位或在对侧进行。

(2) 注射剂量　不论大小牛只，一律皮内注射1万国际单位。即将牛型提纯结核菌素稀释成每毫升含10万国际单位后，皮内注射0.1mL。如用2.5mL注射器，应再加等量注射用水皮内注射0.2mL。冻干菌素稀释后应当天用完。

(3) 注射方法　先以75%酒精消毒术部，然后皮内注入定量的牛型提纯结核菌素，注射后局部应出现小泡，如注射有疑问时，应另选15cm以外的部位或对侧重做。

(4) 注射次数和观察反应　皮内注射后经72h判定，仔细观察局部有无热痛、肿胀等炎性反应，并以卡尺测量皮皱厚度，作好记录。对疑似反应牛应即在另一侧以同一批菌素同一剂量进行第二次皮内注射，再经72h后观察反应。如有可能，对阴性和疑似反应牛，于注射后96h和120h再分别观察一次，以防个别牛出现迟发型变态反应。

(5) 结果判定

① 阳性反应　局部有明显的炎性反应。皮厚差等于或大于4mm以上者，其记录符号为+。对进出口牛的检疫，凡皮厚差大于2mm者，均判为阳性。

② 疑似反应　局部炎性反应不明显，皮厚差在2.1～3.9mm间，其记录符号为±。

③ 阴性反应　无炎性反应。皮厚差在2mm以下，其记录符号为－。

凡判为疑似反应的牛只，于第一次检疫30天后进行复检，其结果仍为可疑反应时，经30～45天后再复检，如仍为疑似，应判为阳性。

【巩固训练】

案例题

案例一：某奶牛场个别奶牛突然出现食欲减退的现象，引起饲养人员的注意，发现该牛口腔、鼻镜、蹄部出现小水疱，部分破溃结痂，流涎，产奶量急剧下降，有跛行症状。很快该牛场很多奶牛相继出现相同症状。

1. 对本病病原的叙述哪项是正确的？（　　）

A. 革兰氏阳性菌　B. 革兰氏阴性菌　C. RNA病毒　D. DNA病毒

2. 该病可能是以下哪种疾病？（　　）

A. 水疱性口炎　B. 口蹄疫

C. 黄曲霉素中毒　D. 牛病毒性腹泻-黏膜病

3. 该疾病属于国家（　　）类疾病。

A. 一　B. 二　C. 三　D. 特

4. 该疾病主要感染哪些动物？（　　）

A. 只有牛　B. 猪、牛、羊　C. 反刍兽　D. 偶蹄兽

5. 该牛场饲养员发现病情后，应该（　　）。

A. 用抗菌药物治疗　B. 紧急免疫

C. 高免血清治疗　D. 上报疫情

案例二：某牛场部分经产奶牛出现流产现象，产出死胎，胎衣呈黄色胶冻样浸润。饲养人员发现母牛阴道内流出混浊的炎性分泌物，采病料抹片进行细菌性检查，有革兰氏阴性小杆菌存在。该病有可能是什么疾病？该如何处理？

【知识拓展】

建立健全牛场科学的疫病防治制度

【任务考核】

项目六　牛场经营管理技术

任务一　奶牛场生产计划的编制

【任务目标】

本任务主要解决奶牛场生产计划的编制，针对奶牛场重点做好配种产犊计划、牛群周转计划、产奶计划、饲料供应计划。

【必备知识】

一、配种产犊计划的编制

配种和产犊是奶牛生产的重要环节，奶牛没有产犊也就没有产奶。配种产犊计划是奶牛场年度生产计划的重要组成部分。是完成奶牛场繁殖、育种和产奶任务的重要措施和基本保证。同时，配种产犊计划又是制订牛群周转计划、牛群产奶计划和饲料供应计划的重要依据。

（一）编制计划的必备资料

（1）上年度经产、初产、初配母牛最后一次实际配种日期和产后未配种的经产、初产母牛的产犊日期。查出各月份配种妊娠牛的头数。即上年度母牛分娩、配种记录。

（2）上年度的育成母牛出生日期、月龄及发育等情况。即前年和上年度所生的育成母牛的出生日期记录。

（3）本牛场配种产犊类型及历年的牛群配种繁殖成绩。

（4）计划年度内预计淘汰的成母牛和育成母牛的头数和时间。

（5）上年度繁殖母牛的年龄、胎次、营养、健康、繁殖性能等情况。

（6）当地气候特点、饲料供应、鲜奶销售情况及本场牛舍建筑设备情况，特别是产房与犊牛培育设施等方面的条件等。

（二）确定与编制计划有关的规定与原则

（1）经产、初产母牛产犊后的配种时期。

（2）育成母牛的初配年龄和其他有关规定。

（3）牛只淘汰原则和标准。（如凡年龄超过10产，305天产奶量低于4500kg，患有严重乳房疾病、生殖疾病而又屡治无效者均加以淘汰。）

（4）牛群的情期受胎率、配种受胎率、情期发情率、流产死胎率与犊牛成活率等。

（三）编制计划的方法与步骤

假设该场各类牛的情期发情率为100%，流产死胎率为0，并且上一年度没有淘汰母牛。其编制方法及步骤如下（以2013年情况为例）：

（1）将2012年各月受胎的成母牛和初孕牛头数分别填入“上一年度受胎母牛数”栏相应项目中。

（2）根据受胎月份减3为分娩月份，则2012年4～12月份受胎的成母年和初孕牛将分别在本年度1～9月份产犊，并分别填入“本年度产犊母牛数”栏相应项目中。

（3）2012年11、12月份分娩的成母牛及10、11、12月份分娩的初产牛，应分别在本年度1、2月份及1、2、3月份配种，并分别填入“本年度配种母牛数”栏的相应项目内。

（4）2011年8月至2012年7月份所生的育成母牛，到2013年1～12月份年龄陆续达到16月龄，须进行配种，分别填入“本年度配种母牛数”栏的相应项目中。

（5）2012年年底配种未受胎的20头母牛，安排在本年度1月份配种，填入“本年度配种母牛数”栏“复配牛”项目内。

（6）将资料中提供的2013年度各月估计情期受胎率的数值分别填入“本年度估计情期受胎

率”栏的相应项目中。

(7) 累加本年度1月份配种母牛总头数(即“成母牛＋初产牛＋初配牛＋复配牛”之和),填入该月“合计”中,则1月份的估计情期受胎率乘以该月“成母牛＋初产牛＋复配牛”之和,即53%×(29＋5＋20)＝28.62≈29(头),即为该月这三类牛配种受胎头数。同法,53%×4＝2.12≈2(头),计算出该月初配牛的配种受胎头数为2,分别填入“本年度妊娠母牛数”栏1月份项目内和“本年度计划产犊母牛数”栏10月份项目内。

(8) 本年度1～10月份产犊的成母牛和本年度1～9月份产犊的初孕牛,将分别在本年度3～12月和4～12月份配种,则分别填入“本年度配种母牛数”栏相应项目中。

(9) 年度1月份配种总头数减去该月受胎总头数得数27,即58×(1－53%)＝27,填入2月份“复配牛”栏内。

(10) 按上述第(8)和第(10)步骤,计算出本年度11、12月份产犊的母牛头数及本年度2～12月复配母牛头数,分别填入相应栏内。本年度1～3月的妊娠母牛数,即为本年度10～12月的计划产犊母牛数。

(11) 编制出成母牛和初孕牛1～12月份的妊娠头数,分别填入各月相应的栏目中。即完成了2013年全群配种产犊计划编制工作(表1-6-1)。

资料计算的方法

某奶牛场2012年1～12月受胎的成母牛和初孕牛头数分别为25、29、24、30、26、29、23、22、23、25、24、29和5、3、2、0、3、1、5、6、0、2、3、2;2012年11、12月份分娩的成母牛头数为29、24;10、11、12月份分娩的初产牛头数为5、3、2;2005年8月至2012年7月份各月所生育成母牛的头数分别为4、7、9、8、10、13、6、5、3、2、0、1;2012年年底配种未孕母牛20头。该牛场为常年配种产犊,规定经产母牛分娩2个月后配种(如1月份分娩,3月份配种),初产牛分娩3个月后配种,育成牛满16月龄配种;2013年1～12月份估计情期受胎率分别为52%、52%、50%、49%、55%、62%、62%、60%、59%、57%、52%和45%(一般是以本场近几年各月份情期受胎率的平均值来确定计划年度相应月份情期受胎率的估计值)。

表1-6-1 某奶牛场2013年度配种产犊计划表 单位:头

项目		月份											
		1	2	3	4	5	6	7	8	9	10	11	12
上年度受胎母牛数	成母牛	25	29	24	30	26	29	23	22	23	25	24	29
	初孕牛	5	3	2	0	3	1	5	6	0	2	3	2
	合计	30	32	26	30	29	30	28	28	23	27	27	31
本年度计划产犊母牛数	成母牛	30	26	29	23	22	23	25	24	29	29	28	31
	初产牛	0	3	1	5	6	0	2	3	2	2	4	5
	合计	30	29	30	28	28	23	27	27	31	31	32	36
本年度配种母牛数	成母牛	29	24	30	26	29	23	22	23	25	24	29	29
	初产牛	5	3	2	0	3	1	5	6	0	2	3	2
	初配牛	4	7	9	8	10	13	6	5	3	2	0	1
	复配牛	20	27	29	34	35	34	27	23	23	22	22	26
	合计	58	61	70	68	77	71	60	57	51	50	54	58
本年度估计情期受胎率/%		53	52	50	49	55	62	62	60	59	57	52	45
本年度妊娠母牛数	成母牛	29	28	31	29	37	36	33	31	28	27	28	26
	初孕牛	2	4	5	4	6	8	4	3	2	1	0	1
	合计	31	32	36	33	43	44	37	34	30	28	28	26

二、牛群周转计划的编制

在一年中，由于犊牛的出生、后备牛的生长发育和转群、各类牛的淘汰和死亡，以及牛只的买进、卖出等，致使牛群结构不断发生变化。在一定时期内，牛群结构的这种增减变化称为牛群周转。牛群周转计划是牛场的再生产计划，是指导全场生产、编制饲料供应计划、牛群产奶计划、劳动力需要计划和各项基本建设计划的重要依据。

（一）编制计划必备的资料

（1）上年度年末各类奶牛的实有头数、年龄、胎次、生产性能及健康状况。

（2）计划年度内牛群配种产犊计划。

（3）计划年度淘汰、出售或购进的牛只数量及计划年度末各类牛要达到的头数和生产水平。

（4）历年本场牛群繁殖成绩，犊牛、育成牛的成活率，成母牛死亡率及淘汰标准。

（5）明确牛场的生产方向、经营方针和生产任务。

（6）了解牛场的基建及设备条件、劳动力配备及饲料供应情况。

（二）确定与编制计划有关的规定与原则

一般来说，母牛可供繁殖使用10年左右。成年母牛的正常淘汰率为10%，外加低产牛、疾病牛淘汰率5%，年淘汰率在15%左右。所以，一般奶牛场的牛群组成比例为：成年牛58%～65%，18月龄以上青年母牛16%～18%，12～18月龄育成母牛6%～7%，6～12月龄育成牛7%～8%，犊牛8%～9%。牛群结构是通过严格合理选留后备牛和淘汰劣等牛达到的，一般后备牛经6月龄、12月龄、配种前、18月龄等多次选择，每次按一定的淘汰率（如10%）选留，有计划培育和创造优良牛群。

成年母牛群的内部结构，一般为一、二产母牛占成年母牛群的35%～40%，三至五产母牛占40%～45%，六产以上母牛占15%～20%，牛群平均胎次为3.5～4.0胎（年末成母牛总胎数与年末成母牛总头数之比）。常年均衡供应鲜奶的奶牛场，成牛母牛群中产奶牛和干奶牛也有一定的比例关系，通常全年保持80%左右处于产乳，20%左右处于干乳。

（三）编制方法与步骤

以某奶牛场为例，计划经常拥有各类奶牛1000头，其牛群结构比例为：成母牛占63%，育成牛24%，犊牛13%。已知计划年初有犊牛130头，育成牛310头，成母牛500头，另知上年7～12月份各月所生犊牛头数及本年度配种产犊计划，试编制本年度牛群周转计划（表1-6-2）。

表1-6-2　某奶牛场牛群周转计划表　　单位：头

月份	犊牛								育成牛								成牛							
	期初	增加		减少				期末	期初	增加		减少				期末	期初	增加		减少				期末
		繁殖	购入	转出	出售	淘汰	死亡			转入	购入	转出	出售	淘汰	死亡			转入	购入	转出	出售	淘汰	死亡	
1	130	20		20				130	310	20		15				315	500	15					5	510
2	130	20		20				130	315	20		15	2			318	510	15						525
3	130	20		15				135	318	15		10	10	5		308	525	10						535
4	135	20		15	2			138	308	15		10	15	5		293	535	10			10			535
5	138	15		10				143	293	10		20	5		2	286	535	20			10			545
6	143	15		10			3	145	286	10		20	5			271	545	20						565
7	145	20		20		2	2	141	271	20		10		3		278	565	10						575
8	141	20		20		5	2	134	278	20		10		2	2	284	575	10						585
9	134	20		20		3	2	129	284	20		15		2		287	585	15						600
10	129	20		20			1	128	287	20		15	5	5	1	281	600	15						615
11	128	15		15				128	281	15		15	15	5		261	615	15				5		625
12	128	15		15				128	261	15		15	15	3	1	242	625	15			5	5		630
合计		220		200	2	10	10			200		170	72	30	6			170			25	10	5	

① 将年初各类牛的头数分别填入表1-6-2“期初”栏中。计算各类牛年末应达到的比例头数，分别填入12月份“期末”栏内。

② 按本年度配种产犊计划，把各月将要出生的母犊头数（计划产犊头数×50%×成活率%）相应填入犊牛栏的“繁殖”项目中。

③ 年满6月龄的母犊应转入育成牛群中，则查出上年7～12月各月所生母犊头数，分别填入母犊“转出”栏的1～6月项目中（一般这6个月母犊头数之和，等于期初母犊的头数）。而本年度1～6月份所生母犊头数对应地填入育成牛“转出”栏7～12月项目中。

④ 将各月转出的母牛犊数对应地填入育成牛“转入”栏中。

⑤ 根据本年度配种产犊计划，查出各月份分娩的育成牛数，对应地填入育成牛“转出”及成母牛“转入”栏中。

⑥ 合计母犊“繁殖”与“转出”总数。要想使年末牛只数达128头，期初头数与“增加”头数之和等于“减少”头数与期末头数之和。则通过计算：(130+220)-(220+128)+10+10=22，表明本年度母犊可出售或淘汰22头。为此，可根据母犊生长发育情况及该场饲养管理条件等，适当安排出售和淘汰时间。最后汇总各月份期初与期末头数，“母犊”一栏的周转计划即编制完成。

⑦ 同法，合计育成母牛“转入”与“转出”栏总头数，根据年末要求达到的头数，确定全年应出售和淘汰的头数。则通过计算：(310+200)-(242+170)=98，表明本年度育成母牛可出售或淘汰98头。在确定出售、淘汰月份分布时，应根据市场对鲜奶和种牛的需要及本场饲养管理条件等情况进行确定，汇总各月期初及期末头数，即完成该场本年度牛群周转计划。

三、产奶计划的编制

产奶计划是制订牛奶供应计划、饲料计划、联产计酬以及进行财务管理的主要依据。奶牛场每年都要根据市场需求和本场情况，制订每头牛和全群牛的产奶计划。

编制牛群产奶计划，必须具备下列资料：

① 计划年初泌乳母牛的头数和去年母牛产犊时间；

② 计划年成母牛和育成牛分娩的头数和时间；

③ 每头母牛的泌乳曲线；

④ 奶牛胎次产奶规律。

由于影响奶牛产量的因素较多，牛群产奶量的高低不仅取决于泌乳母牛的头数，而且决定于各个体的品种、遗传基础、年龄和饲养管理条件，同时与母牛的产犊时间、泌乳月份也有关系。因此，制订产奶计划时，应考虑以下情况：

(1) 泌乳月　母牛现处于第几泌乳月，前几个月及本月的平均日产奶量。在正常饲养管理条件下，大多数母牛分娩后的奶量迅速上升，到第2～3个月达最高，以后逐渐下降，每月约降5%～7%，到泌乳末期每月大约下降10%～20%。但有的母牛在分娩后2个月内泌乳量迅速上升，以后便迅速下降，而有的母牛在整个泌乳期内能保持均衡的泌乳。因此，编制产奶计划时，必须考虑每头母牛的个体特性。

(2) 年龄和胎次　荷斯坦牛通常第二胎次产奶量比第一胎高10%～12%；第三胎又比第二胎高8%～10%；第四胎比第三胎高5%～8%；第五胎比第四胎高3%～5%；第六胎以后奶量逐渐下降。即荷斯坦牛1～6胎的产奶系数分别为：0.77、0.87、0.94、0.98、1.0、1.0。

$$\text{预计本胎次产乳量}=\frac{\text{上胎产乳量}\times\text{本胎产奶系数}}{\text{上胎产奶系数}}$$

(3) 干奶期饲养管理情况以及预产期

(4) 母牛体重、体况以及健康状况

(5) 产犊季节　尤其南方夏季高温高湿对奶牛产奶量的影响。

(6) 本年度饲料情况和饲养管理方面的改进措施　例如：9903号母牛上胎次（3胎）产奶量为7000kg，其1～10泌乳月的产奶比率分别为：14.4%、14.8%、13.8%、12.6%、11.4%、10.1%、8.3%、6.2%、5.1%及3.3%。则该牛在计划年度产奶量估计为：7000kg×0.98（第四胎产奶系数)/0.94（第三胎产奶系数）=7298kg，第一泌乳月产奶量为7298kg×14.4%=1051kg，第二泌乳月产奶量为7298kg×14.8%=1080kg，其余各月依次为1007kg、920kg、832kg、737kg、606kg、452kg、372kg、241kg。若该牛在计划年的3月份以前产犊，泌乳期产奶量在计划年度内完成；如若其于上年度11月份初产犊，则在计划年度1月份为其第3泌乳月的产奶量，其余类推。如若母牛不在月初或月末产犊，则需计算月平均日产奶量，然后乘以当月产奶天数。将全场计划年度所有泌乳牛的产奶量汇总，即为年产奶计划。

若本奶牛场无统计数字或泌乳牛曲线资料，在拟定个体牛各月产奶计划时，可参考表1-6-3和母牛的健康、产奶性能、产奶季节、计划年度饲料供应等情况拟定计划日产奶量，据此拟定各月、全年、全群产奶计划（表1-6-4）。

表1-6-3　计划产奶与各泌乳月日平均产奶量分布　单位：kg

305天产奶量	泌乳月									
	1	2	3	4	5	6	7	8	9	10
4200	17	19	17	16	15	14	13	11	10	9
4500	18	20	19	17	16	15	14	12	10	9
4800	19	21	20	19	17	16	14	13	11	10
5100	20	23	21	20	18	17	15	14	12	10
5400	21	24	22	21	19	18	16	15	13	11
5700	22	25	24	22	20	19	17	15	14	12
6000	24	27	25	23	21	20	18	16	14	12
6600	27	29	27	25	23	22	20	18	16	14
6900	28	30	28	26	24	23	21	19	17	16
7200	29	31	29	27	25	24	22	20	18	16
7500	30	32	30	28	26	25	23	21	19	17
7800	31	33	31	29	27	26	24	22	20	18
8100	32	34	32	30	28	27	25	23	21	19
8400	33	35	33	31	29	28	26	24	22	20
8700	34	36	34	32	30	29	27	25	23	21
9000	35	37	35	33	31	30	28	26	24	22
9300	36	38	36	34	32	31	29	27	24	23
9600	37	39	37	35	33	32	30	28	25	24

表1-6-4　年度产奶计划表　单位：kg

奶牛号	计划年各月份产奶量												全年总计
总计													

四、饲料供应计划的编制

饲料是养牛生产的基础，编制饲料计划，是安排饲料生产、组织饲料采购的依据。规模较大的牛场，除年度计划外，应分别按季节或按月份制订饲料计划，以保证饲料的均衡供应。饲料计划主要包括饲料需要量计划和饲料供需平衡计划两部分。先计算出饲料需要量，然后与饲料供应量进行平衡。

（一）饲料供给计划的编制依据

（1）饲料需要量计划与牛群发展计划相适应。

（2）根据日粮科学配合的要求，按饲料的种类，分别计划各种饲料的需要量。

（3）利用牛场周围的自然资源，安排廉价丰富的饲料种植，建立饲料基地。

（4）根据市场可供应饲料量，安排饲料采购渠道和数量。

（5）根据牛群周转计划（明确每个时期各类牛的饲养头数）和各类牛群饲料定额等计划，制订饲料供应计划，安排种植计划和饲料储备计划（见表 1-6-5）。

表 1-6-5 饲料供给计划表

类别	平均饲养数/头	年饲养头日数/日	精饲料/kg	粗饲料/kg	青贮料/kg	青绿多汁料/kg	矿物质/kg	牛奶/kg
成年公牛								
成年母牛								
青年公牛								
青年母牛								
犊公牛								
犊母牛								
总计								
计划量								

注：全年平均饲养头数（成年母牛、育成牛、犊牛）＝全年饲养头日数/365；全年各类牛群的年饲养头日数＝全年平均饲养头数×全年饲养日数；饲料需要量“计划量”是年需要量加上估计年损耗量，即为该年度实际需要计划的饲料量。一般为5%～10%的损耗量。精饲料和矿物质饲料按照5%计算，粗饲料、青贮、青绿多汁饲料的损耗按照10%计算。

（二）饲料供应计划的编制

（1）粗饲料供应计划

青贮玉米：成年母牛采食量 25kg/(头·天)，育成牛采食量 15kg/(头·天)，犊牛采食量 5kg/(头·天)。

青贮玉米月供应量＝(成年牛日采食量×成母牛头数＋育成牛日采食量×育成牛头数＋犊牛日采食量×犊牛头数)×30 天

通过以上计算公式可得出月供应量，然后乘以 12 便可得出青贮玉米年供应量。

干草：成年母牛采食量 5kg/(头·天)，育成牛采食量 3kg/(头·天)，犊牛采食量 1.5kg/(头·天)。干草年供应量计算方法同上。

（2）精饲料供应计划

混合精饲料月供应量＝

$$\left[\text{育成牛基础料量 3kg}\times\text{育成牛数量}+\left(\text{成母牛基础料量3kg}\times\frac{\text{上年度奶牛头日产奶量}}{\text{奶料系数比}}\right)\times\text{成年母牛数量}\right]\times 30\text{ 天}$$

奶料系数比为 3，即每产 3kg 奶增加 1kg 精料，得出月供应量，乘以 12 可得出年供应量。

混合精料中的各种饲料供应量，可按混合精料配方中占有的比例计算。例如，成年母牛混合精料的配合比例为：玉米 50%、豆饼或豆粕 34%、麦麸 12%、矿物质饲料 3%、添加剂预混料 1%。则，混合精料中各种饲料供应量为：

玉米供应量＝混合精料供应量×50％

豆饼供应量＝混合精料供应量×34％

麦麸供应量＝混合精料供应量×12％

添加剂预混料供应量＝混合精料供应量×1％

矿物质饲料：一般按混合精料量的3％～5％供应。

【任务实施】

知识点学习

1. 配种产犊计划
2. 牛群周转计划
3. 产奶计划
4. 饲料供应计划

技能训练二十九　牛场综合调查与分析

一、必备资源

规模化奶牛场、肉牛场，牛场资料档案、牛场生产系统管理软件。

二、活动步骤

（一）牛场综合调查表的编制

见表1-6-6。

表1-6-6　某牛场综合调查样表

调查项目	内容与要求	
1. 生产经营模式		
2. 建设规划	(1)牛场平面图	
	(2)牛舍结构类型	棚式、舍式、棚舍式
	(3)屋顶类型	单坡、双坡、平顶、钟楼、通风口形式
	(4)墙壁类型	开放式、半开放式、封闭式
	(5)牛舍材料	砖瓦、木板、金属板、人造复合板、保温材料
	(6)动物排列方式	单列、双列、三列、四列、六列、对尾、对头
	(7)通风方式	自然、通风机(型号)
	(8)夏季防暑方法	
	(9)冬季保温方法	
	(10)牛的固定方式	拴系、散栏
	(11)运动场规格	长、宽、牛均面积
	(12)牛均饲槽宽度	
	(13)消毒池(间)	设置,规格,方法
3. 饲养管理	(1)饲料种类	粗料和精料种类、比例,青绿饲料种类及供应情况
	(2)饲料来源	全部自给,部分自给(比例),全部外购
	(3)饲料种植	种类、品种、产量、占需要量的比例
	(4)饲料贮存	草捆、青贮、黄贮、氨化、微贮
	(5)饲料加工	加工机械种类、加热、加湿、粉碎、混合
	(6)饲喂方法	机械/人工饲喂,时间、次数、顺序

续表

调查项目	内容与要求	
3. 饲养管理	(7)饲料运输	车辆种类、载重量
	(8)饮水条件	水源，水质，用水量
	(9)刷拭情况	刷拭用具，时间，次数
	(10)修蹄与洗蹄	修蹄季节，次数；洗蹄次数，时间，药剂
	(11)清扫次数、时间、方法	
	(12)消毒方法	药品，用量，每月次数
4. 奶牛场生产	(1)工作日程时间表	
	(2)挤奶场所	牛舍，挤奶厅
	(3)挤奶方法	手工/机械
	(4)挤奶机械	移动式/固定式
	(5)挤奶时间、次数	
	(6)乳房清洗、乳头消毒方法、药剂种类	
	(7)乳产量	
	(8)原料乳预处理	冷却、过滤、贮存
	(9)市场营销情况	价格、产品流向、市场销量
	(10)年经济效益	产值、利润
5. 肉牛场生产	(1)工作日程时间表	
	(2)肉牛品种、杂交组合	
	(3)育肥类型、育肥期	
	(4)架子牛入场年龄、体重	
	(5)饲料种类、精/粗比	
	(6)出栏体重、屠宰率、净肉率	
	(7)市场营销	价格、产品流向、市场销量
	(8)年经济效益	产值、利润
6. 生产劳动管理	(1)行政管理岗位设置及各岗位人数	
	(2)各类饲养员人数及人均管理牛头数	
7. 生产记录方法	(1)一般人工记录与管理	
	(2)计算机管理	
8. 牛群状况	(1)各种类型动物数(品种、血缘)	种公牛(冻精或胚胎)、成母牛、育成牛、青年牛、犊牛
	(2)犊牛饲养方法	开始哺喂初乳的时间，哺喂量； 哺乳期全乳饲喂量，哺乳期； 代乳料，开食料； 去角时间和方法； 去势时间和方法； 断奶时间、断奶体重
	(3)产犊(成活)率	本年度出生犊牛总数/上年度末成年母牛数(%)
	(4)平均产犊间隔	总个体产犊时间(天)/产犊母牛总数

续表

调查项目	内容与要求	
8. 牛群状况	(5)总受胎率	年内受胎母牛总数/年内平均母牛数(%)
	(6)育成牛情况	初配月龄,初配体重,初配体况评分,饲养方法,饲料特点
	(7)繁殖方法	①发情鉴定方法:人工观察/仪器检测
		②种公牛精液的来源、品种
		③胚胎移植:胚胎来源、品种、受体牛品种、妊娠率、产犊率、性别比例
		④冷配方法:一次发情输精次数,每次受孕平均所需输精次数、输精量
		⑤妊娠诊断方法:人工观察/仪器检测
		⑥淘汰率
		⑦犊牛死亡率
		⑧犊牛成活率
9. 疫病防治	(1)传染病发病情况	口蹄疫、布鲁菌病、结核病、副结核病、气肿疽
	(2)免疫接种	疫苗种类、产地 接种时间、接种次数、免疫效果
	(3)常见病发病情况	乳房炎(临床性、隐性)、产后瘫痪、酮病、流产、内外寄生虫病等
10. 环境保护	(1)牛场绿化情况	
	(2)排污处理方法	①粪尿分离
		②发酵
		③制作有机肥
	(3)环境监测方法	

调查人员：　　　　牛场负责人（签字）：　　　　调查时间：　　年　月　日

（二）实地调查

牛场的信息往往不是一个人能够完全掌握的，因此在实地调查过程中，应与牛场相关人员进行有效沟通，从不同岗位人员那里获得调查信息。

（三）调查结果分析

根据调查结果，对奶牛场（肉牛场）的生产经营模式、建设规划、饲养管理、生产劳动管理、生产记录方法、牛群状况、疫病防治、环境保护、经济效益等内容做出分析。要求分析具有针对性，有理有据，并提出建设性意见。

【巩固训练】

一、选择题

1. 按照岗位职能要求，负责养殖场经营计划和投资方案、利润分配等的是（　　）。

A. 场长　　B. 会计　　C. 出纳　　D. 技术员

2. 正常牛群结构中，成母牛一般占全群比例为（　　）。

A. 30%～40%　　B. 40%～50%　　C. 50%～60%　　D. 60%～70%

3. 目前我国规模牧场千克奶全成本约为（　　）元人民币。

A. 2.0～2.5　　B. 2.5～3.0　　C. 3.0～3.5　　D. 3.5～4.0

4. 以繁殖为主的乳用牛群，繁殖母牛一般应占（　　）。

A. 20%～30%　　B. 40%～50%　　C. 60%～65%　　D. 70%～80%

5. 以繁殖为主的乳用牛群，育成后备母牛一般应占（　　）。

A. 10%～20%　　B. 20%～30%　　C. 30%～40%　　D. 40%～50%

6. 我国规模牧场奶牛成母牛淘汰率约为（　　）。
A. 10%～15%　B. 15%～20%　C. 20%～25%　D. 25%～30%
7. 调整种植业结构的最有效方法是（　　）。
A. 发展养禽业　B. 发展养猪业　C. 发展牛羊业　D. 发展特种动物
8. 市场销售目标包括（　　）。
A. 销售次数、市场份额、增长率　B. 销售量、销售份额、增长率
C. 销售量、市场份额、增长率　D. 销售量、市场份额、销售率
9. 流动资金依次经过（　　）三个阶段，表现为三种不同的存在形式。
A. 供应、生产、销售　B. 需求、生产、销售
C. 供应、生产、交换　D. 供应、交换、销售
10. 下面流动资金的特点看法中不正确的是（　　）。
A. 使用时间较长　B. 实物形态转化方式不同
C. 周转期不同　D. 价值转移和补偿方式不同
11. 专题分析的特点是（　　）。
A. 受时间的限制
B. 灵活性差
C. 能及时发现经济活动中的薄弱环节采取措施
D. 专题分析没有针对性
12. 关于饲养日成本看法中正确的是（　　）。
A. 一头牛饲养一天的费用　B. 一群牛饲养一天的费用
C. 一头肉牛天需要的饲料　D. 反映饲养管理水平
13. 牛场生产企业的组织机构主要实行（　　）负责制。
A. 主任　B. 董事长　C. 场长（或经理）　D. 科长
14. 下面几项管理中不符合资金管理内容的是（　　）。
A. 资金筹集管理　B. 固定资金管理　C. 营业收入管理　D. 市场管理
15. 固定资金是购置劳动手段如机械、设备等所占用的资金，它的物质实体就是（　　）。
A. 流动资产　B. 固定资产　C. 固定产品　D. 固定资金
16. 固定资产每年都需提取大修理费用，计算公式为（　　）。
A. 每年提取大修理费用额＝使用年限内大修理次数/使用次数
B. 每年提取大修理费用额＝使用年限内大修理次数/使用范围
C. 每年提取大修理费用额＝使用年限内大修理次数/使用年限
D. 每年提取大修理费用额＝使用年限内大修理费用/使用年限
17. 流动资金依次经过（　　）三个阶段，表现为三种不同的存在形式。
A. 供应、生产、销售　B. 需求、生产、销售
C. 供应、生产、交换　D. 供应、交换、销售
18. 关于固定资产的特点，以下看法中不正确的是（　　）。
A. 价值较大，多是一次性投资的
B. 使用时间较长，可长期反复地参加生产过程
C. 固定资金的循环周期长
D. 固定资产在生产过程中有磨损，但它的实物形态有明显改变
19. 对主要生产实行定额管理不包括（　　）。
A. 人员　B. 主要劳动定额　C. 饲料消耗定额　D. 成本
20. 我国发展肉牛、肉羊产业最主要的条件是（　　）。
A. 饲草资源丰富　B. 牛羊品种资源丰富
C. 具有丰富的劳力资源　D. 交通、能源、通讯及加工冷藏设施基础好

21. 实现牛羊产业化应具备的条件中首要条件是（ ）。

A. 能抓住一批关键技术　　B. 有一支高素质的人才队伍

C. 有实力雄厚的经济实体　　D. 有一定经营规模的养殖群体

二、名词解释

牛群周转、奶料系数比、牛群平均胎次

三、填空题

1.（ ）是奶牛场年度生产计划的重要组成部分，是完成奶牛场繁殖、育种和产奶任务的重要措施和基本保证。

2.（ ）是牛场的再生产计划，是指导全场生产、编制饲料供应计划、牛群产奶计划、劳动力需要计划和各项基本建设计划的重要依据。

3. 一般来说，母牛可供繁殖使用（ ）年左右。成年母牛的正常淘汰率为（ ），外加低产牛、疾病牛淘汰率（ ），年淘汰率在（ ）左右。

4. 一般奶牛场的牛群组成比例为：成年牛（ ），18 月龄以上青年母牛16%～18%，12～18 月龄育成母牛 6%～7%，6～12 月龄育成牛 7%～8%，犊牛（ ）。

5. 成年母牛群的内部结构，一般为一、二产母牛占成年母牛群的 35%～40%，三至五产母牛占 40%～45%，六产以上母牛占 15%～20%，牛群平均胎次为（ ）胎。

6. 常年均衡供应鲜奶的奶牛场，成牛母牛群中产奶牛和干奶牛也有一定的比例关系，通常全年保持（ ）左右处于产乳，（ ）左右处于干乳。

7.（ ）是制订牛奶供应计划、饲料计划、联产计酬以及进行财务管理的主要依据。

8. 矿物质饲料：一般按混合精料量的（ ）供应。

四、简答题

规模化奶牛场主要生产计划有哪些？各计划之间有什么联系？

【知识拓展】

奶牛场场长必知的牧场管理知识

【任务考核】

任务二 各岗位责任管理制度的制定

【任务目标】

本任务主要解决奶牛场岗位责任管理制度的制定问题。

【必备知识】

一、岗位设置

奶牛场生产经营所需要的员工种类及数量依奶牛场规模、饲养方式、机械化程度、人员的熟练程度而定，规模化的奶牛场员工，一般包括：

管理人员：场长、生产主管、文秘等。

技术人员：畜牧、兽医、人工授精、统计等。

财务人员：会计、出纳。

生产人员：饲养员、挤奶员、饲料加工调制人员、机械维修工、清粪工、清洁消毒工等；如果有饲料基地还包括从事农业生产的人员。

后勤人员：司机、保管、采购、保安等。

所需要不同岗位的员工大部分是通过招聘的方式满足，招聘挤奶员工时要求核对是否有健康证明，其他员工根据岗位特点有不同要求，聘用从业人员要符合国家法规条例，签订劳动合同，约定雇佣双方的义务，并相应安排3～6个月的试用期。

二、各岗位责任管理制度的制定

（一）工作目标

责任制是在生产计划指导下，以提高经济效益为目的，实行责、权、利相结合的生产经营管理制度。建立健全养牛生产岗位责任制，是加强牛场经营管理，提高生产管理水平，调动职工生产积极性的有效措施，是办好牛场的重要环节。

牛场生产责任制的形式可因地制宜，可以承包到牛舍（车间）、班组或个人，实行大包干；也可以实行目标管理，超产奖励。如“五定一奖”责任制：一定饲养量，根据牛的种类、产量等，固定每人饲管牛的头数，做到定牛、定栏；二定产量，确定每组牛的产乳、产犊、犊牛成活率、后备牛增重指标；三定饲料，确定每组牛的饲料供应定额；四定肥料，确定每组牛垫草和积肥数量；五定报酬，根据饲养量、劳动强度和完成包产指标，确定合理的劳动报酬，超产奖励和减产赔偿；一奖，牛群产奶量超过年度计划产奶量则对员工重奖。实行目标管理时应注意工作定额的制定要科学合理，真正做到责、权、利相结合。

在养牛生产的过程中，要想获得理想的经济效益，品种的使用是前提，营养环境是基础，疾病防治是保障，经营管理是关键。因此，牛场的经营者在注意解决技术问题的同时，还必须抓好牛场的经营管理，要善于进行成本分析，并不断谋求成本最小化，从而以最少的投入获取最大的经济效益、社会效益和生态效益。其核心包括以下几部分：

1. 规模化奶牛场标准化经营管理模式的建立

牛场经营管理制度包括组织机构和人力资源合理配置、组织系统岗位描述及作业指导书编制、企业战略规划及年度计划制订、奶牛场标准化行政管理制度汇编、奶牛场成本核算体系及财务报表系统建立、“目标管理及考核”系统建立、薪资绩效管理，员工激励制度制定、企业文化建设及员工培训等。

2. 规模化奶牛场生产管理制度

规模化奶牛场生产管理制度包括牛场卫生消毒及牛群防检疫制度、牛场物流管理制度、采购计划管理制度、牛场作息及考勤管理制度、牛奶卫生管理制度、设备管理制度、安全生产管理制度、生产报表管理系统等制度的建立。

3. 饲养管理技术及其管理制度

牛场饲养管理工艺流程设计、各类牛群饲养管理操作规程（产房、犊牛、育成牛、青年牛、成母牛）、牛群日粮配方编制技术及其管理制度、饲草料加工技术及配送流程管理、生产技术资料档案管理系统的建立、饲草饲料管理制度。

4. 繁殖、育种技术管理

繁殖、育种技术包括奶牛场育种规划及选配选育制度、繁育指标系统建立及考核激励制度、常规繁殖技术及管理制度（发情鉴定、冻精管理、冷配技术、妊检技术、助产技术、产后监控及恢复）、繁殖新技术服务或培训（胚胎生产、胚胎移植、胚胎分割、性别鉴定、B超技术）、繁殖疾病防治技术（发情周期异常、屡配不孕、流产、难产、胎衣不下、子宫内膜炎等）、育种及繁殖资料档案管理系统建立。

5. 疫病防治技术管理

疫病防治技术包括传染病防治综合措施及管理制度、奶牛乳房卫生保健综合措施及管理制度、肢蹄病控制代谢病监控、普通病诊治技术、疫病资料档案管理系统建立。

（二）岗位职责

1. 职工守则

① 严格遵守奶牛场内部各项规章制度，坚守岗位，尽责尽职，积极完成本职工作。

② 服从领导，听从指挥，严格执行作息时间，做好出勤登记。

③ 认真执行生产技术操作规程，做好交接班手续。

④ 上班时间必须穿工作服，严禁喧哗打闹，不擅离职守。

⑤ 严禁在养殖区吸烟及明火作业，安全文明生产，爱护牛只，爱护公物。

⑥ 遵纪守法，艰苦奋斗，增收节支，努力提高经济效益。

⑦ 树立集体主义观念，积极为奶牛场的发展和振兴献计献策。

2. 场长职责

① 认真贯彻落实执行国家有关发展奶产业的政策。

② 负责制订牛场年度生产计划和长远规划。对生产、销售、财务等方面的计划与管理，根据全年计划，拟订季度、月份工作计划，并分别落实到责任人。

③ 制定各项畜牧兽医技术规程，并检查其执行情况。

④ 对重大技术事故，要负责作出结论，并承担应负的责任。

⑤ 负责拟定全场各项物资（饲料、兽药；奶加工原料等）的调拨计划，并检查其使用情况。

⑥ 组织奶牛场职工进行技术培训和科学试验工作。

⑦ 每周分析研究产奶量和牛群健康与繁殖动态变化，发现问题，及时解决。

⑧ 对奶牛场畜牧、兽医等技术人员的任免、调动、升级、奖惩，提出意见和建议。

⑨ 执行劳动部各种法规，合理安排职工上岗、生活安排等。

⑩ 提高警惕，做好防盗、防火、防水等工作。

3. 门卫职责

① 严禁闲杂人员入场，公物出场要有手续，出入车辆必须检查，未经场长批准或陪同，谢绝一切对外参观。

② 严禁非工作人员在门房逗留、聊天，严禁其他家禽、家畜等动物进入场区。

③ 搞好门口的内外卫生及防疫消毒工作。非生产车辆严禁进入场区，确需进入的必须严格消毒。

④ 认真负责，坚守岗位，不迟到早退，接班后不擅离工作岗位，夜班不得高枕无忧睡大觉，要不定时察看责任区全部财产。因工作不负责任，丢失损坏财物，照价赔偿；损失重大的，解除劳动合同。

4. 采购人员职责

① 负责编制各种原料的采购计划，并报场长批准。

② 负责采购符合无公害产品标准的饲料原料。

③ 保证饲料原料必须来自协议种植单位，并且严格按照无公害产品的标准生产。

④ 严把质量关，杜绝不合格的原料入场。

⑤ 建立各种原料进货质量检验记录。

5. 畜牧技术人员职责

① 制订牛场年、季、月生产计划和各类牛群的生产任务，包括产奶、产犊、选种、选配、草料消耗、牛群增重及药品计划。

② 协助场长改进工作，提出各阶段保证生产任务完成的技术措施和技术要求，实施技术指导并检查各项技术措施的执行情况，发现并及时解决技术措施实施中出现的问题。

③ 负责牛群疫病防治、饲养管理及育种工作，不断提高牛群品质，增进牛群健康。总结牛群配种、发病、检疫及不同个体牛只生产性能的提高和减产的原因，并提出技术改进意见。

④ 负责制定饲料调配、定量和贮存技术，总结饲养技术经验，推广应用先进的饲养技术，实

行科学养牛，准确填写牛群档案及各项生产计划资料记录。

⑤ 准确称量和记录牛的产奶量、乳脂率、日增重等。

⑥ 对养牛生产中出现的事故，及时向场领导提出报告，并承担应负的责任。

⑦ 培养提高牛场职工技术水平，及时向场长汇报工作，当好参谋。

6. 饲养人员职责

① 饲养员应熟悉所管牛群的基本情况，熟记牛号、年龄（月龄、胎次）、出生日期、膘情、发情配种和妊娠情况。

② 掌握一定的饲养管理知识、发情鉴定及疾病观察知识，严格按操作规程饲养管理牛群。

③ 根据牛群膘情、采食量、体质状况等生理特点区别饲养。根据具体情况搞好分群饲养工作。

④ 以先粗后精、勤添少喂为原则，不喂霉烂、变质、冰冻饲料。注意草料中异物，不空槽、不断草。

⑤ 坚持刷拭牛体，保持圈舍及周围环境卫生，注意观察奶牛的精神、食欲、二便等情况，发现异常及时报告兽医，配合技术人员做好检疫、配种、称重、体测及疾病治疗护理工作。

⑥ 坚持每班次清理舍内牛槽，经常清理补饲槽，确保舍内牛槽清洁卫生、无杂物。

⑦ 牛粪必须按指定地点堆放整洁，不得乱倒。

7. 兽医职责

① 做好全场的卫生防检疫、疾病预防与治疗工作。

② 每天必须在上槽时巡视牛群，发现问题及时处理，不得坐等就医，做到以预防疾病为主。

③ 认真细致地进行疾病诊治，充分发挥自己的技术水平和聪明才智，及时解决问题，并参加会诊。

④ 必须做到诊断准确，用药及时，病历等记录完整。

⑤ 配合生产场长，参与饲养管理，共同提高饲养管理水平。

⑥ 及时、准确上报各种报表。

⑦ 定期进行检疫、防疫、驱虫、修蹄等工作。

⑧ 普及奶牛卫生保健知识，培训职工饲养管理和疾病防治知识，提高职工素质，掌握先进的饲养方法。

⑨ 积极学习掌握最新科技信息，及时结合实际情况，用于生产实践。

⑩ 不得擅自对牛场以外的奶牛出诊就医。

⑪ 积极配合领导和同事工作，相互学习，共同提高。

⑫ 及时完成临时安排的工作。

8. 人工授精员职责

① 配种室经常保持整洁，所有器械在使用前后应进行严格清洗消毒，放置于固定地方。

② 配种室内严禁吸烟；严禁放置有毒、有害、易燃物品以及与配种无关的任何物品。

③ 配种技术人员应详细掌握牛群的发情规律及妊娠情况，应用精液活力、冻精耗用及储备数量等要有完善的记录，并随时作出分析、总结，建立月报制度。

④ 对母牛的发情配种实行饲养员、值班员、配种员三结合，认真观察，及时发现，适时配种。

⑤ 严格按照选配计划配种，确保不漏配、乱配和错配。

⑥ 产后母牛应在 3 个月内配种受孕，每个情期输精 1～2 次。凡 3 个情期以上配种未孕牛，应做特殊处理，采取相应措施。

⑦ 母牛产后 45 天不见发情，要做认真检查，采取相应措施；配后 45～60 天不返情的牛只，实施妊娠检查，确妊后，进入妊娠牛的饲养管理阶段。

⑧ 提取精液动作要迅速，提斗不得超过液氮罐的颈基部，解冻液要求 38～40℃，全过程要求在 15s 内完成。

⑨ 输精前要用温水冲洗母牛的外阴部，擦干后进行输精。

⑩ 精液在输精前后都要进行镜检，精子活力在 0.3 以上时方可应用，每次输精一粒（管），每

个情期不得配入两只公牛的精液。

⑪ 随取用精液观察保存精液的液氮储存量，其液氮量不得少于储存罐容量的1/3。

⑫ 建立配种档案，完善配种记录，认真做好个体牛的发情、输精及妊娠情况记录，并制订干乳时间及预产期等管理计划。

⑬ 不准随意外出给其他牛场及专业户进行配种。

【任务实施】

知识点学习

1. 岗位设置
2. 各岗位责任管理制度的制定
3. 饲养管理制度

技能训练三十　规模化奶牛牛场岗位目标分析与设定

一、必备资源

规模化奶牛场，教学视频。

二、活动步骤

1. 调研规模化奶牛场实际岗位职责和目标。
2. 挤奶员年度目标及奖惩办法。
3. 饲养员年度目标及奖惩办法。
4. 技术员年度目标及奖惩办法。
5. 兽医年度目标及奖惩办法。
6. 育种员年度目标及奖惩办法。

【巩固训练】

一、填空题

1. 奶牛场生产经营所需要的员工种类及数量依奶牛场规模、(　　)、机械化程度、人员的熟练程度而定。

2. “五定一奖”责任制主要包括一定饲养量、二定产量、三定(　　)、四定肥料、五定报酬。一奖，牛群产奶量超过年度计划产奶量则对员工重奖。

二、简答题

1. 规模化养牛场的组织机构一般如何设置？其各自工作岗位的主要职责有哪些？
2. 如何制订牛场饲料筹备计划？
3. 调研一个奶牛场，详细了解该场的有关生产和繁殖数据并为其编制下年度生产计划。

【知识拓展】

北方奶牛场年度技术工作管理

【任务考核】

任务三 牛场福利管理与评估

【任务目标】

掌握奶牛舒适度的评估技术和指标，以及评估长期舒适度差所带来的危害，树立动物福利理念。

【必备知识】

一、奶牛舒适 ABC 法则

Air（空气质量，通风）；Bunk（饲槽设计，TMR 配方，饲喂管理）；Comfort（舒适）。

二、奶牛舒适度的评估技术

（一）整体观察

走马观花式的观察，只能获得大体上的直观印象。一个时间点看到的情形只能反映出部分的信息，犹如管中窥豹一样，难免会有一定局限性。只有见多识广的专家才能捕捉到牧场存在的问题，与过去的经验进行比较，进行大致的评估——这需要高超的技能和经验。

（二）肉眼观察

在一段较长的时间内，对牛舍内的牛只进行观察，分析和判断奶牛的舒适度状况。

（1）如何观察牛群　观察牛群要在三个层次上进行。首先是整体鸟瞰，站在一个制高点观察；然后是区分和间隔，划分小群，对其进行观察和分析；最后是小群中的个体（图 1-6-1 和图 1-6-2）。如一个千头规模的牧场，观察发现牛群拥挤在水槽旁边，两个牛舍共用一个水槽，则说明可能缺少水槽。

图 1-6-1　观察牛群的方法

图 1-6-2　鸟瞰全场

（2）牛群观察要点　牛在牛舍内的分布情况、通道和卧床的使用情况、反刍情况、运动和步态、是否拥挤、冲突、牛群均匀度。

（3）牛只个体观察要点　是否警觉、被毛及皮肤是否受损、牛体清洁程度、体况、瘤胃充盈度、行为、步态、是否肿胀、疼痛（弓背、举尾、摇尾、肌肉震颤等）、有无子宫炎和乳房炎以及是否患病；犊牛是否落单，卧地不起，腹泻，咳嗽等。

（三）亲身体验

卧床是让奶牛躺卧和休息的，因此应该亲自去体验是否舒适。常用的两个测试是膝盖测试和躺卧测试。

（1）膝盖测试　奶牛起卧过程中，前腿膝关节起着重要的作用。如果卧床不舒适，会对前腿膝关节造成很大的疼痛和伤害，久而久之，磨损严重，形成大包。“膝盖测试”可以反映卧床的软硬程度和舒适度，比如有无石子等。亲身体验一下，才能感受到奶牛躺卧是否舒适。“膝盖测试”特别适用于水泥地面和橡胶垫卧床。

如图 1-6-3 所示，测试人员在卧床上做站立—下跪—站立动作，连续 5 次，感受自己的膝关节是否疼痛，以此来判定奶牛卧床的舒适度。

图 1-6-3　膝盖测试

图 1-6-4　躺卧测试

(2) 躺卧测试　奶牛躺卧时，卧床是否舒适对其有着重要的作用。如果卧床不舒适，奶牛宁愿站立，也不愿意躺卧；如果卧床过短，牛会侧向一边，甚至横着或倒着躺卧。"躺卧测试"可以反映卧床的舒适度，比如软硬是否合适、垫料是否充足等。亲身躺在奶牛的卧床上体验一下，才能感受到奶牛躺卧是否舒适。"躺卧测试"特别适用于各种卧床，如每栋牛舍选择 3～5 个卧床栏位，每个栏位躺 1min，感受是否舒适（图 1-6-4）。

（四）监控录像

越来越多的规模化牛场配备了监控设备，可以在办公室监控牛舍各个地方，借此进行观察，减少劳动量。在一些科学研究中，每隔一定的时间（1～10min）拍一张照片，统计各种状态下奶牛的数量，然后计算相应的指标。仅凭肉眼观察，只能观察有限的牛只，并且观察频率低；而使用摄像机和电子数据记录器，能大大提高数据处理的效率，从而准确地反映奶牛的躺卧行为。

三、奶牛舒适度的评估指标

1. 奶牛每天的时间分配

奶牛每天的活动包括采食、饮水、反刍、躺卧、挤奶、自由活动、社交等，兽医、治疗配种和打扫卫生还要占用其中的部分时间。奶牛的时间分配见表 1-6-7。

表 1-6-7　奶牛每天的时间分配

行为和活动	理想值/h	范围/h
采食	5	3.5～5.5
饮水	0.5	0.4～0.8
反刍	8	7～10
自由活动	3	2～4
挤奶	3	2～4
躺卧休息	>12.5	8～14

2. 躺卧时间

加拿大 38 个牧场 1848 头奶牛的测定数据显示，奶牛的平均躺卧时间是（11.0±2.1）h/天，平均休息（9±3）次/天，平均每次躺卧休息（88±30）min/次；美国加州 39 个牧场平均躺卧时间为（10.4±2.1）h/天，美国东北部 40 个牧场平均为（10.6±0.9）h/天，但各个牧场间变异范围很大。

一般认为厚垫草、锯末和沙子是最好的卧床。厚垫草有利于躺卧，其平均躺卧时间是 12.9h，而沙卧床为 11.3h（表 1-6-8）。沙卧床更利于奶牛健康，其牛体清洁度优于厚垫草卧床。厚垫草卧床对牛的肘关节损伤小于沙卧床，沙卧床有利于改善牛蹄健康。在生产实践中，厚垫草、锯末和沙卧床的管理难度大，人力需要大，维护成本高——特别是对于超大型规模化奶牛场。

表 1-6-8 奶牛躺卧时间评估及举例

牧场分级	躺卧时间/(h/天)	卧床类型	实测躺卧时间举例/(h/天)
好的牧场	>12.00	沙子、锯末等 橡胶垫+5～8cm 沙 沙子	17.95 12.91 12.01
较好的牧场	11.01～12.00	卧床垫、橡胶垫、沼渣等	11.66(橡胶垫)
一般的牧场	10.01～11.00	橡胶垫等	10.37
较差的牧场	9.00～10.00	泥土、水泥地等	
最差的牧场	<9.0	泥土、水泥地等	

对于已经铺设橡胶垫的牛舍，往上面撒锯末，可以改善舒适度，增加躺卧时间（1.5h）和次数，并且锯末的量越多，改善的效果越好。对于拴系式牛舍，往橡胶垫上撒稻草和刨花均可以改善躺卧时间和次数，并且量越多，改善的效果越好。

3. 站立时间

肢蹄病影响站立时间，研究发现，健康牛每天站立 2.1h(0～4.4)，轻微跛行牛每天站立 1.6h(1.6～6.9)，中等跛行牛每天站立 4.9h(2.5～7.3)。

4. 奶牛舒适度指标

奶牛舒适度指标（cow comfort index，CCI）最早在 1996 年提出，现已广泛地用来评估牛舍舒适性。其计算方法是：躺卧牛的数量/牛舍内接触卧床牛的数量；牛舍内接触卧床牛的包括站立、躺卧和跨卧床站立的牛。一般而言，奶牛舒适度指标的最大值发生在早晨挤奶回来后 1h 时，建议此时 CCI>85%。

5. 卧床使用率

卧床使用指标（stall use index，SUI）即"卧床使用率或上床率"。其计算方法是：扣除采食的牛只后，躺卧牛的数量/牛舍内接触卧床牛的数量。由于扣除了采食的牛，SUI 比 CCI 能更准确地反映卧床舒适度。建议早晨挤奶回来后 1h 时，SUI>85%。

6. 奶牛站立指标

奶牛站立指标（stall standing index，SSI）的计算方法：站立牛的数量/牛舍内接触卧床牛的数量。SSI=1－CCI。这里的站立牛指的是四肢站立在卧床上，或者前肢站立在卧床上后肢站立在通道上的牛。建议在挤奶前 2h 对牛群进行统计。

7. 奶牛跨卧床站立指标

为了更好地区分站立牛，提出了奶牛跨卧床站立指标（stall perching index，SPI）。

$$\mathrm{SPI}=\frac{\text{跨卧床站立牛的数量}}{\text{牛舍内接触卧床牛的数量}}$$

这里所谓的跨卧床站立牛是指前肢站立在卧床上、后肢站立在通道上的牛。

卧床使用率、站立指标是某一个特定时刻的指标，1 天内的特定时刻或连续 3 天内测定的平均值可以反映出奶牛在某一个阶段的舒适状况。这些指标适用于牧场内部的日常评估。使用电子辅助设备，连续测定 5 天内的奶牛行为并计算各项指标，能更加准确地反映卧床的舒适度，但主要用于科研，难以在商业化牧场普及和推广。

【任务实施】

知识点学习

1. 奶牛舒适 ABC 法则
2. 奶牛舒适度的评估技术
3. 奶牛舒适度的评估指标

技能训练三十一　规模化奶牛场卫生和健康评估

一、必备资源

评分标准、评分表、照相机、监控设施、规模化奶牛场等。

二、活动步骤

1. 乳房清洁度评分（图 1-6-5）

通过定期对乳房清洁度进行评分，来评估卧床的清洁度和舒适度。运营良好的牧场，整个牛群中＞3 分的牛应少于 30％；4 分的牛应少于 10％（图 1-6-5）。

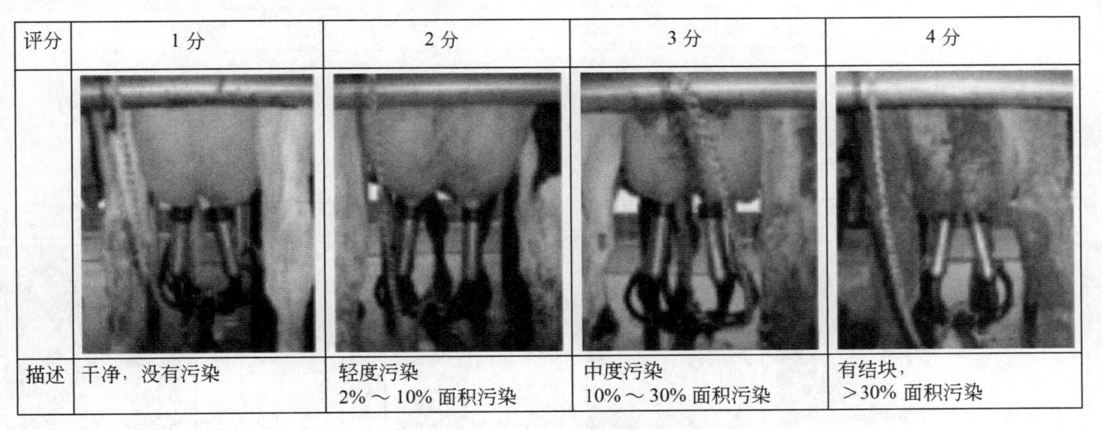

评分	1 分	2 分	3 分	4 分
描述	干净，没有污染	轻度污染 2%～10% 面积污染	中度污染 10%～30% 面积污染	有结块， ＞30% 面积污染

图 1-6-5　乳房清洁度评分

2. 乳头评分（图 1-6-6）

评分	描述	图片
1 分	乳头非常光滑，乳头周围没有环；常见于刚开始泌乳的牛	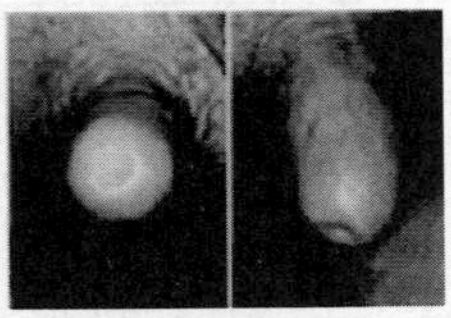
2 分	乳头孔周围有环，环的直径小于 3 mm	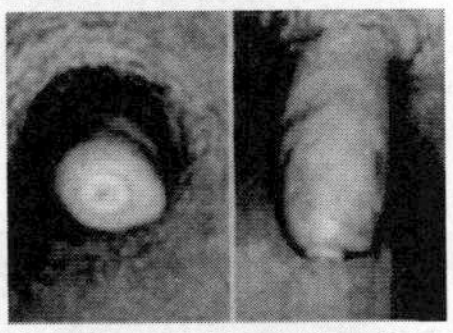
3 分	环有点粗糙，有点角质蛋白	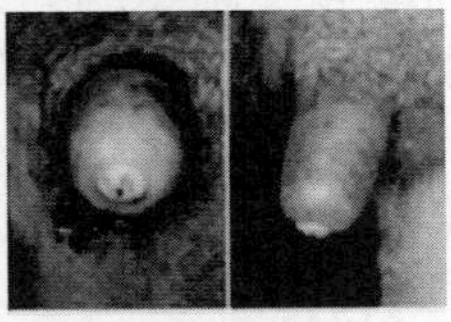
4 分	环的直径大于 4 mm，并且非常粗糙，有突出的角质蛋白，并且分散	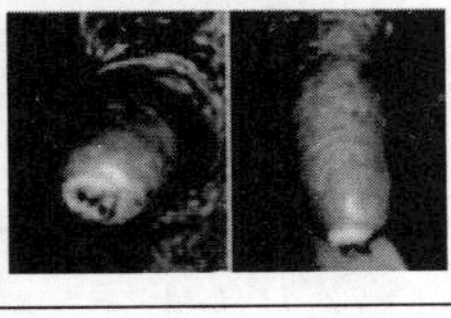

图 1-6-6　乳头评分

运营良好的牧场，整个牛群中＞3 分的牛应少于 30%；4 分的牛应少于 10%。

3. 乳头清洁度评分（图 1-6-7）

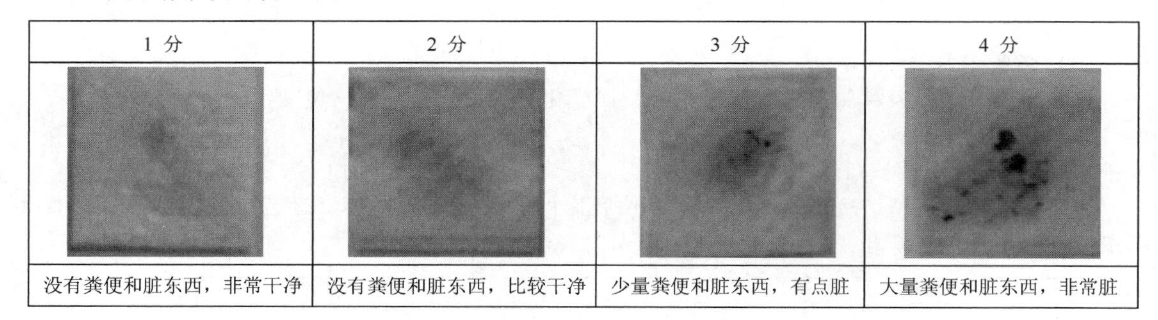

1 分	2 分	3 分	4 分
没有粪便和脏东西，非常干净	没有粪便和脏东西，比较干净	少量粪便和脏东西，有点脏	大量粪便和脏东西，非常脏

图 1-6-7　乳头清洁度评分

运营良好的牧场，整个牛群中＞3 分的牛应少于 30%；4 分的牛应少于 10%。

4. 牛体损伤评估（图 1-6-8）

评分	0 分	1 分	2 分	3 分	4 分
示例图片					
描述	健康，无磨损和外伤损伤区的直径<1cm	轻微磨损、外伤损伤区的直径 1～2cm	有磨损和外伤损伤区的直径 2.1～5cm	中等磨损和外伤损伤区的直径 5.1～8cm	严重磨损和外伤，不可接受损伤区的直径>85cm
评价	良好	可以接受	较差	不可接受	不可接受
目标	牛群中< 2 分牛的比例>90%	牛群中< 2 分牛的比例>75%	牛群中> 3 分牛的比例<20%	牛群中> 3 分牛的比例<10%	牛群中 4 分牛的比例<5%

图 1-6-8　牛体损伤评估

通过评估牛体跗关节磨损和外伤，来评估卧床和地面舒适度。

5. 步态评分（图 1-6-9）

通过评估奶牛站立和步态，来评估牧场地面、卧床、通道的舒适度。

6. 瘤胃评分

瘤胃评分能够反映过去几个小时采食量和瘤胃流通速率。实际上从牛体后面观察左侧腹部，就可以评价瘤胃充盈度。瘤胃充盈度由饲料采食量，消化速率和饲料由皱胃向小肠的流通速率等决定。日粮原料性质（瘤胃中快速或慢速降解）、颗粒大小、瘤胃中饲料原料的比例影响消化率和流通速率。

瘤胃位于牛体左侧，紧挨体壁。高产荷斯坦奶牛，每天产奶量 40L，瘤胃容积大约为150～200L。每头牛每天采食 24kg 干物质，排泄 40kg 或更多的粪便。奶牛瘤胃的评分方法见图 1-6-10～图 1-6-14。

1 分（图 1-6-10）：站在奶牛后方看牛体左侧肷窝深陷，腰椎骨以下皮肤向内弯曲，从腰角处开始皮肤皱褶垂直向下，最后一节肋骨后肷窝大于一掌宽。从侧面观察，腹部的这部分呈直角。这种牛可能由于突发疾病、饲料不足或适口性差，而导致采食过少或没有采食。

2 分（图 1-6-11）：从牛体后方左侧观察，腰椎骨以下皮肤向内弯曲，从腰角处至最后一节肋骨开始皮肤皱褶呈对角线，最后一节肋骨后肷窝一掌宽。从侧面观察，腹部的这部分呈三角形。这种评分常

进行步行评分时，确保奶牛在水平的坚硬地面上行走。当评分在2分和3分以上时要对牛群进行蹄部保健。记录要点：感染水平、修蹄情况、营养水平。					
	1分	2分	3分	4分	5分
站立					
行走					
姿势	健康行走姿势：牛正常站立和行走。步态正常，行走时，后蹄落在前蹄所在的位置上	轻度异常行走姿势：奶牛正常站立，但开始行走时呈弓背状。头部抬得较低，并向前倾。步态轻度异常	跛行：奶牛站立和行走时均拱起背部。一条或多条腿呈短步幅行走	中度跛行：奶牛试图减少患肢的承重。在站立和运动时都拱起背部，抬起患肢	重度跛行：奶牛弓背。拒绝用患肢站立或行走。更喜欢保持躺卧姿势，站起时很困难
结论	良好	这头牛需要引起注意	这头牛当天需要进行治疗	这头牛需要立即治疗和护理	这头牛严重跛行，虚弱的奶牛需要重症监护和专业治疗

图 1-6-9　步态评分

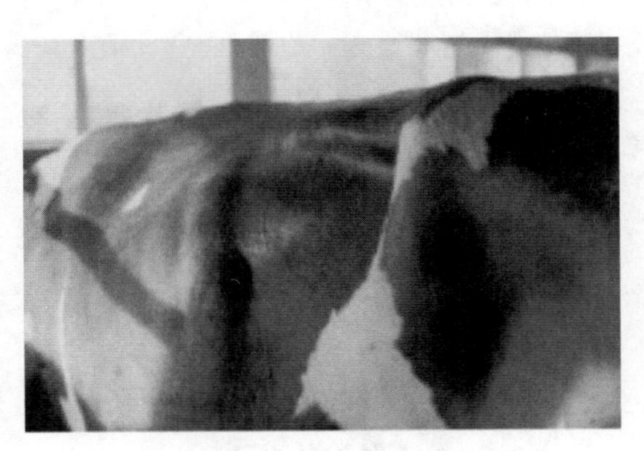

图 1-6-10　瘤胃评分（1 分）

图 1-6-11　瘤胃评分（2 分）

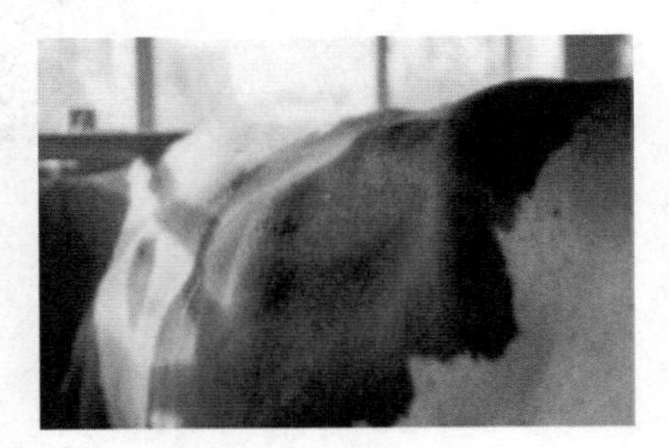

图 1-6-12　瘤胃评分（3 分）

见于产后第一周的母牛。泌乳后期，出现此信号表明饲料采食不足或饲料流通速率过快。

3 分（图 1-6-12）：从牛体后方左侧观察，腰椎骨以下皮肤向下呈直角弯曲一掌宽，然后向外弯曲。从腰角处开始皮肤皱褶不明显。最后一节肋骨后肷窝刚刚可见。这是泌乳牛的理想评分，表明采食量充足，而且饲料在瘤胃中停留时间适宜。

4 分（图 1-6-13）：从牛体后方左侧观察，腰椎骨以下皮肤向外弯曲，最后一节肋骨后肷窝不明显。这种评分适于泌乳后期牛和干奶牛。

5 分（图 1-6-14）：从牛体后方左侧观察，腰椎骨不明显，瘤胃被充满，整个腹部皮肤紧绷，看不见腹部和肋骨的过渡。这是干奶牛适宜的评分。

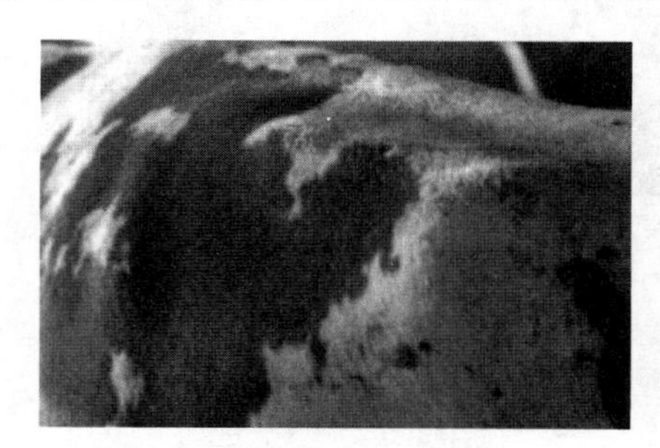

图 1-6-13 瘤胃评分（4 分）

图 1-6-14 瘤胃评分（5 分）

【巩固训练】

一、名词解释

奶牛舒适 ABC 法则、膝盖测试、躺卧测试、奶牛舒适度指标

二、简答题

1. 奶牛舒适度的评估技术中，如何观察牛群？
2. 奶牛舒适度的评估指标有哪些？

【知识拓展】

奶牛信息化管理技术

【任务考核】

第二模块　羊生产

项目一　羊生产筹划

任务一　羊的品种识别

【任务目标】

能够通过看图片准确识别羊品种；能够结合本地实际情况选择适宜的羊品种和优良个体；掌握生产中常见羊品种的经济类型、外貌特征、生产性能。

【必备知识】

知识点一　羊的品种资源分类

全世界现有绵羊品种约629个，山羊品种150多个。目前国内外普遍应用的绵羊分类方法有动物学分类法、羊毛类型分类法和生产性能分类法；山羊主要根据经济用途分类。

一、绵羊分类

（一）按羊毛类型分类

（1）细毛型品种　如澳洲美利奴羊、兰布列羊等。

（2）中毛型品种　这一类型品种主要用于产肉，羊毛品质在长毛型与细毛型之间，如南丘羊、萨福克羊等。它们一般都产自英国南部的丘陵地带，故又有丘陵品种之称。

（3）长毛型品种　体格大，羊毛粗长，主要用于产肉，属晚熟品种，如林肯羊、罗姆尼羊、边区莱斯特羊等。

（4）杂交型品种　是以长毛型品种与细毛型品种为基础杂交所形成的品种，如考力代羊、波尔华斯羊等。

（5）地毯毛型品种　如德拉斯代、黑面羊、和田羊等。

（6）羔皮用型品种　主要用于生产羔皮，如卡拉库尔羊等。

（二）按生产性能分类

（1）细毛羊品种

① 毛用细毛羊品种　如澳洲美利奴羊、中国美利奴羊等。

② 毛肉兼用细毛羊品种　如新疆细毛羊、高加索细毛羊等。

③ 肉毛兼用细毛羊品种　如德国美利奴羊等。

（2）半细毛羊品种

① 毛肉兼用半细毛羊品种　如茨盖羊、青海半细毛羊等。

② 肉毛兼用半细毛羊品种　如边区莱斯特羊、考力代羊等。

（3）粗毛羊品种　如西藏羊、蒙古羊、哈萨克羊等。

（4）肉用羊品种　如夏洛来羊、陶赛特羊等。

（5）羔皮羊品种　如湖羊、卡拉库尔羊等。

（6）裘皮羊品种　如滩羊、罗曼诺夫羊等。

（7）乳用羊品种　如东佛里生羊等。

（三）按尾形分类

按尾形分类，这种分类方法是以绵羊尾形的差异和大小为基础的。尾形是由尾部脂肪沿尾椎沉积的程度以及外形特征决定的，判断尾的大小主要看尾的长短是否超过飞节部位决定。根据这种分类方法，可将绵羊品种分为短瘦尾羊、长瘦尾羊、短脂尾羊、长脂尾羊、脂臀羊5类。

二、山羊品种分类

（1）绒用山羊品种 如辽宁绒山羊、内蒙古绒山羊等。

（2）毛用山羊品种 如安哥拉山羊等。

（3）肉用山羊品种 如波尔山羊、南江黄羊等。

（4）毛皮用山羊品种 如济宁青山羊、中卫山羊等。

（5）乳用山羊品种 如关中奶山羊、萨能奶山羊等。

（6）普通山羊品种 又称兼用山羊，如新疆山羊、西藏山羊等。

三、现代绵羊、山羊品种及其分类

我国著名养羊学专家赵有璋教授提出，现代绵羊、山羊品种是指具有体型外貌、血统、生产力水平、遗传稳定性、种群数量和品种结构、主要产品专门化突出、产量和品质高，同时品种种群数量大、群体整齐度高、适应性广、抗病力强、适宜集约化生产、易管理、市场经济效益显著的品种，当前世界上主要的770多个绵羊、山羊品种中，只有少部分能够符合现代品种的标准。

根据羊的生产力方向，并按照上述标准，属于现代绵羊、山羊品种的有：

（1）肉用方向 无角陶赛特羊、萨福克羊、夏洛来羊、波尔山羊等。

（2）肉毛兼用方向 罗姆尼羊、边区莱斯特羊、南非肉用美利奴羊、德国美利奴羊、考力代羊等。

（3）毛用方向 澳洲美利奴羊、波尔华斯羊等。

（4）乳用方向 萨能奶山羊、吐根堡山羊、东佛里生羊等。

知识点二 绵羊品种

一、细毛羊品种

（一）新疆细毛羊

1. 培育历史

新疆细毛羊是我国培育的第一个毛肉兼用细毛羊新品种。新疆细毛羊的培育从1934年开始，由从苏联引进的高加索和波列考斯细毛羊为父本，以当地的哈萨克羊和蒙古羊为母本进行杂交改良，在四代杂种羊的基础上经自群繁育、选种选配，于1954年培育而成。

细毛羊品种图片

2. 外貌特征

新疆细毛羊体质结实，结构匀称，体躯深长。公羊大多数有角，鼻梁微有隆起，颈部有一两个完全或不完全的横褶皱，体躯无褶皱。母羊无角，颈部有一个横褶皱或发达的纵褶皱，体躯无褶皱，皮肤宽松，胸部宽深，背平直，后躯丰富，四肢结实。被毛白色，头毛着生至两眼连线，后肢毛达飞节或飞节以下，腹毛着生良好。

成年公羊体高75.3cm，体长81.7cm，体重93kg；成年母羊体高65.9cm，体长72.7cm，体重46kg。周岁公羊体高64.1cm，体长67.7cm，体重45kg；周岁母羊体高62.7cm，体长66.1cm，体重37.6kg。

3. 生产性能

（1）羊毛品质 新疆细毛羊每年春季剪毛一次，成年公羊剪毛量为12.2kg，成年母羊为5.5kg；周岁公、母羊的剪毛量分别为5.4kg、5.0kg。羊毛长度成年公、母羊分别为10.9cm、8.8cm，周岁公、母羊均为8.9cm。净毛率为49.8%～54.0%。羊毛细度以64支为主，油汗以乳白色和淡黄色为主，含脂率为12.57%。

（2）产肉性能 经夏季放牧的2.5岁羯羊宰前重为65.5kg，屠宰平均为49.5%，净肉率为40.8%。经夏季育肥的当年羔羊（9月龄羯羊）宰前重为40.9kg，屠宰率可达47.1%。

（3）繁殖性能 8月龄性成熟，1.5岁公、母羊初配，季节发情，以产冬羔和春羊为主，产羔率为139%

（二）中国美利奴羊

1. 培育历史

中国美利奴羊是毛肉兼用细毛羊。1985年12月经鉴定验收正式命名。中国美利奴羊育种工作开始于1972年，是以澳洲美利奴羊为父本，以波尔华斯羊、新疆细毛羊和军垦无细毛羊为母本，采用复杂育成杂交方法，按照统一的育种目标，分别在内蒙古的嘎达苏种畜场、新疆的巩乃斯种羊场和紫泥泉种羊场、吉林的查干花种羊场育成的。

2. 外貌特征

中国美利奴羊体质结实，体形呈长方形。头毛密而长，着生至两眼连线，外形似帽状，胸宽深，背平直，尻宽平，后躯丰满。公羊有螺旋形角，母羊无角。公羊颈部有一两个横褶皱，母羊有发达的纵褶皱。公、母羊体躯均无明显的褶皱。全身被毛有明显的大、中弯曲，油汗含量适中，呈白色或乳白色。

成年公羊体高72.5cm，体长77.5cm，胸围105.9cm，体重91.8kg；成年母羊分别为66.1cm、77.1cm、88.2cm、43.1kg。育成公羊体高65.4cm，体长68.1cm，胸围92.8cm，体重69.2kg；育成母羊分别为63.6cm、66.0cm、82.9cm、37.5kg。

3. 生产性能

(1) 剪毛量和羊毛品质　中国美利奴羊每年春季剪毛一次，成年公羊剪毛量为16.0～18.0kg，成年母羊为6.4～7.2kg。育成公羊剪毛量为8.0～10.0kg，育成母羊为4.5～6.0kg。羊毛自然长度，成年公、母羊分别为12.0～13.0cm、10.0～11.0cm，育成公、母羊分别为10.0～12.0cm、9.0～10.0cm。羊毛细度以64支为主，净毛率在50%以上。

(2) 产肉性能　2.5岁羯羊宰前重为51.9kg，胴体重22.94kg，净肉重18.04kg，屠宰率为44.19%，净肉率为34.78%。

(3) 繁殖性能　1.5岁为公、母羊的初配年龄，产羔率为117.0%～128.0%。

(三) 东北细毛羊

1. 培育历史

东北细毛羊的育种开始于1912～1923年，最早引入兰布列耶美利奴羊与本地蒙古羊杂交，1952年又引进了苏联美利奴羊、斯达夫羊、高加索羊、阿斯卡尼羊等品种公羊进行杂交。1959年和1960年两次由东北农业科学院引进了含斯达夫羊血液的公羊，于1967年通过农业部组织的验收鉴定，定名为“东北毛肉兼用细毛羊”，简称“东北细毛羊”。

2. 外貌特征

东北细毛羊体质结实，结构匀称，体躯长，后躯丰满，四肢端正。公羊有螺旋形角，颈部有一两个完全或不完全的横褶皱；母羊无角，颈部有发达的纵褶皱。被毛白色，闭合性良好，头毛覆盖头至两眼连线，前肢至腕关节，后肢至飞节，腹毛呈毛丛结构。

东北细毛羊成年公、母羊平均体高分别74.3cm、67.5cm；成年公、母羊平均体长分别为80.6cm、72.3cm。

3. 生产性能

(1) 剪毛量和羊毛品质　东北细毛羊每年春季剪毛一次，成年公、母羊剪毛量分别为13.44kg、6.10kg；羊毛长度分别为9.33cm、7.37cm；细度60～64支；净毛率为35%～40%。

(2) 产肉性能　成年公羊屠宰率为43.6%，净肉率为34%；当年公羔屠宰率平均为38.76%，净肉率为29.1%。

(3) 繁殖性能　东北细毛羊性成熟在10月龄左右，18月龄初配，产羔率125%左右。

(四) 澳洲美利奴羊

澳洲美利奴羊是世界著名细毛羊品种，原产于澳大利亚。

1. 外貌特征

澳洲美利奴羊体形近似长方形，腿短，体宽，背部平直，后肢肌肉丰满。公羊颈部有1～3个发育完全或不完全的横褶皱，母羊有发达的纵褶皱，有角或无角。毛丛结构良好，密度大，细度均匀，油汗白色，弯曲弧度均匀整齐而明显，光泽良好。羊毛覆盖头部至两眼连线，前肢至腕关节，后肢至飞节以下。

2. 生产性能

生产性能如表 2-1-1 所示。

表 2-1-1 不同类型澳洲美利奴羊的生产力

类型	成年羊体重/kg		剪毛量/kg		羊毛细度/支	毛长/cm	净毛率/%
	公羊	母羊	公羊	母羊			
超细型	50～60	34～40	7～8	4～4.5	70～80	7～7.5	58～63
细毛型	60～70	38～42	7.5～8.5	4～5	64～70	7～10	63～68
中毛型	65～90	40～44	8～12	5～6	60～64	9～13	62～65
强毛型	70～100	42～48	8.5～14	5～6.5	58～60	9～13	60～65

1972 年以来，我国多次引进澳洲美利奴羊品种，进行中国美利奴羊等品种的培育和改良，对我国细毛羊品种的培育和改良起了重要作用。

二、半细毛羊品种

（一）考力代羊

考力代羊原产于新西兰，1949 年前后引入我国东部各省。考力代羊属于肉毛兼用半细毛羊品种。

半细毛羊品种图片

1. 外貌特征

考力代羊头宽而小，头毛覆盖额部。公、母羊均无角，颈短而宽，要宽平，后躯发育良好，肌肉丰满，四肢粗壮。全身被毛及四肢毛覆盖良好，颈部无褶皱，体形似长方形，具有肉用体况和毛用羊被毛。

2. 生产性能

成年公羊体重 100～115kg，母羊 60～65kg。剪毛量成年公羊 5～12kg，母羊 5～6kg。毛长 12～14cm，毛细度 50～56 支，净毛率 60%～65%。产羔率 125%～130%。早熟性好，4 月龄羔羊体重可达 35～40kg，屠宰率 45%～50%。

（二）罗姆尼羊

罗姆尼羊原产于英国，1966 年引入我国。罗姆尼羊属于肉毛兼用半细毛羊品种。

1. 外貌特征

罗姆尼羊体质结实，无角，颈短，体宽深，背部较长，前躯丰满，后躯发达，被毛白色，品质好，蹄为黑色，鼻唇暗色，耳及四肢有斑点。分为新罗、英罗、澳罗 3 种类型。

2. 生产性能

公羊体重 110～120kg，母羊 60～80kg。剪毛量公羊 6～8kg，母羊 3～4kg。毛长 11～15cm，毛细度 48～50 支，净毛率 58%～60%，产羔率 120%。早熟，发育快，4 月龄肥羔胴体重 20.6～22.4kg，以新西兰罗姆尼羊肉用体形最好。

（三）林肯羊

林肯羊原产于英国东部的林肯郡，曾经广泛分布在世界各地。1750 年开始用莱斯特公羊改良当地的旧型林肯羊，经过长期的选种选育，于 1862 年育成。林肯羊属于肉毛兼用半细毛羊长毛种。

1. 外貌特征

林肯羊体质结实，体躯高大，结构匀称，头较长，颈短，前额有绺毛下垂，背腰平直，腰臀宽广，肋骨开张良好，四肢较短而端正，脸、耳及四肢为白色，但偶尔出现小黑点，公、母羊均无角。毛被呈辫形结构，有大波浪形弯曲和明显的丝样光泽，大弯曲，匀度及油汗正常，腹毛良好。

2. 生产性能

成年公羊平均体重 73～93kg，成年母羊为 55～70kg。成年公羊剪毛量 8～10kg，成年母羊

5.5～6.5kg，净毛率60%～65%。毛长17.5～20.0cm，细度36～40支。4月龄公羔胴体重22.0kg，母羔20.5kg。产羔率120%左右。

20世纪60年代起，我国先后从英国和澳大利亚引入，经过饲养实践，在江苏、云南等省繁育效果比较好，而在我国北方适应性较差，但在云南等气候温和、饲料丰富的地区较适应。该品种羊是培育云南半细毛羊、内蒙古半细毛羊的主要父本之一。

（四）边区莱斯特羊

边区莱斯特羊原产于英国。是19世纪中叶，在英国北部苏格兰，用莱斯特羊与山地雪维特品种母羊杂交培育而成，1860年为了与莱斯特羊相区别，称为“边区莱斯特羊”。边区莱斯特羊属于肉毛兼用半细毛羊长毛种。

1. 外貌特征

边区莱斯特羊体质结实，体型结构良好，体躯长，背宽平，公、母羊均无角，鼻梁隆起，两耳竖立，头部及四肢无羊毛覆盖。

2. 生产性能

成年公羊体重90～140kg，成年母羊60～80kg。成年公羊剪毛量5～9kg，成年母羊3～5kg。净毛率65%～68%。毛长20～25cm，细度44～48支。产羔率150%～200%。该品种羊早熟性及胴体品质好，4～5月龄羔羊的胴体重20～22kg。

20世纪60年代起，我国先后从英国和澳大利亚引进该品种羊，饲养在四川、云南等气候温和地区，适应性良好，而在内蒙古、青海等高寒地区则适应性差。该品种羊是培育云南半细毛羊的主要父本之一，也是各省（区）进行羊肉生产杂交组合中重要的参与品种。

三、粗毛羊品种

（一）蒙古羊

粗毛羊品种图片

蒙古羊原产于我国内蒙古自治区。主要分布在内蒙古自治区，其次分布在东北、华北、西北地区各省，是我国分布最广、数量最多的绵羊品种。蒙古羊为我国三大粗毛羊品种之一。

1. 外貌特征

蒙古羊由于分布地区广，各地的自然条件差异大，体型外貌有很大差别，其基本特点是体质结实，骨骼健壮，头中等大小，鼻梁隆起。公羊有螺旋形角，母羊无角或有小角。耳大下垂。脂尾短，呈椭圆形，尾中有纵沟，尾尖细小呈S状弯曲。胸深，背腰平直，四肢健壮有力，善于游牧。体躯被毛白色，头、颈、四肢部黑、褐色的个体居多。被毛异质，由绒毛、两型毛、粗毛及干死毛组成，有髓毛多。

2. 生产性能

成年公羊体重69.7kg，剪毛量1.5～2.2kg；成年母羊体重54.2kg，剪毛量1～1.8kg。净毛率77.3%。屠宰率为50%左右。一般每年产羔一次，双羔率3%～5%。

（二）西藏羊

西藏羊原产于青藏高原，主要分布在西藏、青海、甘肃、四川及云南、贵州两省的部分地区，是饲养在高海拔地区的绵羊品种。由于西藏羊分布地域广，体格、体型和被毛也不尽相同，按其所处地域可分为高原型（草地型）、山谷型、欧拉型。

1. 外貌特征

西藏羊以高原型藏羊为代表，明显的特点是体格高大粗壮，鼻梁隆起，公羊和大部分母羊均有角，角长而扁平，呈螺旋状向上、向外伸展，头、四肢多为黑色或褐色。西藏羊体躯被毛以白色为主，被毛异质，两型毛含量高，毛辫长度18～20cm，有波浪形弯曲，弹性大，光泽好，以“西宁大白毛”而著称，是织造地毯、提花毛毯、长毛绒的优质原料，在国际市场上享有很高的声誉。

2. 生产性能

成年公羊体重44.03～58.38kg，成年母羊38.53～47.75kg。成年公羊剪毛量1.18～1.62kg，

成年母羊0.75～1.64kg。净毛率为70%左右。屠宰率43%～48.68%。母羊每年产羔一次，每次产羔一只，双羔率极低。产肉性能较好，屠宰率较高，为50.18%。

西藏羊由于长期生活在较恶劣的环境下，具有极强的适应性，并具有体质健壮、耐粗放的饲养管理等优点，同时善于游走放牧，合群性好。但西藏羊产毛量低，繁殖率不高。

（三）哈萨克羊

哈萨克羊原产于新疆维吾尔自治区，主要分布在新疆境内，甘肃、新疆、青海三省（区）交界处也有分布。为我国三大粗毛绵羊品种之一。

1. 外貌特征

哈萨克羊背平宽，躯干较深，四肢高而结实，骨骼粗壮，肌肉发育良好。脂尾分成两瓣高附于臀部。羊毛色杂，被毛异质，干死毛多。抓膘力强，终年放牧，对产区生态条件有较强的适应性。

2. 生产性能

成年公羊体重60.34kg，剪毛量2.03kg，净毛率57.8%；成年母羊体重45.8kg，剪毛量1.88kg，净毛率68.9%。成年羯羊屠宰率为47.6%，1.5岁羯羊为46.4%。产羔率102%。

哈萨克羊体大结实，耐寒耐粗饲，生活力强，善于爬山越岭，适于高山草原放牧，具有较高的产肉性能。

四、肉用绵羊品种

（一）无角陶赛特羊

肉用绵羊品种图片

无角陶赛特羊原产于澳大利亚和新西兰。该品种是以考力代羊为父本、以雷兰羊和英国有角陶赛特羊为母本进行杂交，杂种后代羊再与有角陶赛特公羊回交，选择所生的无角后代培育而成，属肉用型羊。

1. 外貌特征

无角陶赛特羊体质结实，公、母羊均无角，颈粗短，胸宽深，背腰平直，体躯长、宽而深，肋骨开张良好，体躯呈圆桶状，四肢粗壮，后躯丰满，肉用体型明显。被毛白色，同质。

2. 生产性能

成年公羊体重90～110kg，成年母羊为65～75kg。毛长7.5～10cm。剪毛量2～3kg。净毛率55%～60%。细度56～58支。产肉性能高，胴体品质好。2月龄公羔平均日增重392g，母羔340g。经过育肥的4月龄公羔胴体重为22kg，母羔为19.7kg。屠宰率50%以上。产羔率110%～140%，高者可达170%。

该品种羊具有生长发育快、早熟、产羔率高、母性强、常年发情配种、适应性强、遗传力强等特点，是理想的肉羊生产的终端父本之一。20世纪80年代以来，我国先后从澳大利亚引进无角陶赛特羊，适应性较好，在进行纯种繁殖外，还用来与蒙古羊、哈萨克羊和小尾寒羊杂交，杂种后代产肉性能得到显著提高，改良效果良好。

（二）夏洛来羊

夏洛来羊原产于法国夏洛来地区。1800年以后，以英国莱斯特羊、南丘羊为父本，以当地的兰德瑞斯羊细毛羊为母本进行杂交培育，形成一个体型外貌比较一致的品种类型。该品种在美国、德国、瑞士等国都有饲养，是一个繁殖率高、肉用性能良好的肉羊品种。

1. 外貌特征

夏洛来羊公、母羊均无角，头部无毛，胸宽而深，肋部拱圆，背部肌肉发达，体躯呈圆桶状，后躯宽大，两后肢距离大，肌肉发达，呈“U”字形，四肢较短，肉用体型良好。被毛同质、白色。

2. 生产性能

成年公羊体重为110～150kg，成年母羊80～100kg；周岁公羊体重为70～90kg，周岁母羊50～70kg。毛长4～7cm。细度50～58支。成年公羊剪毛量3～4kg，成年母羊1.5～2.2kg。羔羊生长发育快，经育肥的4月龄羔羊体重为35～45kg；6月龄公羔体重48～53kg，母羔38～43kg。4～6月龄羔羊的胴体重为20～23kg，屠宰率在55%以上。胴体质量好，瘦肉多，脂肪少。产羔率高，经产母羊为182.37%，初产母羊为135.32%。母羊为季节性发情。

20世纪80年代以来，内蒙古、河北、河南、青海等省（区），先后数批引入夏洛来羊。根据饲养观察，该品种羊具有早熟、耐粗饲、采食能力强的特点，易适应变化的饲养条件，对于寒冷潮湿或干热气候均表现较好的适应性。

（三）萨福克羊

包括黑头萨福克羊和白头萨福克羊两种。

※黑头萨福克羊

黑头萨福克羊原产于英国。以南丘羊为父本，以当地体大、瘦肉率高的黑头有角的洛尔福克羊为母本杂交，于1859年培育而成。

1. 外貌特征

黑头萨福克羊体格较大，骨骼坚强，头较长，无角，耳长，胸宽，背腰和臀部长宽而平，肌肉丰满，后躯发育良好，被毛白色，头和四肢为黑色，并且无羊毛覆盖。

2. 生产性能

成年公羊体重90～120kg，成年母羊80～90kg。成年公羊剪毛量5～6kg，成年母羊2.5～3.0kg。毛长8.0～9.0cm，细度50～58支。产羔率141.7%～157.7%。萨福克羊的特点是早熟，生长发育快，产肉性能好，4月龄公羔体重可达56kg以上。经育肥的4月龄公羔胴体重24.2kg，母羔为19.7kg，瘦肉率高。

萨福克羊是生产优质羔羊肉的理想品种。我国从20世纪70年代起先后从澳大利亚引进，主要分布在内蒙古和新疆等省（区），适合于放牧育肥，且杂交改良效果较好，适应性强，耐粗饲，抗病力强。该品种羊可作为生产肉羊的终端父本或三元杂交终端父本。

※白头萨福克羊

白头萨福克羊是澳大利亚近年培育的肉羊新品种，是英国萨福克羊的改进型，是在原有基础上导入白头和多产基因培育而成。具有优良的产肉性能。

1. 外貌特征

白头萨福克羊体格大，颈长而粗，胸宽而深，背腰平直，后躯发育丰满，呈桶形，公、母羊均无角。四肢粗壮，被毛白色。

2. 生产性能

成年公羊体重为110～150kg，成年母羊70～100kg，4月龄羔羊56～58kg，繁殖率175%～210%。

该品种羊早熟，生长快，肉质好，繁殖率高，适应性强。辽宁省于2000年引入该品种原种羊，母羊初产繁殖率高达173.7%。羔羊发育良好，表现出了良好的适应性，是较有发展前途的优良肉用品种羊。

（四）特克塞尔羊

特克塞尔羊原产于荷兰。19世纪中叶，以马尔盛夫羊、林肯羊与莱斯特公羊杂交培育而成，是被毛同质的肉用型品种。

1. 外貌特征

特克塞尔羊体格大，体质结实，体躯较长，呈圆筒状，颈粗短，前胸宽，背腰平直，肋骨开张良好，后躯丰满，四肢粗壮。公、母羊均无角，眼大突出，鼻镜、眼圈部位皮肤为黑色，蹄质为黑色。全身被毛白色同质。

2. 生产性能

成年公羊体重115～140kg，成年母羊75～90kg。平均产毛量3.5～4.5kg，毛长10～15cm，细度46～56支。羔羊生长快，4～5月龄羔羊体重可达40～50kg，6～7月龄时达50～60kg。屠宰率55%～60%，瘦肉率高。眼肌面积大，较其他肉羊品种高7%以上。母羊泌乳性能良好，产羔率

150%～160%。

该品种羊产肉和产毛性能好，肌肉发育良好，瘦肉多，适应性强。具有多胎、早熟、羔羊生长迅速、母羊繁殖力强等特点。现已被引入到法国、德国、英国、比利时、美国、澳大利亚、新西兰和非洲国家，被用于肥羔生产。

20世纪90年代中期，我国黑龙江省大山种羊场引进该品种公羊10只、母羊50只，进行纯种繁育。其中14月龄公羊平均体重100.2kg，母羊73.28kg。20多只母羊产羔率200%。30～70日龄羔羊日增重330～425g。母羊平均剪毛量5.5kg。目前，特克赛尔羊已推广到山东、河南、河北等许多地区饲养，适应性和生产性能表现良好。

（五）德国肉用美利奴羊

德国肉用美利奴羊原产于德国，是用法国的泊列考斯羊、英国长毛种的莱斯特羊与德国美利奴母羊杂交培育而成，是世界上著名的肉毛兼用型细毛羊品种。

1. 外貌特征

德国肉用美利奴羊体格大，胸宽而深，背腰平直，肌肉丰满，后躯发育良好，公、母羊均无角，颈部及体躯皆无皱褶。被毛白色，毛丛结构良好，毛较长而密，弯曲明显。

2. 生产性能

成年公羊体重为100～140kg，成年母羊70～80kg。成年公羊剪毛量7～10kg，成年母羊4～5kg。公羊毛长9～11cm，母羊7～10cm。细度60～64支。净毛率45%～52%。羔羊生长发育快，产肉多，6月龄羔羊体重达40～45kg，胴体重达19～22kg。4月龄以内羔羊日增重可达300～350kg。该品种羊繁殖力强，性成熟早，10月龄可配种，产羔率140%～175%。母羊泌乳性能好，母性强，羔羊成活率高。

20世纪50年代末和60年代初，我国引入该品种羊，分别饲养在内蒙古、山东、安徽、甘肃和辽宁等省（区）。20世纪90年代中期，又从德国大批量引进，饲养在内蒙古和黑龙江，用于改良细毛杂种羊、粗毛羊和发展羊肉生产。该品种羊对舍饲、围栏放牧等不同饲养管理条件有良好的适应能力，且在干燥气候、降水量少的地区也能适应，耐粗饲。

（六）杜泊羊

杜泊羊原产于南非。在1942～1950年间用从英国引进的有角陶赛特羊与当地的波斯黑头羊杂交育成，为肉用绵羊品种，分为白头和黑头两种。该品种羊在干旱和半干旱的沙漠条件下，在非洲的各个国家甚至中非和东非的热带、亚热带地区都有很好的适应性。杜泊羊是目前世界上公认的最好的肉用绵羊品种，被誉为南非国宝。

1. 外貌特征

杜泊羊体躯呈独特的桶形，公、母羊均无角，头上有短、暗、黑或白色的毛，体躯有短而稀的浅色毛（主要在前半部），腹部有明显的干死毛。成年羊颈粗短，肩宽厚，背平直，肋骨拱圆，前胸丰满，后躯肌肉发达，四肢强健，肉用体型好。

2. 生产性能

成年公羊体重100～120kg左右，成年母羊75～90kg左右；周岁公羊体重80～85kg，周岁母羊60～62kg。成年公羊产毛量2～2.5kg，成年母羊1.5～2kg。被毛多为同质细毛，细度64支，少数达70支。净毛率平均50%～55%。羔羊生长速度快，成熟早，瘦肉多，胴体质量好，3.5～4月龄羔羊活重达36kg，胴体重18kg左右。肉中脂肪分布均匀，肉质细嫩、多汁、色鲜，瘦肉率高，为高品质胴体，国际上誉为“钻石级肉”。4月龄羔羊屠宰率51%。羔羊初生重大，达5.5kg，日增重可达300g以上。平均产羔率达150%以上，母性好，产奶量多。

杜泊羊成熟早，繁殖率高，生长速度快，屠宰率高，抗病力强，身体结实，肉质丰满，皮质优良，适应性强，能适应炎热、干旱、潮湿、寒冷等多种气候条件，无论在粗放还是在集约放牧的条件下采食性能均良好，饲料调换简单，易饲养，是生产肥羔的理想肉用羊品种。目前，该品种羊已被引入到加拿大、澳大利亚、美国等国家，用于生产肉用羔羊的杂交父本。2001年起，我国山东、河南等省引入杜泊羊，适应性较好，除用于纯种繁育外，还与当地绵羊杂交，取得了良好的效果，杂种后代产肉性能得到显著提高。

五、裘皮用绵羊品种

裘皮用
绵羊品种图片

（一）滩羊

滩羊主要产于宁夏贺兰山东麓的银川市附近各县，与宁夏毗邻的甘肃、内蒙古、陕西也有分布。

1. 外貌特征

滩羊体格中等，体质结实。鼻梁稍隆起。公羊角呈螺旋形向外伸展，母羊一般无角或有小角。背腰平直，胸较深。滩羊属脂尾羊，尾根部宽大。体躯毛色纯白，多数头部有褐、黑、黄色斑块。被毛异质，有髓毛细长柔软，无髓毛含量适中，无干死毛，毛股明显呈长毛辫状。

2. 生产性能

成年公羊体重47.0kg，成年母羊35.0kg。成年公羊剪毛量1.6～2.6kg，成年母羊0.7～2kg。净毛率65%左右。成年羯羊屠宰率45%，成年母羊40%。产羔率101%～103%。二毛皮是滩羊的主要产品，是羔羊生后30天左右（一般在24～35天）宰剥的毛皮。其特点是：毛色洁白，毛长而呈波浪形弯曲，十分美丽，毛皮轻盈柔软。滩羊羔不论在胎儿期还是出生后，毛被生长速度均比较快，为其他品种绵羊所不及。初生时毛股长为5.4cm左右，生后30天毛股长度可达8.0cm左右。毛股长而紧实，一般有5～7个弯曲，较好的花型是串字花。以滩羊皮制成的裘皮衣服长期穿着毛股不松散。

（二）岷县黑裘皮羊

岷县黑裘皮羊产于甘肃省洮河和岷江上游一带，主要分布在岷县境内洮河两岸及其毗邻县区，又称“岷县黑紫羔羊”，以生产黑色二毛裘皮著称。

1. 外貌特征

岷县黑裘皮羊体质细致，结构紧凑。头清秀，公羊有角，母羊多数无角，少数有小角。背平直，全身背毛黑色。

2. 生产性能

成年公羊体高56.2cm，体长58.7cm，体重31.1kg；成年母羊体高54.3cm，体长55.7cm，体重27.5kg；平均剪毛量0.75kg。成年羯羊屠宰率44.2%。一年一胎，多产单羔。

岷县黑二毛皮的特点是毛长不少于7.0cm，毛股明显呈花穗状，尖端呈环形或半环形，有3～5个弯曲，毛纤维全黑，光泽悦目，皮板较薄。

六、肉脂兼用绵羊品种

肉脂兼用
绵羊品种图片

（一）小尾寒羊

小尾寒羊原产于鲁、豫、苏、皖四省交界地区，主要分布在山东省菏泽地区和河北省境内。

1. 外貌特征

小尾寒羊体格高大，鼻梁隆起，耳大下垂，四肢较高、健壮。公羊有螺旋形大角，母羊有小角或无角。公羊前胸较深，鬐甲高，背腰平直。母羊体躯略呈扁形，乳房较大，被毛多为白色，少数个体头、四肢部有黑、褐色斑。被毛异质。

2. 生产性能

周岁公羊体重（60.83±14.6）kg，屠宰率55.6%；周岁母羊体重（41.33±7.85）kg。成年公羊体重（94.15±23.33）kg，成年母羊（48.75±10.77）kg；6月龄公羔体重达38.17kg，母羔37.75kg。该品种羊生长发育快，性成熟早，母羊5～6月龄开始发情，常年发情，经产母羊产羔率达270%，居我国绵羊品种之首，是世界上著名的高繁殖力绵羊品种之一。20世纪80年代以来，小尾寒羊被推广到许多省（区）用于羊肉生产。

（二）阿勒泰羊

阿勒泰羊主要分布在新疆维吾尔自治区北部阿勒泰地区，又称阿勒泰肥臀羊，是我国著名的肉脂兼用型绵羊品种。

1. 外貌特征

阿勒泰羊体格大，耳大下垂。公羊鼻梁隆起，具有大的螺旋形角；母羊鼻梁稍隆起，有小角或无角。胸宽深，背平直，肌肉发育良好，股部肌肉丰满，臀部发达。被毛异质，干死毛多。毛色主要为棕红色，纯黑或纯白羊较少。

2. 生产性能

成年公羊体重85.6kg，成年母羊67.4kg；1.5岁公羊体重61.1kg，1.5岁母羊52.8kg；4个月龄公羔体重达38.9kg，母羔36.7kg。成年公羊剪毛量2.4kg，母羊1.63kg。净毛率71.24%。屠宰率50.9%～53%。成年羯羊的臀脂平均重7.1kg。产羔率110%。早熟，羔羊生长速度快。肉用性能好。

（三）乌珠穆沁羊

乌珠穆沁羊主要分布在内蒙古自治区，毗邻的蒙古国苏和巴特省也有分布。乌珠穆沁羊是我国著名的肉脂兼用型优良地方品种。

1. 外貌特征

乌珠穆沁羊鼻梁微隆起，耳稍大。公羊多数有螺旋形角，少数无角；母羊多数无角。羊体格大，体质结实，体躯长深。胸宽深，肋骨拱圆，背腰宽平，后躯发育良好，尾大而厚。体躯为白色、头颈为黑色者居多，被毛异质，死毛多。

2. 生产性能

成年公羊体重74.43kg，成年母羊58.41kg。成年羯羊屠宰率55.9%。6～7月龄公羔体重39.6kg，母羔35.9kg。平均日增重200～250g。成年公羊剪毛量1.45kg。净毛率70%～78%。产羔率100.2%。以生长发育快、早熟、体大肉多、肉质鲜美、无膻味而著称。乌珠穆沁羊抗逆性强，遗传性稳定，善游牧和登山，对高寒地区、山地牧场具有良好的适应性。

（四）同羊

同羊产于陕西的渭南和咸阳地区，主要分布于陕西省渭北高原东部和中部一带，为我国著名的肉毛兼用脂尾半细毛羊，是古老的地方良种。

1. 外貌特征

同羊体质结实，体躯侧视呈长方形。头颈较长，鼻梁微隆，耳中等大。公羊具小弯角，母羊有小角或无角。后躯较发达，四肢坚实而较高，骨细而轻。尾大如扇，有大量脂肪沉积，全身主要部位毛色纯白，部分个体眼圈、耳、鼻端、嘴端及面部有杂色斑点，腹部多为异质粗毛和少量刺毛覆盖。被毛柔细，羔皮洁白，美观悦目。

2. 生产性能

成年公羊体重60～65kg，母羊40～46kg。屠宰率为50%。被毛同质性好，毛长9cm以上。成年公羊剪毛量1.4kg，成年母羊1.2kg。公羊羊毛细度23.6μm，母羊为23.0μm。平均产羔率190%以上。同羊属多胎高产类型，易饲养，生长快，肉质好，毛皮优，遗传性稳定，适应性强。性成熟较早，毛质好，但产毛量低、繁殖力低。肉质鲜美，肥而不腻，肉味不膻。同羊对半湿润半干旱地区具有很好的适应能力，既可舍饲，又能放牧，抗逆性颇强。同羊将优质半细毛、羊肉、脂尾和珍贵的毛皮集于一身，这不仅在我国，在世界上也是稀有的绵羊品种，堪称世界绵羊品种资源中非常宝贵的基因库之一。

七、羔皮用绵羊品种

（一）中国卡拉库尔羊

羔皮用绵羊品种图片

中国卡拉库尔羊主要分布在新疆和内蒙古境内。中国卡拉库尔羊是以卡拉库尔羊为父系，库车羊、哈萨克羊及蒙古羊为母系，采用级进杂交方法于1982年育成的羔皮羊品种。

1. 外貌特征

中国卡拉库尔羊头稍长，鼻梁隆起，耳大下垂，公羊多数有角，呈螺旋形向两侧伸展，母羊无角或有小角。胸深体宽，尻斜，四肢结实，尾肥厚。毛色主要为黑色，灰色、彩色较少。毛被颜色随年龄增长而变化，黑色的羊羔断奶后，逐渐变为黑褐色，成年时变成灰白色，灰色羊到成年时多变成浅灰色和白色。

2. 生产性能

成年公羊体重为77.3kg，母羊为46.3kg。成年公羊产毛量为3.0kg，母羊为2.0kg。屠宰率为51.0%。该品种羊所产羔皮具有独特而美丽的轴形和卧蚕卷曲，美观漂亮；所产羊毛是编织地毯的上等原料；所产羊肉味道鲜美。

（二）湖羊

湖羊产于太湖流域，主要分布在浙江和江苏，上海市郊也有分布。

1. 外貌特征

湖羊头形狭长、鼻梁隆起，公、母羊均无角，体躯较长呈扁长形，肩胸较窄，背腰平直，后躯略高，全身被毛白色，四肢较细长。

2. 生产性能

成年公羊体重（48.68±8.69)kg，成年母羊（36.49±5.26)kg。成年公羊剪毛量1.65kg，成年母羊1.17kg。净毛率50%左右。屠宰率40%～50%。产羔率228.92%。被毛异质，羔皮花纹呈波浪状，分大花、中花和小花型。湖羊的羔羊生后1～2天宰杀所获羔皮洁白光润，皮板轻柔，花纹呈波浪形，紧贴皮板，扑而不散，在国际市场上享有很高的声誉，有“软宝石”之称。湖羊对产区的潮湿、多雨气候和常年舍饲的饲养管理方式适应性强，以生长快、成熟早、四季发情、多胎多产、所产羔皮花纹美观而著称，为我国特有的羔皮用绵羊品种，也是目前世界上少有的白色羔皮品种。

八、乳用绵羊品种

乳用绵羊品种图片

东弗里生羊

东弗里生羊原产于荷兰和德国，是目前世界绵羊中产乳性能最好的品种。

1. 外貌特征

东弗里生羊体格大，体型结构良好。公、母羊均无角，头较长。被毛白色，偶有纯黑色个体出现。体躯宽长，腰部结实，肋骨拱圆，臀部略有倾斜，尾瘦长无毛。乳头大，乳房发育良好。

2. 生产性能

成年公羊体重90～120kg，成年母羊70～90kg。成年公羊剪毛量5～6kg，成年母羊4.5kg以上。成年公羊毛长20cm，成年母羊16～20cm。羊毛同质，细度46～56支，净毛率60%～70%。成年母羊260～300天产奶量500～810kg，乳脂率6%～6.5%。产羔率200%～230%。东弗里生羊对温带气候条件有良好的适应性。

知识点三　山羊品种

一、乳用山羊品种

（一）萨能奶山羊

乳用山羊品种图片

萨能奶山羊原产于瑞士，是世界著名的奶山羊品种。

1. 外貌特征

萨能奶山羊具有乳用家畜特有的楔形体形，体躯深宽，背长而直，四肢坚实，后躯发达，乳房发育良好。被毛白色，偶有毛尖呈淡黄色，有四长的外形特点，即头长、颈长、躯干长、四肢长。公、母羊均有须，大多无角，耳长直立，部分个体颈下靠咽喉处有一对肉垂。

2. 生产性能

成年萨能奶山羊公羊体重75～100kg，母羊50～65kg。泌乳期10个月左右，以产羔后第2～3个月产奶量最高，年平均产奶量600～1200kg，最高日产奶量可达10kg以上。鲜奶乳脂率为

3.8%～4.0%。性成熟早，一般10～20月龄配种，秋季发情，年产羔一次，多产双羔，产羔率16%～220%。

（二）吐根堡奶山羊

吐根堡奶山羊原产于瑞士东北部吐根堡山谷，分布于欧、美、亚、非洲各个国家。1982年引入我国四川，繁殖正常，生长良好。

1. 外貌特征

吐根堡奶山羊乳用体型良好。毛色以浅褐色为主，部分羊只为深褐色，幼羊色较深，老龄羊较浅。颜面两侧各有一条深灰色的条纹，公、母羊均有须，多数无角而有肉垂，骨骼粗壮，四肢较长。

2. 生产性能

成年公羊体重60～80kg，母羊45～60kg。泌乳期8～10个月，平均产乳量600～1200kg，乳脂率3.5%～4.0%。多在9～10月份发情，怀孕期150.4～153.9天，一胎繁殖率149.8%，二胎为201.9%。体质健壮，耐粗饲，耐炎热，遗传稳定，膻味弱，平均产奶量略低于萨能奶山羊。

（三）崂山奶山羊

崂山奶山羊产于山东胶东半岛。

1. 外貌特征

崂山奶山羊体质结实，结构匀称；头长，额宽，鼻直，眼大，嘴齐，耳薄长且向前外方伸展；全身被毛白色，毛细短，皮肤呈粉红色有弹性，成年羊头、耳、乳房有浅色黑斑；公、母羊大多无角，有肉垂。公羊颈粗，雄壮，胸部宽深，肋骨开张，背腰平直，腹大而不下垂，四肢健壮，较高，蹄质坚实；母羊体躯发达呈楔形，皮薄毛稀，乳房基部发育好，上方下圆，乳头大小适中、对称，具有良好的乳用体型。

2. 生产性能

崂山奶山羊产奶期8个月，最长可达10个月，平均产奶量497kg，一产平均400kg，二产平均550kg，三产平均700kg，一般利用5～7个胎次。母羊属季节性多次发情家畜，产后4～6个月开始发情，初配年龄平均220天左右，发情周期平均20天，每年9～11月份为发情旺季，怀孕期150天，年产一胎，平均产羔率170%，经产母羊可达190%。

（四）关中奶山羊

关中奶山羊原产于陕西省的渭河平原，是我国培育的奶山羊品种。

1. 外貌特征

关中奶山羊体质结实，结构匀称，遗传性能稳定。头长额宽，鼻直嘴齐，眼大耳长。母羊颈长，胸宽背平，腰长尻宽，乳房大，多呈方圆形；公羊颈部粗壮，前胸开阔，腰部紧凑，外形雄伟，四肢端正，蹄质坚硬，全身毛短色白。皮肤粉红，耳、唇、鼻及乳房皮肤上偶有大小不等的黑斑，部分羊有角和肉垂。

2. 生产性能

成年公羊体重65kg以上，母羊45kg以上。在一般饲养条件下，优良个体平均产奶量：一胎450kg，二胎520kg，三胎600kg，高产个体在700kg以上。鲜奶乳脂率3.8%～4.3%。总干物质12%。若饲养条件好，产奶量可提高15%～20%。一胎产羔平均为130%，二胎以上平均为174%。关中奶山羊耐粗饲，适应性强，乳用性能好。

二、毛用山羊品种

安哥拉山羊

安哥拉山羊原产于土耳其的安哥拉地区，是世界上最著名的毛用山羊品种，以生产优质“马海毛”而著称。

毛用山羊品种图片

1. 外貌特征

安哥拉山羊全身白色，由波浪形毛辫组成，可垂至地面。公、母羊均有角，体型中等，颜面平直，耳大下垂，颈部细短，体躯窄，骨骼细。

2. 生产性能

成年公羊体重55～60kg，母羊36～42kg。剪毛量成年公羊3.5～5kg，母羊1.7～2.0kg。羊毛长度平均为18～25cm，细度35～52μm，净毛率65%～85%，一般年剪毛2次。安哥拉山羊生长发育慢，性成熟晚，1.5岁后才能发情配种，繁殖力低。产羔率100%～110%。

三、皮用山羊品种

（一）中卫山羊

中卫山羊又名“沙毛山羊”，是我国独特而珍贵的裘皮山羊品种。原产于宁夏回族自治区的中卫、中宁、同心、海源及甘肃省景泰、靖远等县。

皮用山羊品种图片

1. 外貌特征

中卫山羊体质结实，身短而深，近似方形。头清秀，额部有卷毛，颌下有须。公羊有向上、向后、向外伸展的捻曲状大角，长度35～48cm；母羊有镰刀状细角，长度20～25cm。被毛多为白色，少数呈现纯黑色或杂色，光泽悦目，形成美丽的图案。羔羊体躯短，全身生长着弯曲的毛辫，呈细小萝卜丝状，光泽良好，呈丝光。

2. 生产性能

成年公羊体重54.25kg，体高61.4cm，体长67.7cm；母羊体重37kg，体高56.7cm，体长59.2cm。成年羊屠宰率40%～50%，产羔率103%。

（二）济宁青山羊

济宁青山羊原产于山东省西部的菏泽和济宁地区，是优良的羔皮用山羊。

1. 外貌特征

济宁青山羊体格小，俗称为“狗羊”。公、母羊均有角，有髯，额部有卷毛，被毛由黑、白两色毛混生，特征是“四青一黑”，即背毛、嘴唇、角和蹄皆为青色，两前膝为黑色，毛色随年龄的增长而变深。由于黑白毛比例不同，分为正青（黑毛30%～50%）、粉青（黑毛30%以下）、铁青（黑毛50%以上），由于被毛的粗细和长短不同分4个类型：细长毛型、细短毛型、粗长毛型和粗短毛型。以细长毛型的猾子皮质量最好。

2. 生产性能

成年公羊体高60.3cm，体长60.1cm，体重28.8kg；母羊体高50.4cm，体长56.5cm，体重23.1kg。成年羯羊屠宰率为50%。羔羊出生后40～60天可初次发情，一般4个月可配种，母羊1年2胎或2年3胎，一胎多羔，平均产羔率为293.65%。羔羊出生重1.3～1.7kg。

四、绒用山羊品种

（一）辽宁绒山羊

辽宁绒山羊原产于辽宁省辽东半岛及周边地区，是世界珍贵的绒山羊品种。

绒用山羊品种图片

1. 外貌特征

辽宁绒山羊头小，公羊角发达，由头顶部向两侧呈螺旋式平直伸展，母羊多板角，向后上方伸展。颌下有髯，颈宽厚，颈肩结合良好，背平直，后躯发达，四肢粗壮。毛色纯白，外层为粗毛，具有丝光，毛长而无弯曲，内层由纤细柔软的绒毛组成。

2. 生产性能

成年公羊体重51.7kg，体高63.6cm，体长75.7cm；母羊体重44.9kg，体高60.8cm，体长72.8cm。每年清明节前后抓绒一次。成年公羊平均产绒量540g，最高1375g；成年母羊平均产绒量470g，最高1025g。山羊绒自然长度5.5cm，伸直长度8～9cm，细度16.5μm，净绒量70%以上；屠宰率50%左右；产羔率148%。

（二）内蒙古绒山羊

内蒙古绒山羊原产于内蒙古西部地区，是产绒性能较好的一个地方良种。

1. 外貌特征

内蒙古绒山羊体质结实，公母羊均有角，角向上向后向外弯曲伸展，呈倒八字形。公羊角粗大，母羊角细小。背腰平直，胸宽深，四肢较短，蹄质结实。被毛白色，由外层的粗毛和内层的绒毛组成异质毛被。

2. 生产性能

成年公羊体高65.4cm，体长70.8cm，体重47.8kg；母羊体高56.4cm，体长59.1cm，体重27.4kg。成年公羊抓绒量为385g，剪毛量为570g。成年母羊抓绒量为305g，剪毛量257g。羊绒长6.6～7.6cm，绒细度为14.61～15.6μm，净绒率50%～70%，成年羯羊屠宰率为46.9%。公、母羊1.5岁开始配种，产羔率为103%～105%。

五、肉用山羊品种

（一）波尔山羊

波尔山羊原产于南非的干旱亚热带地区。目前，它是世界上最受欢迎的肉用山羊品种。

肉用山羊品种图片

1. 外貌特征

波尔山羊具有良好的肉用体型，体躯呈长方形，背腰宽厚而平直，皮肤松软，有较多的褶皱，肌肉丰满。被毛短密有光泽、白色，头颈为红褐色，从额中至端有一条白色毛带。头粗壮，耳大下垂，前额隆起，公羊角较宽且向上向外弯曲，母羊角小而直。颈粗厚，四肢较短。

2. 生产性能

波尔山羊出生重3.2～4.3kg，公、母羔羊3月龄断奶分别重21.9kg和20.5kg。羔羊生长速度快，6月龄内日增重为225～255g。成年公羊体重90～100kg，成年母羊体重65～75kg。肉用性能好，屠宰率50%～60%，肉质细嫩，肌肉横断面呈大理石花纹状。该品种繁殖性能好，6月龄成熟，秋季为性活动高峰期，春羔当年可配种，1年产2胎或2年产3胎。初产母羊产羔率150%。经产母羊产羔率220%。

波尔山羊抗病力强，不感染蓝舌病，不发生氢氰酸中毒，很少感染肠毒血症。对不同环境条件有较强的适应性。该品种在我国各地无论纯繁还是杂交改良本地羊均效果显著。由于波尔山羊毛短、毛稀，防寒性能要稍差些，我国北方寒冷地区引种要慎重，或进行特殊饲养管理。

（二）南江黄羊

南江黄羊原产于四川省南江县，是我国培育的第一个肉用山羊品种。

1. 外貌特征

南江黄羊体型较大，大多数公、母羊有角，头型较大，颈部较粗，背腰平直，后躯丰满，体躯近似圆筒状，四肢粗壮。毛被呈黄褐色，面部多呈黑色，鼻梁两侧有一条浅黄色条纹，从头顶至尾根沿脊背有一条宽容不等的黑色毛带，前胸、肩、颈和四肢上段着生黑而长的粗毛。

2. 生产性能

成年公羊体高74.6cm，体长79.0cm，体重60.6kg；母羊体高65.8cm，体长69.1cm，体重41.2kg。成年羊屠宰率为55.65%。6月龄胴体重11.89kg，8月龄14.67kg，10月龄16.31kg，12月龄18.70kg，成年公羊37.21kg。肌肉中粗蛋白质含量高达19.64%～20.56%。最佳适宜屠宰期为8～10月龄。性成熟早，3月龄就有初情表现，且四季发情，但母羊最佳初配年龄为8月龄，公羊为12～18月龄；繁殖力强，产羔率为187%～129%。南江黄羊耐粗放管理，适应能力强。现已推广到福建、浙江、湖南、湖北等多省，不仅纯种繁育表现优秀，杂交改良其他山羊品种效果也非常明显。

六、普通山羊品种

（一）新疆山羊

新疆山羊分布在新疆境内。

1. 外貌特征

新疆山羊体质结实，背平直，前躯发育较好，后躯较差。公、母羊多有

普通山羊品种图片

长角。被毛以白色为主，其次为黑色、褐色、灰色及杂色。北疆山羊体格较大，南疆山羊体格较小。

2. 生产性能

因产区不同而品种间差异较大。哈密地区成年公羊体重为58kg，母羊为36.8kg；周岁公羊体重为30.4kg，母羊为25.7kg。成年公羊产绒量310g，母羊为196g。绒毛细度为14μm。阿勒泰地区，成年公羊体重60kg，母羊34kg。成年公羊产绒量232g，母羊为178.7g。净绒率75%以上。细度13.8～14.4μm。成年羯羊屠宰率41.3%。

日平均泌乳500g左右。产羔率为116%～120%。

（二）西藏山羊

西藏山羊产于青藏高原，分布在西藏、青海、四川及甘肃等地。

1. 外貌特征

西藏山羊体格较小，体质结实，背腰平直，前胸发达，胸部宽深，结构匀称。公、母羊均有角，有额毛和髯。被毛颜色较杂，纯白者很少，多为黑色、青色以及头肢花色。

2. 生产性能

成年公羊体重23.95kg，母羊21.56kg。成年公羊产绒量211.8g，母羊183.8g。细度为14～15.7μm。净绒率为28%～37.2%。羊绒品质好。成年公羊粗毛产量418.3g，母羊339g。成年羯羊屠宰率51%～48.31%。年产一胎，多在秋季配种，产羔率110%～135%。西藏山羊是高寒地区的一个古老品种，对高寒牧区的生态环境有较强的适应能力。

（三）黄淮山羊

黄淮山羊又称槐山羊、安徽白山羊、徐淮白山羊。

黄淮山羊产于河南、安徽及江苏三省交界地区。

1. 外貌特征

黄淮山羊鼻梁平直，面部微凹，颌下有髯。被毛白色，毛短有丝光，绒毛很少。分有角和无角两个型，有角型的公羊角粗大，母羊角细小。胸较深，背腰平直，体形呈桶形。母羊乳房发育良好。

2. 生产性能

成年公羊平均体重34kg，母羊26kg。成年羯羊屠宰率为46%。性成熟早，初配年龄一般为4～5月龄。母羊常年发情，一年产2胎或两年产3胎，产羔率平均为227%～239%。所产板皮呈蜡黄色，拉力强而柔软，韧性大，油润光亮，弹性好，是优良的制革原料。

黄淮山羊具有性成熟早、生长发育快、板皮品质优良、繁殖率高等特性。

（四）建昌黑山羊

建昌黑山羊产于云贵高原与青藏高原之间的横断山脉延伸地带，分布在四川省的部分地区。

1. 外貌特征

建昌黑山羊体格中等，体躯匀称，略呈长方形。公、母羊大多数有角。毛被光泽好，大多为黑色，少数为白色、黄色和杂色，毛被内层生长有短而稀的绒毛。

2. 生产性能

成年公羊体重31kg，体长60.6cm，体高57.7cm；成年母羊体重28.9kg，体长58.9cm，体高56.0cm。成年羯羊屠宰率51.4%，净肉率38.2%。性成熟早，产羔率平均116.0%。所产板皮幅张大，富于弹性，是制革的好原料。

【任务实施】

知识点学习

1. 绵羊

2. 山羊

技能训练三十二 羊的品种识别

一、必备资源

不同品种的羊图片、视频、模型。

二、活动步骤

1. 有条件的可以组织参观羊场，观察羊的外貌特征。
2. 精选部分品种图片，让学生准确识别品种，口述主要特征、生产性能、优缺点。

【巩固训练】

一、选择题

1. 中国美利奴羊是以（ ）作为父本培育的。
A. 波尔华斯 B. 林肯羊 C. 罗姆妮羊 D. 澳美羊
2. 我国特有的裘皮用绵羊为（ ）。
A. 小尾寒羊 B. 湖羊 C. 滩羊 D. 西藏羊
3. 夏洛来肉羊原产于（ ）。
A. 法国 B. 荷兰 C. 丹麦 D. 澳大利亚
4. 卡拉库尔羊是世界上著名的（ ）。
A. 裘皮羊 B. 肉用羊 C. 羔皮羊 D. 细毛羊
5. 波尔山羊的经济类型为（ ）。
A. 羔皮型 B. 裘皮型 C. 乳用型 D. 肉用型
6. 我国三大粗毛羊品种为（ ）。
A. 小尾寒羊、卡拉库尔羊、蒙古羊 B. 西藏羊、蒙古羊、哈萨克羊
C. 湖羊、滩羊、哈萨克羊 D. 济宁青山羊、滩羊、哈萨克羊
7. “波斯羔羊”是由（ ）所产的羔皮。
A. 边区莱斯特羊 B. 卡拉库拉尔羊 C. 考力代羊 D. 吐根堡山羊
8. 马海毛是（ ）所产的毛。
A. 萨能山羊 B. 安哥拉山羊 C. 中卫山羊 D. 新疆山羊
9. 不属于我国著名的三大粗毛羊品种的是（ ）。
A. 哈萨克羊 B. 蒙古羊 C. 西藏羊 D. 中国美利奴羊
10. 下列家畜中食性最广的是（ ）。
A. 绵羊 B. 牛 C. 猪 D. 山羊
11. 下列（ ）属于毛用山羊。
A. 中卫山羊 B. 辽宁山羊 C. 新疆山羊 D. 安哥拉山羊
12. 我国育成的第一个细毛羊品种是（ ）。
A. 新疆细毛羊 B. 青海细毛羊 C. 中国美利奴羊 D. 西藏羊
13. 济宁青山羊所产的羔皮称为（ ）。
A. 沙毛皮 B. 猾子皮 C. 三北羔皮 D. 蓝宝石
14. （ ）所产的毛在国际市场上以“西宁大白毛”而著称。
A. 白藏羊 B. 蒙古羊 C. 哈萨克羊

二、填空题

1. 列举三个羔皮用羊品种：（ ）、湖羊、卡拉库尔羊。
2. 济宁青山羊被毛特征是（ ）。
3. 代表卡拉库尔羊品种特征的羔皮花纹是（ ）。
4. 理想的毛用羊公羊颈部有（ ）个发育完整的横皱褶，母羊为纵皱褶。
5. 我国的三大粗毛羊为（ ）、（ ）、（ ）。

6. 按绵羊动物分类法可分为（　　）、（　　）、短脂尾羊、长脂尾羊、脂臀羊。

7. 罗姆尼羊的原产地是（　　　）。

8. 波尔华斯羊的原产地是（　　），其经济类型属于毛用细毛羊。

9. 山羊根据产品的生产方向和经济用途分类，一般可分为（　　）、毛用山羊、绒用山羊、羔皮山羊、裘皮山羊、肉用山羊、普通山羊七大类。

10. 按生产性能分类法可将绵羊分为（　　）、半细毛羊、粗毛羊、羔皮羊、裘皮羊、肉脂羊、地毯毛羊七类。

【知识拓展】

羊的生物学特性和消化特点

【任务考核】

任务二　羊品种选择

【任务目标】

能正确识别羊体表各部位；熟练进行羊的体尺测量；掌握羊外貌特征；掌握羊的年龄鉴定。

【必备知识】

一、羊的外貌识别

羊的体型外貌在一定程度上能反映出生产力水平的高低，为区别、记录每个羊的外貌特征，就必须识别羊的外貌部位名称，见图 2-1-1、图 2-1-2。

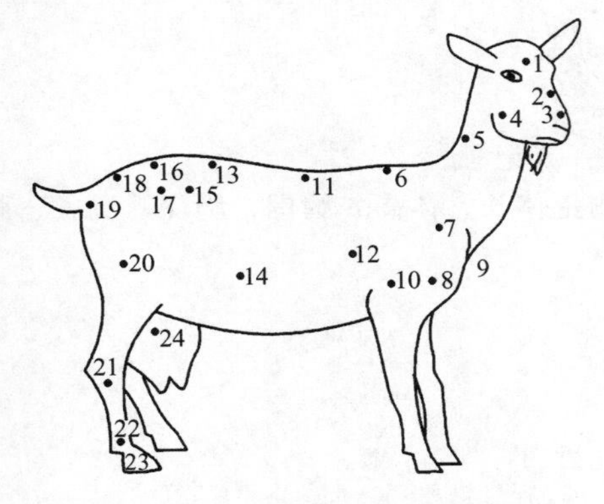

图 2-1-1　山羊体表各部位名称

1—头；2—鼻梁；3—鼻；4—颊；5—颈；6—鬐甲；7—肩部；8—肩端；9—前胸；10—肘；11—背部；12—胸部；13—腰部；14—腹部；15—肷部；16—十字部；17—腰角；18—尻；19—坐骨端；20—大腿；21—飞节；22—系；23—蹄；24—乳房

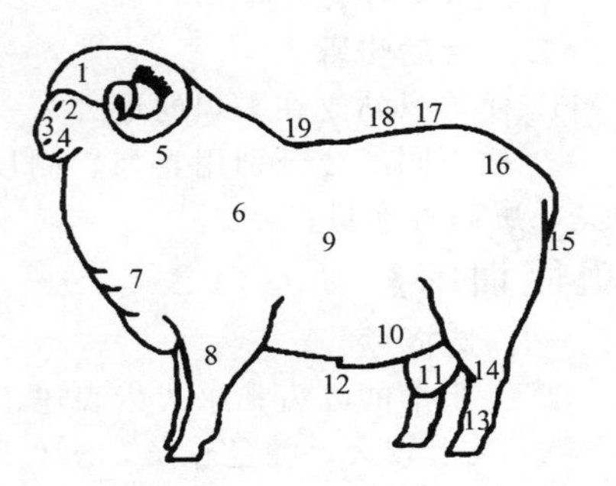

图 2-1-2　绵羊体表部位名称

1—头；2—眼；3—鼻；4—嘴；5—颈；6—肩；7—胸；8—前肢；9—体侧；10—腹；11—阴囊；12—阴筒；13—后肢；14—飞节；15—尾；16—臀；17—腰；18—背；19—鬐甲

二、羊的体尺测量

羊只一般在 3 月龄、6 月龄、12 月龄和成年四个阶段进行体尺测量，通过体尺测量可以了解羊的生长发育情况（图 2-1-3）。

（1）体高　由鬐甲最高点至地面的垂直距离。

（2）体长　即体斜长，由肩端最前缘至坐骨结节后缘的距离。

（3）胸围　在肩胛骨后缘绕胸一周的长度。

（4）管围　左前肢管骨最细处的水平周径。

（5）十字部高　由十字部至地面的垂直距离。

（6）腰角宽　两侧腰角外缘间距离。

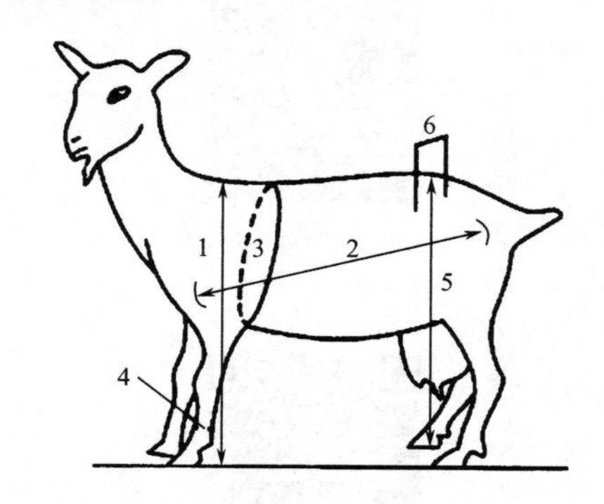

图 2-1-3　羊体尺测量示意

1—体高；2—体长；3—胸围；4—管围；5—十字部高；6—腰角宽

【任务实施】

知识点学习

1. 绵羊体尺部位
2. 绵羊年龄鉴定
3. 绵羊品质鉴定

技能训练三十三　羊的体尺测量

一、必备资源

羊、体尺测量工具。

二、活动步骤

1. 使羊只站立在平坦的地方，一人保定，一人测量，一人记录。

2. 按不同部位分别用卷尺、测杖、圆形测量器逐一测量体长、体高、胸围、胸深、尻长、腰角宽、尻高等项目。

【巩固训练】

一、选择题

1. 关于羊的乳齿和永久齿表述正确的是（　　）。

A. 乳齿较大，颜色较黄，永久齿较乳齿小，颜色较乳齿白

B. 乳齿较小，颜色较黄，永久齿较乳齿大，颜色较乳齿白

C. 乳齿较大，颜色较白，永久齿较乳齿小，颜色略发黄

D. 乳齿较小，颜色较白，永久齿较乳齿大，颜色略发黄

2. “四牙”是指羊的年龄大约是（　　）。

A. 1～1.5 岁　　B. 2～2.5 岁　　C. 3～3.5 岁　　D. 4～4.5 岁

3.“齐口”是指羊的年龄大约是（　　）。

A. 1～1.5 岁　B. 2～2.5 岁　C. 3～3.5 岁　D. 4～4.5 岁

4.“对牙”是指羊的年龄大约是（　　）。

A. 1～1.5 岁　B. 2～2.5 岁　C. 3～3.5 岁　D. 4～4.5 岁

5.“六牙”是指羊的年龄大约是（　　）。

A. 1～1.5 岁　B. 2～2.5 岁　C. 3～3.5 岁　D. 4～4.5 岁

6. 山羊喜欢采食（　　）。

A. 带刺灌木和嫩树枝　B. 作物秸秆　C. 阔叶杂草　D. 矮草

7. 绵羊的切齿有（　　）。

A. 6 枚　B. 8 枚　C. 12 枚　D. 16 枚

8. 一只绵羊，其下切齿有 2 枚永久齿已换出，则该羊的大致年龄是（　　）。

A. 1 岁　B. 2 岁　C. 8 月龄　D. 3 岁

二、简答题

绵羊的门齿发育规律是什么？

【知识拓展】

羊的年龄鉴定、羊的个体品质鉴定

【任务考核】

任务三　羊品种利用

【任务目标】

能知道羊的引种原则、羊的选种选配基本原理；能准确描述羊的杂交改良常用方法。

【必备知识】

一、羊只标记

为了便于养羊生产管理，或掌握羊改良育种进展情况，养殖生产过程中应给每只羊编号，做个体记录。羊的编号分为群号、等级号和个体号三种。群号是指在同一群羊中，羊体上的同一部位所做的同一种记号，以与其他羊群相区别。等级号用于进行羊的鉴定。个体编号对于羊只识别和选种选配是一项必不可少的基础性工作，羔羊出生后 2～3 天，结合出生鉴定，即可进行个体编号。常用的方法有耳标法、剪耳法、墨刺法和烙角法。

（一）耳标法

耳标在使用前按规定统一编号，包括记录羊的品种符号、出生年份及个体号等。

（1）品种符号　以父本和母本品种的第一个汉字或汉语拼音的第一个大写字母代表。如新疆细毛羊，取“新”或“X”作为品种标记。

（2）年号　取公历年份的最后一位数，如“2001”取“1”作为年号，放在个体号前；编号时以十年为一个编号年度计，各地可参考执行。

（3）个体号 根据羊场羊群的大小，取三位或四位数；尾数为奇数代表公羊，偶数代表母羊。如系双羔，可在编号后加“-”标出1或2，若羔羊数量多，可在编号前加“0”。

例如，某母羊2006年出生，双羔，其父本为新疆细毛羊（X表示），母本为小尾寒羊（H表示），羔羊编号为48，则该羊完整的编号为XH648-1。

（二）剪耳法

一般用作等级标记。剪耳是用特制的钳子将耳朵剪上缺口或打上圆孔，以代表号码。其规定是，左耳作个位数，右耳作十位数，左耳的上缘剪一缺口代表3，下缘代表1，耳尖剪一缺口代表100，耳中间打一孔代表400；右耳的上缘剪一缺口代表30，下缘代表10，耳尖剪一缺口代表200，耳中间打一孔代表800。这个方法简便易行，但羊的数量多了不适用。缺口多了容易认错，因此，剪耳法常用作种羊鉴定等级的标记。纯种羊以右耳做标记，杂种羊以左耳做标记。具体规定如下：特级羊在耳尖剪一缺口；一级羊在耳下缘剪一个缺口；二级羊在耳下缘剪两个缺口；三级羊在耳上缘剪一个缺口；四级羊在耳上、下缘各剪一缺口。

（三）墨刺法

墨刺法是用特制刺墨钳（上边有针制的字钉，可随意置换）蘸墨汁把号打在羊耳朵里边。本方法简便经济，且不掉号，缺点是有时字迹模糊，不易辨认。羊耳是黑色和褐色时不宜使用。这亦可作个体编号，或者其他“辅助编号”。

（四）烙角法

大型有角公羊使用。即用烧红的钢字，把号码烙在角上，一般右角烙个体号，左角烙出生号，但亦可以作辅助编号。烙角法仅适用于有角羊，应用范围十分有限。

墨刺法和烙角法虽然简便经济，但都有不少缺点，所以，现在这两种方法使用较少。

二、常用的杂交方法

（一）级进杂交

当一个品种生产性能很低，又无特殊的经济价值，需要从根本上进行改造时，可用另一优良品种与其进行反复杂交，这种方法就叫级进杂交，它实际上是改良品种的反复使用，最初与土种羊杂交，后与各代杂种羊复杂杂交，其目的是为了改变地方品种的生产性能和产品方向，如将粗毛羊改变为半细毛羊、细毛羊或其他方向的羊，用此法将粗毛羊改变为专门化肉用羊是比较有效的方法。

级进杂交并不是级进的代数越多越好。通过3～4代的级进杂交，可以在群中选择符合生产方向的羊只进行横交固定，对不符合生产方向的羊只，也可继续杂交一代或二代，然后进行横交固定。级进杂交所生的一代杂种，即使处在与原品种类似的饲养水平下，仍能表现出较好的改良效果，因为有杂种优势的存在。随着级进代数的增加，其要求的饲养管理条件也相应提高，这时杂交改良的效果与饲养条件关系极为密切。条件好时，杂交代数越高，杂种生产性能亦越高；反之，代数过高，生产性能和品质反而下降。

级进杂交一定要选择产品方向完全符合要求，而生产性能又比较高，对当地生态条件能很好适应，并且对饲养管理的条件要求不甚高的品种作为改良用品种，往往容易达到预期目的。这样级进杂交的后代既具有改良品种的优良品质和高生产性能，又具有被改良品种（粗毛羊）的生物学特性。采用级进杂交时，如果饲养条件不断得到改善，杂交进行到4～5代时，杂种羊在生产性能和其他特性上与改良品种基本相似，但这并不意味着级进杂交就是将土种羊（被改良品种）完全变成改良品种的复制品。

（二）引入杂交

当一个品种已基本满足国民经济的需要，但在某些方面还存在比较严重的缺点时，可以用生产方向一致，并能改良（纠正）此品种缺点的其他品种进行杂交，叫做引入杂交。其目的是只改良（纠正）原品种某方面的缺点，而尽量保留其主要品质。此法多用于原品种中表现某些个别缺点的母羊，而不是在整个品种中使用。

进行引入杂交时，选择品种和个体很重要。要选择经过严格后裔测验的种公羊，与原品种母羊交配，所生杂交一代公、母羊再与原品种的母羊、公羊交配，所得第二代含有1/4导入品种血液，这样即可进行自交固定；或者用第三代公、母羊与原品种交配，获得含外血1/8的个体，再进行自交固定。此外，还得加强原品种的选育工作，以保证供应好的回交种畜。

（三）育成杂交

当原品种不能满足需要时，则利用两个或两个以上的品种进行杂交，最终育成一个新品种的方法。仅用两个品种杂交育成新品种的方法称为简单育成杂交；用三个或三个以上品种杂交育成新品种的方法称为复杂育成杂交。通过育成杂交培育新品种，是发展养羊业、提高绵羊生产性能的重要方法。

育成杂交的形式尽管多种多样，但其过程大致可分为三个阶段。

1. 杂交改良阶段

这一阶段的主要任务是以培育新品种为目标，选择参与育种的品种和个体，较大规模地开展杂交。开始杂交时就应根据国民经济的要求、原品种特点和当地条件作出决定，做到定向培育和定向选择，以便获得大量的优良杂种个体。

2. 横交固定阶段（自群繁育阶段）

这一阶段的主要任务是选择理想型杂种公、母羊互交，即通过杂种羊自群繁育，固定杂种羊的理想特性。

横交初期，后代性状分离比较大，需严格选择。凡不符合育种要求的个体，则应继续用改良品种（纯种公羊）配种；有严重缺陷的个体，则应淘汰出育种群。在横交固定阶段，为了尽快固定杂种优良特性，可以采用一定程度的亲缘交配或同质选配。

杂交和自群繁育是交错进行的，二者并没有时间上的确切界限，自群繁育开始，并不意味着就是杂交阶段的完全结束。

3. 纯繁推广阶段（发展提高阶段、扩群提高阶段）

这一阶段的主要任务是建立品种整体结构，增加绵羊数量，提高绵羊品质和扩大品种分布区，使其获得广泛的适应性。

总之，育成杂交的目的，就是将2个或2个以上品种的优良特性遗传并保留下来，克服它们的缺点，最终培育出一个适合地区养殖的综合能力较高的优良新品种。

（四）经济杂交

经济杂交是利用2个或2个以上的不同品种（品系）进行杂交，获得一代具有生活力强、生长发育快、饲料报酬高、产品率高等优势的供商品生产用的杂种的方法，其目的是从中获得高的经济效益。但是，经济杂交时，并不是任意两个不同品种杂交都会获得满意的结果，要进行不同品种的杂交试验，找出合适的杂交组合。实践证明，在商品性肥羔生产中，组织三品种或四品种的杂交效果更好。肥羔生产中利用波尔山羊作为父本与海门山羊、徐淮白山羊、长江三角洲白山羊等品种杂交，杂种一代的肉用性能比被改良亲本均提高50%～100%，所以波尔山羊是我国肥羔生产上最理想的父本品种。另外，根据初步试验，用波尔山羊同努比羊与本地羊的杂交一代母羊进行三元杂交，后代的杂交效果更为明显。波尔山羊是目前最好的生产商品肉羊的终端父本。

（五）远缘杂交

远缘杂交即种间杂交。20世纪60年代，在我国青海省祁连县的托勒牧场就进行了绵羊的远缘杂交。采用人工授精的方法给当地的藏羊母羊、新藏一代母羊配种。利用盘羊体格大、骨粗、对高海拔地区严酷的自然气候条件有很强适应性的特点。杂交后所产后代生长发育快，体格大，羊毛品质有一定改善，杂种羊对当地的生态条件有较强的适应性。野生盘羊与藏羊、新藏一代羊远缘杂交的试验成功，为绵羊遗传学和育种学提供了有价值的资料和经验。

【任务实施】

知识点学习

1. 羊的引种
2. 羊的杂交改良

技能训练三十四 羊的个体标记

一、必备资源

出生1月龄内的羔羊；耳标钳，耳标，碘酒，棉球等。

二、活动步骤

1. 实验羊的保定

2. 耳标法编号

羔羊出生后15天左右，用耳标钳将标好耳号的耳标打在左耳基下部，打孔时要避开血管，需先在拟打孔的地方用碘酒消毒。

【巩固训练】

一、填空题

1. 为了便于养羊生产管理，或掌握羊改良育种进展情况，养殖生产过程中应给每只羊编号，做个体记录，羊的编号分为群号、等级号和（　　）三种。

2. 羔羊出生后2～3天，结合出生鉴定，即可进行个体编号。常用的方法有（　　）、剪耳法、墨刺法和烙角法。

二、简答题

1. 育成杂交过程大致可分为哪三个阶段？

2. 简述常用的杂交方法。

【知识拓展】

羊的引种

【任务考核】

任务四 羊生产力评定

【任务目标】

了解羊毛、羊绒、羊皮、羊肉、羊奶的特性；掌握羊毛分类、分级方法，羊的胴体分割与肉的品质评定方法；掌握羊乳的验收技术。

【必备知识】

知识点一 羊　　毛

一、羊毛结构

（一）羊毛的形态学结构及附属组织

1. 羊毛的形态学结构

羊毛可分成毛干、毛根和毛球三部分。

（1）毛干　是羊毛露出皮肤表面的部分，这一部分通常称为羊毛纤维。

（2）毛根　羊毛在皮肤内的部分叫毛根。其一端与毛干相连，另一端与毛球相连。

（3）毛球　位于毛根的下部，为羊毛最下端部分，其包围着毛乳头，并与之紧密相连，外形膨大成球状，故称为毛球。

2. 附属组织

附属组织是由毛乳头、毛鞘、毛囊、脂腺、汗腺、竖毛肌组成。

（1）毛乳头　是供给羊毛营养的器官，位于毛球的中央，由结缔组织组成。其中有密集的血管和神经末梢，由血液运送营养物质到毛球，保证毛球中细胞的营养及其不断的分裂、增殖，使羊毛生长。

（2）毛鞘　是由数层表皮细胞形成的管状物，包在毛根外面，可分为内毛鞘和外毛鞘两层。

（3）毛囊　是毛鞘周围的结缔组织层，形成毛鞘的外膜。

（4）脂腺　位于皮肤中毛鞘的两侧，分泌管开口于毛鞘中，分泌油脂，具有滋润皮肤、保护毛纤维的作用。油脂在皮肤表面与汗液相混合，称为油汗。

（5）汗腺　位于皮肤的深层，分泌管直接在皮肤表面开口，有时靠近毛孔开口，有调节体温、排出代谢产物的作用。

（6）竖毛肌　是位于皮肤内层一种很小的肌纤维束。一端附着在脂腺下部毛鞘上，另一端和表皮相连接。由于竖毛肌的收缩和松弛，可以调节脂腺和汗腺的分泌，调节血液和淋巴液循环。

（二）羊毛的组织学结构

羊毛纤维的组织学结构用显微镜观察，粗毛纤维由鳞片层、皮质层和髓质层三层组成，也叫有髓毛；而细毛纤维只有鳞片层和皮质层，没有髓质层，故也叫无髓毛。

1. 鳞片层

鳞片层位于毛纤维的表层，是由扁平、无核、形状不规则的角质化细胞组成，如鱼鳞一样覆盖在羊毛表面，并以游离一端指向羊毛的尖端，对毛纤维有保护作用。按鳞片的形状和排列分环形鳞片和非环形鳞片（见图 2-1-4）。

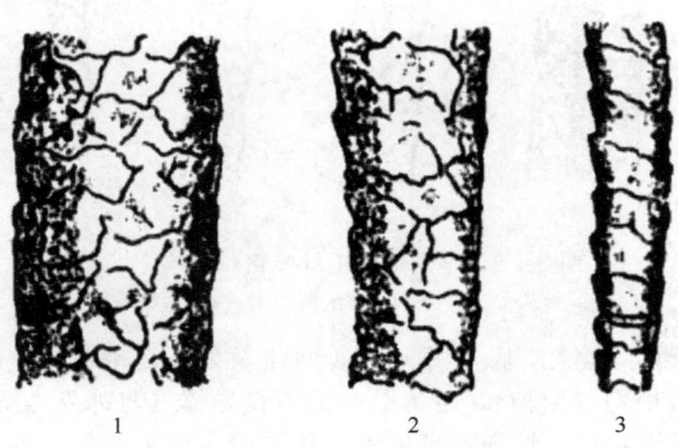

图 2-1-4　鳞片形状

1，2—非环形鳞片；3—环形鳞片

（1）环形鳞片　无髓毛多具有环形鳞片，即包围在毛纤维周围的是一整张鳞片，形成环形。每一张鳞片覆盖前一张，形如屋瓦，构成毛纤维的边缘呈锯齿状，且向外突出，使毛纤维表面凹凸不平，因此对光线的反射能力较弱，光泽柔和。毛纤维向外游离部分，相互嵌合作用很强，对毛纺工业的擀毡和缩绒极为重要。

（2）非环形鳞片　由 2～3 个鳞片或更多鳞片联成一环，包在毛干周围，形如松树皮。由于鳞片相互覆盖面小，因此鳞片的倾斜面也不大，边缘的锯齿也没有无髓毛那样明显，使羊毛表面比较平滑，对光线的反射能力较无髓毛强，所以毛纤维光泽好，毡合性较差。有髓毛多具此类鳞片。

鳞片层的作用是保护羊毛纤维免遭破坏（物理、化学、机械），否则羊毛的坚实性降低。细毛光泽比较柔和，因对光的反射能力较弱；而粗毛对光的反射能力较强，故光泽发亮。羊毛经化学处理，鳞片相互嵌合，紧密缠结，故纺纱性和毡合性强。单位长度鳞片数愈多，边缘游离程度愈大，缩绒性也愈大，这种特性能使羊毛互相毡结。

2. 皮质层

皮质层位于鳞片层之下，由扁平细长的纺锤形（梭状）细胞组成，是毛纤维的主体部分，决定着毛纤维的主要品质。皮质层在毛纤维总体中所占比例因羊毛的细度及类型不同而异。一般情况下，羊毛愈细皮质层所占比例愈大。无髓毛具有发达的皮质层，有髓毛有不发达的皮质层，而死毛的皮质层则极不发达。

皮质层决定着毛纤维的主要品质，如羊毛的强度、弹性、伸度等。因这些扁平的梭状（纺锤形）细胞是沿着羊毛纵轴纵向排列，细胞间连接紧密，彼此互相结合牵引，故与其他纤维相比具有特有的弹性等。皮质层决定着羊毛的天然颜色，因为羊毛纤维的天然色泽取决于皮质层细胞内色素的沉积情况。羊毛染色时，染色剂被皮质层细胞所吸收。

3. 髓质层

细毛羊和粗毛羊的绒毛没有髓质层，粗毛及两型毛的纤维中心部分有髓质层。髓质层是由比较大的菱形或立方形的疏松网状细胞构成，中间充满了空气。髓质层在毛纤维内呈连续或断续的点状，死毛的髓几乎充满了整个毛纤维（见图 2-1-5）。髓质层不能染色。髓质层愈发达，皮质层所占比例就愈少。因此，有髓毛纤维的强度、伸度、弹性都差，纺织价值低。

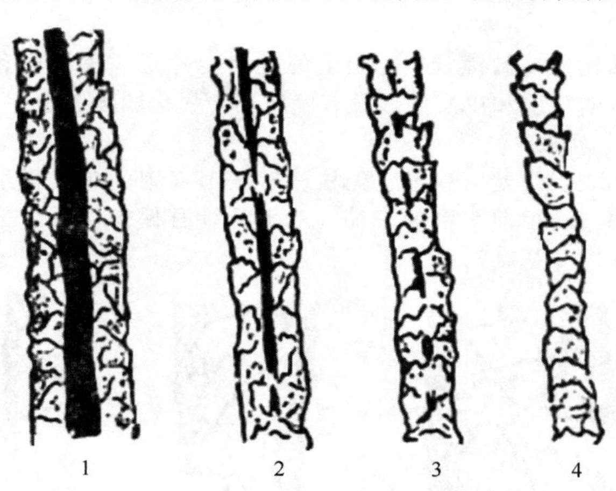

图 2-1-5 不同类型毛纤维组织学构造图

1—死毛；2—粗毛；3—两型毛；4—无髓毛

髓质层能降低毛纤维的导热性，故冬季可减少热量散发，夏季可防止受热。因髓质层细胞内充满了大量的空气（有疏松网状结构），空气是热的不良导体（与外界相隔），故可降低毛纤维的导热性。粗毛纤维是有髓毛，保暖性强。野生绵羊和原始品种羊的粗毛都有发达的髓，这也是对自然环境的一种适应。

二、羊毛纤维类型和羊毛分类

（一）羊毛纤维类型

一般将毛纤维分为四个主要类型，即刺毛、无髓毛、有髓毛和两型毛。

1. 刺毛

刺毛分布在毛用羊和牛的颜面和四肢下端等。毛纤维粗短，光泽较亮，多呈直的，在皮肤上倾斜生长，一根覆盖一根，故又称覆盖毛。组织学构造接近粗毛，髓部很发达，一般不剪，无法纺织利用。

2. 无髓毛

无髓毛又称细毛或绒毛。粗毛羊的绒毛分布在毛被的底层，细毛羊的毛被完全由细毛组成。

无髓毛只有鳞片层和皮质层。直径不超过40μm，长度5～15cm，大多有弯曲。细毛羊的细毛直径不超过25μm，长度6～9cm，弯曲明显。

细毛羊品种的羔羊身上常有一种比较粗而弯曲少的毛，这是胚胎发育早期由初级毛囊中形成的，称为犬毛。犬毛在羔羊哺乳期脱落，以后为正常的无髓毛所代替。

3. 有髓毛

有髓毛亦称粗毛或发毛，可分为正常有髓毛、干毛和死毛三种，后两者是前者的变态。

(1) 正常有髓毛　粗毛羊及粗毛羊与细毛羊的低代杂交羊的毛被中有这种毛，毛较粗长且弯曲少，是毛被的外层毛，由鳞片层、皮质层和髓质层组成，其鳞片层为非环形。横断面呈椭圆或不规则形状，细度40～120μm。

(2) 干毛　干毛组织学结构与正常有髓毛相同，外形特点是纤维上端粗硬转脆，缺乏光泽，毛纤维干枯。主要由于纤维上半部受雨水侵袭，风吹日晒，失去油汗，引起毛细胞、内外物质发生变化而造成的，因此，多见于毛的上端，干毛越多、毛越长的品质越差，轻纺工业上叫疵毛。

(3) 死毛　髓质层特别发达，皮质层很少，毛色灰白，无光泽，粗硬易断，完全失去强度、伸度、弹性、光泽和染色能力，成为毛纺工业上的一害。

4. 两型毛

两型毛亦称中间型毛，其细度、长度及工艺价值介于无骨髓毛和有髓毛之间，一般直径30～50μm，毛较长。

两型毛在组织学结构上接近于无髓毛，部分有髓，部分无髓，髓质较细，多为环形鳞片，同质半细毛羊（林肯羊等）的两型毛弹性大，光泽好，毛长，是制造毛线和毛呢的上等原料。

（二）羊毛分类

羊毛按其所含纤维类型分为同质毛（细毛和半细毛）和异质毛（粗毛）。

细毛由同一种类型的细毛组成，细度为直径在25μm以内，且细度的变异系数不超过25.6%，弯曲整齐，长短一致，由细毛羊品种生产。

半细毛由同一种纤维类型较粗的无髓毛组成，有的是由同一纤维类型的两型毛组成，直径25.1～67.0μm，主要由半细毛羊品种生产。

粗毛也叫异质毛，由几种纤维类型混合组成，底层为绒毛，上层为粗毛和两型毛，各类纤维的比例变化较大，一般用于生产地毯，由粗毛羊品种生产。

三、羊毛纤维的理化特性

（一）羊毛的物理特性

羊毛的物理特性是羊毛品质的基础，它决定着羊毛的工艺价值。羊毛的物理特性包括颜色、光泽、细度、长度、弯曲、强度及伸度、吸湿性及回潮率、毡合性等。

1. 颜色

颜色指洗净后羊毛的自然颜色。羊毛的颜色主要有白色、灰色、黑色及杂色等。以白色最好，可以染成任何颜色。

2. 光泽

羊毛纤维的光泽与毛纤维类型有关，一般髓毛光泽亮，无髓毛较暗淡。根据羊毛对光线的反射强弱，将羊毛光泽分为全光毛、半光毛、银光毛和无光毛。

(1) 全光毛　光泽最强，如安哥拉山羊毛、中卫山羊毛和蒙古羊毛等粗毛品种羊毛，均属这一类。

(2) 半光毛　光泽稍弱，如林肯羊毛、罗姆尼羊毛等半细毛品种羊毛均属这一类。

(3) 银光毛　光泽柔和暗淡，是最理想的光泽。细毛羊品种的羊毛具有银光，如美利奴羊毛为典型的银光毛。

(4) 无光毛　光泽晦暗，营养差的细毛羊和一些粗毛羊、低代杂种羊以及受化学物质侵蚀的羊毛均属无光毛。

3. 羊毛细度

羊毛细度指羊毛纤维的粗细程度，即羊毛单根纤维横截面的直径或宽度，用微米（μm）表示。羊毛细度在纺织工业上常用品质支数来表示，即以1kg净梳毛能纺成1km长度的毛纱数，就叫多少支纱（表2-1-2）。羊毛愈细，单位重量内羊毛根数就愈多，能纺成的毛纱也愈长。

表2-1-2 羊毛品质支数与羊毛细度对照表

品质支数/支	细度范围/μm
80	14.5～18.0
70	18.1～20.0
66	20.1～21.5
64	21.6～23.0
60	23.1～25.0
58	25.1～27.0
56	27.1～29.0
50	29.1～30.0
48	30.1～34.0
46	34.1～37.0
44	37.1～40.0
40	40.1～43.0
36	43.1～55.0

羊毛细度是确定羊毛品质和使用价值最重要的指标之一。羊毛越细，变异系数越小，纺织的毛纱越长，单位长度内的弯曲数越多，毛纱品质越均匀，纺织产品品质越好。羊毛的细度因羊的品种、性别、个体、年龄、羊体部位、饲养水平等不同而有差异。

4. 羊毛长度

羊毛长度的表示方法分为自然长度和伸直长度两种。

(1) 自然长度 又叫毛丛长度，指毛丛在自然弯曲状态下，从皮肤表面至毛丛顶端的直线距离。一般在剪毛之前，羊毛生长足12个月时量取。主要用于养羊实际生产和工业分级。

(2) 伸直长度 又叫真实长度，指将单根毛纤维拉伸至弯曲刚消失时毛束两端的直线长距离，其准确度达到1mm。伸直长度主要用于毛纺工业和科学研究。在工艺特性上，羊毛长度的重要性仅次于细度。在细度相同的情况下，羊毛纤维愈细，羊毛长度愈长，剪毛量愈高，纺织品的品质也愈好。

5. 羊毛弯曲

在自然状态下，羊毛纤维沿长度方向有自然的周期性的弯曲，单位毛长度内的弯曲数目称为弯曲度。羊毛的弯曲按其形状可分为平弯曲、长弯曲、浅弯曲、高弯曲、深弯曲、拆线状弯曲和正常弯曲七种，如图2-1-6。

凡弯曲弧度不呈半圆形，弧度底的半径大于弧度高的称为弱弯曲，平弯曲、长弯曲、浅弯曲均属弱弯曲；弯曲弧度的高比底的半径大的，称为强弯曲，深弯曲、高弯曲和拆线状弯曲属强弯曲；正常弯曲弧度的高度和底的半径大体相等。

羊毛的弯曲类型与毛纺工艺有着密切的关系，弯曲过浅或过深都不理想。细毛羊羊毛具有浅弯曲和正常弯曲，适于制作精纺织品。

6. 羊毛强度和伸度

(1) 强度 指羊毛纤维的抗断力。羊毛强度与纺织品的结实性、羊毛的生产用途有关。羊毛强度的表示方法有两种，即绝对强度和相对强度（表2-1-3）。

① 绝对强度 指拉断单根纤维或一束纤维所用的力，以g或kg表示。

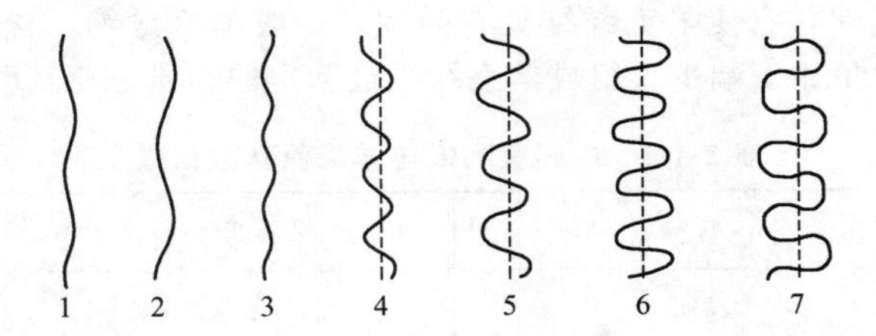

图 2-1-6 羊毛的弯曲形状

1—平弯曲；2—长弯曲；3—浅弯曲；4—正常弯曲；5—高弯曲；6—深弯曲；7—拆线状弯曲

表 2-1-3 不同细度羊毛纤维的强度伸度

细度/μm	绝对强度/g	相对强度/(kg/cm²)
18.0 以下	3.98～5.74	20.0～48.5
18.1～20.0	5.70～6.98	28.0～50.0
20.1～22.0	7.19～8.55	29.0～56.5
22.1～24.0	7.70～9.54	32.0～50.5
24.1～26.0	9.36～11.76	35.0～57.5
26.1～30.0	13.26～16.86	36.0～65.5
30.1～37.0	16.47～22.79	37.5～62.0
37.1～45.0	29.30～33.66	40.0～67.5
45.1～60.0	39.20～48.40	32.5～65.0
60.0 以上	51.25～63.25	40.0～63.5

② 相对强度　指拉断羊毛纤维时，在单位横切面上所用的力，以 kg/cm^2 表示。

一般细毛和半细毛的强度较大，其纺织品较结实。营养不良、疾病、妊娠、哺乳以及贮存方法不当、洗涤温度过高时，羊毛强度就会降低。

(2) 伸度　指将羊毛弯曲完全拉直后再继续拉伸到断裂时所增加的长度占毛纤维长度的百分比。伸度是决定羊毛纤维机械性能及织品结实性的重要指标，影响羊毛强度的各种因素，同样也会影响羊毛的伸度。

7. 吸湿性及回潮率

羊毛在自然状态下具有吸收和保持水分的能力，称吸湿性。毛吸收和保持水分的多少用回潮率表示，计算公式如下：

$$回潮率(\%)=\frac{原毛重量(g)-绝对干燥羊毛重量(g)}{绝对干燥羊毛重量(g)}\times 100\%$$

羊毛的吸水能力很强，一般情况下，毛含水量可达 15%～18%，当空气湿度大时，平均含水量可达本身重量的 40%以上。为了明确单位重量羊毛的价格，国际上规定了标准回潮率，即在温度 20℃和相对湿度 65%条件下测定的回潮率。

8. 毡合性

毡合性指羊毛在湿热及压力的作用下，可以相互毡结在一起的现缩绒形，是其他纺织纤维所不具有的优良工艺性质。纺织工业上利用这种特性可织毡和呢绒。

(二) 羊毛纤维的化学特性

羊毛纤维是皮肤的衍生物，是一种复杂的蛋白质化合物，属于角蛋白。主要由碳、氢、氧、氮、硫五种元素组成。据分析，羊毛中各种元素的含量为：碳 49.0%～52.0%，氢 6.0%～8.8%，氧 17.8%～23.7%，氮 14.4%～21.3%，硫 2.2%～5.4%。另外，含硫是羊毛纤维的特点。硫元素也是羊毛特性的物质基础，它使羊毛纤维具有弹性，一般羊毛愈细，含硫量愈高。羊毛上端经常受到风吹日晒，硫的含量比下端少。组成羊毛纤维最基本的物质是氨基酸（表 2-1-4）。

表 2-1-4 中国美利奴羊羊毛氨基酸组成

氨基酸名称	含量/%	氨基酸名称	含量/%
甘氨酸	3.39±0.53	天冬氨酸	5.45±0.67
丙氨酸	3.61±0.23	赖氨酸	2.82±0.31
丝氨酸	7.07±1.12	谷氨酸	11.85±1.34
脯氨酸	4.71±0.40	蛋氨酸	0.36±0.06
缬氨酸	4.27±0.62	组氨酸	0.87±0.09
苏氨酸	4.76±0.35	苯丙氨酸	3.92±0.55
胱氨酸	14.08±0.62	精氨酸	8.01±0.74
亮氨酸	6.52±0.73	酪氨酸	4.6±60.46
异亮氨酸	2.50±0.25	色氨酸	—

1. 碱对羊毛的作用

羊毛抗碱能力较弱。一般情况下，pH<8 时，破坏作用不明显；pH>8 时，开始有比较明显的破坏作用；pH>11 时，破坏就非常剧烈了。5%的氢氧化钠煮沸几分钟，可使羊毛纤维全部溶解，所以羊毛及毛织品不宜用强碱洗涤，最好在低温水中（低于 52℃），用中性肥皂或低浓度的碱液洗涤，之后要用清水多次漂洗，以免干后形成碱斑，降低毛织品质量。

2. 酸对羊毛的作用

羊毛的抗酸能力较强。一般弱酸及低浓度的酸对羊毛没有明显的破坏作用，但高温、高浓度及强酸对羊毛有明显的破坏作用。试验证明，pH≤4 时，开始有较明显的破坏；pH<3 时破坏作用很明显。羊毛在低浓度的硫酸、盐酸溶液中不会损害，所以羊毛染色常用酸性染料。

3. 温度对羊毛的作用

在 100～105℃干燥环境中，羊毛完全失去水分，毛纤维变得粗糙发硬，弹性降低，如将羊毛重新放到常态吸收水分，它就会恢复其原有的柔软性和强度。但长时间的高温对羊毛纤维具有不可逆转的损害，如果将羊毛置于 100℃处理超过 40h，可使羊毛纤维分解。所以，羊毛不要长时间在阳光下暴晒，烘干羊毛的温度不要超过 105℃。

4. 水对羊毛的作用

羊毛不溶于冷水，但长时间浸泡在水中，由于水分子进入纤维内部，使纤维膨胀，强度下降，伸度增加，晾干后即可复原，而无损其品质。羊毛在热水中会分解，在 80～110℃热水中，毛纤维中的角蛋白开始水解，水温超过 110℃时羊毛就会破坏，水温达到 200℃时，羊毛几乎全部溶解。

四、羊毛缺陷产生及预防

（一）弱节毛

弱节毛也称饥饿毛，主要是由于某一段时间内，羊营养不足或者疾病、妊娠等导致毛纤维部分明显直径变细形成弱节。预防方法是加强羊的饲养管理，注意疫病防治。

（二）圈黄毛

凡被粪尿污染的羊毛都称为圈黄毛。主要是由于羊圈潮湿、垫草经久不换、由舍饲转入放牧饲养时对羊只失去控制等造成的。

（三）疥癣毛

由患疥癣病的羊身上剪下的羊毛称疥癣毛。预防方法是防止疥癣病的发生，发现病羊应即隔离，及时治疗。健康羊要进行药浴预防。

（四）毡片毛

羊毛紧紧结合在一起，形似毡片，称毡片毛。形成毡片毛的因素有：外界气候条件的影响或疾病造成羊毛大量毡结；羊毛的鳞片及弯曲发生交缠；羊体某些部位与外界挤压或摩擦、雨淋、尿浸的综合影响等。

（五）染色毛

为了识别羊只或羊群，常用一些有色物质在羊体上做出标记而产生染色毛。所以应选择羊毛价值低的部位进行打印。

（六）重剪毛

重剪毛也叫二刀毛，主要是由于剪毛时剪毛人员技术不熟练所造成。要避免重剪毛的产生，应严格按技术规程操作。

（七）草刺毛

带有很多植物性杂质的羊毛称草刺毛。主要是由于在放牧、补饲等饲养管理过程中杂质混入被毛中，特别是在秋季，牧草种子成熟时黏附在被毛上。预防的方法是改善饲养管理和剪毛条件，避免在有害刺果的草场放牧。

五、羊毛鉴定分级

（一）羊毛的分类

羊毛分类是按照羊毛的主要特征和物理特性来区分。一般有以下几种分类方法：

（1）按羊毛的集散地分类　分为西宁毛、新疆毛、华北毛。

（2）按绵羊的品种分类　根据我国目前实行的《绵羊毛》国家标准（商业收购标准，即GB/T 1523—93），将绵羊毛分为以下四类：

① 细羊毛　是指品质支数在60支纱及以上，毛纤维平均直径在25μm及以下的同质毛。

② 半细羊毛　是指品质支数在36～58支纱，毛纤维平均直径在25.1～55μm的同质毛。

③ 改良羊毛　是指从改良过程中的杂交羊体上（包括细毛羊的杂交改良羊和半细毛羊的杂交改良羊）剪下的未达到同质的羊毛。

④ 土种羊毛　原始品种绵羊和优良地方品种绵羊所产的羊毛，属异质毛。这种羊毛包括优良土种羊毛（经国家确定不进行改良而保留的优良地方品种羊所产的毛）、原始土种羊毛（未经改良的原始品种羊所产的毛）。

（3）按剪毛季节分类　分为春毛（春季剪取的毛）、秋毛（秋季剪取的毛）、伏毛（酷暑期所剪的毛，毛较短）。

（4）按获取毛的方法分类　分为剪毛、抓毛、割毛、化学脱毛（环磷酰胺）。

（5）按毛纺工业用途分类　分为精纺用毛、粗纺用毛、毛线用毛、地毯用毛、毛毯用毛、工业用毛。

（二）羊毛的分等

羊毛分等是在羊毛分类的基础上进行的，根据羊毛标准按套毛品质划分等级。我国的羊毛是根据羊毛标准GB/T 1523—93《绵羊毛》中的规定分等，包括细羊毛的分等规定（见表2-1-5）、半细羊毛的分等规定（见表2-1-6）、改良羊毛的分等规定（见表2-1-7）。

（三）羊毛的分级

根据羊毛工业分级标准，对套毛不同部位的羊毛品质进行细致的分选，把相同品质的羊毛进行归类，是羊毛的分级。

我国羊毛是根据FJ 417—81《国产细羊毛级及改良毛工业分级》的标准进行分级，依据羊毛物理指标和外观形态将细毛和改良毛分为支数毛和级数毛。

（1）支数毛　支数毛属同质毛。按细度分为之70支、66支、64支、60支。

表 2-1-5 细羊毛的分等规定

等级	细度/μm	毛丛自然长度/cm	油毛占毛丛长度比/%	品质特征
特等	18.1～20.0 70 支	≥7.5	≥50	全部为自然白色的同质细毛。毛丛的细度、长度均匀，弯曲正常，手感柔软，有弹性。平顶，允许部分毛丛有小毛嘴。无干、死毛
	20.1～21.56 6 支			
	21.6～23.0 64 支	≥8.0		
	23.1～25.0 60 支			
一等	18.1～21.5 66～70 支	≥6.0		全部为自然白色的同质细毛。毛丛的细度、长度均匀，弯曲正常，手感柔软，有弹性。平顶，允许部分毛丛顶部发干或有小毛嘴。无干、死毛
	21.6～25.0 60～64 支			
二等	≤25.0 60 支及以上	≥4.0	有油汗	全部为自然白色的同质细毛。毛丛细度均匀性较差，毛丛结构松散，弹性差。无干、死毛

表 2-1-6 半细羊毛的分等规定

等级	细度/μm	毛丛自然长度/cm	油毛占毛丛长度比/%	品质特征
特等	25.1～29.0 56～58 支	≥9.0	有油汗	全部为自然白色的同质半细羊毛。细度、长度均匀，有浅而大的弯曲，弹性良好，有光泽。毛丛顶部为平嘴、小毛嘴或带有小毛辫，呈毛股状。细度较粗的半细毛，外观呈较粗的毛辫。无干、死毛
	29.1～37.0 46～50 支	≥10.0		
	37.1～55.0 36～44 支	≥12.0		
一等	25.1～29.0 56～58 支	≥8.0		
	29.1～37.0 46～50 支	≥9.0		
	37.1～55.0 36～44 支	≥10.0		
二等	≤55.0 36 支及以上	≥6.0		全部为自然白色的半细羊毛。无干、死毛

表 2-1-7 改良羊毛的分等规定

等级	毛丛自然长度/cm	干死毛含量(质量分数)/%	毛辫结构	品质特征
一等	≥60	≤1.0	有小毛嘴或中辫	全部为自然白色、改良形态明显的基本同质毛。毛丛由绒毛和两型毛组成。羊毛细度、长度的均匀度及弯曲、油汗、外观形态较细羊毛或半细羊毛差。有微量干、死毛
二等	≥40	≤5.0	有中辫或粗毛	全部为自然白色、改良形态的异质毛。毛丛由两种以上纤维类型组成。弯曲大或不明显。有油汗。有少量干、死毛

(2) 级数毛　级数毛属基本同质毛和异质毛。按含粗腔毛率分为一级、二级、三级、四级甲、四级乙、五级。

知识点二　羊　　皮

一、主要裘、羔皮及其特点

绵羊、山羊屠宰后剥下的鲜皮，在未经鞣制以前称为生皮，生皮带毛鞣制而成的产品叫做毛皮，鞣制时去毛仅用皮板的生皮叫做板皮，板皮经脱毛鞣制而成的产品叫做革。由于屠宰的年龄和用途不同，毛皮又分为羔皮和裘皮。

（一）羔皮

羔皮指利用流产或生后1～3天的羔羊所剥取的毛皮。羔皮具有毛短而稀、花案奇特、美观悦目、皮板薄而轻的特点，主要用于制作皮帽皮领披肩和翻毛大衣等产品，一般露毛外穿。

（二）裘皮

裘皮指利用出生后1月龄以上的羊只所剥取的毛皮。裘皮具有毛卷长、皮板厚实、花穗美观、底绒多、保暖性好的特点，主要用于制作毛面向里穿的皮袄大衣等御寒衣物。裘皮在我国分为二毛皮、大毛皮老羊皮。利用出生30天左右羔羊所剥取的毛皮是二毛皮；利用6月龄以上未剪过毛的羊只所剥取的毛皮是大毛皮；老羊皮则是利用1岁以上剪过毛的羊只所剥取的毛皮。一般屠宰年龄越小，裘皮越轻便，毛卷弯曲越明显美观；屠宰年龄越大，毛股越长，皮张越厚，保暖性能越好，但穿着较笨重。

（三）主要裘、羔皮的特点

1. 卡拉库尔羔皮

卡拉库尔羔皮亦称波斯羔皮，是全世界驰名的羔皮产品。我国引进卡拉库尔羊后主要在西北和华北地区饲养繁育。卡拉库尔羔皮具有黑色、灰色、棕色、白色、金色、银色、粉红色、彩色（也称苏尔色）等多种颜色，以灰色最为珍贵。卡拉库尔羔皮的毛卷坚实，花案美观，密度适中。根据毛卷结构和形状，优等毛卷有轴形卷（也称卧蚕形卷）、豆形卷；次优等毛卷有鬣形卷、肋形卷；中等毛卷有环形卷、半环形卷；劣等毛卷有豌豆形卷、螺旋形（杯）卷、平毛及变形卷。

轴形卷（卧蚕形卷）是代表卡拉库尔羔皮特征的一种理想型毛卷，具有这种毛卷的羔皮价值也高。轴形卷的特点是毛卷坚实，花案清晰，弹性好，光泽明亮，被毛密度适中，手感光滑。毛纤维的卷曲由皮板上升，按同一方向扭转，毛尖向下向里紧扣，呈一圆筒状，形似皮板上卧着的蚕，故称为卧蚕形卷。

2. 湖羊羔皮

湖羊羔皮亦称小湖羊羔皮，其特点是：板皮薄而柔软，毛细短无绒，毛根发硬，富有弹力，毛色洁白。花纹类型主要分波浪形和片花形两种。波浪形花纹是由一排排的波浪状花纹组成，毛丝紧贴皮板，花纹明显，即使抖动也不会散乱，波浪规则较整齐；片花形花纹则以毛纤维生长方向不一致、花形不规则、在羔皮上呈不规则排列为其特点。

3. 济宁青山羊羔皮

济宁青山羊羔皮亦称猾子皮。这种羔皮具有青色的波浪形花纹，人工不能染制，是国际市场上很受欢迎的产品。其特点是：青猾子皮以黑毛和白毛相间生长而形成青色，毛丝紧贴皮板生长，有深浅不同的弯曲，在皮板上排列形成波浪形花、流水形花、片花、隐花及平毛五类型，以波浪形花为最美观。

4. 滩羊二毛皮

滩羊毛皮特点是：毛色纯白，富有光泽，毛股紧实，长而柔软，花穗美观不毡结，板皮致密，轻便结实，保暖性好。滩羊二毛皮最理想的花穗是串字花，这种花穗毛股弯曲数多，紧实清晰，花穗顶端是扁的，不易松散和毡结。其次为软大花，毛股较粗大而不坚实，这种花穗由于下部绒毛含量较多，裘皮保暖性较强，但不如串字花美观。此外，花穗还有“卧花”“桃花”“笔筒花”“钉字花”“头顶一枝花”“蒜瓣花”等，这些花穗形状多不规则，毛股短而粗大松散，弯曲数少，弧度不均匀，毛根部绒毛含量多，因而易于毡结，欠美观，其品质均不及前两种。

5. 中卫沙毛皮

中卫沙毛皮是宁夏中卫山羊的主要产品，是指羔羊出生后35日龄左右宰杀剥取的毛皮。毛色有黑、白两种，白者较多，黑者油黑发亮。中卫沙毛皮具有优良裘皮的特性，其具有保暖、结实、轻便、美观、穿用不毡结等特点，与滩羊二毛皮相似，但两者有以下区别：①沙毛皮近于方形，带小尾巴；滩羊二毛皮近于长方形，带有大尾巴；②沙毛皮的被毛密度较滩羊二毛皮稀，易见板底，手感没有滩羊二毛皮的被毛丰满和柔软，比较粗涩，用手捻摸其毛尖有沙样感觉（据说沙毛山羊的名称即由此而得）；③沙毛皮被毛光泽较好，与丝织品的光泽相似，滩羊二毛皮则呈玉白样的光泽。

二、影响裘、羔皮品质的因素

（一）品种遗传性

卡拉库尔羔皮、湖羊羔皮、滩羊二毛皮及中卫沙毛皮等优良的裘、羔皮，虽都属于混型毛，但都有各自美丽的毛卷。羔皮羊、裘皮羊独特的生产性能，是由其稳定的品种遗传性决定的。如卡拉库尔羊的羔皮毛色、毛卷均与湖羊的羔皮截然不同，而二者杂种后代的羔皮，既不同于父本，也不同于母本。

在同一品种的范围内，各个体所产羔皮或裘皮的品质也有很大差异，如湖羊中，有的种公羊后代甲级皮占51.9%，而有的种公羊后代甲级皮仅占3%，这也是由其遗传性决定的。因此，要提高羔皮和裘皮的品质，主要通过本品种选育的途径来实现。

（二）自然生态条件

不同的裘、羔皮羊品种的板皮品质都有各自的特点，这都与该品种长期赖以生存的自然生态条件有关。如滩羊二毛皮美丽花穗的形成，与其长期生长在气候干燥、日照强烈、夏季酷热、冬季严寒的半荒漠草原，牧草耐旱、耐盐碱、种类多、草质好、富含矿物质的生态条件是密切相关的；而湖羊羔皮花案的形成，则与其生长在太湖流域夏季湿热、冬季湿冷及全年舍饲的条件是分不开的。

（三）剥取裘、羔皮的季节

随着季节的变化，裘、羔皮的被毛密度、毛卷弯曲等品质随之而变。秋末冬初羊体肥壮，剥取的裘、羔皮质地紧密结实，弹性好，不易脱毛，毛绒多，保温性强；进入严冬后，水冷草枯，羊只消瘦，板皮变薄，弹性稍差；春夏季节牧草返青，羊体开始复原，但皮质较差，如春皮易脱毛、干枯缺油，夏皮毛稀皮薄、质地粗糙。所以，以秋季和初冬剥取的裘、羔皮为最好，冬末春初的皮次之，最差的是夏季剥取的皮。

（四）屠宰年龄

羊只屠宰日龄（月龄）愈小，花案及毛卷愈美观清晰，皮张轻便，但过早屠宰则会影响皮张面积和被毛长度；反之，随屠宰日龄（月龄）的增大，皮张面积增加，但质地疏松粗糙，毛股逐渐松散，花纹和毛卷曲不清晰，影响裘、羔皮品质，不适用于鞣制高档产品。

（五）裘羔皮的贮存、晾晒和保管

裘、羔皮富含蛋白质及脂肪，尤其是生皮，如晾晒方法不当时，容易吸收水汽而受潮霉烂，易引起虫蛀和招惹鼠咬而被损坏，或受热而导致皮层脂肪被分解、皮板干枯等。盐腌后任其自然收缩干燥的方法，简单易行，便于推广，但皮板收缩大，在一定程度上影响皮张品质。淡干板则收缩程度小，对皮质影响也小，皮板薄而清洁，外形整齐美观。

知识点三 羊 肉

一、羊肉的成分及营养价值

蛋白质是肉中的主要营养成分，营养价值取决于其氨基酸的组成。羊肉中蛋白质含有人体需要的全部氨基酸，且比例符合人体需要，属全价蛋白质。除蛋白质外，羊肉中还含有丰富的矿物质和维生素。

二、羊的胴体分割

（1）肩胛肉　从肩胛骨后缘至第 4 对肋骨前的整个部分。

（2）胸下肉　从肩端、肋软骨以及腹下无肋骨部分，包括前腿胫骨以下。

（3）肋肉　第 12 对肋骨处至第 4～5 根肋骨间横切。

（4）腰肉　从第 12 对肋骨与第 13 对肋骨之间至最后腰椎处横切。

（5）后腿肉　剩下的部分为后腿肉。

三、羊胴体分级

羊胴体按肌肉发育程度和脂肪分布分等级。

（1）一等肉　肌肉发育充分，附着情况良好，主要骨骼部位外露不突出，皮下脂肪在整个胴体有密集分布，肩颈部脂肪层分布较薄，骨盆腔集满脂肪。

（2）二等肉　肌肉发育附着较好，主要骨骼部位外露不突出，肩部、脊椎骨外露稍有突起。脊椎部皮下脂肪有密集分布，腰部及肋部脂肪分布不多，荐椎部及骨盆腔处没有脂肪分布、聚集。

（3）三等肉　肌肉发育附着尚好，主要骨骼部位明显外露，肩部、脊椎骨外露稍有突起，脊椎部皮下脂肪有密集分布，腰部及肋部脂肪分布不多，荐椎部及骨盆腔处没有脂肪分布、聚集。

（4）四等肉　肌肉发育附着差，骨骼部位外露突出，胴体表面可见分布不均匀的薄层脂肪或无脂肪分布。

知识点四　羊　　奶

羊奶是人类重要的动物性食品来源，是鲜奶和奶品加工的第二个主要来源。羊奶与牛奶在化学成分上无显著差异，但在一些消化生理方面要优于牛奶。

一、羊奶的营养价值

1. 羊奶的干物质含量和能值高。

羊奶的干物质含量为 13.6%，牛奶为 12.5%左右。每千克鲜奶中的热能含量：羊奶为 3264J，牛奶为 3054J。

2. 羊奶脂肪球直径小

羊奶中的乳脂含量一般比牛奶高 0.5%～1.1%，含有较多的不饱和脂肪酸，熔点较牛奶乳脂低，更为可贵之处是脂肪球直径比牛奶脂肪球小得多，为其 1/2，甚至 1/10。因此进入消化道后，与消化液接触面积大，容易消化吸收。

3. 羊奶含蛋白质高

羊奶含总蛋白质 4.0%，牛奶为 3.3%。羊奶中蛋白质品质好，易消化的白蛋白、球蛋白含量比牛奶高，只有蛋氨酸低于牛奶。

4. 羊奶的矿物质含量高

羊奶中的矿物质特别是钙和磷含量远高于人奶和牛奶。钙主要以酪蛋白钙形式存在，很容易被人体吸收，是供给老人、婴儿钙的适宜食品。羊奶中的铁含量高于人奶，和牛奶接近。

5. 羊奶酸度较低，具有抗病态反应的特性

羊奶的 pH 值一般 6.8～7.0，而牛奶为 6.6～6.8，羊奶的酸度 11.46°T，低于牛奶的自然酸度 13.69°T。羊奶酸度值较低，接近中性，为优良的缓冲剂，胃酸过多或胃溃疡病患者饮用较为适宜。

6. 安全性高

与奶牛相比，山羊不易感染结核病，饮用羊奶更加安全。尤其是在无检疫条件的一些地区，婴儿和病弱者饮用羊奶较安全。

二、羊奶的物理特性

1. 色泽与气味

新鲜羊奶是白色、不透明、均匀一致的液体。

羊奶含有一种特殊气味——膻味，但比羊肉膻味要淡得多，通常不易闻出，一般在加热或饮

食时可感觉出来。膻味的存在成为很多消费者不愿意饮用羊奶的重要原因。

2. 密度

羊奶的相对密度是指羊奶在20℃时的质量与同体积水在4℃时的质量比。羊奶的相对密度值是1.023～1.043。

奶的相对密度随着成分和温度改变而变化。乳脂肪增加时相对密度就降低，乳中掺水时相对密度也降低，每加10%的水，相对密度就降低0.003。在10～20℃温度范围内，温度每变化1℃，奶相对密度相差0.0002。

3. 表面张力

测量表面张力的目的是为了鉴别奶中是否混有添加物。牛奶的表面张力为0.04～0.06nm，羊奶的表面张力为0.02～0.04nm。表面张力受温度、乳脂率影响大。

4. 冰点

羊奶冰点比较稳定。范围在－0.573～0.646℃，平均为－0.5813℃。

冰点是检验鲜奶中掺水的重要指标，乳中掺水，冰点升高。一般情况下，乳中加1%的水时，冰点约上升0.0054℃。乳房炎乳、酸败乳冰点降低。

三、羊奶的膻味及其控制方法

羊奶的膻味与羊奶中游离脂肪酸有关，主要成分是短链游离脂肪酸如己酸、辛酸和癸酸。由于羊奶中上述3种脂肪酸含量较高，一般为6%～8%，因此羊奶比牛奶的膻味大。

羊奶脱膻，首先要加强饲养管理，搞好羊体和圈舍清洁卫生，实行公、母羊分开喂养，以减少对羊奶的污染。此外，还可用脱膻物对羊奶进行脱膻处理。

1. 鞣酸脱膻

采用鞣酸脱膻方法处理羊奶，不仅可脱去膻味，而且可使脱膻后的羊奶清香可口。具体方法是：在煮羊奶时加入少量茉莉花茶，煮开后将茶叶滤除，即可达到脱膻的目的。用此法处理羊奶虽然羊奶色泽略微发黄，但奶质不受影响。

2. 杏仁酸脱膻

采用此法处理的羊奶不仅气味芳香、顺气开胃，而且能大补气血，为病弱者和老人的理想滋补品。具体方法：煮羊奶的同时放入少许杏仁、橘皮、红枣，煮开后将上述3物滤除，即可达到脱膻的目的。

四、羊奶的检验与贮存

（一）羊奶的检验

1. 色泽和气味检验

新鲜羊奶是乳白色的液体，具有羊奶固有的香味，味道浓厚。如色泽异常，呈红色、绿色或明显黄色，有粪尿味、霉味、臭味等，不得食用。

2. 密度检验

使用密度计进行检验。

3. 新鲜度检验

生产上采用牛奶的检验方法——酒精阳性反应法进行检验。

操作方法：用70%左右酒精与等体积的羊奶均匀混合，若出现蛋白质凝固，即为酒精阳性乳。对检验有怀疑的羊奶，应进行煮沸试验，以其是否出现凝块判断其新鲜度。

4. 清洁度检验

用吸管在奶桶底部取样，用滤纸过滤，如滤纸上有可见的杂质，则按有杂质处理。

5. 卫生检验

细菌含量测定方法：一是亚甲基还原试验，主要是检验乳的新鲜度和细菌污染程度；二是平面皿培养法，主要是检查乳中细菌的含量。

（二）冷却贮存

刚挤出的乳要冷却降温后才能延长保存时间。

常用的方法有水池冷却法、热交换器冷却法、制冷式乳罐冷却法等。

【任务实施】

知识点学习

1. 羊毛的结构及分类。
2. 裘、羔皮及其特点。
3. 羊胴体分割、分级及品质评定的方法。
4. 羊奶营养价值与羊奶的检验方法。

技能训练三十五　羊毛纤维的组织学结构观察

一、必备资源

实习毛样、显微镜、载玻片、盖玻片、尖镊子、剪刀、吸水纸、乙醚、甘油、17%氢氧化钠、浓硫酸、明胶、美蓝溶液、蒸馏水、95%酒精等。

二、活动步骤

1. 实习用毛样的洗涤

将毛样用镊子夹住下端，放入盛有乙醚的烧杯中，轻轻摆动，切勿弄乱毛纤维。洗净后取出毛样，挤掉溶液，并用吸水纸吸去残留溶液，待干后备用。

2. 羊毛纤维鳞片的观察

(1) 直接观察法　取毛纤维数根，剪成2～4mm长的短纤维，并将其置于载玻片上，滴一滴甘油，覆以盖玻片，即可在显微镜下观察。

(2) 明胶印模法　取1g白明胶加水3～5mL，放在水浴锅中加热，滴加少许美蓝使呈浅蓝色明胶溶液。将明胶用玻棒均匀涂于载玻片上，待其呈半干状态时，再将洗净的毛纤维直径的一半嵌入胶中，等明胶干后取下毛纤维，不加盖玻片置于显微镜上观察，可清晰地观察到明胶表面上印有鳞片的痕迹。

3. 羊毛纤维皮质层细胞的观察

取无髓毛数根，剪成1～2mm的短纤维，置于载玻片上，滴一滴浓硫酸，立即盖上盖玻片。待浓硫酸与皮质层细胞间质作用2～3min后，用镊子将盖玻片稍加力磨动，此时皮质层细胞即可分离开来。然后将此载玻片置显微镜下观察。

4. 羊毛纤维的髓层观察

选有髓毛、两型毛及死毛数根，分别以甘油制片，置显微镜下观察其髓质的形状和粗细。

羊毛纤维的髓层中充满空气，所以在显微镜下观察时呈黑色。为了较清晰地看到髓层细胞的形状，观察前需将髓层细胞中的空气排除。其方法是：取死毛数根，用小剪刀剪到最短程度(1mm以内)，置于载玻片中央，并在毛纤维上滴一滴蒸馏水，再覆以盖玻片；然后由盖玻片的一端用吸水纸吸取流水，并在盖玻片的另一端不断滴无水酒精；如此连续约5min后，置显微镜下观察，髓层细胞即清晰可见。

技能训练三十六　净毛率的测定

一、必备资源

供测羊毛样品、八篮恒温箱、天平、洗毛盆、凉毛筐、铝制笊篱、温度计（0～100℃）、量杯(1000mL)、肥皂、洗衣粉、苏打、无水碳酸钠。

二、活动步骤

1. 取毛样

从供作净毛率测定的毛样袋中将基本毛样和对照毛样一并取出，取出时要轻、慢，不可使毛样中的土、砂等杂物失散，以防影响结果的准确性。取出后放在 0.01g 感量天平上称重，准确度要求达到 0.01g。将称重结果记录下来，然后把毛样放在毛筐中，同时编号。

2. 撕松抖土（开毛）

经过称重编号记录的毛样，用手仔细撕松，并尽量抖去沙土、粪块和草质等杂物，这样易洗干净，并节省洗毛时间和皂碱。注意不应使毛丢失。将毛仍放回原筐中待洗。

3. 洗液配制及洗毛

洗毛液的皂碱比例、浓度及洗毛时间如表 2-1-8、表 2-1-9。选用碱性或中性洗毛液，并按下列程序洗毛：将撕好的毛样放入第 1 槽中，按规定时间洗涤，洗涤不能搓揉，应用手轻轻摆动，将毛抖散，避免黏结而洗不干净；毛样在第 1 槽中洗完后，捞出将水挤净，再放入第 2 槽漂洗；如此一直到第 5 槽洗完，将毛放回原筐。

表 2-1-8　碱性洗毛液浓度、温度、洗涤时间表

水槽号	洗衣粉/(g/L)	碱/(g/L)	洗涤时间/min	温度/℃
1(清水)	0	0	3	40～45
2	3	3	3	45～50
3	3	4	3	50
4	3	3	3	45～50
5	2	2	3	45～50
6(清水)	0	0	3	40～45
7(清水)	0	0	3	40～45

表 2-1-9　中性洗毛液浓度、温度、洗涤时间表

水槽号	LS 净洗剂/%	元明粉/%	洗涤剂量/L	洗涤时间/min	温度/℃
1	0	0	15	3	40～45
2	0.1	0.5	15	3	50～55
3	0.05	0.3	15	3	50～55
4	0	0	15	2	40～45
5	0	0	15	2	40～45

4. 烘毛与称重

(1) 普通烘箱烘毛与称重　把洗净的羊毛放进烘箱中以 100～105℃的温度烘 1.5～2h，取出放进干燥器中冷却 15～20min 后进行第一次称重。然后，再放入烘箱继续烘干 1～1.5h，取出放进干燥器中冷却后进行第二次称重，净毛绝对干重为两次称重平均值。

(2) 八篮恒温烘箱烘毛与称重　毛样放在八篮烘箱中，温度 100～105℃条件下进行烘干，2h 后第一次称重，40min 后进行第二次称重，两次称重误差不超过 0.01g，即可作为该毛样的绝干重。误差超过 0.01g 时，每隔 20min 重复称一次，直至两次重量不超过 0.01g 为止，即为其绝干重。

5. 计算净毛率

$$Y=\frac{C\times(1+R)}{G}\times100\%$$

式中　Y——净毛率，%；

C——净毛绝干重，g；

R——标准回潮率，%；

G——原毛重，g。

注：标准回潮率按细羊毛 17%，半细羊毛 16%，异质毛 15%。

技能训练三十七　肉羊屠宰及胴体分割

一、必备资源

羊、放血刀、宰羊刀、剥皮刀、砍刀、剔骨刀、秤、硫酸纸、求积仪等。

二、活动步骤

1. 宰前准备

屠宰前12h停止饲喂和放牧，仅供给充足的饮水，宰前2h停止饮水，以免肠胃过分胀满，影响解体和清理肠胃。宰前还应进行健康检查，确诊为患病羊和注射炭疽疫苗未超过2周的羊均不能宰杀。宰前的羊要保持在安静的环境中。

2. 活体测尺、称重及评定膘度

详见技能训练三十三。

3. 保定

利用保定架保定。

4. 屠宰

（1）放血　在羊只的颈部将毛皮纵向切开17cm左右，然后用力将刀插入颈部挑断气管，再把主血管切断放血。注意不要让血液污染了毛皮，放完血后，要马上进行剥皮。

（2）剥皮　最好趁羊体温未降低时进行剥皮。把羊只四肢朝上放在一个洁净的板子上或洁净的地面上，用刀尖沿腹部中线先挑开皮层继续向前沿着胸部中线挑至下颌的唇边，然后沿中线向后挑至肛门外，再从两前肢和两后肢内侧切开两横线，直达蹄间垂直于胸腹部的纵线。接着用刀沿着胸腹部挑开的皮层向里剥开5～10cm左右，然后一手拉开胸腹部挑开的皮边，另一手用拳头捶肉，一边拉、一边捶，很快就可将羊皮整张剥下来。

（3）内脏剥离　沿腹侧正中线切开羊的胴体，左手伸进骨盆腔拉去直肠，右手用刀沿肛门周围一圈环切，并将直肠端打结后顺势取下膀胱。然后取出靠近胸腔的脾脏，找到食管并打结后将胃肠全部取出。再用刀由下而上砍开胸骨，取出心、肝、肺和气管等。

（4）胴体修整　切除头、蹄，取出内脏后的胴体应保留带骨的尾、胸腺、横膈肌、肾脏和肾脏周围的脂肪及骨盆中的脂肪。公羊应保留睾丸。然后对胴体进行检查，如发现小块的淤血和疤痕，可用刀修除，然后用冷水将胴体冲洗干净并晾干。

（5）胴体分割　用砍刀从脊椎骨中间把胴体砍开，分成左右两半，每半边胴体应包括一个肾脏和肾脏脂肪、骨盆脂肪。尾巴留在左半边。胴体分为腹肉、胸肉、肋肉、腰肉、肩胛肉、后腿肉。

① 腹肉　整个腹下部分的肉。

② 胸肉　包括肩部、肋软骨下部以及前腿肉。

③ 肋肉　第12对肋骨处至第4～5根肋骨间横切。

④ 腰肉　从第12对肋骨与第13对肋骨之间至最后腰椎处横切。

⑤ 后腿肉　从最后腰椎处横切。

（6）产肉性能的测定

① 宰前活重　屠宰前12h的活体重。相同年龄、性别和育肥措施的肉羊，宰前活重越大，说明生长越快，产肉性能越好。

② 胴体重　指屠宰放血后剥去毛皮，去头、内脏及前肢腕关节和后肢关节以下部分，整个躯体（包括肾脏及其周围脂肪）静止30min后的重量。

③ 净肉重　胴体上全部肌肉剔下后称的总肉重。

④ 屠宰率　胴体重与宰前活重的比值。

⑤ 胴体净肉率　胴体净肉重与胴体重的比值。

⑥ 肉骨比　胴体净肉重与骨重的比值。

⑦ 眼肌面积　测倒数第一和第二肋骨间脊椎上的背最长肌的横切面积，因为它与产肉量呈正相关。测量方法：用硫酸纸描绘出横切面的轮廓，再用求积仪计算面积。如无求积仪，可用公式估测：

$$眼肌面积(cm^2)=眼肌高(cm)\times 眼肌宽(cm)\times 0.7$$

⑧ GR 值　胴体第 12 与第 13 肋骨之间，距背中脊线 11cm 处的组织厚度，作为代表胴体脂肪含量的标志。

【巩固训练】

一、选择题

1. 羊出生后 1 月龄以上的羊只所剥取的毛皮称（　　）。

A. 羔皮　　B. 裘皮　　C. 大毛皮　　D. 老羊皮

2. 羊毛纤维直径在 25μm 以内的称为（　　）。

A. 细毛　　B. 半细毛　　C. 粗毛　　D. 两型毛

3. 羊奶的密度是指羊奶在 20℃时的质量与同体积水在 4℃时的质量比。正常羊奶密度值是（　　）。

A. 1.020　　B. 1.023　　C. 1.050　　D. 1.060

4. 羊奶消毒可用（　　）。

A. 煮沸法　　B. 过滤法　　C. 巴氏消毒法　　D. 高温法

5. 由表皮层的细胞组成的管状物，包围毛根，称为（　　）。

A. 毛囊　　B. 毛球　　C. 毛乳头　　D. 毛鞘

6. 在毛纤维的最表层，由扁平、无核的角质化细胞组成（　　）。

A. 鳞片层　　B. 皮质层　　C. 髓质层　　D. 油汗层

7.（　　）是指单位皮肤面积上生长的羊毛纤维根数。

A. 羊毛长度　　B. 羊毛弯度　　C. 羊毛强度　　D. 羊毛密度

8.（　　）是指拉断羊毛纤维所需用的力，即羊毛纤维的抗断能力。

A. 羊毛长度　　B. 羊毛弯度　　C. 羊毛强度　　D. 羊毛伸度

9. 裘皮是指羊只出生后（　　）月龄或以上宰杀剥取的皮。

A. 4　　B. 2　　C. 1　　D. 3

10.（　　）是反映山羊绒的品质的主要指标，是衡量山羊绒价值的重要性状。

A. 细度　　B. 长度　　C. 弯曲度　　D. 颜色

11. 羔皮是指流产或生后（　　）天羔羊宰杀剥取的皮。

A. 10～12　　B. 12～15　　C. 5～7　　D. 1～3

12. 细毛绵羊的毛纤维细度为（　　）。

A. 32 支　　B. 60 支以上　　C. 32～58 支　　D. 70 支以上

13. 绒毛属于（　　）。

A. 有髓毛　　B. 无髓毛　　C. 两型毛　　D. 干毛

14. 羊毛具有（　　）的特性。

A. 耐酸　　B. 耐碱　　C. 耐高温　　D. 耐紫外线

15. 下列关于羊毛的论述，不正确的是（　　）。

A. 羊毛耐酸不耐碱　　B. 细毛由有髓毛组成

C. 粗毛羊的净毛率较高　　D. 两型毛具有最大弹性

16. 羊毛纤维的弹性、强度、伸度主要产生于（　　）。

A. 鳞片层　　B. 皮质层　　C. 髓质层　　D. 皮脂腺

17. 人们用熨斗烫平半干的毛料衣服使它保持挺直形状，这主要是利用了羊毛的（　　）。

A. 毡合性　　B. 弹性　　C. 吸湿性　　D. 可塑性

18. 下面不属于羊毛纤维形态学构造的为（　　）。

A. 毛干　B. 毛根　C. 毛球　D. 鳞片层

19. 关于羊毛的论述，不正确的是（　　）。

A. 羊毛耐酸不耐碱　B. 细毛由有髓毛组成

C. 粗毛羊的净毛率较高　D. 两型毛具有最大弹性

20. 肥羔肉是指（　　）周龄的屠宰羊肉。

A. 1～3　B. 2～4　C. 3～6　D. 4～6

21. 羯羊是指（　　）。

A. 承担配种任务的公羊　B. 不发情的羊

C. 未配种的羊　D. 阉割了的公羊

22. 羔羊去势的目的在于使羊只性情温顺、节省饲料、肉膻味小和（　　）。

A. 用于试情　B. 外形美观

C. 生长快速　D. 肉质细嫩

23. 羔羊育肥时先要经过（　　）天的预饲期才进入正式育肥期。

A. 7　B. 15　C. 30　D. 45

24. 乳用家畜奶中蛋白质和脂肪含量最高的是（　　）。

A. 牛奶　B. 马奶　C. 羊奶　D. 猪奶

25. 挤奶的速度以每分钟（　　）为宜。

A. 2～3 次　B. 20～30 次　C. 80～120 次　D. 200～300 次

26. 每次挤奶应在（　　）完成。

A. 1～2min　B. 3～4min　C. 5～6min　D. 7～8min

27. 标准净毛的组成中，绝干净毛的比例是（　　）。

A. 60%　B. 75%　C. 86%　D. 93%

二、填空题

1. 根据羊毛形态学，羊毛可分成（　　　　）、（　　　　）和（　　）三部分。

2. 羊毛纤维的组织学结构用显微镜观察，粗毛纤维由（　　　　）、（　　　　）和（　　　　）三层组成。

3. （　）决定着毛纤维的主要品质，如羊毛的强度、弹性、伸度等，还决定着羊毛的天然颜色。

4. 一般将毛纤维分为四个主要类型，即（　　　　）、（　　　　）、（　　　　）和两型毛。

5. 羊毛按其所含纤维类型分为（　　　　）（细毛和半细毛）和（　　　　）（粗毛）。

6. 羔皮指从流产或生后（　　　）的羔羊所剥取的毛皮。

7. 羊奶的冰点比较稳定，平均为（　　）。

三、简答题

1. 简述羊奶的膻味控制方法

2. 如何进行羊肉的品质评定？

【知识拓展】

山羊绒和山羊毛

【任务考核】

任务五 羊场规划设计与环境控制

【任务目标】

因地制宜正确选址和建设羊舍；采购合适的设备和设施；掌握羊场废弃物处理技术。

【必备知识】

一、羊场选址

（一）选址原则

要充分考虑品种分布的特点、南北方的气候差异、环境、交通、饲料、周边消费习惯等因素。

1. 分布特点

绵羊分布西部多于东部，北方多于南方，特别在广东、福建、海南等几个省数量极少；而山羊则较多分布在干旱贫瘠的山区、荒漠地区和一些高温高湿地区。南方应首先考虑在已经建立或即将建立人工草地或计划重点发展养羊生产的中高山区、低山丘陵区建场。特别是南方的草山草坡和沿海滩涂，将成为我国发展养羊业的新区。北方是中国绵羊的重要生产区，地区类型非常复杂，既有许多早已建立的养羊区，又有一些正在发展的新区，因而在建场时应因时、因地制宜进行合理而周密的计划。

2. 羊的经济类型

细毛羊、半细毛羊羊场应建在毛纺织业较集中和交通较发达的地区；肉用羊场应建在经济较发达，地势平坦，气候温和，饲草、饲料资源丰富，并具备迅速屠宰、加工、冷冻等条件的地区；奶山羊场应建在有奶品加工能力和羊奶制品消费习惯的地区。

3. 气候和环境

北方草原及高寒山区建场时，应考虑到灾害性风沙和大雪的危害，利用或建立一些防风林带等；农区和平原地带可考虑在林带附近建场，以避免夏季烈日曝晒和采食一些落叶，但不可离林区太近，以防苍蝇的侵袭。

（二）选址要求

1. 地形地势

地势高燥，地下水位低（2m 以下），有微坡（1%～3%），在寒冷地区背风向阳。切忌在低洼涝地、山洪水道、冬季风口等地修建羊舍。

2. 防疫安全

羊舍地址必须在无规定疫病区。距主要交通要道（铁路和主要公路）300m 以上。要在污染源的上坡上风方向。羊场内兽医室、病畜隔离室、贮粪池、尸坑等应位于羊舍的下坡下风方向，以避免场内疾病传播。

3. 水质好，水量足

水量能保证场内职工用水、羊饮水和消毒用水。羊的需水量舍饲大于放牧，夏季大于冬季。成年母羊和羔羊舍饲需水量分别为 10L/(只·天) 和 5L/(只·天)，放牧相应为 5L/(只·天) 和 3L/(只·天)。水质必须符合畜禽饮用水的水质卫生标准。同时，应注意保护水源不受污染。

4. 社会联系方便

交通比较方便，便于运输。有供电条件。

二、羊舍建筑

（一）羊舍设计基本参数

1. 羊舍及运动场面积（表 2-1-10）。

根据饲养羊的数量、品种和饲养方式来确定羊舍面积大小，面积过大，浪费土地和建筑材料；面积过小，羊在舍内过于拥挤，环境质量差。

表 2-1-10 各类羊只羊舍所需面积

羊类别	面积/m²	羊类别	面积/m²
春季产羔母羊	1.1～1.6	成年羯羊和育成公羊	0.7～0.9
冬季产羔母羊	1.4～2.0	1岁育成母羊	0.7～0.8
群养公羊	1.8～2.25	去势羔羊	0.6～0.8
种公羊(独栏)	4～6	3～4个月的羔羊	占母羊面积的20%

产羔室可按基础母羊数的20%～25%计算面积。运动场面积一般为羊舍面积的2～2.5倍。成年羊运动场面积可按4m²/只计算。

2. 羊舍防热防寒温度界限

冬季产羔舍舍温最低应保持在8℃以上，一般羊舍在0℃以上；夏季舍温不超过30℃。

3. 羊舍湿度

羊舍应保持干燥，地面不能太潮湿，空气相对湿度50%～70%为宜。

4. 通风换气

通风目的是降温，换气目的是排出舍内污浊空气，保持舍内空气新鲜。

5. 采光

羊舍要求光照充足，采光系数成年绵羊舍1∶(15～25)；高产绵羊舍1∶(10～12)；羔羊舍1∶(15～20)；产羔室可小些。

（二）羊舍基本结构

1. 建筑材料

羊舍建筑材料可根据当地的资源和价格灵活选用。密闭式羊舍可为砖木结构或钢架结构。屋架结构可用木料、镀锌铁及低碳钢管等建造；墙体可以采用砖、石、水泥等建造。棚舍的承重柱可用镀锌铁管，框架结构用低碳钢管，天花板用镀锌波纹铁皮、石棉瓦等。饲槽、水槽要用钢板或铁皮，其中的承重架可用低碳圆钢材料；也可用水泥建造饲槽。围栏柱用角铁或镀锌铁管；分群栏及活动性栅栏都用镀锌铁管。油漆等要选用无铅环保性材料。

2. 地面建设

羊舍地面可用碾碎的石灰石或三合土（石灰石、碎石及黏土比例1∶2∶4，5～10cm厚）或砖砌地面。若用高架羊床及自动清粪装置，则须建成水泥地面。舍内地面应高出舍外20～30cm，且向排水沟方向有1%～3%的倾斜；排水沟沟底须有0.2%～0.5%的坡度，且每隔一定距离要设一深0.5m的沉淀坑，保持排水通畅。若为单坡式羊舍，在羊舍与运动场接触的边缘区，可建25～50cm宽的水泥带，外邻10～15cm宽的排水槽，这样舍内流出的水可经排水槽进入排水道。若是双坡式羊舍，水泥护裙的宽度可达1.2～1.4m宽，坡度可为4%，这样有利于保持舍内清洁。

不同体重绵羊和山羊羊舍面积及槽位宽度推荐值见表2-1-11。

3. 羊床

羊床应具有保暖、隔热、舒适的特点。若进行地面饲养，可用秸秆、干草、锯末、刨花、沙土、泥炭等作为垫料。若饲养肉毛兼用羊，不宜用锯末作垫料。集约化羊场可采用漏缝地板。漏缝地板可用宽3.2cm、厚3.6cm的木条（或竹条）筑成，要求缝隙宽1.5～2.0cm，粪尿可从间隙漏下。漏缝地板距地面高度可为1.5～1.8m（高床），也可仅为35～50cm（低床）。高床便于人工清粪，而低床可采取水冲洗或自动清粪。此外，还可用0.8cm×5.5cm的镀锌钢丝网制作的漏缝地

表 2-1-11　不同体重绵羊和山羊羊舍面积及槽位宽度推荐值

体重/kg		羊舍面积			槽位宽度/(cm/只)
		硬质地面/(m^2/只)	漏缝地板/(m^2/只)	散养/(m^2/只)	
母羊	35	0.8	0.7	2	35
母羊	50	1.1	0.9	2.5	40
母羊	70	1.4	1.1	3	45
羔羊		0.4～0.5	0.3～0.4	—	25～30
公羊		3.0	2.5	—	50

板，已有羊用聚丙烯塑料漏缝地板，但价格较高。

4. 门窗

羊舍大门一般应高 1.8～2.0m，宽可为 2.2～2.3m。若地面饲养，则门宽可达 3m，以便拖车等机械进入；羊舍门槛应与舍内地面等高，并高于舍外运动场地面，以防止雨水倒灌。封闭式羊舍窗户一般应设计在向阳面，窗户与羊舍地面积比应为 1∶(5～15)；窗户应据舍内地面 1.5m 以上，本身高度和宽度可分别为 0.5～1.0m、1.0～1.2m。种公羊和成年母羊可适当加大，产羔舍或育成羊舍应适当缩小。

5. 屋顶和墙壁

屋顶应视各地气候和经济条件等因素决定。一般可用木头、低碳钢管、镀锌铁柱作支架，其上衬托防雨层和隔热层。防雨层可用石棉瓦、镀锌波纹铁皮、油毡等材料制作，隔热材料可用聚氨酯纤维、泡沫板、珍珠岩等。此外，还要安装雨水槽，将雨水汇入下水道排出。

羊舍墙壁必须坚固耐用、保温好、易消毒。可建成砖木结构和土木结构，常用的材料包括砖、水泥、石料、木料等。墙体厚度可为半砖（12cm）、一砖（24cm）或一砖半（36cm）。寒冷地区墙体尽量建厚些，以增加冬季保温性能。在墙基部可设置踢脚、勒脚，高度约为 1m，以便消毒及防止羊的损坏。同时也可将舍内墙角建成圆角形，以减少涡风区，达到保温、干燥、经久耐用的效果。

三、羊舍类型

（一）开放和半开放结合的单坡式羊舍

这种羊舍由开放舍和半开放舍两部分组成，羊可以在两种羊舍中自由活动。在半开放羊舍中，可用活动围栏临时隔出或分隔出固定的母羊分娩栏。这种羊舍适合于炎热地区或当前经济较落后的牧区。图 2-1-7 为开放和半开放结合单坡式羊舍。

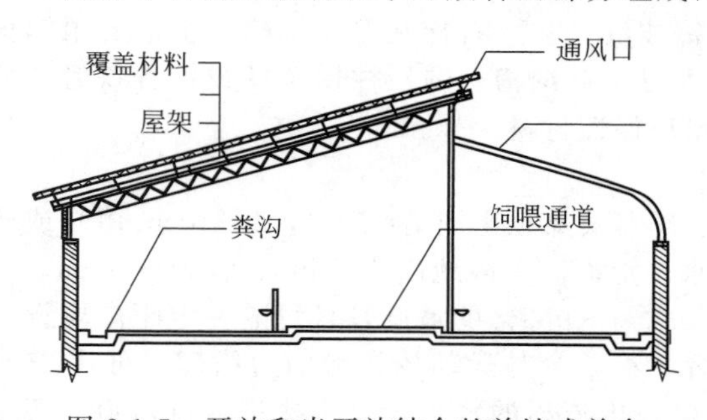

图 2-1-7　开放和半开放结合的单坡式羊舍

（二）半开放双坡式羊舍

这种羊舍既可排列成“厂”字形，亦可排列成“一”字形，但长度增长。这种羊舍适合于比较温暖的地区，或半农半牧区。图 2-1-8 为半开放双坡式羊舍。

（三）封闭双坡式羊舍

四周墙壁封闭严密，屋顶为双坡，跨度大，排列成“一”字形，保温性能好。适合寒冷地区，可作冬季产羔舍。其长度可根据羊的数量适当加以延长或缩短。图 2-1-9 为封闭双坡式羊舍。

（四）吊楼式羊舍

高出地面 1～2m 位置安装吊楼，吊楼上为羊舍，吊楼下为接粪斜坡，后与粪池相连。楼面为木条漏缝地面。双坡式屋顶，小青瓦或草覆盖。后墙与端墙为片石，前墙柱与柱之间为木栅栏。这种羊舍的特点是离地面有一定高度，防潮、通风透气性好，结构简单，适合于南方炎热、潮湿地区采用。图 2-1-10 为吊楼式羊舍侧剖面。

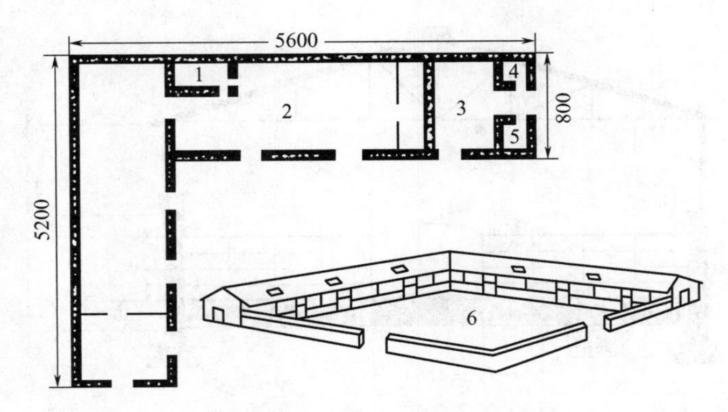

图 2-1-8　半开放双坡式羊舍（单位：cm）

1—人工输精室；2—普通羊舍；3—分娩室；4—值班室；5—饲料间；6—运动场

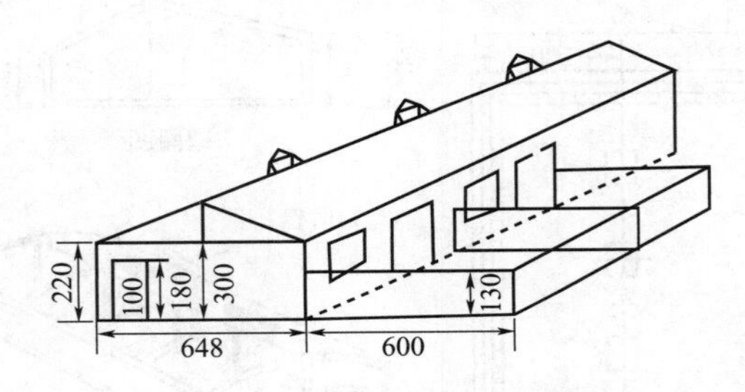

图 2-1-9　封闭双坡式羊舍（单位：cm）

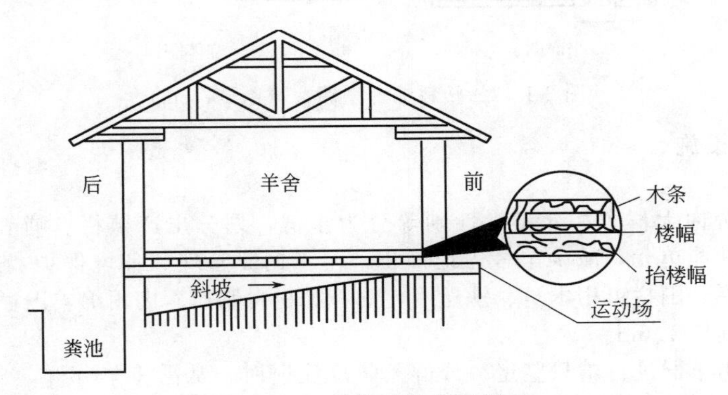

图 2-1-10　吊楼式羊舍侧剖面

（五）漏缝地面羊舍

封闭，双坡式，跨度为 6.0m，地面漏缝木条宽 50mm，厚 25mm，缝隙 15mm。双列食槽通道宽 50cm，对产羔母羊可提供相当适宜的环境条件。图 2-1-11 为漏缝地面羊舍。

（六）塑料综合型棚舍

一般是利用农村现有的简易敞圈及简易开放式羊舍的运动场，用材料做好骨架，扣上密闭的塑料薄膜而成。骨架材料因地制宜选材，如木杆、竹片、钢材、铅丝、铁丝等均可，塑料薄膜厚度 0.2～0.5mm，白色透明，透光好，强度大。棚顶类型分为单坡式单层或双层膜棚或弧式单层或双层膜棚，以单坡式单层膜棚结构最简单，经济实用。扣棚时，塑料薄膜再铺平，拉紧，中间固定，边缘压实，扣棚角度一般为 35°～45°。在塑料棚较高墙上设排气窗，其面积按圈舍或运动场的 0.5～0.6m 计算，东西方向每隔 8～10m 设 1 个排气窗（2m×0.3m），开闭方便。棚舍坐北朝南。这种暖棚保温、采光好，经济适用，适合于寒冷地区或冬季采用。图 2-1-12 为塑料综合型棚舍。

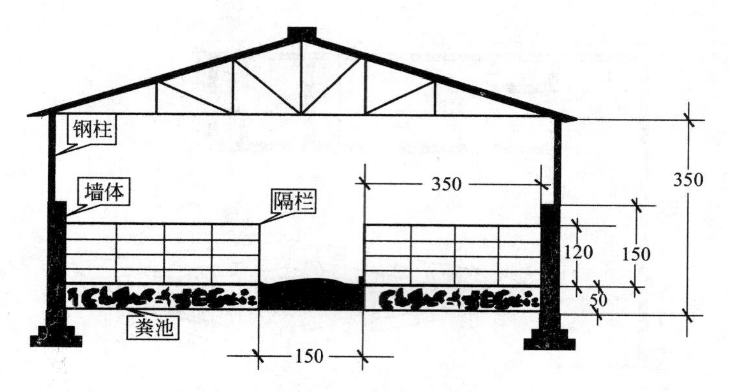

图 2-1-11　漏缝地面羊舍（单位：cm）

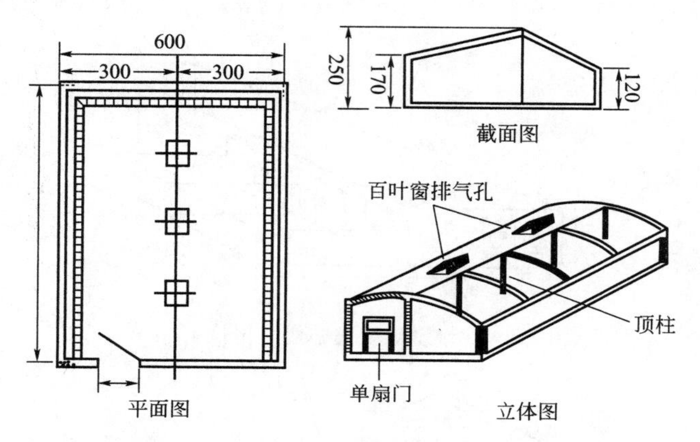

图 2-1-12　塑料综合型棚舍（单位：cm）

四、羊场主要设施

（一）栅栏

用围栏可将羊舍内大群羊按年龄、性别等分为小群，划分出产羔栏、哺乳栏、教槽饲喂栏、人工哺乳栏等不同功能单元，减少羊舍占地面积，便于饲养管理和环境保护。此外，羊舍外运动场周围也要使用围栏。围栏可用木材、铁丝网、钢管等材料制作。肉用绵羊围栏高度以 1.5m 较合适，肉用山羊的应高于 1.6m。

（1）分群栏　当羊群进行羊只鉴定、分群及防疫注射时，常需将羊分群。分群栏（图 2-1-13）可在适当地点修筑，用栅栏临时隔成。设置分群栏便于开展工作，抓羊时节省劳动力，这是羊场必不可少的设备。分群栏有一窄长的通道，通道的宽度比羊体稍宽，羊在通道内只能成单行前进，

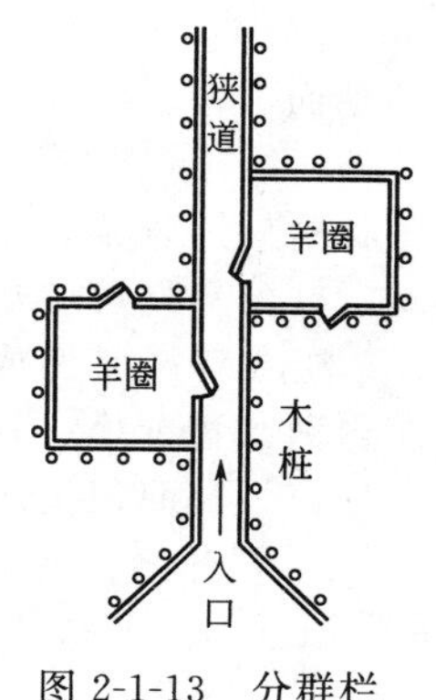

图 2-1-13　分群栏

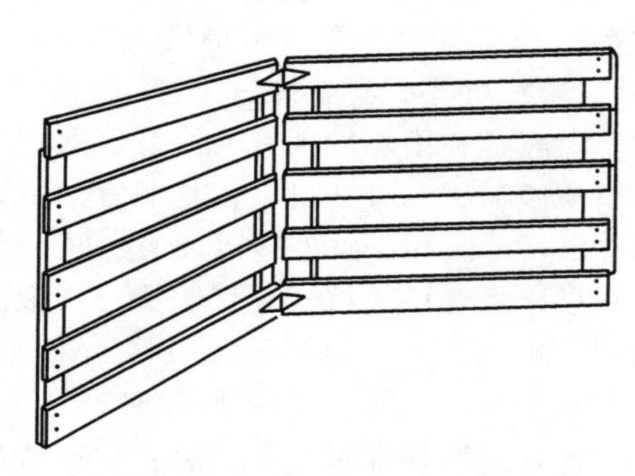

图 2-1-14　活动母仔栏

不能回转向后。通道长度为6～8m，在通道两侧可视需要设置若干个小圈，圈门的宽度相同，由此门的开关方向决定羊只的去路。

（2）母仔栏　母仔栏是羊场产羔时必不可少的一项设施。有活动的和固定的两种，大多采用活动栏板，由两块栏板用合页连接而成。每块栏板高1m、长1.2m，栏板厚2.2～2.5cm，板宽7.5cm，然后将活动栏在羊舍一角成直角展开，并将其固定在羊舍墙壁上，准备供一母双羔或一母多羔使用。活动母仔栏（图2-1-14）依产羔母羊的多少而定，一般按10只母羊一个活动栏配备。如将两块栏板成直线安置，也可供羊隔离使用，也可以围成羔羊补饲栏，应依需要而定。

（3）羔羊补饲栅　用于给羔羊补饲，栅栏上留一小门，小羔羊可以自由进出采食，大羊不能进入，这种补饲栅用木板制成，板间距离15cm。羔羊补饲栅（图2-1-15）的大小要依羔羊数量多少而定，其中横木条长10cm、宽5cm，竖木条长20m、宽7.5cm。

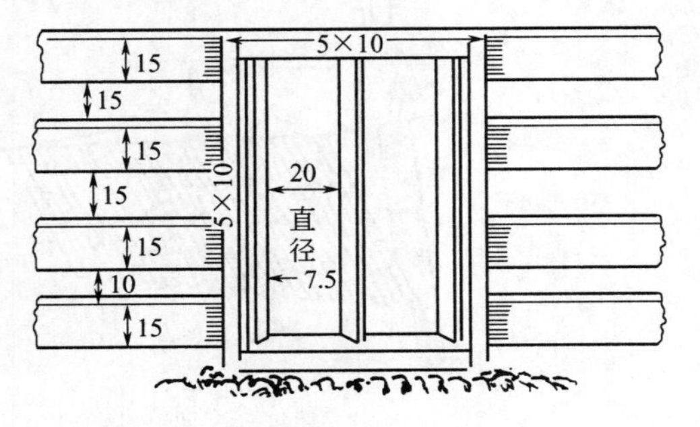

图2-1-15　羔羊补饲栅（单位：cm）

（二）饲槽

饲喂颗粒谷实饲料和青干草，成年羊平均所占的饲槽宽度应达30～45cm/只，较大羔羊为25～35cm/只。若使用自动饲喂系统，则断奶前羔羊的饲槽宽度应达4cm/只，断奶后羔羊为6cm/只，较大羔羊为10cm/只。

（三）水槽

常用的饮水设备包括饮水槽、自动饮水乳头和饮水碗等。

1. 饮水槽

一般每只羊大约需要20～30cm的饮水槽位。若水源压力不足、进水管过细及夏季炎热饮水量大时，可增加饮水槽位至30cm/只。若羊群大于500只时，应增加至31.5cm/只。在饮水设备周围应有排水沟或者建成水泥地面，以免水槽周围地面泥泞不堪，助长蚊蝇滋生。

2. 自动饮水系统

自动饮水系统一般由水井（或其他水源）、提水系统、供水管网和过滤器、减压阀、自动饮水装置等部分组成。可先将饮水储存在专门水塔或水罐内，经地埋PVC管运输到羊舍，然后改为直径30mm的镀锌管（距地面1.1m），顺羊舍背墙，穿越隔墙，形成串联性供水管道。在管道最末端可直接安装弯头落水管或自动饮水设备。自动饮水器有鸭嘴式、碗式和乳头式等，目前普遍采用的是自动饮水碗和鸭嘴式自动饮水器。

1只饮水碗分别可满足40～50只带羔母羊、50～75只料羔的饮水需要；而1只饮水乳头可满足15～30只羊需要。一般要在每个圈舍内安装2个以上饮水碗或饮乳头。在使用自动饮水器前，要对羊只进行调教。

（四）草架

草架是喂粗饲料、青绿饲草专用设备。利用草料架养羊能减少饲草浪费和草屑污染羊毛。草料架多种多样，可以靠墙设置固定的单面草料架，也可以在饲养场设排草架。草架隔栅可用木料或钢材制成，隔栏为9～10cm，为使羊头能伸进栏内采食，隔栏宽度可达15～20cm，有的地区因缺少木料、钢材，常就地利用芦苇修筑简易草料架进行喂养。草料架有直角三角形、等腰三角形、梯形和正方形等（图2-1-16）。

（五）干草棚

用于储存各种青干草，以备冬天使用。干草棚数量和干草储备量多少由饲养模式和羊只数量多少决定。一般成年羊、育成羊和羔羊每只每天需要的干草量分别为2kg、1kg、0.1～0.8kg。

（六）饲料储存仓库

可用砖或水泥块修建，也可用其他材料修建，应靠近羊舍。若从外购混合饲料，需要的仓库

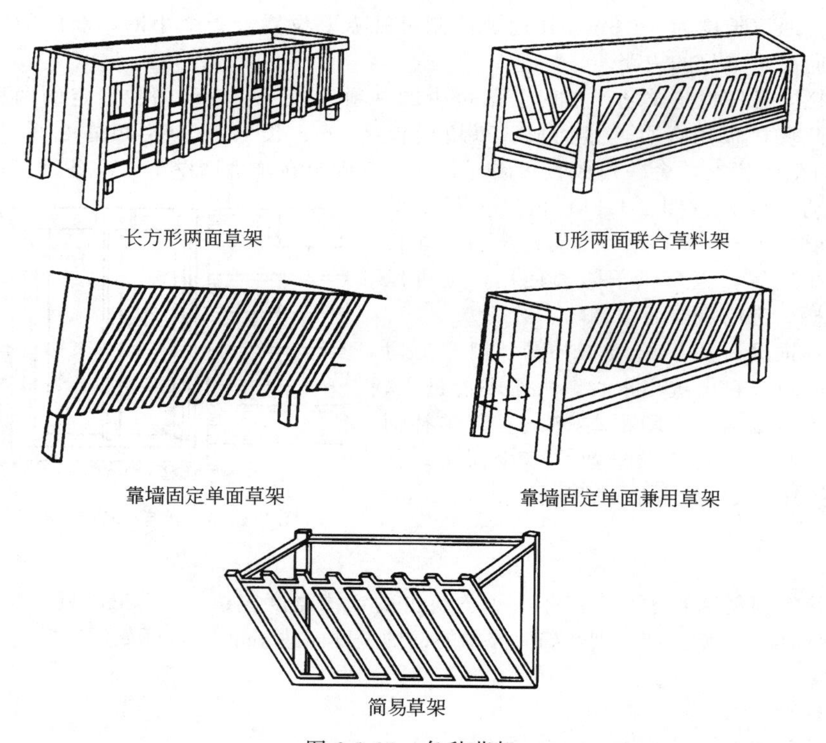

图 2-1-16　各种草架

储存容积相对较小。若羊场自己配制饲料，需要的仓储容积大。这时还需要有配套设备，如饲料检验、称量、粉碎、搅拌设备等。注意要筛除饲料原料中的钢丝、碎玻璃等物质，以免对羊只健康造成损害。若制作颗粒饲料，应准备专用的储存罐或其他容器。备干草或农作物秸秆，供羊冬春季补饲，羊场应建有堆草圈。堆草圈用砖或土坯砌成，或用栅栏、网栏围成，上覆遮雨雪的材料即可。堆草圈的地面应高出地面一定高度，斜坡，便于排水。有条件的羊场可建成半开放式的双坡式草棚，四周的墙用砖砌成，屋顶用石棉瓦覆盖，这样的草棚防雨、防潮的效果更好。草堆下面应用钢筋架或木材等物垫起，不要让草堆直接接触地面，草堆与地面之间应有通风孔，这样能防止饲草霉变，减少浪费。

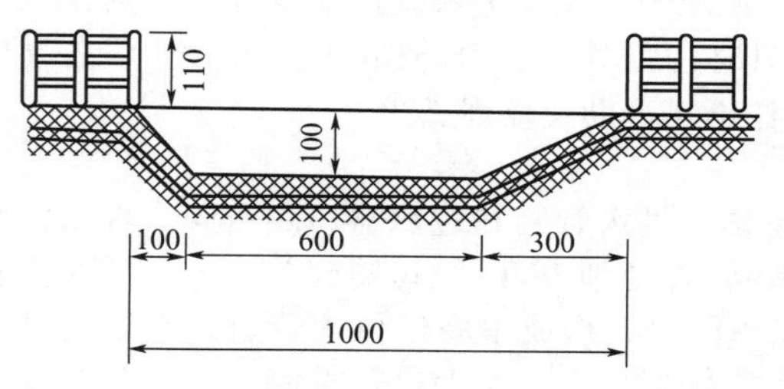

图 2-1-17　药浴池（单位：cm）

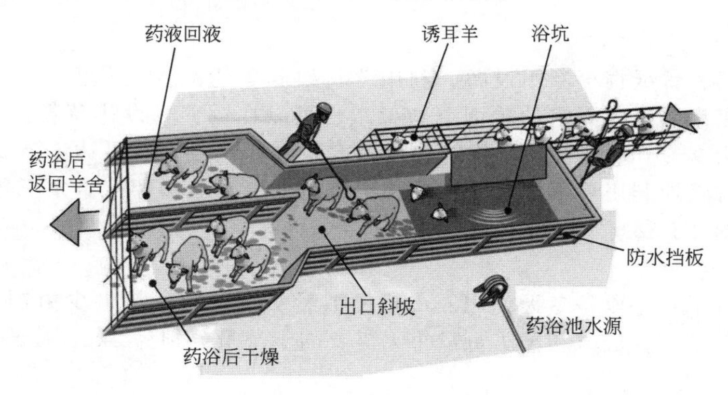

图 2-1-18　羊用药浴池设计图

（七）药浴设备

药浴池设计的主要原则：①药浴池要建在地势较低处，远离居民生活区和人畜饮水水源；②在室内药浴容易吸入过多的蒸汽，所以药浴应在通风良好的室外进行；③药浴池与水源的距离要保持在 50m 以上，与水龙头距离在 10m 以上；④要有专门通道引导羊进入药浴池，药浴池入口要有一定坡度；⑤药浴池要防渗漏，可在药浴池周围装上挡板，高度应在操作人员腰部以上，这样可避免药液外溅；⑥在药浴池边，要有专门水管供应清洁水源，用于稀释药物或洗涤药浴池，还要考虑药液清除问题；⑦药浴池出口要有一定斜坡，使出浴羊滴落的药物回流入池内（图 2-1-17、图 2-1-18）。

（八）饲料加工机械

1. 铡草机

按照机型大小可分为小型、中型和大型三种。小型铡草机主要用来切割谷草，稻草、麦秸等，也用来铡切青饲料和干草，适于现铡现喂使用，农村应用较普遍。中型铡草机一般可用作铡草和铡青贮料，又称蒿秆青贮料两用铡草机。大型铡草机主要在大的养殖场用来铡切青贮饲料，故又称青贮料切碎机。按照切割部分的类型又可分为滚刀式（又称滚筒式）和圆盘式（又称轮刀式）切碎机，滚刀式铡草机多为小型铡草机，为固定式的。圆盘式铡草机多为大、中型铡草机，可移动。

2. 饲料粉碎机

饲料粉碎机的用途很广，它可以用来粉碎各种粗、精饲料，使之达到一定的粗细度。常用的饲料粉碎机有锤片式和齿爪式粉碎机两种。锤片式粉碎机按其进料方式的不同又可分为切向进料式（又称切向粉碎机，饲料由转子的切线方向进入粉碎室）和轴向进料式（称轴向粉碎机，饲料由转子的轴线方向即在主轴平行的方向进入粉碎室）。切向喂入的粉碎机的主要缺点是在粉碎稍为潮湿的长茎秆饲料时容易缠绕主轴，而轴向喂入的粉碎机则克服了这一缺点。

3. 块根、块茎切碎机

当给羊群饲喂胡萝卜等块茎、块根饲料时，需先切碎，利用切碎机可以大大提高效率。

4. 颗粒饲料制造机

利用颗粒饲料喂羊可以使它们吃到成分一致的饲料，避免挑食，减少饲料浪费，并且运输、喂饲和储存都较方便，亦便于机械化。颗粒饲料机主要有环模式和平模式两种。

五、羊场废弃物处理技术

羊场废弃物对周围环境的污染主要包括羊粪便、污水、病死羊只的尸体等，处理的基本原则是所有废弃物都不能随意丢弃，必须适当处理，合理利用，尽可能在场内或周边地区消纳。羊场的粪便量是相当大的。据测算 1 只成年羊全年排粪量为 750～1000kg。羊粪中含有大量的有机物，且有可能带有病原微生物和各种寄生虫卵，如不及时加以处理和合理利用，将造成严重的有机污染、恶臭污染和生物污染等，成为环境公害，危害人、畜的健康。

在专门化畜牧场或屠宰场，可将羊粪加工成肥料和燃料等。主要采用生物法和化学法，这些方法需要大量的设备投资和占用大量的土地。进行畜粪处理一方面可以合理利用废弃物，另一方面可预防环境污染。

（一）羊粪的加工处理途径

1. 肥料化

畜禽排泄物中含有大量农作物生长所必需的氮、磷、钾等营养成分和大量的有机质，将其经过堆肥后施用于农田是一种被广泛使用的利用方式。采用这种方式不仅可以杀死排泄物中大部分的病原微生物，而且方法简便易行。在我国，羊的粪尿几乎全部施于农田。

羊粪中含有有机质 31.4%、氮 0.65%、磷 0.47%、钾 0.23%，是各种家畜粪尿中肥分最浓的，是一种很好的肥料。据测定，1 只成年羊全年排粪量中含氮量为 8～9kg，能满足 1～1.5 亩地的施肥需要。使用羊粪不但能提高地温，改善土壤结构，而且能防止土壤板结，增加土地的可持续利用时间，提高产量。

2. 能源化

一是进行厌氧发酵生产沼气，为生产生活提供能源；二是将畜禽粪便直接投入专用炉中焚烧，供应生产用热。

含水量在30%以下的羊粪可直接燃烧。此外，还可用畜粪生产煤气、“石油”、酒精等。有资料报道，45kg畜粪约可生产15L标准燃烧酒精，残余物还可用于生产沼气或以适当方式进行综合利用。据Appell等试验，以含水量60%的羊粪在380℃ 408atm条件下（反应开始时为82atm），经20min反应，“石油”提取量为47%，转换率99%，不需要准备干燥粪便。利用羊粪创造新能源，很好地解决了环境污染问题，也为解决能源问题找到了一条新途径。

3. 饲料化

目前，由于饲料资源短缺，特别是蛋白质饲料的供求矛盾加剧，为了满足高速发展的畜牧业的饲料供应，开发新的蛋白质饲料已成当务之急。羊粪经过加工后，引入蚯蚓进行繁殖，生产的蚯蚓可加工成肉粉，用于生产强化谷物配合饲料和全价饲料或直接用于鸡、鸭和猪的饲料中。

（二）羊粪加工处理方法

1. 腐熟堆肥法

粪便在用作肥料时，必须事先堆积发酵处理，以杀死绝大部分病原微生物、寄生虫卵和杂草种子，同时抑制了臭气的产生。这种方法技术和设备简单，施用方便，不产生恶臭，对作物无伤害。

粪便堆腐的方法有坑式及平地两种。坑式堆腐是我国北方传统的积肥方式，采用此种方式积肥要经常向圈里加垫料以吸收粪尿中水分及其分解过程中产生的氨，一般粪与垫料的比例为1∶(3～4)为宜。平地堆腐是将粪便及垫料等清除至舍外单独设置的堆肥场地上，平地分层堆积，使粪堆内部进行好气分解，必须控制好堆腐的条件。

(1) 堆积体积　将羊粪堆成长条状，高不超过1.5～2m，宽1.5～3m，长度视场地大小和粪便多少而定。

(2) 堆积方法　先比较疏松地堆积一层，待堆温达60～70℃时，保持3～5天。或待堆温自然稍降后，将粪堆压实，然后再堆积加新鲜粪一层，如此层层堆积至1.5～2m，用泥浆或塑料膜密封。

中途翻堆：为保证堆肥质量，含水量超过75%的最好中途翻堆，含水量低于60%的最好泼水。

启用：密封2个月或3～6个月，待堆肥溶液的电导率小于02mS/cm时启用。

促进发酵过程：为促进发酵过程，可在肥料堆中竖插或横插适当数量的通气管。

在经济发达的地区，多采用堆肥舍、堆肥槽、堆肥塔、堆肥盘等设施进行堆肥，优点是腐熟快、臭气少，可连续生产。

(3) 评定指标　粪便经腐熟处理后，其无害化程度通常用两项指标来评定：一是肥料质量。外观呈暗褐色，松软无臭。如测定其中总氮、磷、钾的含量，肥效好的，速效氨有所增加，总氨和磷、钾不应减少过多。二是卫生指标，首先是观察苍蝇滋生情况（如成蝇的密度、蝇蛆死亡率和蝇蛹羽化率），其次是大肠杆菌值及蛔虫卵死亡率，此外尚需定期检查堆肥的温度。

2. 液体圈肥制作法

方法是将生的粪尿混合物置于储留罐内经过搅拌曝气，通过微生物的分解作用，成为腐熟的液体肥料。这种肥料对作物是安全的。配备有机械喷灌设备的地区，液体粪肥较为适用。

3. 复合肥料制作法

将羊粪制成颗粒肥料。

4. 发酵干燥法

有塑料大棚发酵干燥和玻璃钢大棚发酵干燥。二者的设备和原理相同。

5. 生产沼气

沼气是有机物质在厌氧环境中，在一定温度、湿度、酸碱度、碳氮比条件下，通过微生物发酵作用而产生的一种可燃气体。它是可在农村普及的安全、环保能源，可用于照明、燃气、采暖等。

6. 生产发酵热法

将羊粪的水分调整到65%左右，进行通气堆积发酵，有时可得到高达70℃以上的温度。方法是在堆粪中安放金属水管，通过水的吸收作用来回收粪便发酵产生的热量。回收的热量一般可用于畜舍取暖保温。

7. 生产煤气法

将羊粪中的有机物在缺氧高温条件下加热分解，从而产生以一氧化碳为主的可燃性气体。其原理和设备大致上与用煤产生煤气相仿。每千克干燥羊粪大致可产生300～1000L煤气，每立方米大致含8.372～16744MJ热量。

8. 生物学处理法

生物学处理法是近年来开发出的有效加工羊粪的方法，其产品是生物腐殖质。有关专家认为，生物腐殖质对土壤肥力有特别重要的作用，除营养物质显著高于羊粪和其他堆肥外，还具有许多优势。如生物腐殖质生物活性，含微生物和调节植物生长的激素和酶；蚯蚓的生命活动能减少沙门菌和其他病原菌数；肥料中的有机物具有较大的稳定性；植物生长所必需的矿物质在肥料中以易吸收的形式存在；可生产大量畜禽蛋白质饲料等。

羊粪是生产生物腐殖质的基本原料。制作方法是：将羊粪与垫草一起堆成40～50cm高的堆，浇水，堆藏3～4个月，直至pH值6.5～8.2、粪内温度28℃时，引入蚯蚓进行繁殖。蚯蚓在6～7周龄性成熟，每个个体年产200个后代，在混合群体中有各种龄群。每个个体平均体重0.2～0.3g，繁殖阶段为每平方米5000只，产蚯蚓个体数为每平方米3万～5万只。生产的蚯蚓可加工成肉粉，用于生产强化谷物配合饲料和全价饲料，或直接用于鸡、鸭和猪的饲料中。

（三）羊场污水的处理

羊场每日排放大量污水，成为环境的污染源，排水沟杂草丛生，蚊蝇聚集，臭气难闻。为了解决污水的污染问题，很多羊场和环保部门共同研究探索污水处理的方法。最常用的方法是将污水引入污水处理池，加入化学药品如漂白粉等进行消毒，药品用量视污水量而定，一般1L污水用2～5g漂白粉。

【任务实施】

知识点学习

1. 羊场选址
2. 舍饲羊舍建筑
3. 典型羊舍
4. 羊场主要设施
5. 羊场废弃物处理技术

技能训练三十八　羊舍建筑设计分析

一、必备资源

羊场视频、卷尺、绘图纸、2B铅笔、三角板、电脑、绘图软件。

二、活动步骤

1. 有条件的可以组织参观羊场。
2. 对场址的选择与建筑物布局作出合理的评定。

【巩固训练】

一、填空题

1. 产羔室可按基础母羊数的（　　）%计算面积。运动场面积一般为羊舍面积的（　　）倍。成年羊运动场面积可按（　　）m^2/只计算。

2. 最常用的方法是将污水引入污水处理池，加入化学药品如漂白粉等进行消毒，药品用量视污水量而定，一般 1L 污水用（　　）g 漂白粉。

二、简答题

1. 羊场舍的选择原则是什么？
2. 不同的羊舍各有哪些优缺点？
3. 羊场主要设施有哪些？
4. 简述羊舍类型及其主要技术参数。
5. 养羊主要设备及其用途有哪些？

【知识拓展】

标准化舍饲羊场设计要点

【任务考核】

项目二　羊的饲养管理技术

任务一　羊的分群饲养管理

【任务目标】

掌握羊分群饲养管理要点。

【必备知识】

不同生长阶段的羊的生产任务不同，其在日粮、营养需要和饲养管理方法上是不一样的。所以，大型养殖场和养殖户要想提高饲养效益，都必须对羊进行分群饲养管理。根据羊的生长周期，可将羊分为羔羊、育成羊、种公羊、种母羊四个群进行饲养管理。

一、羔羊的饲养管理

羔羊生长发育快，对环境适应能力差，可塑性强。另外，羔羊刚出生时，瘤胃微生物区系尚未形成，但瘤胃和网胃发育的速度受采食量的影响较大。单一哺乳的羔羊瘤胃和网胃的发育不完善，当采食精料和饲草时，瘤胃、网胃发育加快，因此，对羔羊应尽早补饲一些优质粗饲料，以促进胃肠道的发育。

1. 早吃初乳，吃足常乳

(1) 早吃初乳　初乳浓稠呈浅黄色，营养丰富，蛋白质含量高达17.1%，脂肪为9.4%，含有大量的抗体和镁盐。因此初乳具有轻泻的作用，能促进肠道蠕动，有利于胎粪的排出和清理肠道，并能增加羔羊的抗病力。羔羊出生后应在0.5h内吃上初乳，对初生弱羔、初产母羊或护仔行为不强的母羊所产羔羊，需人工辅助其哺乳。

(2) 吃足常乳　1月龄内的羔羊以母乳为主，母乳充足，可使羔羊2周龄体重达到其出生重的1倍以上。羔羊哺乳的次数因日龄不同而有所区别，1～7日龄每天自由哺乳数次，7～15日龄饲喂6～7次，15～30日龄4～5次，30～60日龄3次，60日龄至断乳1～2次。

2. 合理补饲，适时断奶

(1) 合理补饲　为促进羔羊瘤胃消化机能的完善，出生后15日龄左右，即可训练采食干草，1月龄左右补饲精料。羔羊补饲精料最好在补饲栏中进行，防止母羊抢食，待全部羔羊会吃料时再改为定时定量补料，其喂量应随日龄而调整，一般1月龄羔羊日喂量为50～100g，2月龄喂给150～200g，3月龄喂给200～250g，4月龄喂给250～300g。

(2) 适时断奶　羔羊一般3～4月龄断奶。国外有8周龄断奶，如早期断奶（2月龄前断奶），必须给羔羊提供符合其消化特点和营养需要的代乳料，否则，会影响羔羊成活率，造成损失。

羔羊断奶常用一次性断奶法，即母仔分开后，不再合群，母羊在较远处放牧，羔羊留在原圈饲养，一般母仔隔开4～5天，可断奶成功。但若为双羔或多羔，且发育不整齐时，可采用分次断奶法，先将发育好的羔羊断奶，发育较差的留下继续哺乳一段时期再断奶。

3. 安排运动，注意防病

羔羊爱动，早期训练运动可促进羔羊健康。若舍饲，10日龄可让羔羊在运动场内自由运动，接受阳光照射。若放牧，10日龄可以开始随母羊放牧，开始时应距羊舍近一些，以后可逐渐增加放牧距离。

据研究，1周之内死亡的羔羊占全部死亡数的85%以上，危害较大的疾病是“三炎一痢”（即肺炎、肠胃炎、脐带炎和羔羊痢疾），发现患病应及时隔离治疗。

4. 日常管理工作

羔羊出生后，若母羊死亡或母羊一胎产羔过多，泌乳量过低时，则应进行寄养或人工哺乳。保姆羊可由产单羔但乳汁分泌量足和产后羔羊死亡的母羊担任。由于母羊的嗅觉灵敏，拒绝性强，所以将保姆羊的乳汁涂在羔羊的臀部或尾根，或将羔羊的尿液涂抹在保姆羊的鼻端，母羊难以辨认，有利于寄养。寄养工作最好安排在夜间进行。

加强护理，搞好圈舍卫生，避免贼风侵入，保证吃奶时间均匀，做到“三查”（即查食欲、查精神和查粪便），有效提高羔羊成活率。

二、育成羊的饲养管理

1. 育成羊的饲养

育成羊是指断奶后至第1次配种前的青年羊（4～18月龄）。羔羊断奶后5～10个月生长很快，一般毛肉兼用和肉毛兼用品种公母羊增重可达15～20kg，营养物质需要较多。育成期饲养应结合放牧，更注重补饲，使其在配种时达到体重要求。对育成羊应按照性别单独组群，安排在较好的草场，保证充足的饲草。精料的喂量应根据品种和各地具体条件而定，一般每天喂量0.2～0.3kg，注意钙、磷的补充。在配种前对体质较差的个体应进行短期优饲，适当提高精料喂量。

在实际生产中，一般将育成羊分为育成前期（4～8月龄）和育成后期（8～18月龄）两个阶段进行饲养。

（1）育成前期的饲养　育成前期尤其是刚断奶不长时间的羔羊，生长发育快，瘤胃容积有限且功能不完善，对粗饲料的利用能力较差。这一阶段的饲养主要以精料为主。羔羊断奶时，不要同时断料；断奶后应按性别单独组群。

（2）育成后期的饲养　育成后期羊的瘤胃消化功能趋于完善，可以采食大量的牧草和农作物秸秆。粗劣的秸秆不宜用来饲喂育成羊，即使使用，在日粮中的比例也不可超过20%～25%，使用前还应进行合理的加工调制。在1.5岁以前，从羊群中随机抽出5%～10%的羊，每月定期在早晨未饲喂或出牧之前进行称重。

2. 育成羊的管理

舍饲育成羊要加强运动，有利于羊的生长发育和防止形成草腹。育成母羊体重达35kg、育成公羊在1.5岁以后，体重达到40kg以上可参加配种，配种前还应保持良好的体况，适时进行配种和采精调教。

搞好圈舍卫生，做好羊的防疫工作。怀孕母羊产前20～30天，做羔羊痢疾疫苗皮下注射2mL，10天后再注射3mL；在2月底，成羊和羔羊每只肌内注射羊三联苗5mL；3月上旬，羊痘苗每只0.5mL；3月中旬，口蹄疫苗每只1头份；9月上旬、中旬，布鲁菌病、炭疽苗按说明书防疫；9月下旬，再注射1次羊三联苗。

在有寄生虫感染的地区，每年春、秋季节进行预防性驱虫两次，羔羊也应驱虫。驱除体内寄生虫的药物可选用丙硫苯咪唑，剂量为每千克体重10～15mg。用药的方法：一是拌在饲料中单个羊补食；二是用3.0%丙硫苯咪唑悬浮剂口服，即用3.0%的肥儿粉加热水煎熬至浓稠做成悬乳基质，再均匀拌入3.0%的丙硫苯咪唑做成悬浮剂，使每毫升含药量30mg，用20～40mL金属注射器拔去针头，缓慢灌服。

羊应经常护理肢蹄，须每年修蹄一次。如发现蹄趾间、蹄底和蹄冠部的皮肤红肿、跛行甚至分泌有臭味的黏液，应及时检查治疗。轻者可用10%硫酸铜溶液或10%甲醛溶液洗蹄1～2min，或用2%来苏儿溶液洗净蹄部并涂以碘酒。

三、种公羊的饲养管理

种公羊应保持均衡的营养状况，精力充沛，力求长年健壮和保持种用状况，保证旺盛的性欲和精液品质。种公羊的饲养管理可分配种期和非配种期两个阶段。

1. 配种期的饲养管理

配种期又可分配种预备期（配种前1～1.5月）、配种正式期（正式采精或本交阶段）及配种后复壮期（配种停止后1～1.5月）三个阶段。由配种开始前的1个月左右，进入配种期的饲养管理。种公羊每生成1mL精液，约需消化粗蛋白质50g。这一时期，在放牧的同时，应给公羊补饲富含蛋白质、维生素和矿物质等营养丰富的日粮，且易消化，适口性好。种公羊的日粮应由公羊喜食的、品质好的多种饲料组成，其补饲定额应根据公羊体重、膘情与采精次数来决定。优选的粗饲料有苜蓿草、三叶草、青燕麦草等。多汁饲料有胡萝卜、甜菜或青贮玉米等。精料有燕麦、大麦、豌豆、黑豆、玉米、高粱、豆饼、麦麸等。优质的禾本科和豆科混合干草，是种公羊的主要饲料，一年四季，应尽量喂给。夏季补以半数青刈草，冬季补以适量青贮料。日粮营养不足以混合精料补充。精料中不可多用玉米或大麦，且麸皮、豌豆、大豆或饼渣类补充蛋白质。配种任务繁重的优秀公羊可补动物性饲料。在补饲的同时，要加强种公羊的运动，每天驱赶运动 2h 左右。

配种期间为保证其种用体况，延长利用年限，应合理利用种公羊。在公、母混群饲养自由交配时应注意公、母比例，一般绵羊为 1∶(20～30)，山羊为 1∶(30～40)；在公、母分群，人工辅助交配时，合理控制配种次数，一般成年公羊每天一两次，青年公羊减半，配种间隔 8h 左右，使公羊有足够的休息时间；人工授精时成年公羊每天采精可达三四次，青年公羊每天采精一两次，2 次采精间隔时间 2h 以上。连续使用 4～5 天，让其休息 1～2 天。种公羊需根据体质和精液品质确定其利用年限，一般为 6～8 年。

2. 非配种期的饲养管理

种公羊配种期结束时，就应逐渐降低日粮营养水平，逐步减少精料的给量，但仍不能忽视饲养管理工作。精料的喂量需根据种公羊的体质和季节的不同进行调整，每日早晚可补饲混合精料 0.4～0.5kg、青干草 2kg、多汁饲料 1.0～1.5kg，夜间适当添加青干草 1.0～1.5kg，常年补饲骨粉和食盐，坚持放牧和运动。

四、繁殖母羊的饲养管理

繁殖母羊可分为空怀期、妊娠期和哺乳期三个阶段。对各阶段的母羊应根据其配种、妊娠、哺乳情况给予合理饲养。

1. 空怀期母羊的饲养与管理

空怀期饲养的重点是要求迅速恢复种母羊的体况、抓膘、复壮，为下一个配种期做准备。饲养以青粗饲料为主，延长饲喂时间，每天喂 3 次，并适当补饲精饲料；对体况较差的可多补一些精饲料，在夏季能吃上青草时，可以不补饲；在冬季应当补饲，以保证体重有所增长为前提。配种前 1～1.5 个月进行短期优饲，根据母羊的体况，开始补精料，精料的喂量逐渐增加到每天 0.2～0.3kg，如果母羊体质较差，可适当增加喂量，如果膘情较好，则可减少喂量或不喂精料，防止过肥。管理上重点应注意观察母羊的发情情况，做好发情鉴定，及时配种，以免影响母羊的繁殖。

2. 妊娠期母羊的饲养与管理

(1) 妊娠前期的饲养　妊娠前期是指母羊妊娠的前 3 个月。这期间胎儿生长发育缓慢，饲养的主要任务是保胎并促使胎儿生长发育良好，舍饲一般喂给干草 1～1.5kg、青贮饲料 1.5～2kg、胡萝卜 0.5kg、食盐和骨粉各 15g、精料 0.4～0.5kg。

(2) 妊娠后期的饲养　妊娠后期是指母羊妊娠的后 2 个月。这时胎儿生长迅速，增重加快，羔羊初生重的 90%左右是在这一时期增加的。此外，母羊自身也需储备营养，为产后的泌乳做准备。此时应加强补饲，在产羔期为防止乳房炎，应适当减少精料和多汁料的喂量。

(3) 妊娠期的管理　在管理上主要强调“稳、慢”，重点做好母羊的防流保胎工作。饲喂时应注意满足母羊的营养需求，给怀孕母羊的必须是优质草料，严禁喂给发霉、腐败、变质、冰冻或有毒有害的饲料。冷季不能让母羊空腹饮水或饮冰碴水。在日常管理上要求饲养员对羊要亲和，在出入圈门、饮水、喂料等方面都要防止拥挤、滑跌，禁止无故捕捉、惊扰羊群。放牧时也要注意稳放，防止母羊跳崖或跳沟，不走冰滑地，要选择平坦开阔的牧场，出牧、归牧不能紧追急赶。临产前 1 周左右不得远牧；要有足够数量的草架、料槽及水槽；不要给母羊服用大剂量的泻剂和子宫收缩药；坚持运动，以防难产。发现母羊有临产征兆，立即将其转入产房。妊娠期的母羊不宜进行防疫注射。圈舍要求保暖、干燥、通风良好。同时，羊场要建立合理的防疫制度，严格执行，定期消毒，做好羊场的防疫工作，防止发生疾病而导致母羊流产。

3. 哺乳期母羊的饲养与管理

(1) 哺乳前期的饲养管理　羔羊出生后一段时期内，其主要食物是母乳，母羊泌乳量越多，羔羊生长越快，发育越好，抗病力越强，因而成活率就越高。母羊产羔后泌乳量逐渐上升，在4～5周内达到泌乳高峰，8周后逐渐下降。因此应根据带羔的多少和泌乳量的高低，搞好母羊补饲。带单羔的母羊，每天补喂混合精料0.3～0.5kg；带双羔或多羔的母羊，每天应补饲5～1.5kg。对体况较好的母羊，产后1～3天内可不补喂精料，以免造成消化不良或发生乳房炎。为调节母羊的消化机能，促进恶露排出，可喂少量轻泻性饲料（如在温水中加入少量麦麸喂羊）。3天后逐渐增加精饲料的用量，同时给母羊饲喂一些优质青干草和青绿多汁饲料，力求母羊在哺乳前期不掉膘，使哺乳后期保持原有体重或增重。

(2) 哺乳后期的饲养　哺乳后期母羊的泌乳量下降，即使加强母羊的补饲，也不能继续维持其高的泌乳量，单靠母乳已不能满足羔羊的营养需要。此时羔羊已可采食一定量植物性饲料，对母乳的依赖程度减小。在泌乳后期应逐渐减少对母羊的补饲，到羔羊断奶后母羊可完全采用放牧饲养，但对体况下降明显的瘦弱母羊，需补喂一定量的干草和青贮饲料，使母羊在下一个配种期到来时能保持良好的体况。

(3) 哺乳期母羊的管理　哺乳母羊的圈舍应勤换垫草，保持清洁、干燥，每天打扫一两次。产羔后应注意看护，胎衣、毛团、石块、杂草等要及时清除，以防羔羊吞食而引发疾病，保持圈舍清洁干燥。应经常检查母羊乳房，如果发现有乳孔闭塞、乳房发炎或乳汁过多等情况，要及时采取相应措施。

【任务实施】

知识点学习

1. 羔羊的饲养管理
2. 育成羊的饲养管理
3. 繁殖母羊的饲养管理
4. 种公羊的饲养管理

技能训练三十九　羔羊去角去势断尾

一、必备资源

规模化羊场、羔羊、去角器、断尾钳、碘酒、手术刀、剪刀、棉球等。

二、活动步骤

(一) 去角

为了便于羊只在舍内采食、管理，防止羊角斗引起损伤或顶伤饲养管理人员，羊场要结合实际情况进行羊只的去角。羔羊适宜去角时间是出生后5～10天。去角常用烙铁法、苛性钾去角法、锯断法等。

1. 烙铁法

用300 W的手枪式电烙铁或“丁”字形烙铁（直径1.5cm，长8～10cm，在其中部焊接一个带木把的把柄）在角的基部画圈烧烙，其直径为2～2.5cm，烙掉皮肤，再烧烙骨质角突，直至破坏角芽细胞的生长。每次烧烙一般10～15s为宜，全部完成需要3～5min的时间。

2. 苛性钾去角法

首先剪掉角突周围羊毛；然后在角突周围涂一圈凡士林，以防药液流入眼睛或损伤周围其他组织；再用苛性钾棒在两个角芽处轮流涂擦，以去掉皮肤，破坏角芽细胞的生长。

3. 锯断法

对于公羊幼时未去角或没有去净的羊只，以后又生出弯曲状角并伸出羊的头皮，羊只经常表现不安，可用去角锯将其角顶端锯断。锯断后涂消炎药物，用纱布包扎，防止出血过多。

（二）去势

去势又称阉割，去势的羊统称为羯羊。凡不作种用的公羔在出生后1～2周应去势。去势常用方法有手术切除法、结扎法、去势钳法、药物去势法。

1. 手术切除法

常需两人配合，一人保定羊，将公羔半仰半蹲地保定在木凳上，用左手将羊的睾丸挤到其阴囊底部，右手持消过毒的手术刀在羊的阴囊底部做一切口，切口长度以能挤出睾丸为度，轻轻挤出两侧睾丸，撕断精索。也可以在羊阴囊的侧下方切口，挤出一侧睾丸后将阴囊的纵隔从内部切开，再挤出另一侧睾丸，然后将伤口用碘酊消毒或撒上磺胺粉，让其自愈。过1～2天可检查一下，如阴囊收缩，则为安全的表现；如果阴囊肿胀，可挤出其中的血水，再涂碘酒消毒或撒上消炎粉，一般不出什么危险。

2. 结扎法

当公羔1周大时，将睾丸挤到阴囊底部，然后用橡皮筋或细绳将阴囊的上部紧紧扎住，以阻断血液流通。经过10～15天左右，阴囊及睾丸萎缩，自然脱落。

3. 去势钳法

用特制的去势钳，在公羔的阴囊上部用力将精索夹断，睾丸逐渐萎缩。该方法快速有效，不造成伤口，无失血，无感染危险，但操作者要有一定的经验。

4. 药物去势法

操作人员一手将公羔的睾丸挤到阴囊底部，并对其阴囊顶部与睾丸对应处消毒，另一手拿吸有消睾注射液的注射器，从睾丸顶部顺睾丸长径方向平行进针，扎入睾丸实质，针尖抵达睾丸下1/3处时慢慢注射。边注射边退针，使药液停留于睾丸中1/3处。依同法做另一侧睾丸注射。公羔注射后的睾丸呈膨胀状态，所以切勿挤压，以防药物外溢。药物的注射量为0.5～1mL/只，注射时最好用9号针头。

（三）断尾

羊的断尾主要应用于细毛羊、半细毛羊及高代杂种羊，其目的是防止粪便污染羊的后躯，提高羊毛品质，并且断尾后有利于配种。断尾应在羔羊出生1周左右进行，断尾有结扎法与热断法两种。

1. 结扎法

用橡皮圈在第三、第四尾椎之间紧紧扎住，阻止血液流通，经过10～15天左右尾的下部萎缩并自行脱落。此法简便易行，便于推广，但所需时间较长，要求技术人员应定期检查，防止橡皮圈断裂或由于不能扎紧，而导致断尾失败。

2. 热断法

需要一个铲头长10cm、宽6cm、厚1～1.5cm，上有长柄并装有木把的断尾铲，以及两块长30cm、宽20cm、厚3cm的木板，两面包上铁皮，其中一块的一端挖一个半径2～3cm的半圆形缺口。操作时，需两个人配合。首先将不带缺口的木板水平放置，一人保定好羔羊，并将羔羊尾巴放在木板上；另一人用带缺口的木板固定羔羊尾巴，且使木板直立，用烧至暗红色的铁铲紧贴直立的木板压向尾巴，将其断下。若流血可用热铲止血，并用碘酊消毒。

【巩固训练】

一、选择题

1. 母羊的妊娠期平均为（　　）天。

A. 114　　B. 150　　C. 280　　D. 310

2. 母羊分娩后（　　）天内所分泌的乳称为初乳。

A. 5　　B. 7　　C. 10　　D. 15

3. 为进一步提高公羊的射精量和精液品质，可在配种前一个月，在精料中添加二氢吡啶，每天用量（　　），一次性喂给，直至配种结束。

A. 10g/kg　　B. 10mg/kg　　C. 100g/kg　　D. 100mg/kg

4. 羔羊指出生至（　　）断奶的羊。

A. 20 天　B. 1 月龄　C. 2 月龄　D. 3～4 月龄

5. 在四季放牧中，羊群抓油膘的黄金季节是（　　）。

A. 春季　B. 夏季　C. 秋季　D. 冬季

6. 春季草场放牧利用应遵循（　　）原则。

A. 晚进早进　B. 早进晚出　C. 早出早进　D. 晚出晚进

7. 我国牧区普遍采用（　　）。

A. 季节放牧　B. 固定放牧　C. 围栏放牧　D. 小区轮牧

8. 羔羊的哺乳期一般为（　　）个月。

A. 1～2　B. 3～4　C. 5～6　D. 7～8

9. 羔羊是指产后（　　）月龄的羔羊。

A. 1～2　B. 2～3　C. 3～4

10. 给羊喂盐时，一般每只羊每天以（　　）为宜。

A. 5～10g　B. 10～15g　C. 15～20g

11. 怀孕母羊产前（　　）天停喂青贮饲料。

A. 5　B. 10　C. 15　D. 20

12. 母羊的哺乳期一般为（　　）周。

A. 1～2　B. 3～4　C. 5～6　D. 7～8

13. 羔羊一般在出生后的（　　）天去角。

A. 1～3　B. 4～6　C. 5～7　D. 7～9

二、填空题

1. 配种期每生产 1mL 的精液，需可消化粗蛋白质（　　）g。

2. 母羊的饲养管理包括（　　）、（　　）和（　　）三个阶段。

3. 对不作种用的公羊都应去势，以防止乱交乱配。去势时间一般为（　　）日龄左右。

4. 羔羊（　　）即可断尾。

5. 根据羊的生长周期，可将羊分为（　　）、（　　）、（　　）、（　　）四个群进行饲养管理。

三、简答题

1. 繁殖母羊的饲养管理要点有哪些？

2. 羔羊断尾操作步骤有哪些？

3. 羔羊去势的操作步骤有哪些？

4. 育成羊的饲养管理要点有哪些？

5. 种公羊的饲养管理要点有哪些？

【知识拓展】

羊的修蹄技术

【任务考核】

任务二 毛用羊生产

【任务目标】

能正确选择放牧场组织放牧；掌握羊的四季放牧技术；掌握羊的剪毛技术；掌握羊的药浴技术。

【必备知识】

一、剪毛技术

羊毛是绵羊的主要产品，剪毛就是收获畜产品的工作。我国地域辽阔，各地应在适宜时间组织好剪毛工作，以提高羊毛的产量和质量，保证羊体健康和有利于放牧抓膘。

1. 剪毛次数和时间

(1) 剪毛次数 细毛羊、半细毛羊及其生产同质毛的杂种羊，一年内仅在春季剪毛一次。粗毛羊和生产异质毛的杂种羊，可在春、秋季节各剪毛一次。

(2) 剪毛时间 具体时间依当地气候变化而定。过早和过迟对羊体都不利，过早则羊体易遭受冻害，过迟即阻碍羊体散发热量而影响羊只放牧抓膘，又会出现羊毛自行脱落而造成经济损失。因此，春季剪毛，应在气候变暖并趋于稳定时进行。我国西北牧区春季剪毛，一般在5月下旬至6月上旬，青藏高原上的高寒牧区在6月下旬至7月上旬，农区在4月中旬至5月上旬；秋季剪毛多在9月份进行。

2. 剪毛前的准备

剪毛的季节性很强，剪毛持续的时间越短，越有利于羊只的抓膘。为保质保量做好绵羊的剪毛工作，在剪毛前要拟定剪毛计划，内容包括剪毛的组织领导、剪毛人员及其物品准备。剪毛场地的选择，应根据具体条件而定。若羊群小，可采用露天剪毛，场地应选择高燥清洁，地面为水泥地或铺晒席，以免沾污羊毛；羊群大，可设置剪毛室。剪毛室一般包括三部分，即羊只等候剪毛的待剪羊只室、剪毛室和羊毛分级包装室。在剪毛台上剪毛可减轻剪毛工人的体力消耗，剪毛台长2.5～3.0m，宽1.5～1.7m，高0.3～0.5m。羊毛分级台长2.5～3.0m，宽1.2～1.5m，高0.8m；台面用木质格栅制成，格栅木条间距为2.0～2.5cm；台下设有收集小毛块的毛袋。分级台的前面设盘秤，用来称量每只羊的毛被重；台的附近设有盛装羊毛的毛袋。在剪毛室大门出口处，设有磅秤，用来称量绵羊体重和毛包重量。羊群在剪毛前12h停止放牧、喂料和饮水，以免在剪毛过程中粪尿沾污羊毛和因饱腹在翻转羊体时引起胃肠扭转事故。剪毛前使羊群拥挤在一起，促进羊体油汗溶化，便于剪毛。雨后因羊毛潮湿，不应立即剪毛，否则剪下的羊毛包装后易引起霉烂。剪毛可从羊毛品质较差的绵羊开始。对不同品种羊，可先剪异质毛羊，后剪基本同质毛羊，最后剪细毛羊和半细毛羊；同一品种中，剪毛顺序为羯羊、试情公羊、育成公羊、母羊和种公羊，这样可利用价值较低的羊只，让剪毛人员熟练技术，减少损失。

3. 剪毛方法

主要分手工剪毛和机械剪毛两种。手工剪毛是用一种特制的剪毛剪进行剪毛，劳动强度大，一人一天大约能剪20～30只羊。机械剪毛是用一种专用的剪毛机进行剪毛，速度快，质量好，效率比手工剪毛可提高3～4倍。目前，世界养羊业发达的国家，不断改进剪毛工艺，采用快速剪毛法，能显著提高生产效率。如在新西兰，一个熟练的剪毛工人，平均每天可剪绵羊260～350只，最高纪录是9h剪500只绵羊。

二、药浴技术

1. 药浴药液的配制

药浴药液为杀虫脒0.1%～0.2%水溶液、敌百虫0.5%～1.0%水溶液、速灭菊酯80～200mg/kg、溴氢菊酯50～80mg/kg，常用的还有蝇毒磷20%乳剂或16%乳油配制的水溶液。成年羊药浴的浓度为0.05%～0.08%，羔羊0.03%～0.04%。

药液配制宜用软水，将水加热到60～70℃。药浴时药液温度为20～30℃。

2. 池浴

池浴时1人负责推引羊只入池，2人手持压扶杆负责池边照护。遇有背部、头部没有浴透的羊将其压入水中浸湿；遇有拥挤互压现象时，要及时拉开，以防药水呛入羊肺或羊被淹死。

3. 出池

羊只入池2～3min后即可出池。

出池后的羊只在滴流台停留5～10min后放出，防止药液滴到草料上引起中毒。

4. 注意事项

① 羊只在药浴前半日应停止放牧，并令其饮足水。

② 为了防止中毒，最初先让几只质量较差的羊试浴，确认安全后再让大群入池。

③ 每浴完一群，应根据减少的药液量进行补充，以保持药量和浓度。

④ 要保持药浴池的清洁，及时清除污物，适时换水。

⑤ 药浴后，如遇阴雨天气，应将羊群及时赶到附近羊舍内躲避，以防感冒。

三、羊的一般饲养管理

（一）放牧条件下的饲养管理

放牧饲养能充分利用天然的植物资源，降低生产成本，且能增加运动量，有利于羊体健康。

1. 放牧羊群的组织

组织放牧应根据羊只的数量、类型、品种、性别、年龄、体质强弱和放牧场的地形地貌而定，一般将同一品种、同一性别和相近年龄的羊只编为一群。繁殖母羊以牧区250～500只、半农半牧区100～150只、山区50～100只、农区30～50只为宜；育成公羊和母羊可适当增加，核心群母羊可适当减少；成年种公羊以20～30只、后备种公羊以40～60只为宜。

2. 放牧方式

放牧方式是指对放牧场的利用方式。目前，我国的放牧方式可分为固定放牧、围栏放牧、季节轮牧和小区轮牧四种。

不管采用哪种方式放牧，都要按时给羊清洁饮水，定期喂盐，经常数羊。

3. 放牧的基本要求

放牧要求做到“三勤”“四稳”。“三勤”就是腿勤、眼勤、嘴勤。“四稳”是出牧稳、归牧稳、放牧稳、饮水稳。其中放牧稳最为重要。为便于放牧管理，应根据羊的类型、品种、年龄、性别和草场条件等因素合理组群。

放牧时还应根据草场条件，运用一定的放牧队形。放牧队形有“一条鞭”式和“满天星”式两种。在牧区通常有“早出一条鞭，中午满天星，晚归簸箕掌”“冬春一条线，夏秋一大片”的说法。在放牧时控制羊群不宜太紧，要“三分由羊，七分由人”。如控制太紧，羊群走动不开，影响采食和抓膘。

4. 四季放牧技术要点

四季放牧是为了合理利用草原，提高养羊业的生产水平，生产中应根据季节变化和地形特点选择牧场，以利于放牧管理。一般平原丘陵地区按照“春洼、夏岗、秋平、冬暖”的原则选择牧地；山区按照“东放阳坡、春放背、夏放岭头、秋放地”的原则选择牧地。

（1）春季放牧　春季牧场应选择在气候较温暖，雪融较早，牧草最先萌发，离冬季牧场较近的平川、盆地或浅丘草场；春季放牧主要任务是恢复体况。初春时，羊只经过漫长的冬季，膘情差，体质弱，产冬羔母羊仍处于哺乳期，加上气候不稳定，易出现“春乏”现象。这时，牧草刚萌发，羊看到一片青，却难以采食到草，常疲于奔青找草，增加体力消耗，导致瘦弱羊只的死亡；再则，啃食牧草过早，将降低其再生能力，破坏植被而降低产草量。因此，初春时放牧技术要求控制羊群，挡住强羊，看好弱羊，防止“跑青”。

（2）夏季放牧　夏季牧场应选择气候凉爽，蚊蝇少，牧草丰茂，有利于增加羊只采食量的高山地区。羊群经春季牧场放牧后，其体力逐渐得到恢复。此时牧草丰茂，正值开花期，营养价值较高，是抓膘的好时期。但夏季气温高，多雨，湿度较大，蚊蝇较多，不利于羊只的采食。因此，在放牧技术上要求出牧宜早，归牧宜迟，中午天热要休息，避免有“扎窝子”现象。夏季羊需水量增多，每天应保证充足的饮水，同时，应注意补充食盐和其他矿物质。

（3）秋季放牧　秋季牧场应选在牧草枯黄较晚的草场，继续抓膘，为配种作准备。要做到抓膘、配种两不误。秋季放牧注意延长放牧时间，早出牧，晚归牧，但霜冻天气来临时，不宜早出牧，以防妊娠母羊采食了霜冻草而引起流产或生病。在农区和半农半牧区，充分利用收割之后的茬地放牧，是羊抓膘的好机会，但要注意在豆科田地或草地里不可放牧过久，以防胀肚；高粱和玉米二茬苗较多的地或蓖麻地等也不能放牧过久，防止中毒；尽量避免到针茅草等有芒刺的草地放牧，以免污染羊毛。秋季放牧注意延长放牧时间，早出牧，晚归牧。但霜冻降临后，要适当晚出牧，以防羊吃霜草。

（4）冬季放牧　冬季放牧的主要任务是保膘、保胎，使羊只安全越冬。冬季气候寒冷，牧草枯黄，放牧时间长，放牧地有限，草畜矛盾突出。应延长在秋季草场放牧的时间，推迟羊群进入冬季草场的时间。对冬季草场的利用原则是：先远后近，先阴坡后阳坡，先高处后低处，先沟壑地后平地。严冬时，要顶风出牧，但出牧时间不宜太早；顺风收牧，且收牧时间不宜太晚。冬季放牧应注意天气预报，以避免风雪袭击。对妊娠母羊放牧的前进速度宜慢，不跳沟、不惊吓，出入圈舍不拥挤，以利于母羊保胎。在羊舍附近划出草场，以备大风雪天或产羔期利用。

（二）舍饲条件下的饲养管理

羊的舍饲圈养是指把羊群关在羊舍中饲喂，在无放牧场所或草场条件不理想的农区和半农区，或肉用羊的育肥期、高产奶山羊均可采用完全舍饲的方式。舍饲饲养要有丰足的草料来源（每年每只羊平均可按干草和秸秆400～500kg，精料100～200kg），粗饲料除以干草和秸秆为主外，要充分结合当地的饲草料资源，尽量做到多样化，以降低羊只的饲养成本。精料和其他辅料则因各地条件、羊的品种、性别、年龄和季节的不同而异。要有较宽敞的羊舍和饲喂草料的饲槽和草架，并开辟一定面积的运动场，供羊群活动锻炼。舍饲的羊减少了放牧游走的能量消耗，有利于肉羊的育肥和奶羊形成更多的乳汁。要搞好舍饲饲养必须收集和贮备大量的青绿饲料、干草和秸秆，保证全年饲草的均衡供应。高产羊群需要营养较多，在喂足青绿饲料和干草的基础上，还必须适当补饲精料。舍饲饲养方式人力物力消耗较大，因此饲养成本较高。必须引进高产良种，提高羊群的生产力和出栏率，才能获得较高的经济效益。

（三）羊的放牧加补饲

放牧加补饲是一种放牧与舍饲相结合的饲养方式。应根据不同季节牧草生长的数量和品质、羊群本身的生理状况，确定每天放牧时间的长短和在羊舍内饲喂的次数与草料数量。夏秋季节，各种牧草生长茂盛，通过放牧能满足羊只营养需要，可以不补饲或少补饲。冬春季节牧草枯萎，量少质差，单纯放牧不能满足羊的营养需要，必须在羊舍进行较多的补饲。

1. 补饲的时间

补饲开始的时间，应根据具体羊群和草料贮备情况而定。原则是从体重出现下降时开始，最迟也不能晚于春节前后。同时还要考虑公羊的配种、母羊的怀孕和泌乳及春乏等情况确定。补饲一旦开始，就应连续进行，直至能吃上青草时为止。

2. 补饲的方法

如果仅补饲草，最好安排在归牧后。如果饲草、精料都补，则可安排在出牧前补料，在归牧后补草。在草、料分配上，应保证优羊优饲，对种公羊和核心群母羊的补饲量应多些；而对其他等级的成年羊和育成羊，则按先弱后强、先幼后壮的原则来进行。在草、料利用上，要先喂次草、次料，再喂好草、好料。补饲开始和结束时，应遵循逐渐过渡的原则；补饲量可根据饲养标准确定。饲喂时，干草放置在草架上，精料放置在料槽内，防止践踏和浪费。

【任务实施】

知识点学习

1. 剪毛
2. 药浴
3. 一般饲养管理技术

技能训练四十 羊的剪毛

一、必备资源

羊场、电动剪毛机、剪毛剪、羊、磅秤、标记颜料、毛袋、防治药品。

二、活动步骤

（1）剪毛员用两膝夹住羊背，左臂把羊头夹在腋下，左手握住羊的左前肢，使腹部皮肤平直，先从两前肢中间颈部下端把毛被剪开，沿腹部左侧剪出一条斜线，再以弧线依次剪去腹毛。左手按住羊的后胯，使羊两后肢张开。先从左腿内侧向蹄剪，再从右腿内侧向蹄剪，后由蹄部往回剪，剪去后腿内侧毛。

（2）剪毛员右腿后移，使羊呈半右卧势，把羊两前肢和羊头置于腋下，左手虎口卡住左后腿使之伸直，先由左后蹄剪至肋部，依次向后，剪至尾根，剪去左后腿外侧毛。从后向前剪去左臀部羊毛。然后提起羊尾，剪去尾的羊毛。

（3）剪毛员膝盖靠住羊的胸部，左手握住羊的颌部，剪去颈部左侧羊毛，接着剪去左前肢内外侧羊毛。剪毛员左手握住前腿，依次剪完左侧羊毛。

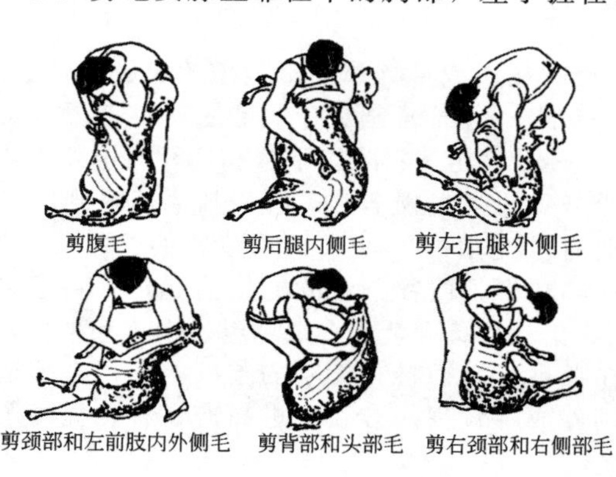

图 2-2-1 剪毛方法示意图

（4）使羊右转，呈半右卧势，剪毛员用左手按住羊头，左腿放在羊前腿之前，右腿放在羊两后腿之后，使羊成弓形，便于背部剪毛，剪过脊柱为止；剪完背部和头部，接着剪毛员握住羊耳朵，剪去前额和面部的羊毛。

（5）剪毛员右腿移至羊背部，左腿同时向后移。左手握住羊颌，将羊头按在两膝上，剪去颈部右侧羊毛，再剪去右前腿外侧羊毛。然后把羊头置于两腿之间，夹住羊脖子，依次剪去右侧部的羊毛（图 2-2-1）。

剪完一只羊后，须仔细检查，若有伤口，应涂上碘酒，以防感染。剪毛后防止绵羊暴食。牧区气候变化大，绵羊剪毛后，几天内应防止雨淋和烈日曝晒，以免引起疾病。

技能训练四十一 绵羊的药浴

一、必备资源

羊场、剪毛后的羊、药浴池、药浴用药、视频。

二、活动步骤

1. 药浴的准备工作

（1）准备好药浴药物。常用的有蝇毒磷 20％乳粉或 16％乳油配制的水溶液，成年羊药液的浓度为 0.05％～0.08％，羔羊 0.03％～0.04％；0.1％～0.2％杀虫脒水溶液；0.5％敌百虫水溶液等。

（2）根据羊群大小选择合适的药浴池，打扫干净，注入浴液。

（3）准备人员防护用具。

2. 羊的药浴

工作人员手持压扶杆（带钩的木棒），在浴池两旁控制羊只从入口端徐徐前行，并使其头部抬起不致浸入药液内，但在接近出口时，要用压扶杆将羊头部压入药液内 1～2 次，以防头部发生疥癣。出浴后，在滴流台停留 20min 放出。

除此之外，还有淋浴，适用于各类羊场和养羊户，有专门的林浴场和喷淋药械，每只羊需喷淋 3～5min。一般养羊户可采用背负式喷雾器，逐只羊进行喷淋，羊体各部位都要喷到、湿透，注意腹下、尾下及四肢内侧。

【巩固训练】

一、选择题

1. 通常放牧地牧草残茬高度在（　　）时应停止放牧。

A. 2～3cm　B. 4～5cm　C. 5～6cm　D. 7～8cm

2. 牧草停止生长前（　　）应停止放牧。

A. 10 天　B. 20 天　C. 30 天　D. 40 天

3. 牧区放牧羊群的规模，繁殖母羊群一般以（　　）只为宜。

A. 30～50　B. 50～100　C. 100～150　D. 250～500

4. 细毛羊、半细毛羊及其生产同质毛的杂种羊，一年内仅在（　　）剪毛一次。

A. 春季　B. 夏季　C. 秋季　D. 冬季

5. 为防止羊群发生寄生虫病对羊只要进行驱虫，一般在（　　）季节进行。

A. 春、夏　B. 夏、秋　C. 春、秋　D. 夏、冬

6. 大群羊只进行药浴时，最常采用（　　）方法。

A. 淋浴　B. 池浴　C. 盆浴

7. 生产同质毛的羊，一般只在每年的（　　）剪一次毛。

A. 春季　B. 夏季　C. 秋季　D. 冬季

8. 哪种羊的羊毛可剪成套毛？（　　）

A. 粗毛羊　B. 细毛羊　C. 半细毛羊　D. 山羊

9. 羊只剪毛是羊产品收获的季节，剪毛往往有一定的顺序。一般最先剪毛的是（　　）。

A. 公羊　B. 繁殖母羊　C. 低产羊　D. 高产羊

10. 以下关于母羊初乳的特点论述错误的是（　　）。

A. 浓度大　B. 养分含量低　C. 含有大量抗体蛋白　D. 酸度高

11. 羔羊在生后（　　）月龄断奶。

A. 7～8　B. 1～2　C. 3～4　D. 4～5

12. 产羔棚舍用（　　）消毒。

A. 5%碱水　B. 10%来苏儿溶液　C. 10%碱水　D. 5%高锰酸钾

13. 初乳是母羊产后（　　）天所分泌的乳。

A. 5～7　B. 1～3　C. 8～10　D. 10～12

14. 羔羊培育是指羔羊（　　）月龄的饲养管理。

A. 5　B. 7　C. 2　D. 4

15. 羔羊在（　　）日龄左右开始进行反刍活动。

A. 50　B. 40　C. 20　D. 60

16. 细毛羊最适宜的相对湿度为（　　）。

A. 40%　B. 50%　C. 60%　D. 70%

17. 羔羊产后（　　）周龄断尾。

A. 5～7　B. 1～3　C. 8～10　D. 15～20

18. 绵羊剪毛在（　　）季节进行。

A. 春、秋　B. 春、夏　C. 夏、冬　D. 春、冬

19. 剪毛前（　　）h，停止放牧、饮水和喂料，以免发生伤亡等事故。

A. 4　B. 12　C. 8　D. 36

二、填空题

1. 在实际生产中，可从（　　）和（　　）两方面来确定终牧期。

2. 若夜晚羊舍温度低，羊相互挤压取暖，俗称（　　），瘦弱羊在下层，容易造成流产或压死。

3. 同一品种可分为（　　）、（　　）、（　　）、（　　）和育种母羊核心群、成年母羊群、育成母羊群等。

4. 羊群放牧的队形名称很多，但归纳起来基本有3种：（　　）、（　　）、（　　）队形。

5. 剪毛主要分（　　）和（　　）两种。

6. 剪毛时留毛茬高度（　　）左右，严禁剪二刀毛。

三、简答题

1. 简述羊只药浴的步骤。有哪些注意事项？

2. 常用的药浴液有哪些？浓度是多少？

【知识拓展】

绵羊科学养殖技术

【任务考核】

任务三　绒山羊生产

【任务目标】

能完成羊绒的采集工作；掌握山羊的梳绒方法。

【必备知识】

一、整群

羊只的整群一般在一个生产年度结束后进行，即羔羊断乳后进行，通常在9月份。具体操作是：羔羊达4月龄断乳后组成育成公、母羊群，上一年度的育成羊转成后备羊，后备羊转入成年羊群。每年都要对羊群进行整顿，对生产性能差、有繁殖障碍的、年老的、有特殊病的羊只进行淘汰，及时补充同类羊只。每年每群的淘汰率应保持在15%～20%，以保证羊群的正常生产。对于同类羊只难以组群的，应选择生产性能、年龄、体质等相近的羊组成一群，以利于生产和育种。

羊群结构比例为：成年公羊20～30只/群、后备公羊30～40只/群、育成公羊50～60只/群；成年母羊50～60只/群、后备母羊60～70只/群、育成母羊60～70只/群。成年公羊应占羊只总数的15%；后备母羊、育成母羊应占羊群总数的20%，以便羊只能够得到更新换代。

二、梳绒

脱绒是绒山羊固有的生物学特性，季节性很强，只有在脱绒季节才能梳绒。

1. 梳绒时间

绒山羊每年梳绒一次，当绒毛根部与皮肤脱离时（俗称“起浮”），梳绒最为适宜，一般在4～5月份进行。绒山羊脱绒有一定的规律：从羊体位上来看，前躯先于后躯脱绒；从羊的年龄和性别来看，年龄大的比年龄小的先脱绒，母羊比公羊先脱绒；从不同生理时期来看，哺乳羊比妊娠羊先脱绒，妊娠羊比空怀羊先脱绒；从营养状况来看，膘情好的比膘情差的先脱绒；个别病羊由于用药也容易早脱绒。总之，个体之间由于饲养水平、个体差异等不同，脱绒时间有所不同，应根据具体情况来定梳绒时间。

2. 梳绒工具

梳绒用的钢丝梳子分2种：一种是稀梳，由8～10根钢丝组成，钢丝间距为1～1.5cm；另一种是密梳，由12～14根钢丝组成，钢丝间距为0.5～1.0cm。钢丝直径均为0.3cm，梳子前端弯成钩状，磨成秃圆形，顶端要整齐，钢丝之间由一个中间一排均匀的略大于钢丝直径圆眼的整钢片连接，钢片可平行滑动，使之梳绒时保持钢丝平行。

3. 梳绒方法

梳绒前1周要培训好梳绒人员，检修梳绒工具，准备好梳绒场所，进行清扫、消毒，备好梳绒记录。梳绒时先用剪子将羊毛打梢（不要剪掉绒尖），然后将羊角用绳子拴住，随之将羊侧卧在干净地方，其贴地面的前肢和后肢绑在一起，梳绒者将脚插入其中（以防羊只翻身，发生肠捻转）。首先用稀梳顺毛方向，轻轻地由上至下把羊身上粘带的碎草、粪块及污垢清理掉。然后用梳子从头部梳起，一只手在梳子上面稍下压帮助另一只手梳绒。手劲要均匀，并轻快有力地弹打在绒丛上，不要平梳，以免梳顺耙不挂绒。一般梳子与羊体表面呈30°～45°，距离要短，顺毛沿颈、肩、背、腰、股、腹等部位依次进行梳绒。梳子上的绒积存到一定数量后，将羊绒从梳子上退下来（1梳子可积绒50～100g），放入干净的桶中。这样，羊绒紧缩成片，易包装不丢失。稀梳抓梳完后，再用密梳逆毛抓梳一遍至梳净为止。一侧梳好后再梳另一侧，并做好梳绒记录。因起伏程度不同，有的羊只一次很难梳净，过1周左右再梳绒1次。对羔羊、育成羊和个别比较难梳绒的个体进行剪绒。剪绒的方法有手工剪和机械剪2种。剪绒时将羊保定，一般从尾根部或四肢开始剪，这样利于操作。每只羊每次梳绒后要及时填写梳绒记录。

4. 注意事项

要选晴天梳绒，梳绒前后避免雨淋，预防感冒。羊只梳绒前要禁食12～18h。梳绒时要轻而稳，贴近皮肤，快而均匀，切忌过猛，以防伤耙（皮肤脱离肌肉，损伤绒毛囊，伤后将不再生长绒毛）。羊的后背十字部位最易伤耙，梳该部位绒时应加倍小心。注意保定羊的头部，避免机械性创伤；对妊娠羊只动作要轻，以防流产，最好产羔后梳绒；对无法梳绒的个体可用长剪紧贴皮肤将绒毛剪下。春羔一般在当年6月上旬剪绒毛为宜。冬羔一般在翌年7月份才开始脱绒，该季节因气候炎热，不利于机体散热，易造成皮肤病，且不便体表驱虫，对生长发育有不良影响，应在5月中旬剪下绒毛为宜。育成羊只大多数脱绒较晚，特别是绒毛密度好、产绒量高的个体脱绒时间更晚，如果硬梳不但损伤绒毛囊，还易损伤羊只，因此，也应在5月上旬将绒毛剪下。有的羊只因趴卧，腿、腹部绒毛粘连在一起无法梳绒，只能采取类似于绵羊剪毛的方法将绒毛一并剪下，对于这类羊只剪绒后应单独饲养一段时间，以防被其他羊顶伤。对患有皮肤病的羊只要单独梳绒，耙子用后要消毒，以防传染。对体弱羊只也应单独梳绒。梳绒时要注意羊只的眼部、耳部安全，还应保护好乳房、包皮等器官，扯坏的地方，要涂碘酒消毒，必要时做缝合处理。放倒羊时要按一个方向，即从哪侧放倒，要从哪侧立起，以防羊只大翻身出现肠捻转、臌气而导致猝死。梳绒以后，要注意羊舍温度，以防羊只感冒。随时观察羊只有无异样，如发现精神不振、不食草，应检查是否伤耙或其他原因，以便及时诊治。

【任务实施】

知识点学习

1. 整群与编号

2. 梳绒

技能训练四十二　羊的梳绒

一、必备资源

羊场、绒用山羊、抓绒梳子（密梳、稀梳）桌凳、记录表、台秤。

二、活动步骤

1. 让山羊侧卧，将两前肢和一后肢捆在一起保定（梳左侧捆右肢，梳右侧捆左肢）。

2. 稀梳顺毛沿羊的颈肩、背、腰、股等部位由上而下将毛梳顺。将山羊被毛细心梳理顺当，并清除粘带的草芥、粪块、土沙等。

3. 用密梳逆毛而梳，其顺序是由股、腰、背、胸到颈肩部，这样反复梳理，直至梳净为止。

注意事项：

（1）抓绒前12h不让羊吃草饮水，并保持羊体干燥。将待抓绒的羊的头部及四肢固定好。

（2）抓绒时，梳子要贴紧皮肤，用力要均匀，不可太猛，以免抓伤皮肤。

（3）用密梳作反方向梳刮。抓绒时，梳子要贴紧皮肤，用力均匀，不能用力过猛，防止抓破皮肤。第一次抓绒后，过7天左右再抓一次，尽可能将绒抓净。

（4）怀孕母羊抓绒时，要小心，以防流产。先抓健康羊的绒，后抓患病羊的绒。患皮肤病的羊应隔离饲养，单独进行抓绒。先抓白羊绒，后抓有色羊绒，并分开包装。

（5）抓绒以后，注意山羊的保暖。

（6）剪毛时避免剪掉绒毛，否则影响产绒量。

【巩固训练】

一、选择题

1. 畜群中2～4岁可繁母羊比例应占基础母羊的（　　）以上。

A. 50％　　B. 60％　　C. 70％　　D. 80％

2. 绒山羊每年梳绒一次，当绒毛根部与皮肤脱离时（俗称“起浮”），梳绒最为适宜，一般在（　　）月份进行。

A. 1～2　　B. 3～4　　C. 4～5　　D. 6～7

3. 山羊每年抓绒的时间一般都在（　　）进行。

A. 1～2月份　　B. 4～5月份　　C. 7～8月份　　D. 10～11月份

二、填空题

1. 梳绒用的钢丝梳子分（　　）和（　　）。

2. 一般梳子与羊体表面呈（　　），距离要短，顺毛沿颈、肩、背、腰、股、腹等部位依次进行梳绒。

3. 羊只梳绒前要禁食（　　）小时。

三、简答题

山羊梳绒的方法和注意事项有哪些？

【知识拓展】

绒山羊的饲养管理要点

【任务考核】

任务四　奶山羊生产

【任务目标】

了解奶山羊的泌乳规律；掌握奶山羊泌乳期、干乳期的饲养管理技术；掌握奶山羊的挤奶技术。

【必备知识】

一、泌乳期饲养管理

1. 泌乳初期

母羊产后20天内为泌乳初期，也称恢复期。母羊产后体力消耗很大，体质较弱，腹部空虚但消化机能较差；生殖器官尚未复原，乳腺及血液循环系统机能不正常，部分羊乳房、四肢和腹下水肿还未消失，此时，应以恢复体力为主。饲养上，产后5～6天内，给以易消化的优质幼嫩干草，饮用温盐水小米或麸皮汤，并给以少量的精料。6天以后逐渐增加青贮饲料或多汁饲料，14天以后精料增加到正常的喂量。精料量的增加，应根据母羊的体况、食欲、消化（粪便）、产奶量的高低，逐渐增加，防止突然过量导致腹泻和胃肠功能紊乱。产后应严禁母羊吞食胎衣，轻者影响奶量，重者会伤及终生消化能力。日粮中粗蛋白质含量以12%～14%为宜，具体含量要根据粗饲料中粗蛋白质的含量灵活运用。粗纤维的含量以16%～18%为宜，干物质采食量按体重的3%～4%供给。

2. 泌乳高峰期

从产后20天到120天为泌乳高峰期，其中又以产后40～70天奶量最高。此期奶量约占全泌乳期奶量的一半，其奶量的高低与本胎次奶量密切相关，此时，要想尽一切办法提高产奶量。泌乳高峰期的母羊，尤其是高产母羊，营养上入不敷出，体重明显下降，因此饲养要特别细心，营养要完全，并给以催奶饲料。即在母羊产羔20天后，逐渐进入泌乳高峰期时，在原来饲料标准的基础上，提前增加一些预支饲料。催奶的方法是从产后20天开始，在原来精料量（0.5～0.75kg）的基础上，每天增加50～80g精料，只要奶量不断上升，就继续增加，当增加到每千克奶给0.35～0.40kg精料，奶量不再上升时，就要停止加料，并维持该料量5～7天，然后按泌乳羊饲养标准供给。此时要前边看食欲（是否旺盛），中间看奶量（是否继续上升），后边看粪便（是否拉软粪），要时刻保持羊只旺盛的食欲，并防止消化不良。高产母羊的泌乳高峰期出现较早，而采食高峰出现较晚，为了防止泌乳高峰期营养亏损，饲养上要做到，产前（干奶期）丰富饲养，产后大胆饲喂，精心护理。饲料的适口性要好，体积小，营养高，种类多，易消化。要增加饲喂次数，定时定量，少给勤添。增加多汁饲料和豆浆，保证充足饮水，自由采食优质干草和食盐。

3. 泌乳稳定期

母羊产后120～180天为泌乳稳定期，此期产奶量虽已逐渐下降，但下降较慢。这一阶段正处在6～8月份，北方天气干燥炎热，南方阴雨湿热，尽管饲料较好，但不良的气候对产奶量有一定影响。在饲养上要尽量避免饲料、饲养方法及工作日程的改变，多给一些青绿多汁饲料，保证清洁的饮水，尽可能地使高产奶量稳定保持一个较长时期。母羊每产1kg奶需饮水2～3kg，日需水量6～8kg。

4. 泌乳后期

产后180天至干奶为泌乳后期，由于气候、饲料的影响，尤其是发情与怀孕的影响，产奶量显著下降，饲养上要想办法使产奶量下降得慢一些。在泌乳高峰期精料量的增加，是在奶量上升之前，而此期精料的减少，是在奶量下降之后，以减缓奶量下降速度。应注意怀孕前期的饲养，虽然胎儿增重不大，但对营养的要求应全价。

5. 干奶期

母羊经过10个月的泌乳和5个月的怀孕，营养消耗很大，为了使其有个恢复和补充的机会，应停止产奶。停止产奶的这段时间叫干奶期。母羊在干奶期中应得到充足的蛋白质、矿物质及维生素，并使乳腺机能得到休整。怀孕后期的体重如果能比产奶高峰期增加20%～30%，胎儿的发育和高产奶量就有保证。但应注意不要喂得过肥，否则容易造成难产，并患代谢疾病。干奶期的母羊，体内胎儿生长很快，母羊增重的50%是在干奶期增加的，此时，虽不产奶，但还需储存一定的营养，要求饲料水分少，干物质含量高。营养物质给量可按妊娠母羊饲养标准供给，一般的方法是在干奶的前40天，50kg体重的羊，每天给1kg优良豆科干草、2.5kg青贮玉米、0.5kg混合精料；产前20天要增加精料喂量，适当减少粗饲料给量，一般60kg体重的母羊给混合精料0.6～0.8kg。干奶期不能喂发霉变质的饲料和冰冻的青贮料，不能喂酒糟、发芽的马铃薯和大量的棉籽饼、菜籽饼等，要注意钙、磷和维生素的供给，可让羊自由舔食骨粉、食盐，每天补饲一些野青草、胡萝卜、南瓜之类的富含维生素的饲料。冬季的饮水温度应不低于8～10℃。

二、干奶期的饲养管理

母羊经过10个月的泌乳和3个月的妊娠，营养消耗很大，膘情较差，为了使其有个恢复和补充的机会，让母羊停止产乳称为干乳。停止产乳的这段时间称为干奶期。干乳能保障母羊恢复体况，为胎儿正常发育进行营养储备。所以母羊在干奶期应得到充足的蛋白质、矿物质和维生素，使母羊乳腺组织得到恢复，保证胎儿发育，为下一轮泌乳储备营养。

干奶期的长短取决于母羊的体质、产奶量高低、泌乳胎次等，干奶期母羊饲养可分为干奶前期和干奶后期。

1. 干奶前期的饲养管理

此期青贮饲料和多汁饲料不宜饲喂过多，以免引起早产。营养良好的母羊应喂给优质粗饲料和少量精料，营养不良的母羊除优质饲草外，要加喂一定量混合精料，此外，还应补充含磷、钙丰富的矿物质饲料。

2. 干奶后期的饲养管理

奶羊干奶后期胎儿发育较大，需要更多的营养，同时为满足分娩后泌乳需要，干奶后期应加强饲养，饲喂营养价值较高的饲料。精料喂量应逐渐增加，青干草应自由采食，多喂青绿饲料。一般按体重50.0kg、日产奶1.0～1.5kg的母羊所需的营养标准，每日供给混合精料0.5kg、青干草1.0kg、青贮料1.5～2.0kg。

母羊分娩前1周左右，应适当减少精料和多汁饲料。干奶后应加强运动，防止拥挤，注意保胎护羔。

三、挤奶方法

挤奶是奶山羊泌乳期的一项日常性管理工作，技术要求高，劳动强度大。挤奶技术的好坏，不仅影响产奶量，而且会因操作不当而造成乳房炎。挤奶包括机器挤奶和人工挤奶两种方法。

1. 机器挤奶

欧美奶山羊业发达国家普遍采用机器挤奶的方法，奶山羊场一般都配有不同规格的挤奶间，挤奶间的构造比较简单，配置8～12个挤奶杯，挤奶台距地面约1m，以挤奶员操作方便为宜。挤奶机的关键部件为挤奶杯，其设计是根据奶山羊的泌乳特点和乳头构造等确定的。发育良好的乳房围度为37～38cm。乳头长短要适中，过小不利于操作。乳头距挤奶台面的距离应在20cm以上，否则，容易造成羊奶污染。奶山羊机器挤奶的速度很快，3～5min即可完成，前2min内的挤奶量大约为产奶量的85%。目前的奶山羊挤奶机，每小时可挤100～200只。

2. 人工挤奶

我国的奶山羊集约化生产程度不高，以小型羊场或农户饲养为主，均采用人工挤奶的方式。

（1）挤奶室及其设备　饲养奶山羊较多的羊场，应有专门的挤奶室，设在羊舍一端，室内要清洁卫生，光线明亮，无尘土飞扬。设有专门的挤奶台，台面距地面40cm，台宽50cm，台长110cm，前面颈枷总高为1.4～1.6m，颈枷前方悬挂饲槽，台面右侧前方有方凳，为挤奶员操作时的座位。另外，需配备挤奶桶、热水桶、盛奶桶、台秤、毛巾、桌凳和记录表格等。

（2）挤奶操作规程和方法

① 保定挤奶羊　将羊牵上挤奶台（已习惯挤奶的母羊，会自动走上挤奶台），然后再用颈枷或

绳子固定。在悬挂饲槽内撒上一些混合精料，使其安静采食，方便挤奶。

② 擦洗乳房　用干净毛巾蘸温水（40～50℃）擦洗母羊乳房，先用湿毛巾擦洗，然后将毛巾拧干再进行擦干。这样既清洁，又因温热的刺激能使乳静脉血管扩张，使流向乳房的血流量增加，促进泌乳。

③ 按摩乳房　挤奶前充分按摩乳房，给予适当的刺激，促使其迅速排乳。

④ 挤奶　人工挤奶的方法有拳握法和滑挤法两种，以拳握法为好。

⑤ 称重　挤奶完毕后称重，以记录产奶量和便于给母羊调整饲料喂量。

⑥ 鲜奶处理　称重后的羊奶，要用3～4层清洁纱布过滤1～2次，然后进行消毒处理。

奶山羊每次挤奶的次数依产奶量而定，一般每日2次。日产奶5kg左右的羊，每日3次。每次挤奶的时间间隔应相等。

3. 挤奶注意事项

(1) 为了便于操作和有利于奶品卫生，在产羔后应将母羊乳房周围的毛剪去。

(2) 挤奶人员的手指甲应经常修秃，以防划伤母羊乳房而造成感染，影响产奶量。挤奶员要注意个人卫生并定期进行健康检查，凡患有传染病、寄生虫病、皮肤病等疾病的人不能作挤奶员，工作服要常洗换。

(3) 挤奶员对待奶羊要耐心、和善，挤奶室要保持安静，切忌吵闹、惊扰。在挤奶前不要清扫羊圈，以防飞扬的尘土落入挤奶桶而污染羊奶。

(4) 挤速要快。因排乳反射是受神经支配并有一定时间限制的，超过一定时间，便挤不出来了。因此，要快速挤奶，中间不停，一般每分钟80～100次为宜，挤完一只羊需3～4min。切忌动作迟缓或单手滑挤。

(5) 每次挤奶务必挤净，如果挤不净，残存的奶容易诱发乳房炎，而且还会减少产奶量，缩短泌乳期。因此，在挤奶结束前还要进行乳房按摩，挤净最后一滴奶。

(6) 适增次数。高产奶山羊，在良好的饲管条件下，每天挤2次比挤1次可提高产奶量20%～30%，每天挤3次比挤2次的提高12%～15%。从实用和方便的角度考虑，一般羊应每天挤2次，高产羊应挤3次。

(7) 做到“三定”，即每天挤奶要定时（母羊形成泌乳反射）、定人、定地，不要随意变更。此外，挤奶环境要安静。

(8) 挤奶时应细心检查乳房情况，如果发现乳头干裂、破伤或乳房发炎、红肿、热痛，奶中混有血丝或絮状物时，应及时治疗。

(9) 为防止乳房炎，每次挤完奶后可选用1%碘液，0.5%～1%洗必泰或4%次氯酸钠溶液浸泡乳头。

(10) 羊奶称重后经4层纱布过滤，之后装入盛奶瓶，及时送往收奶站或经消毒处理后短期保存。消毒方法一般采用低温巴氏消毒，即将羊奶加热（最好是间接加热）至60～65℃，并保持30min，可以起到灭菌和保鲜的作用。

(11) 挤奶完毕后，须将挤奶时的地面、挤奶台、饲槽、清洁用具、毛巾、奶桶等清扫、刷洗干净。毛巾等可煮沸消毒后晾干，以备下次挤奶时使用。

【任务实施】

知识点学习

1. 奶山羊泌乳期

2. 干乳期的饲养管理

技能训练四十三　奶山羊的挤奶

一、必备资源

羊场、奶山羊、挤奶台、奶桶、热水、毛巾、桌凳、纸巾、消毒液、消毒杯等。

二、活动步骤

1. 挤奶前的准备工作：挤奶前，挤奶员要剪短指甲，以免损伤乳房及乳头。刷拭奶山羊的后躯，上挤奶台保定好，待挤奶。

2. 擦洗乳房：用湿毛巾先洗乳头孔及乳头，再洗乳房。

3. 按摩乳房：用双手按摩乳房表面，接着轻按乳房各部，使乳房膨胀。

4. 挤奶：采用拳握法或滑挤法正确挤奶。

5. 药浴乳头：挤完奶后，立即用消毒药液浸浴乳头。

【巩固训练】

一、选择题

1. 挤奶时要用（　　）的温热毛巾擦洗乳房，随后进行按摩，并开始挤奶。

A. 20～30℃　　B. 30～40℃　　C. 45～50℃　　D. 60～70℃

2. 有角的羔羊最好是在羔羊出生后（　　）天内去角。

A. 1～2　　B. 5～10　　C. 10～20　　D. 20～30

二、填空题

1. 手工挤奶方法有（　　）和（　　）两种。

2. 干奶方法分为（　　）和（　　）两种。

3. 人工干奶法又分为（　　）和（　　）。

4. 在缺硒地区，产前 60 天，应给母羊注射 250mg 维生素 E 和 5mg 亚硒酸钠，以防羔羊（　　）。

5. 去角方法主要有（　　）和（　　）去角法。

三、简答题

1. 奶山羊泌乳期的饲养管理要点有哪些？

2. 简述奶山羊的挤奶技术。

【知识拓展】

奶山羊高效养殖关键技术

【任务考核】

任务五　肉羊生产

【任务目标】

掌握肉羊育肥技术。

【必备知识】

知识点一　羔羊育肥技术

一、羔羊早期育肥技术

羔羊早期育肥技术包括早期断奶羔羊强度育肥和哺乳羔羊育肥两种方法。

(一) 早期断奶羔羊强度育肥

羔羊45～60日龄断奶，然后全精料舍饲育肥，羔羊日增重达300g左右，料肉比约为3∶1，120～150日龄羔羊活重达到25～35kg屠宰上市。

1. 早期断奶羔羊强度育肥特点

利用羔羊早期生长发育快，消化方式与单胃家畜相似的特点，给羔羊补饲固体饲料，特别是整料玉米通过瘤胃被破碎后进入真胃，转化成葡萄糖被吸收，饲料利用率高。而发育完全的瘤胃，微生物活动增强，对摄入的玉米经发酵后转化成挥发性脂肪酸，这些脂肪酸只有部分被吸收，饲料转化率明显低于瘤胃发育不全时。因此，采用早期断奶羔羊全精料育肥能获得较高屠宰率，饲料报酬和日增重也较高。例如新疆畜牧研究所1986年试验，1.5月龄羔羊体重在10.5kg时断奶，育肥50天，平均日增重280g，育肥终重达25～30kg，料重比为3∶1。1.5月龄羔羊早期断奶育肥后上市，可以缓解5～7月份羊肉供应淡季的市场供需矛盾。此外，全精料育肥只喂各类精饲料，不喂粗饲料，使管理简化。这种育肥方法的缺点是胴体偏小，生产规模受羔羊来源限制，精料比例大，难以推广。

2. 育肥前准备

(1) 羊舍准备 育肥羊舍应该通风良好、地面干燥、卫生清洁、夏挡强光、冬避风雪。圈舍地面上可铺少许垫草。羊舍面积按每只羔羊0.75～0.95m²。饲槽长度应与羊数量相称，羔羊23～30cm，避免由于饲槽长度不足，造成羊吃食拥挤，进食量不均，从而影响育肥效果。

(2) 隔栏补饲 羔羊断奶前半个月实行隔栏补饲，或在早、晚的一定时间将羔羊与母羊分开，让羔羊在一专用圈内活动，活动区内放有精料槽和饮水器，其余时间仍母仔同处。

(3) 做好疫病预防 育肥羔羊常见传染病有肠毒血症和出血性败血症。肠毒血症疫苗可在产羔前给母羊注射，或在断奶前直接给羔羊注射。一般情况下，也可以在育肥开始前注射快疫、猝疽和肠毒血症三联苗。

3. 育肥日粮

早期断奶羔羊月龄小，瘤胃发育不完全，对粗饲料消化能力差，应以全精料型饲料饲喂，要求高能量、高蛋白质饲料，原料质量要好，并添加微量元素和维生素添加剂预混料，营养全价、平衡，易消化，适口性好。6～8周龄断奶羔羊，体重在13～15kg，饲料中蛋白质含量比3～5周龄哺乳羔羊补饲料水平还高，可达26%（干物质基础），不少于16%，饲料干物质的消化能浓度为14.6MJ/kg（相当于代谢能11.97MJ/kg）。体重20kg羔羊饲粮含粗蛋白质17%，体重30kg羔羊饲粮含粗蛋白质15%，体重40kg以上羔羊饲粮含粗蛋白质14%。羔羊各体重阶段饲粮的消化能浓度为13.8～14.2MJ/kg（相当于代谢能11.3～11.6MJ/kg）。

日粮配制也可选用任何一种谷物饲料，但效果最好的是玉米等高能量饲料。谷物饲料不需破碎，其效果优于破碎谷粒，主要表现在饲料转化率高和胃肠病少。使用配合饲料则优于单喂某一种谷物饲料。最优饲料配合比例为：整粒玉米83%，黄豆饼15%，石灰石粉1.4%，食盐0.5%，维生素和微量元素0.1%。其中维生素和微量元素的添加量按每千克饲料计算为维生素A、维生素D、维生素E分别是500IU、1000IU和20IU，硫酸锌150mg，硫酸锰80mg，氧化镁200mg，硫酸钴5mg，碘酸钾1mg。如果不用全精料型饲粮，饲粮可由混合精料和干草组成。一般粗料与精料分开饲喂，优质干草自由采食，精料饲料定量分2～3次饲喂。

4. 育肥期日粮饲喂及饮水要求

饲喂方式采用自由采食，自由饮水。饲料投给最好采用自动饲槽，以防止羔羊四肢踩入槽内，造成饲料污染而降低饲料摄入量，扩大球虫病与其他病菌的传播；饲槽离地面高度应随羔羊日龄增长而提高，以饲槽内饲料不堆积或不溢出为宜。如发现某些羔羊啃食圈墙时，应在运动场内添设盐槽，槽内放入食盐或食盐加等量的石灰石粉，让羔羊自由采食。饮水器或水槽内始终保持清洁的饮水。

5. 关键技术

(1) 早期断奶 集约化生产要求全进全出，羔羊进入育肥圈时的体重大致相似，若差异较大不便于管理，影响育肥效果。为此，除采取同期发情，诱导产羔外，早期断奶是主要措施之一。

理论上讲，羔羊断奶的月龄和体重，应以能独立生活并能以饲草为主获得营养为准，羔羊到8周龄时瘤胃已充分发育，能采食和消化大量植物性饲料，此时断奶是比较合理的。对断奶羔羊的育肥实行早期断奶，可缩短育肥进程。

（2）营养调控技术 断奶羔羊体格较小，瘤胃容积有限，粗饲料过多，营养浓度跟不上，精料过多缺乏饱感，精粗料比以8∶2为宜。羔羊处于发育时期，要求的蛋白质、能量水平高，矿物质和维生素要全面。若日粮中微量元素不足，羔羊有吃土、舔墙现象，可将微量元素盐砖放在饲槽内，任其自由舔食，以防微量元素缺乏。

大力推行颗粒饲料：颗粒饲料体积小，营养浓度大，非常适合饲喂羔羊，在开展早期断奶强度育肥时都采用颗粒饲料。颗粒饲料适口性好，羊喜欢采食，比粉料能提高饲料报酬5%～10%。

断奶羔羊的日粮单纯依靠精饲料，既不经济又不符合生理机能规律。日粮中必须有一定比例的干草，一般占饲料总量的30%～60%，以苜蓿干草较好。

（3）适时出栏 出栏时间与品种、饲料、育肥方法等有直接关系。大型肉用品种3月龄出栏，体重可达35kg，小型肉用品种相对差一些。断奶体重与出栏体重有一定相关性，据试验，断奶体重13～15kg时，育肥50天体重可达30kg；断奶体重12kg以下时，育肥后体重25kg，在饲养上设法提高断奶体重，就可增大出栏活重。

6. 注意事项

（1）断奶前补饲的饲料应与断奶育肥饲料相同。玉米粒在刚补饲时稍加破碎，待习惯后则喂以整粒，羔羊在采食整粒玉米的初期，有吐出玉米粒现象，反刍次数也较少，随着羔羊日龄增加，吐玉米粒现象逐渐消失，反刍次数增加，此属正常现象，不影响育肥效果。

（2）羔羊断奶后的育肥全期不要变更饲料配方，如果改用其他饼类饲料代替豆饼时，可能会导致日粮中钙磷比例失调，应注意预防尿结石。

（3）正常情况下，羔羊粪便呈团状、黄色，粪便内无玉米粒。羔羊对温度变化比较敏感，如果遇到天气变化或阴雨天，可能出现拉稀，所以羔羊的防雨和保温极为重要。

（4）选择合适品种，做好断奶前补饲，保证断奶前母羊体壮奶足是提高育肥效果的重要技术措施。

（二）哺乳羔羊育肥

1. 哺乳羔羊育肥特点

哺乳羔羊育肥基本上以舍饲为主，但不属于强度育肥，羔羊不提前断奶，提高隔栏补饲水平，到断奶时从大群中挑出达到屠宰体重的羔羊（25～27kg）出栏上市，达不到者断奶后仍可转入一般羊群继续饲养。羔羊育肥过程中不断奶，保留原有的母子对，减少了因断奶而引起的应激反应，利于羔羊的稳定生长。这种育肥方式利用母羊的全年繁殖，安排秋季和冬季产羔，供节日（元旦、春节等）时特需的羔羊肉。

2. 哺乳羔羊育肥要点

（1）饲养方法 以舍饲育肥为主，母仔同时加强补饲。母羊哺乳期间每天喂足量的优质豆科牧草，另加500g精料，目的是使母羊泌乳量增加。羔羊应及早隔栏补饲，且越早越好。

（2）饲料配制 整粒玉米75%，黄豆饼18%，麸皮5%，沸石粉1.4%，食盐0.5%，维生素和微量元素0.1%。其中，维生素和微量元素的添加量按每千克饲料计算为：维生素A、维生素D、维生素E分别是5000IU、1000IU和200mg，硫酸钴3mg，碘酸钾1mg，亚硒酸钠1mg。每天喂两次，每次喂量以20min内吃净为宜；羔羊自由采食上等苜蓿干草。若干草质量较差，日粮中每只应添加50～100g蛋白质饲料。

（3）适时出栏 经过30天育肥，到4月龄时止，挑出羔羊群中达到25kg以上的羔羊出栏上市。剩余羊只断奶后再转入舍饲育肥群，进行短期强度育肥；不作育肥用的羔羊，可优先转入繁殖群饲养。

二、断乳羔羊育肥技术

羔羊3～4月龄正常断奶后，除部分被选留到后备群外，大部分需出售处理。一般情况下，体重小或体况差的进行适度育肥，体重大或体况好的进行强度育肥，均可进一步提高经济效益。各地可根据当地草场状况和羔羊类型选择适宜的育肥方式。目前羔羊断奶后育肥方式有以下几种：

（一）放牧育肥

羔羊的主要营养来源是牧草，断奶到出栏一直在草地上天然放牧，最后达到一定活重即可屠宰上市。这种育肥方式主要适合于我国的内蒙古、青海、甘肃、新疆和西藏等省（区）的牧区。

1. 育肥条件

必须要有好的草场条件，牧草生长繁茂，宜在以豆科草为主的草场上放牧育肥，因为羔羊的增重主要是蛋白质的沉积，豆科牧草蛋白质含量高。育肥期一般在8～10月份，此时牧草结籽，营养充足，易消化，羊只抓膘快。

2. 育肥方法

主要依靠放牧进行育肥。放牧前半期可选用差一些的草场、草坡，后期尽量选择牧草好的草场放牧。最后阶段在优质草场如苜蓿草地或秋茬子地放牧，经济地利用草场，使羊不但能吃饱，还要增膘快。另外，要注意水、草、盐这几方面的配合，如果羊经常口淡口渴，则会影响育肥效果。羔羊不能太早跟群放牧，年龄太小随母羊群放牧，往往跟不上群，易出现丢失现象。在这个时候如果因草场干旱，奶水不足，羔羊放牧体力消耗太大，影响本身的生长发育，使成活率降低。在产冬羔的地区，3～4月份羔羊随群放牧，遇到地下水位高的返潮地带，有时羔羊易踏入泥坑，造成死亡损失。

3. 影响育肥效果的因素

（1）参加育肥的品种选择生长发育快、成熟早、育肥能力强、产肉力高的品种进行育肥，可显著提高育肥效果。

（2）产羔时间对育肥效果有一定影响。相同营养水平下，早春羔7～8月龄屠宰，平均产肉16.6kg，晚春羔羊6月龄屠宰，平均产肉13.85kg。将晚春羔提前为早春羔，是增加产肉量的一个措施，但需要贮备饲草和改变圈舍条件。

（二）混合育肥

混合育肥有两种情况：其一是放牧后短期舍饲育肥，具体做法是在秋末草枯后对一些未抓好膘的羊，特别是还有很大增重潜力的当年生羔羊，再延长一段育肥时间，在舍内补饲一些精料，使其达到屠宰标准；其二是放牧补饲型育肥方式，具体是指育肥羊完全通过放牧不能满足快速育肥的营养需求，而采用放牧加补饲的混合育肥方式。

1. 育肥方式选择

放牧后短期舍饲育肥适用于生长强度较小及增重强度较慢的羔羊和周岁羊，育肥耗用时间较长，不符合现代肉羊短期快速育肥的要求；放牧补饲型育肥适用于生长强度较大和增重速度较快的羔羊，同样可以按要求实现强度直线育肥。

2. 育肥技术要点

（1）放牧后短期舍饲育肥

放牧后短期舍饲育肥案例（供参考）：

第一阶段（1～15天）

1～3天：仅喂干草。自由采食和饮水。注意：干草以青干草为宜，不用铡短。

3～7天：逐步用日粮Ⅰ替代干草，干草逐渐变成混合粗料。注意：混合粗料指将干草、玉米秸、地瓜秧、花生秧等混合铡短（3～5cm）。

7～15天：喂日粮Ⅰ（表2-2-1）。日喂量2kg/只，日喂2次。自由饮水。

第二阶段（15～50天）

13～16天：逐步由日粮Ⅰ变成日粮Ⅱ（表2-2-2）。

16～50天：喂日粮Ⅱ。先粗后精。自由饮水。混合精料日喂量0.2kg/只，日喂2次（拌湿）。混合粗料日喂量1.5kg/只，日喂2次。

混合粗料为玉米秸、地瓜秧、花生秧等。铡短。

注意：若喂青绿饲料时，应洗净，晾干（水分要少），日喂量为每只羊3～4kg。

表 2-2-1 羔羊育肥日粮Ⅰ

饲料原料	配比(干物质)/%
玉米	30.0
豆饼	5.0
干草	62.0
食盐	1.0
羊用添加剂	1.0
骨粉	1.0
合计	100.0

表 2-2-2 羔羊育肥日粮Ⅱ

饲料原料	配比(干物质)/%
玉米	65.0
麸皮	10.0
豆饼(粕)	13.0
优质花生秧粉	10.0
食盐	1.0
羊用添加剂	1.0
合计	100.0

表 2-2-3 羔羊育肥日粮Ⅲ

饲料原料	配比(干物质)/%
玉米	85.0
麸皮	6.0
豆饼(粕)	5.0
骨粉	2.0
食盐	1.0
羊用添加剂	1.0
合计	100.0

第三阶段（50～60天）

48～52天：逐步由日粮Ⅱ过渡到日粮Ⅲ（表2-2-3）。注意：过渡期内主要是混合精料的变换；精饲料或青绿饲料正常饲喂即可。

52～60天：喂日粮Ⅲ混合精料，日喂量0.25kg/只。粗料不变。

注意：粗料采食量会因精料喂量增加而减少。夏季饮水应清洁，供给不间断；冬季饮水应温和为宜，3次/日。

① 分圈饲养 当年羔羊此时已性成熟，混群饲养易发生配种怀孕现象，影响育肥效果，应按性别分圈饲养。

② 减少应激 在管理上应注意剪毛时间，以防天气变冷引起应激反应，影响育肥效果。

③ 防止饲料中毒 羔羊对饲料中的有毒成分反应较敏感。西北地区的蛋白质饲料，宁夏地区以胡麻饼为主，青海地区以菜籽饼为主。胡麻饼因种子不纯，常混有芸荠，其含有芥子苷。菜籽饼中含芥子苷高达10%～13%，经芥子苷酶作用后可产生噁烷硫酮等有毒物质，对黏膜有强烈的刺激作用，可引起胃肠等疾病。日粮中含量不要超过20%。

④ 供给全价日粮 羔羊转入舍饲后，如果饲草种类单纯，易发生营养缺乏症。常出现吃土、舔墙和神经症状，要注意食盐及微量元素的补给。

⑤ 精料比例要适当 羔羊转入舍饲后为加快育肥进度，加大精料喂量，有时出现精料比例过高会引起酸中毒。精粗料比例以6∶4为宜。

⑥ 加强防寒措施　进入冬季气温较低，能量消耗用于维持需要，使得增膘速度慢。因此，在寒冷的牧区可采用暖棚养羊方法育肥，在气温较高的半农半牧区，可通过调整饲养密度的方法予以弥补。

(2) 放牧补饲型育肥　对于放牧补饲型育肥，如果仅补草，应安排在归牧后；如果草料都补，则可在出牧前补料，归牧后补草。在草、料的利用上要先喂次草、次料，再喂好草、好料。补饲量应根据草场情况决定，草场好则少补，草场差则多补。一般可按1只羊0.5～1kg干草和0.1～0.3kg混合精料补饲。

(三) 舍饲育肥

舍饲育肥是根据羊育肥前的状态，按照饲养标准和饲料营养价值配制羊的饲喂日粮，并完全在舍内喂、饮的一种育肥方式。与放牧育肥相比，在相同月龄屠宰的羔羊，活重可提高10%，胴体重可提高20%，故舍饲育肥效果好，能提前上市。该种育肥方式适用于粮产丰富的地区。利于组织规模化、标准化、无公害肉羊生产，有助于我国羊肉质量标准与国际通用准则接轨，进而打入国际市场。

常规育肥羔羊饲粮中的营养浓度与育肥目标有关。月龄小的羔羊以生长肌肉为主，饲料中蛋白质含量应高一些，随着日龄和体重增加，体内转为以沉积脂肪为主，饲料中的蛋白质含量相对降低，能量相应提高。要求日增重高的，饲料中能量和蛋白质含量要高，也就是精料比例大，可采用精料型饲粮。如果要求日增重不高，饲料中能量和蛋白质含量应低，也就是降低饲料中精料比例，采用粗料型饲粮或青贮料型饲粮。美国对4～7月龄羔羊按不同体重、不同日增重分别饲用不同的日粮。

舍饲育肥羊加大精料喂量时，要预防过食精料引起的肠毒血症和钙磷比例失调引起的尿结石症等。防止肠毒血症，主要靠注射疫苗；防止尿结石，在以各类饲料和棉籽饼为主的日粮中可将钙含量提高到0.5%的水平或加0.25%氯化铵，避免日粮中钙磷比例失调。育肥圈舍要保持干燥、通风、安静和卫生，育肥期不宜过长，达到上市要求即可。舍饲育肥通常为75～100天，时间过短，育肥效果不显著；时间过长，饲料转化率低，育肥效果不理想。在良好的饲料条件下，育肥期一般可增重10～15kg。

(四) 异地育肥

异地育肥的主要特征是优化不同地区的饲草饲料资源优势配置，羔羊的繁殖和育肥在不同的区域内异地完成。具体包括以下两种方式：一是山区繁殖，平原育肥；二是牧区繁殖，农区育肥。山区和牧区耕地面积少，精料紧缺，饲养环境差，交通不便，距优质的肥羔产品销售市场距离较远。把山区和牧区所繁殖的断奶羔羊转移到精料、环境条件好的平原和农区，可有效提高羔羊的育肥效果和产出水平，并在一定程度上保护山区植被和缓解牧区草场压力，从而获得更大的经济效益和生态效益。

知识点二　成年羊育肥技术

一、育肥的准备

要使育肥羊处于非生产状态，母羊应停止配种、妊娠或哺乳；公羊应停止配种、试情，并进行去势。各类羊在育肥前应剪毛，以增加收入，改善羊的皮肤代谢，促进羊的育肥。

在育肥开始前应用驱虫药对羊进行驱虫，对患有疥癣的羊进行药浴或局布涂擦药物灭癣。

二、成年羊育肥的方式

成年羊育肥方式可根据羊只来源和牧草生长季节来选择，目前主要的育肥方式有放牧与补饲混合型和舍饲育肥两种。但无论采用何种育肥方式，放牧是降低成本和利用天然饲草饲料资源的有效方法，也适用于成年羊快速育肥。

(一) 放牧补饲型

1. 夏季放牧补饲型

充分利用夏季牧草旺盛、营养丰富的特点进行放牧育肥，归牧后适当补饲精料。这期间羊日采食青绿饲料可达 5～6kg，精料 0.4～0.5kg，育肥日增重一般在 140g 左右。

2. 秋季放牧补饲型

主要选择淘汰老母羊和瘦弱羊为育肥羊，育肥期一般在 60～80 天。此时可采用两种方式缩短育肥期，即：一是使淘汰母羊配上种，怀孕育肥 50～60 天宰杀；二是将羊先转入秋场或农田茬子地放牧，待膘情好转后，再转入舍饲育肥。

（二）舍饲育肥

成年羊育肥周期一般以 60～80 天为宜。底膘好的成年羊育肥期可以为 40 天，即育肥前期 10 天，中期 20 天，后期 10 天；底膘中等的成年羊育肥期可以为 60 天，即育肥前、中、后期各为 20 天；底膘差的成年羊育肥期可以为 80 天，即育肥前期 20 天，中、后期各为 30 天。

此法适用于有饲料加工条件的地区和饲养的肉用成年羊或羯羊。根据成年羊育肥的标准合理地配制日粮。成年羊舍饲育肥时，最好加工为颗粒饲料。颗粒饲料中秸秆和干草粉可占 55%～60%，精料 35%～40%。现推荐两个典型日粮配方供参考（表 2-2-4、表 2-2-5）。

表 2-2-4　成年羊舍饲育肥日粮配方 1

原料	比例/%	养分	含量/%
草粉	35.0	干物质	86.0
秸秆	44.5	粗蛋白质	7.2
精料	20.0	钙	0.48
碳酸氢钙	0.5	磷	0.24
		代谢能/(MJ/kg)	6.897

表 2-2-5　成年羊舍饲育肥日粮配方 2

原料	比例/%	养分	含量/%
禾本科草粉	30.0	干物质	86.0
秸秆	44.5	粗蛋白质	7.4
精料	25.0	钙	0.49
碳酸氢钙	0.5	磷	0.25
		代谢能/(MJ/kg)	7.106

无论采用哪种育肥方式，应根据羊的采食情况和增重情况随时调整饲喂量。成年育肥羊的饲养标准见表 2-2-6。

表 2-2-6　成年育肥羊的饲养标准（每日每只）

体重/kg	风干饲料/kg	可消化能/MJ	可消化蛋白质/g	钙/g	磷/g	食盐/g	胡萝卜素/g
40	1.5	15.9～19.2	90～100	3～4	2.0～2.5	5～10	5～10
50	1.8	16.7～23.0	100～120	4～5	2.5～3.0	5～10	5～10
60	2.0	20.9～27.2	110～130	5～6	2.8～3.5	5～10	5～10
70	2.2	23.0～29.3	120～140	6～7	3.0～4.0	5～10	5～10
80	2.4	27.2～33.5	130～160	7～8	3.5～4.5	5～10	5～10

三、成年羊育肥要点

（一）选羊与分群

要选择膘情中等、身体健康、牙齿好的羊只育肥，淘汰膘情很好和极差的羊。挑选出来的羊应按体重大小和体质状况分群，一般把情况相近的羊放在同一群育肥，避免因强弱争食造成较大的个体差异。

（二）入圈前的准备

对待育肥羊只注射肠毒血症三联苗和驱虫。同时在圈内设置足够的水槽料槽，并进行环境（羊舍及运动场）清洁与消毒。

（三）选择最优配方配制日粮

选好日粮配方后严格按比例称量配制日粮。为提高育肥效益，应充分利用天然牧草、秸秆、树叶、农副产品及各种下脚料，扩大饲料来源。合理利用尿素及各种添加剂（如育肥素、喹乙醇、玉米赤霉醇等）。

（四）安排合理的饲喂制度

成年羊只日粮的日喂量依配方不同而有差异，一般为2.5～2.7kg。每天投料两次，日喂量的分配与调整以饲槽内基本不剩为标准。喂颗粒饲料时，最好采用自动饲槽投料，雨天不宜在敞圈饲喂，午后应适当喂些青干草（每只0.25kg），以利于成年羊反刍。

在肉羊育肥的生产实践中，各地应根据当地的自然条件、饲草料资源、肉羊品种状况及人力物力状况，选择适宜的育肥模式进行羊肉的生产，达到以较少的投入换取更多肉产品的目的。

【任务实施】

知识点学习

1. 羔羊育肥
2. 成年羊育肥

技能训练四十四　羊育肥前期准备

一、必备资源

规模化羊场。

二、活动步骤

1. 羊舍的准备

羊舍应选在通风良好、便于排水、采光好、避风向阳和接近牧地及饲料仓库的地方。羊舍面积根据饲养羊的数量而定，通常每只羊占0.4～0.5m^2，限制羊只运动，增加育肥效果。

2. 饲料的准备

饲料是羊育肥的基础，在整个育肥期每只羊每天需要准备干草2～2.5kg或青贮料3～5kg或3～5kg的氨化饲料等。精料按每只羊每天0.3～0.4kg准备。

3. 羊的选择

应根据育肥方式的不同，选择合适的羊只进行育肥。要逐只进行检查，将患消化道疾病、传染病、牙齿缺损及其他无育肥价值的羊只淘汰，以保证育肥安全和育肥效果。

4. 分群

按品种、性别、年龄、体重及育肥方式分群，以便根据营养标准，合理配制日粮，提高育肥效果。

5. 驱虫及防疫

羊在开始育肥前，要进行驱虫、药浴，清除体内外寄生虫，并进行防疫注射，以免患病影响育肥效果。

6. 去势及修蹄

为了减少羊肉膻味并利于管理，凡育肥用的羊均应去势。放牧育肥前，应对羊蹄进行修整，以利放牧采食。

7. 剪毛

被毛较长的肉毛兼用羊，在育肥前可进行一次剪毛，这样既不影响宰后皮张质量，又可增加经济收入，同时也有利于育肥。

【巩固训练】

一、填空题

1. 新生羔羊消化道内缺乏（　　），所以，羔羊在生后的早期阶段不能大量利用淀粉。

2. 羊舍面积按每只羔羊（　　）m^2。

二、简答题

1. 哺乳羔羊育肥技术要点有哪些？
2. 断奶羔羊育肥技术要点有哪些？
3. 成年羊育肥技术要点有哪些？
4. 肉羊生产性能评定的主要指标有哪些？

【知识拓展】

肉羊舍饲规模化生产综合配套技术

【任务考核】

项目三　羊的繁殖技术

任务一　人工授精

【任务目标】

能够进行发情鉴定，确定配种时间；掌握繁殖规律；熟练掌握人工输精技术。

【必备知识】

一、繁殖规律

（一）性成熟和初次配种年龄

公、母羊生长发育到一定的年龄，性器官发育基本完全，并开始形成性细胞和性激素，具备繁殖能力，这时称为性成熟。绵羊的性成熟一般在7～8月龄，山羊在5～7月龄。性成熟时，公羊开始具有正常的性行为，母羊开始出现正常的发情和排卵。

山羊的初配年龄一般在10～12月龄，绵羊在12～18月龄，但也受品种、气候和饲养管理条件的制约。南方有些山羊品种5月龄即可进行第一次配种，而北方有些山羊品种初配年龄需到1.5岁。分布于江浙一带的湖羊生长发育较快，母羊初配年龄为6月龄，我国广大牧区的绵羊多在1.5岁时开始初次配种。由此看来，分布于全国各地不同的绵羊、山羊品种其初配年龄很不一致，但根据经验，以羊的体重达到成年体重70%～80%时进行第一次配种较为合适。种公羊最好到18月龄后再进行配种使用。

（二）发情与排卵

母羊性成熟之后，所表现出的一种具有周期性变化的生理现象，称为发情。母羊发情征兆大多不很明显，一般发情母羊多喜接近公羊，在公羊追逐或爬跨时站立不动，食欲减退，阴唇黏膜红肿，阴户内有黏性分泌物流出，行动迟缓，目光呆滞，神态不安等。处女羊发情更不明显，且多拒绝公羊爬跨，故必须注意观察和做好试情工作，以便适时配种。

母羊从上次发情开始到下次发情开始之间的时间间隔称为发情周期。羊的发情周期与其品种、个体、饲养管理条件等因素有关，绵羊的发情周期为14～29天，平均17天。山羊的发情周期为19～24天，平均21天。

从母羊出现发情特征到这些特征消失的时间间隔称为发情持续期，一般绵羊为30～40h，山羊24～28h。在一个发情持续期，绵羊能排出1～4个卵子，高产个体可排出5～8个卵子。如进行人工超排处理，母羊通常可排出10～20个卵子。

母羊在发情的后期就有卵子从成熟的卵泡中排出，排卵数因品种而异，卵子在排出后12～24h内具有受精能力，受精部位在输卵管前端1/3～1/2处。因此，绵羊应在发情后18～24h左右、山羊在发情后12～24h配种或输精较为适宜。

在实际工作中，由于很难准确地掌握发情开始的时间，所以应在早晨试情后，挑出发情母羊立即配种，如果第二天母羊还继续发情，可再配一次。

（三）受精与妊娠

精子和卵子结合成受精卵的过程叫受精。受精卵的形成意味着母羊已经妊娠，也称作受胎。母羊从开始怀孕（妊娠）到分娩，称为妊娠期或怀孕期。母羊的妊娠期长短因品种、营养及单双羔因素差异有所变化。山羊妊娠期正常范围为142～161天，平均为152天；绵羊妊娠期正常范围为146～157天，平均为150天。但早熟肉毛兼用品种多在良好的饲养条件下育成，妊娠期较短，平均为145天。细毛羊多在草原地区繁育，饲养条件较差，妊娠期长，多在150天左右。

（四）繁殖季节

羊的发情表现受光照长短变化的影响。同一纬度的不同季节，以及不同纬度的同一季节，由于光照条件不相同，因此羊的繁殖季节也不相同。在纬度较高的地区，光照变化较明显，因此母羊发情季节较短；而在纬度较低的地区，光照变化不明显，母羊可以全年发情配种。

母羊大量发情的季节称为羊的繁殖季节，一般也称作配种季节。

绵羊的发情表现受光照的制约，通常属于季节性繁殖配种的家畜。繁殖季节因是否有利于配种受胎及产羔季节是否有利于羔羊生长发育等自然选择演化形成，也因地区不同、品种不同而发生变化。生长在寒冷地区或原始品种的绵羊，呈现季节性发情；而生长在热带、亚热带地区或经过人工培育选择的绵羊，繁殖季节较长，甚至没有明显的季节性表现，我国的湖羊和小尾寒羊就可以常年发情配种。我国北方地区，绵羊季节性发情开始于秋，结束于春。其繁殖季节一般是7月至翌年的1月，而8～10月为发情旺季。绵羊冬羔以8～10月配种，春羔以11～12月配种为宜。

山羊的发情表现对光照的反应没有绵羊明显，所以山羊的繁殖季节多为常年性的，一般没有限定的发情配种季节。但生长在热带、亚热带地区的山羊，5～6月份因为高温的影响也表现发情较少。生活在高寒山区、未经人工选育的原始品种藏山羊的发情配种也多集中在秋季，呈明显的季节性。

不管是山羊还是绵羊，公羊都没有明显的繁殖季节，常年都能配种。但公羊的性欲表现，特别是精液品质，也有季节性变化的特点，一般还是秋季最好。

二、发情鉴定

发情鉴定就是判断母羊发情是否正常、所处阶段，以便确定配种的最适宜时间，提高受胎率。为了提高母羊发情鉴定的准确度，就要了解影响母羊发情的因素及异常发情的表现，这样才能做到鉴定时心中有数。

（一）影响母羊发情的因素

1. 光照

光照时间的长短变化对羊的性活动有较明显的影响。一般来讲，由长日照转变为短日照的过程中，随着光照时间的缩短，可以促进绵羊、山羊发情。

2. 温度

温度对羊发情的影响与光照相比较为次要，但一般在相对高温的条件下将会推迟羊的发情。山羊虽然是常年发情的畜种，但在5～6月份只有零星发情。

3. 营养

良好的营养条件有利于维持生殖激素的正常水平和功能，促进母羊提早进入发情季节。适当补饲，提高母羊营养水平，特别是补足蛋白质饲料，对中等以下膘情的母羊可以促进发情和排卵，诱发母羊产双胎。绵羊在进入发情季节之前，采取催情补饲，加强营养措施以促进母羊的发情和排卵；山羊在配种之前也应提高营养水平，做到满膘配种。

4. 生殖激素

母羊的发情表现和发情周期受内分泌生殖激素的控制，其中起主要作用的是脑垂体前叶分泌的促卵泡素和促黄体素两种。

（1）促卵泡素（FSH） 其主要作用是刺激卵巢内卵泡的生长和发育，形成卵泡期，引起母羊生殖器官的变化和性行为的变化，促进羊的发情表现。

（2）促黄体素（LH） 其主要作用是与促卵泡素协同作用，促进卵泡的成熟和雌激素的释放，诱使卵泡壁破裂而引起排卵，并参与破裂卵泡形成黄体，使卵巢进入黄体期，从而对发情表现有相对的抑制作用。促卵泡素和促黄体素虽然功能各异，但又具有协同作用。羊的促卵泡素的分泌量较低，因此发情持续时间较短，与促黄体素比率的绝对值也相对较低，形成羊的排卵时间比较滞后，一般为发情结束期前，同时表现安静排卵的羊较多。

（二）异常发情

大多数母羊都有正常的发情表现，但因营养不良、饲养管理不当或环境条件突变等原因，也可导致异常发情，常见有以下几种：

1. 安静发情

安静发情是指具有生殖能力的母羊外部无发情表现或外观表现不很明显，但卵巢上的卵泡发育成熟且排卵，也叫隐性发情。这种情况如不细心观察，往往容易被忽视。其原因有三个方面：其一是由于脑下垂体前叶分泌的促卵泡生长素量不足，卵泡壁分泌的雌激素量过少，致使这两种激素在血液中含量过少所致；其二是由于母羊年龄过大，或过于瘦弱所致；其三是因母羊发情期很短，没有发现所致，这种情况叫做假隐性发情。

2. 假性发情

假性发情是指母羊在妊娠期发情或母羊虽有发情表现但卵巢根本无卵泡发育。妊娠期间的假性发情，主要是由于母羊体内分泌的生殖激素失调所造成的。

母羊发情配种受孕后，妊娠黄体和胎盘都能分泌孕酮，同时胎盘又能分泌雌激素。通常妊娠母羊体内分泌的孕酮、雌激素能够保持相对平衡，因此，母羊妊娠期间一般不会出现发情现象。但是当两种激素分泌失调后，即孕酮激素分泌减少，雌激素分泌过多，将导致母羊血液里雌激素增多，这样，个别母羊就会出现妊娠期发情现象。

无卵泡发育的假性发情，多数是由于个别年轻母羊虽然已达到性成熟，但卵巢机能尚未发育完全，此时尽管发情，往往没有发育成熟的卵泡排出。或者是个别母羊患有子宫内膜炎，在子宫内膜分泌物的刺激下也会出现无卵泡发育的假性发情。

3. 持续发情

持续发情是指发情时间延长，并大大超过正常的发情期限，是由于卵巢囊肿或母羊两侧卵泡不能同时发育所致。卵巢囊肿，主要是卵泡囊肿，即发情母羊的卵巢有发育成熟的卵泡，越发育越大，但就是不破裂，而卵泡壁却持续分泌雌激素，在雌激素的作用下，母羊的发情时间就会延长。两侧卵泡不同时发育，主要表现是当母羊发情时，一侧卵巢有卵泡发育，但发育几天即停止了，而另一侧卵巢又有卵泡发育，从而使母羊体内雌激素分泌的时间拉长，导致母羊的发情时间延长。早春营养不良的母羊也会出现持续发情的情况。

（三）发情鉴定

1. 外部观察法

外部观察法就是观察母羊的外部表现和精神状态，判断母羊是否发情。母羊发情后，兴奋不安，反应敏感，食欲减退，有时反刍停止，频频排尿、摇尾，母羊之间相互爬跨，咩叫摇尾，靠近公羊，接受爬跨。

2. 公羊试情法

母羊发情时虽有一些表现，但不很明显，为了适时输精和防止漏配，在配种期间要用公羊试情的办法来鉴别母羊是否发情。此法简单易行，表现明显，易于掌握，适用于大群羊。母羊发情时喜欢接近公羊。

（1）试情时间的确定　在生产实践中，一般是在黎明前和傍晚放牧归来后各进行一次，每次不少于1.0～1.5h。如果天亮以后才开始试情，由于母羊急于出牧，性欲下降，故试情效果不好。

（2）试情圈的面积以每羊1.2～1.5m^{2}为宜。试情地点应大小适中，地面平坦，便于观察，利于抓羊，试情公羊能与母羊普遍接近。

（3）试情公羊必须体格健壮，性欲旺盛，营养良好，活泼好动。试情期间要适当休息，以避免过度疲劳，并加强饲养管理。

（4）试情时将母羊分成100～150只的小群，放在羊圈内，并赶入试情公羊。数量可根据公羊的年龄和性欲旺盛的程度来定。一般可放入3～5只试情公羊。

（5）用试情布将阴茎兜住不让试情公羊和母羊交配受胎。每次试情结束要清洗试情布，以防布面变硬擦伤阴茎。

（6）试情时，如果发现试情公羊用鼻子去嗅母羊的阴户，或在追逐爬跨时，发情母羊常把两腿分开，站立不动，摇尾示意，或者随公羊绕圈而行者，即为发情母羊。用公羊试情就是利用这些特性，作为判定发情的主要依据。

(7) 在配种期内，每日定时将试情公羊放入母羊群中去发现发情母羊。

3. 阴道检查法

阴道检查法就是通过开膣器检查母羊阴道内变化来判定母羊是否发情。此法操作简单，准确率高，但工作效率低，适于小规模饲养户应用。检查时，先将母羊保定好，洗净外阴，再把开膣器清洗、消毒、烘干、涂上润滑剂，检查员左手横持开膣器，闭合前端，缓缓插入，轻轻打开前端，用手电筒检查阴道内部变化，当发现阴道黏膜充血、红色、表面光亮湿润、有透明黏液渗出，子宫颈口充血、松弛、开张、呈深红色、有黏液流出时，即可定为发情。

三、配种时间的确定

绵羊配种时期的选择，主要是根据什么时期产羔最有利于羔羊的成活和母子健壮来决定。一般年产一次的情况下，有冬季产羔和春季产羔两种。冬羔是7～9月份配种，12月至翌年1～2月份所产的羔羊。春羔是10～12月份配种，翌年3～5月份产的羔羊。国营羊场和农牧民养殖户要根据所在地区的气候和生产条件来决定产冬羔还是产春羔。

为了进一步分析羊最适宜的配种时间，把产冬羔和产春羔的优缺点进行一系列比较。

1. 产冬羔的利弊

(1) 优势　利用当年羔羊生长快、饲料效益高的特点，搞肥羔生产，当年出售，加快羊群周转，提高商品率，从而可以减轻草场压力和保护草原。

① 母羊配种期一般在8～9月份，是青草茂盛季节，母羊膘情好，发情旺盛，受胎率高。

② 母羊在怀孕期间，由于营养条件比较好，有利于羔羊的生长发育，所以产的羔羊初生重大，体质结实，存活率高。

③ 母羊产羔期膘情尚好，产羔后奶水充足，羔羊生长快，发育好。

④ 羔羊断奶（4～5月龄）后，就能跟群放牧吃上青草，第一年的越冬度春能力强。

⑤ 由于产羔季节（12月至翌年2月）气候比较寒冷，因而羔羊肠炎和痢疾等疾病的发病率比春羔低，故羔羊成活率比较高。

⑥ 冬羔的剪毛量比春羔高。

(2) 不足

① 必须贮备足够的饲草饲料，因在哺乳后期正值枯草季节，母羊容易缺奶，影响羔羊生长发育。

② 要有保温良好的羊舍，因产冬羔时气候寒冷，羔羊保育有困难。

2. 产春羔的利弊

(1) 优点　产春羔时，气候已转暖，母羊产羔后，就能吃到青草，能分泌较多的乳汁哺乳羔羊，羊发育好，同时羔羊也很快能吃到青草，有利于发育，断奶体重比冬羔大。产春羔时对圈舍的要求不高。

(2) 缺点　母羊整个怀孕期处在饲草饲料不足的冬季，营养不良，因而胎儿的发育较差，初生重小，体质弱。这样的羔羊，虽经夏秋季节的放牧可以获得一些补偿，但紧接着冬季到来，比较难越冬度春，当年死亡较多。春季气候多变，母羊及羔羊容易得病，发病率较高，尤其是羔羊抵抗力弱，发病率更高。春羔断奶时已是秋季，对母羊的抓膘、发情配种有影响。

一般说来，冬羔的优越性大于春羔，早春羔比晚春羔好。条件较好的地区，可以多产冬羔。

四、配种方法

绵羊的配种方法可分为自然交配和人工授精两种。

（一）自然交配

自然交配是让公羊和母羊自行直接交配的一种方式，包括自由交配和人工辅助交配两种。

1. 自由交配

常年或在配种季节将公、母羊混群放牧，任其自由交配。这是一种原始的配种方法，由于完全不加控制，因此存在不少缺点，主要是不能发挥优良种公羊的作用；消耗公羊体力，影响母羊抓膘；较难掌握产羔具体时间；羔羊系谱混乱；容易交叉感染疾病等。所以现代生产多不采用这种方法，只在粗放的粗毛羊饲养或人工授精扫尾时采用。

2. 人工辅助交配

人工辅助交配是将公、母羊分群放牧，在配种期用试情公羊挑选出发情的母羊，再与指定的公羊交配。其优点是能进行选配和控制产羔时间，克服了自由交配的一些缺点，但还不能完全利用种公羊的作用优势。在羊只数量少，种公羊比较充足，不具备开展人工授精的条件的地区，可采用此法。

（二）人工授精

人工授精是一种先进的配种方法，是用器械将精液输入发情母羊的子宫颈内，使母羊受孕的方法。通过人工授精可以发挥优秀种公羊的作用，提高母羊的受胎率，节省公羊，节省饲料费用，防治传染病，便于血统登记，精液可以长期保存和远距离运输。它是有计划进行羊群改良和培育新品种的一项重要技术措施。

【任务实施】

知识点学习

- 羊的繁殖规律

技能训练四十五 羊的采精和人工输精

一、必备资源

羊场、繁殖实训室、人工输精器材。

二、活动步骤

1. 准备工作

（1）药物配制

① 配制65%酒精 用96%无水酒精68mL，加入蒸馏水32mL。为了准确起见，应以酒精比重计测定原酒精的浓度，然后按比例计算，配制出所需浓度。

② 配制0.9%氯化钠溶液 每100mL蒸馏水中，加入化学纯净的氯化钠0.9g，待充分溶解后，用滤纸过滤两遍。现用现配。

③ 配制2%重碳酸钠或1.5%碳酸钠溶液 每100mL温开水中，加入2g重碳酸钠或1.5g碳酸钠，使其充分溶解。

④ 棉球准备 将棉花做成直径1.5～2cm大小的圆球，分装于有盖广口瓶或搪瓷缸内，分别浸入96%酒精、65%酒精及0.9%氯化钠溶液，以棉球湿润为度。瓶上贴以标签，注明药液的名称、规格，以利识别。氯化钠棉球经过消毒以后使用。

（2）器械用具的洗涤和消毒 凡供采精、输精及与精液接触的器械、用具，都应做到清洁、干净，并经消毒后方可使用。

① 洗涤 输精器械用2%重碳酸钠溶液或1.5%碳酸钠溶液反复洗刷后，再用清水冲洗2～3次，最后用蒸馏水冲洗数次，放在有盖布的搪瓷盘内。假阴道内胎用肥皂洗涤，以清水冲洗后，吊在室内，任其自然干燥；如急用可用清洁毛巾擦干。毛巾、台布、纱布、盖布等可用肥皂或肥皂粉洗涤，再用清水淘洗几次。

② 消毒 假阴道用棉花球擦干，再用65%酒精消毒。连续使用时，可用96%酒精棉球消毒。

集精杯用65%酒精或蒸汽消毒，再用0.9%氯化钠溶液冲洗3～5次。连续使用时，先用2%重碳酸钠溶液洗净，再用开水冲洗，最后用0.9%氯化钠溶液冲洗3～5次。

输精器用65%酒精消毒，再用0.9%氯化钠溶液冲洗3～5次。连续使用时，其处理方法与集精杯相同。

开膣器、镊子、搪瓷盘、搪瓷缸等可用酒精火焰消毒。

其他玻璃器皿、胶质品用65%酒精消毒。

氯化钠溶液、凡士林每日应蒸煮消毒一次。

毛巾、纱布、盖布等洗涤干净后用蒸汽消毒，橡皮台布用65%酒精消毒。

擦拭母羊外阴部和公羊包皮的纱布、试情布，用肥皂水洗净，再用2%来苏儿溶液消毒，用清水淘净晒干。

注：蒸汽消毒时，待水沸后蒸煮30min。最好用高压消毒锅。

(3) 其他 做好配种计划的制订、人工授精站的建筑和设备、种公羊的选择和调教、配种母羊群的组织、试情公羊的选择等准备工作。

2. 假阴道的准备

(1) 将假阴道安装好，按前述器械洗涤、消毒方法和顺序对假阴道进行清洗消毒。

(2) 在假阴道的夹层灌入50～55℃的温水，水量约为外壳与内胎间容量的1/2～2/3。

(3) 把消毒好的集精杯安装在假阴道一端，并包裹双层消毒纱布。

(4) 在假阴道另一端深度为1/3～1/2的内胎上涂一层薄薄的白凡士林（约0.5～1.0g)。

(5) 吹气加压，使未装集精杯的一端内胎呈三角形，松紧适度。

(6) 检查温度，以40～42℃为适宜（气温低时，可适当高些；气温高时，可低些)。

3. 采精方法

(1) 选择发情旺盛、个体大的母羊作为台羊，保定在采精架上。

(2) 引导采精的种公羊到台羊附近，拭净包皮。

(3) 采精人右手紧握假阴道，用食指、中指夹好集精杯，使假阴道活塞朝下方，蹲在台羊的右后侧。

(4) 待公羊爬跨台母羊阴茎伸出时，采精人用左手轻拨（勿捉）公羊包皮（勿接触龟头)，将阴茎导入假阴道（假阴道与地平线应呈35°角)。

(5) 当公羊后躯急速向前用力一冲时，即完成射精，此时随着公羊从母羊身上跳下，顺着公羊动作向后移下假阴道，立即竖立，集精杯一端向下。

(6) 放出假阴道的空气，擦净外壳，取下集精杯，用盖盖好送精液处理室检查处理。

注意：种公羊每日采精以四次为宜，即上午两次，下午两次；必要时可采五次，但不应超过六次。连续采精时，第一、二次间隔时间应为5～10min，第三次采精与第二次相隔30min。年轻公羊每天采精不应超过两次。采精应在运动、喂料1h后进行。公羊每采精6～7天应休息1天。

4. 精液检查及稀释

(1) 精液检查

① 肉眼检查

a. 射精量 一般为1～1.5mL，最高可达3mL。

b. 色泽 正常精液为乳白色，无味或稍具腥味。如为灰色、红色、黄色、绿色及带有臭味者，不可使用。

c. 云雾状 外观精液呈回转滚动的云雾状态者，即为品质优良的精液。

② 显微镜检查 应在18～25℃室温下进行。用细玻璃棒蘸一滴精液置于载玻片上，加盖玻片(勿使发生气泡)，然后在400～600倍的显微镜下，检查精子的密度和活力。

a. 密度 根据视野内精子的多少，评为“密”“中”“稀”“无”四等。

b. 活力 根据视野内直线前进精子数的多少评为五分、四分、三分、二分、一分。

种公羊精液经检查，密度为“密”或“中”，活力达到五或四分者方可用以输精。

(2) 精液稀释 原精液加入一定量的稀释液，可增加精液的容量，延长精子的存活时间，有利于精液的保存和运输，扩大母羊的配种数量。

稀释液配方：

配方一：脱脂奶粉10g，卵黄10g，蒸馏水100mL，青霉素10万国际单位。

配方二：柠檬酸钠1.4g，葡萄糖3.0g，卵黄20g，蒸馏水100mL，青霉素10万国际单位。

配制时，分别将奶粉、柠檬酸钠、葡萄糖加入蒸馏水中，经过蒸煮消毒、过滤，最后加入卵黄和青霉素，振荡溶解后即制成稀释液。

精液稀释时，稀释液要预热，其温度应与精液的温度尽量保持一致，在20～25℃的室温下无菌操作，将稀释液慢慢沿杯壁注入精液中并轻轻搅拌混合均匀，稀释的倍数根据精子的密度、活力来定。一般以1∶1为宜；若精液不足，最高也不要超过1∶3。稀释好的精液在常温（20～30℃）下能保存1～2天；低温（0～4℃）下能保存3～5天。

5. 输精

（1）保定发情母羊，用小块消毒纱布擦净外阴部。纱布每次使用后必须洗净、消毒，以备下次再用。

（2）输精时，输精人左手握开腔器，右手持输精器，先将开膣器慢慢插入阴道，轻轻旋转，打开开膣器，找到子宫颈，然后把输精器尖端通过开膣器，插入子宫颈约0.5～1cm，再用右手拇指轻轻推动输精器活塞，注入定量精液。输精后，先取出输精器，然后使开膣器保持一定的开张度而取出，以免夹伤母羊阴道黏膜。

（3）输精量的多少，应依精液品质、稀释倍数、母羊数量和输精技术等来决定。原则上要求每只母羊的一次输精量为0.05～0.1mL，输入母羊子宫颈内的精子数为7000万个，不应少于5000万个。

（4）当天输精工作完毕后，将用过的全部器械、用具洗净，用65%酒精消毒后，放在搪瓷盘里，盖上盖布，以备下次使用。

（5）输精时间和次数与受胎率有密切关系。在母羊发情开始后12h进行第一次输精为宜。如连续发情，应每隔12h重新输精一次。但在生产实践中，由于大群管理，母羊发情开始时间较难掌握，一般采用早晨一次试情，早晚两次输精。秋季每天早晨6时试情，8时第一次输精；下午5～6时第二次输精。第二天继续发情的羊，重新输精。

（6）已输精的母羊、试情后发情的母羊，应作好标记，以便识别。

（7）人工授精工作结束后，应将一切器械、用具彻底清洗擦干，金属类涂上油剂，内胎涂以滑石粉，并妥善包装保存。

为了积累资料，总结经验，检查绵羊改良和育种工作成果，人工授精中必须做好种公羊精液品质检查、发情母羊输精情况及选配等记录工作。记录务求清楚、准确，并进行统计分析。配种工作结束后，人工授精站必须作出全面的工作总结。

6. 注意事项

（1）加强对公羊的选择及精液品质的鉴定　对单睾、隐睾或睾丸形状不正常等存在生殖缺陷的公羊不能留作种用，一经发现应立即淘汰。同时还应避免一些公羊因长途运输、夏秋季气温过高等因素造成的暂时性不育情况。通过精液品质检查，根据精子活力、正常精子的百分率、精子密度等判定公羊能否参加配种。

（2）母羊的发情鉴定及适时输精　掌握母羊发情鉴定技术，确定适时输精时间是非常重要的。羊人工授精的最佳时间是发情后12～24h。因为这个时段子宫颈口开张，容易做到子宫颈内输精。一般可根据阴道流出的黏液来判定发情的早晚：黏液呈透明黏稠状即是发情开始；颜色为白色即到发情中期；如已混浊，呈不透明的黏胶状，即是到了发情晚期，是输精的最佳时期。

（3）严格执行人工授精操作规程　人工授精从采精、精液处理到适时输精，都是环环相扣的，任何一环掌握不好均会影响受胎率，因此配种员应严格遵守人工授精操作规程，提高操作质量，才能有效地提高受胎率。

【巩固训练】

一、名词解释

性成熟、体成熟、发情周期、发情持续期、妊娠期、繁殖季节、安静发情、假性发情、持续发情、公羊试情法、阴道检查法、自然交配、人工授精、胚胎移植、供体、受体、超数排卵、妊娠期

二、填空题

1. 一般绵羊的性成熟在（ ）月龄，初配年龄在（ ）月龄，发情周期（ ）天，发情持续期（ ）天，发情后（ ）小时配种较为合适；其妊娠期平均为（ ）天。

2. 一般山羊的性成熟在（ ）月龄，初配年龄在（ ）月龄，发情周期（ ）天，发情持续期（ ）天，发情后（ ）小时配种较为合适；其妊娠期平均为（ ）天。

3. 在北方地区，由于气候寒冷，绵羊一般安排在4～5月份产羔，在（ ）月份配种为宜。

4. 羊为（ ）日照季节性发情动物，光照（ ），母羊生殖机能处于兴奋和旺盛状态，促进母羊；反之，光照时间延长，则会（ ）母羊发情。

5. 提高母羊营养水平，特别是补足蛋白质饲料，对中等以下膘情的母羊可以促进（ ），诱发母羊产双胎。

6. 假性发情是指母羊在（ ）期发情或母羊虽有发情表现但（ ）根本无卵泡发育。

7. 羊的发情鉴定通常有（ ）法、（ ）法和（ ）法。

8. 绵羊的配种方法可分为（ ）、（ ）两种。

9. 冬羔是（ ）月份配种，12月至翌年1～2月份所产的羔羊；春羔是10～12月份配种，翌年（ ）月份产的羔羊。

10. 采精时，假阴内温度以（ ）为宜；精液镜检时，室温应保持在（ ）。

三、简答题

1. 羊的初次配种年龄如何决定？

2. 你认为羊的繁殖是如何受季节制约的？

3. 对发情外部特征不明显的羊，应采取何种发情鉴定方法？

4. 简述胚胎移植。

【知识拓展】

高效繁殖新技术

【任务考核】

任务二 妊娠与分娩助产

【任务目标】

能对配种后母羊及早地作出诊断；能正确进行羊妊娠诊断，做好母羊接产和产后护理工作；熟悉羊妊娠检查及接产方法；掌握母羊妊娠、分娩征兆。

【必备知识】

一、妊娠

妊娠的概念在任务一中已有说明，是指母羊自发情接受输精或交配后，受精卵形成，即意味着妊娠。精卵结合形成胚胎开始到发育成熟的胎儿出生为止，胚胎在母体内发育的整个时期为妊娠期。

妊娠期间，母羊的全身状态特别是生殖器官相应地发生一些生理变化。

1. 妊娠母羊的体况变化

① 食欲 妊娠母羊新陈代谢旺盛，食欲明显增强，消化能力提高。

② 体重 由于胎儿的快速发育，加上母羊妊娠期食欲的增强，怀孕母羊体重明显上升。

③ 体况 怀孕前期因代谢旺盛，妊娠母羊营养状况改善，表现毛色光润、膘肥体壮；怀孕后期则因胎儿急剧生长消耗母体营养，如饲养管理较差时，妊娠母羊则表现瘦弱。

2. 妊娠母羊生殖器官的变化

① 卵巢 母羊怀孕后，妊娠黄体在卵巢中持续存在，从而使发情周期中断。

② 子宫 妊娠母羊子宫增生，继而生长和扩展，以适应胎儿的生长发育。

③ 外生殖器 怀孕初期阴门紧闭，阴唇收缩，阴道黏膜的颜色苍白。随妊娠时间的延长，阴唇表现水肿，且其水肿程度逐渐增加。

3. 妊娠期母羊体内生殖激素的变化

母羊怀孕后，首先是内分泌系统协调孕激素的平衡，以维持妊娠。妊娠期间，几种主要孕激素变化和功能如下：

① 孕酮 在促黄体素的作用下卵巢排卵，破裂卵泡处生成黄体，而后受生乳素的刺激释放一种生殖激素，这种激素就叫做孕酮，也叫做黄体酮。孕酮与雌激素协同发挥作用，维持妊娠。

② 雌激素 雌激素是在促性腺激素作用下由卵巢释放，继而进入血液，通过血液中雌激素和孕酮的浓度来控制脑下垂体前叶分泌促卵泡素和促黄体素的水平，从而控制发情和排卵。雌激素也是维持妊娠所必需的。

二、早期妊娠诊断

母羊配种后应尽早进行妊娠诊断，其优点是能及时发现空怀母羊，以便采取补配措施；对已受孕的母羊加强饲养管理，避免流产。母羊的早期妊娠诊断通常有以下几种方法：

1. 表观征状观察

母羊受孕后，在孕激素的制约下，发情周期停止，不再表现有发情征状，性情变得较为温顺。同时，孕羊的采食量增加，毛色变得光亮润泽。但这种方法不易早期确切诊断母羊是否怀孕，因此还应结合触诊法来确诊。

2. 触诊法

待检查母羊自然站立，然后用两只手以抬抱方式在腹壁前后滑动，抬抱的部位是乳房的前上方，用手触摸是否有胚胎胞块。

3. 阴道检查法

妊娠母羊阴道黏膜的色泽、黏液性状及子宫颈口形状均有一些和妊娠相一致的规律变化。

① 阴道黏膜 母羊怀孕后，阴道黏膜变为苍白色，但用开膣器打开阴道后，很短时间内即由白色又变成粉红色；而空怀母羊黏膜始终为粉红色。

② 阴道黏液 孕羊的阴道黏液呈透明状，量少、浓稠，能在手指间牵成线。如果黏液量多、稀薄、颜色灰白，则视为未孕。

③ 子宫颈 孕羊子宫颈紧闭，色泽苍白，并有糨糊状的黏块堵塞在子宫颈口，人们称之为“子宫栓”。

4. 免疫学诊断

怀孕母羊血液、组织中具有特异性抗原，可用制备的抗体血清与母羊细胞进行血细胞凝集反应，如母羊已怀孕，则红细胞会出现凝集现象。若加入抗体血清后红细胞不会发生凝集，则视为未孕。

5. 超声波探测法

超声波探测仪是一种先进的诊断仪器，有条件的地方利用它来做早期妊娠诊断便捷可靠。其检查方法是：将待查母羊保定后，在腹下乳房前毛稀少的地方涂上凡士林或石蜡油，将超声波探测仪的探头对着骨盆入口方向探查。在母羊配种40天以后，用这种方法诊断，准确率较高。

三、妊娠期和预产期的推算

（一）妊娠期

羊的妊娠期平均150天。不同品种、怀单羔多羔妊娠期有所不同。山羊妊娠期长于绵羊，山羊的妊娠期为142～161天，平均为152天；绵羊的妊娠期为146～157天，平均为150天。产多胎的母羊妊娠期短于单胎母羊。

（二）预产期的推算

母羊怀孕后，为了做好分娩前的准备工作，应准确推算出预产期，推算方法：配种月份加5，配种日期数减3。例如一母羊于2013年4月28日配种，预产期为：预产月份＝4＋5＝9，即9月；预产日＝28－3＝25，即25日。因此，该母羊的预产日期是2013年9月25日。

如果遇到月份加5大于12时，应减12，所得数为预产月份。预产日计算方法相同。

例如某羊的配种日期是2013年12月8日，它的预产期为：预产月份＝(12＋5)－12＝5，即次年的5月；预产日＝8－2＝6，即6日。因此，该母羊的预产期是2014年5月6日。

四、产羔前的准备

1．接羔棚舍的准备

羔羊在初生时对低温环境特别敏感，一般在出生后1h内直肠温度要降低2～3℃，所以接羔棚舍的温度要求达到10℃左右，避免羔羊出生时感到寒冷，而且接羔棚舍要保持地面干燥、通风良好、光线充足、挡风御寒。在接羔棚舍附近，应为初生弱羔和急救羔羊安排一暖室。

此外，在产羔前1周左右，必须对接羔棚舍、饲料架、饲槽、分娩栏等进行修理和清扫，地面和墙壁要用3％～5％碱水或10％～20％石灰乳溶液进行彻底的消毒。喷洒地面或涂抹墙壁，要仔细彻底，并在产羔期间再消毒2～3次。

2．饲草饲料的准备

为冬季产羔的母羊提供充足的饲草饲料。冬季产羔在哺乳后期正值枯草季节，如缺乏良好的冬季牧草或充足的饲草、饲料，母羊易缺奶，影响羔羊发育，所以应该为产冬羔的母羊准备充足的青干草、质地优良的农作物秸秆、多汁饲料和适当的精料等。

为春季产羔的母羊提供饲草饲料。春季产羔时有的地区牧草还没有返青，所以也应该为产羔母羊准备至少15天左右所需要的饲草饲料。在牧区，在产羔棚舍附近，从牧草返青时开始，在背风、向阳、接近水源的地方可围一块草地供产羔母羊放牧。在接羔棚舍附近，从牧草返青时开始，在避风、向阳、靠近水源的地方用土墙、草坯或铁丝网围起来，作为产羔用草地，其面积大小可根据产草量、牧草的植物学组成以及羊群的大小、羊群品质等因素决定，但至少应当够产羔母羊1个半月的放牧用为宜。

3．药品器械的准备

消毒药品如来苏儿、酒精、碘酒、高锰酸钾、消毒纱布、脱脂棉以及必需药品如强心剂、镇静剂、垂体后叶素，还有注射器、针头、温度计、剪刀、编号用具和打号液、秤、记录表格（母羊产羔记录、初生羔羊鉴定）等均应准备充分。

4．接羔人员的准备

接羔护羔是一项繁重而细致的工作，要根据羊群分娩头数认真研究，制定接羔护羔的技术措施和操作规程，做好接羔护羔的各项工作。接羔时除主管接羔的技术人员外，还应有几个辅助人员，每个人必须分工明确，责任到人，对初次参加接羔的工作人员要进行培训，使其掌握接羔的知识和技术。此外，兽医要经常进场进行巡回检查，做到及时防治。

五、接羔技术

（一）母羊临产前的症状

有配种记录的母羊，可以按配种日期以“月加五，日减三”的方法来推算预产期。例如4月8日配种怀孕的母羊其预产期应为9月5日，10月7日配种怀孕的母羊则为次年的3月4日。

在预产期来临前2～3天，要加强对母羊的观察。母羊在临近分娩时会有以下异常的行为表现和组织器官的变化：临产母羊乳房开始胀大，乳头直立并能挤出黄色的初乳。阴门红肿且不紧闭，并不时有浓稠黏液流出，尤其以临产前2～3h最明显。骨盆韧带变得柔软松弛，肷窝明显下陷，臀部肌肉也有塌陷。由于韧带松弛，荐骨活动性增大，用手握住尾根向上抬感觉荐骨后端能上下移动。临产母羊表现孤独，常站立于墙角处，喜欢离群，放牧时易掉队，用蹄刨地，起卧不安，排尿次数增多，不断回顾腹部，食欲减退，停止反刍，不时鸣叫等。有上述表现的母羊应留在产房，不要出牧。

（二）产羔过程

母羊产羔过程分产前准备、胎儿产出两个阶段：

1. 产前准备阶段

以子宫颈的扩张和子宫肌肉有节律性地收缩为主要特征。在这一阶段的开始，子宫每15min左右便发生一次收缩，每次约20s，由于是一阵一阵的收缩，故称之为“阵缩”。在子宫阵缩的同时，母羊的腹壁也会伴随着发生收缩，称之为“努责”，这时，接羔人员应做好接羔准备。在准备阶段，扩张的子宫颈和阴道成为一个连续管道。胎儿和尿囊绒毛膜随着进入骨盆入口，尿囊绒毛膜开始破裂，尿囊液流出阴门，称之为“破水”。羊分娩的准备阶段的持续时间为0.5～24h，平均为2～6h。若尿囊破后超过6h胎儿仍未产出，即应考虑胎儿产式是否正常，超过12h，即应按难产处理。

2. 胎儿产出阶段

胎儿随同羊膜继续向骨盆出口移动，同时引起膈肌和腹肌反射性收缩，使胎儿通过产道产出。母羊正常分娩时，在羊膜破后几分钟至30min左右，羔羊即可产出。若是产双羔时，先后间隔5～30min，但也偶有长达数小时以上的。如果分娩时间过长，则可能是胎儿产式不正常形成难产。分娩过程中，接产人员应时刻注意观察，要及时处理一些假死羔羊，并对难产羊进行急救。

六、难产的一般处理

在分娩时，初产母羊因骨盆狭窄，阴道过小、胎儿个体较大或经产母羊由于腹部过度下垂、身体衰弱、子宫收缩无力或因胎位不正等均会造成难产。助产时，助产人员应剪短、磨光指甲，消毒手臂，涂上润滑剂，根据不同情况采用不同方法处理。

（1）阴道狭窄或胎儿过大，羊膜已破，羊水流失时，用凡士林或石蜡油涂抹阴道使阴道滑润后，用手将胎儿拉出。

（2）胎儿口、鼻和两肢已露出阴门，但仍不能顺利产出时，先将胎膜撕破，擦净胎儿鼻口部羊水，掏出口腔内黏液，然后在阴门外隔阴唇用手握住胎儿头额后部，用力向外挤压，将头和两蹄全部挤出阴门，随母羊努责将胎儿顺势拉出。

（3）遇有头颈侧弯或下弯者，将手伸进阴道将胎儿推回到子宫腔内将头纠正，使鼻、唇、两前肢摆正并送入软产道，慢慢将胎儿拉出。

（4）前肢弯曲，只出一只蹄，或有肩部前置情况时，都要将胎儿推回到子宫腔，纠顺成正常状态（即两前肢托口唇的状态）后再慢慢顺势产出。

（5）遇有子宫扭转、子宫颈扩张不全及骨盆腔狭窄等情况致胎儿不能产出时，要立即进行剖宫产手术，保胎儿顺利产出。

遇到倒产、难产时不能着急，一定要耐心。慢慢将胎儿捋顺并随母羊努责动作，将胎儿拉出，一般都能助产成功。

七、假死羔羊的处理

羔羊产出后，身体发育正常，心脏仍有跳动，但不呼吸，这种情况称为假死。假死的原因主要是由于羔羊过早地呼吸而吸入羊水，或是子宫内缺氧、分娩时间过长、受凉等原因所造成的。如果遇到羔羊假死情况，要及时进行抢救处理。提起羔羊两后肢，使羔羊悬空同时拍其背、胸部，或向口内猛吹几口气。使羔羊卧平，用两手有节律的推压羔羊胸部两侧。暂时假死的羔羊，经过这种处理后即能复苏。因受凉而造成假死的羔羊，应立即移入暖室进行温水浴，水温由38℃开始，逐渐升到45℃。浴时应注意将羔羊头部露出水面，严防呛水，同时结合腰部按摩，浸20～30min，待羔羊复苏后，立即擦干全身。

八、繁殖力及衡量指标

繁殖力是指动物维持正常生殖机能、繁衍后代的能力，是评定种用动物生产力的主要指标。羊群的繁殖力指标是提高选育效果和增加养羊生产经济效益的前提，衡量指标有配种率、受胎率、产羔率、双羔率、羔羊成活率、繁殖率及繁殖成活率等。

$$配种率=\frac{发情配种母羊数}{参配母羊数}\times100\%$$

$$受胎率=\frac{受胎母羊数}{参配母羊数}\times100\%$$

$$产羔率=\frac{产活羔羊数}{分娩母羊数}\times100\%$$

$$双羔率=\frac{产活羔羊数-分娩母羊数}{分娩母羊数}\times100\%$$

$$羔羊成活率=\frac{断奶羔羊数}{产活羔羊数}\times100\%$$

$$繁殖率=\frac{产活羔羊数}{适繁母羊数}\times100\%$$

$$繁殖成活率=\frac{断奶羔羊数}{适繁母羊数}\times100\%$$

【任务实施】

知识点学习

1. 妊娠
2. 妊娠诊断
3. 产前准备
4. 接羔
5. 难产处置

技能训练四十六 接羔

一、必备资源

规模化羊场、羔羊。

二、活动步骤

1. 母羊乳房、外阴部清洗、消毒

母羊临产时剪净乳房周围和后肢内侧的羊毛，以免产后污染乳房，然后用温水擦洗乳房，并挤出几滴初乳。之后，再清洗母羊的外阴部，并用1%来苏儿消毒。

2. 接羔

羔羊出生时一般是两前肢及头部先出，并且头部紧紧靠在两前肢的上面，即为顺利产出。当母羊产出第一羔后，如仍有努责或阵痛，必须检查是否还有第二羔。

方法为手掌在母羊腹部前侧适力颠举，如为双羔，可触感到光滑的羔体。母羊在产羔过程中，非必要时，一般不应干扰，最好让其自行娩出。但双胎母羊在第二羔分娩时已感疲乏，或母羊体质较差时，这种情况下需要助产。方法是：人在母羊体躯后侧，用膝盖轻压其肷部，等羔羊嘴端露出后，用一只手向前推动母羊会阴部，羔羊头部露出后，再用一手托住头部，一手握住前肢，随母羊的努责向后下方拉出胎儿。若属胎位异常（不正）时，要做难产处理。

3. 羔羊产出后的处理

羔羊产出后，用手先把其口腔、鼻腔里的黏液掏出擦净，以免因呼吸困难、吞食羊水而引起窒息或异物性肺炎。羔羊身上的黏液最好让母羊舔净，这样有助于母羊认羔。如母羊恋羔性比较差时，可将胎儿身上的黏液涂在母羊嘴上，引诱母羊舔净羔羊身上的黏液。如果母羊仍不舔或天气较冷时，应用干草迅速将羔羊全身擦干，以免羔羊受凉感冒。

羔羊产出后，一般都是自己扯断脐带，等其扯断后再用5%碘酊消毒。人工助产分娩出的羔羊，体质较弱，可由助产人员拿住脐带，把脐带中的血向羔羊脐部顺捋几下，离羔羊腹部3～4cm的适当部位扯断脐带，并进行消毒，预防发生脐带炎或破伤风。

母羊分娩后1h左右，胎盘会自然排出，应集中深埋，以免母羊吞食，养成恶习。如4～5h之后仍不排出，应进行处理，否则会引起子宫炎等一系列疾病。

初生后的羔羊要进行编号，育种羔羊称量初生重，按栏目要求填写羔羊出生登记表。

【巩固训练】

一、名词解释

繁殖力、配种率、受胎率、产羔率、双羔率、羔羊成活率、繁殖率及繁殖成活率

二、填空题

1. 妊娠母羊生殖器会发生一些变化，由于黄体的存在，（　　）中断，子宫（　　），以适应胎儿的生长发育，怀孕初期阴道黏膜颜色呈现（　　）色。
2. 母羊早期妊娠诊断的方法有（　　）、（　　）、（　　）、（　　）、（　　）。
3. 羊的常用杂交改良方法有（　　）、（　　）、（　　）、（　　）。
4. 育成杂交大致可分为（　　）、（　　）、（　　）三个阶段。

三、简答题

1. 妊娠早期母羊体况有哪些变化？
2. 为什么要进行母羊早期妊娠诊断，其方法有哪些？
3. 你所在地区用哪些方法为母羊做早期妊娠诊断，正确率如何？
4. 某头母羊于2017年1月16日配种，请计算其预产期，并说明如何进行妊娠诊断。

【知识拓展】

提高繁殖力的主要方法

【任务考核】

项目四　羊安全生产技术

任务一　羊场消毒与防疫

【任务目标】

能够制定一份羊场消毒和防疫计划；掌握羊场的常规消毒方法和发生传染病时的消毒措施；掌握羊常见疫苗种类、使用方法、免疫程序等。

【必备知识】

一、羊场消毒

随着规模化养羊的发展，羊场羊群发生疫病越发多见。合理的消毒是预防养殖场疫病感染和控制疫病暴发的重要措施之一，是高效养殖的重要保障。消毒是采用一定方法将养殖场环境、用具、动物体表和各种被污染物体的病原微生物杀死或使微生物灭活的过程，分物理消毒、化学消毒和生物消毒法。

（一）环境消毒

环境用2%～3%氢氧化钠或撒布生石灰，生产区道路、每栋舍前后等羊舍周围环境每10天左右消毒一次；生活区、办公区院落每半个月消毒一次；场内污水池、堆粪坑、下水道出口也可以用2%～3%氢氧化钠消毒或使用甲醛溶液喷洒消毒，每半个月消毒一次。

发生疫情后地面土壤表面可用10%漂白粉溶液、4%福尔马林或10%氢氧化钠溶液喷洒消毒。停放过病羊尸体的场所要严格消毒，首先用10%漂白粉澄清被喷洒地面，然后掘起30cm左右土层，撒上干漂白粉。如果放牧地区被某种病原体污染，一般利用阳光来消除病原体或使用化学消毒药消毒。

（二）羊舍消毒

1. 空舍消毒

每批羊只出售或转出后，要对羊舍进行彻底的清洁消毒，消毒方法可以采用喷雾、火焰或熏蒸的方法。首先彻底清扫空舍的污水与残料，对各个死角的尘埃进行清洁，并整理归纳舍内饲槽、用具。用水对地面、羊栏、食槽、粪尿沟等喷洒浸润30min后，用高压冲洗机由上至下彻底冲洗墙壁、栏架、地面、粪尿沟等。清洁消毒晾干后，选用广谱高效消毒剂消毒舍内所有表面和用具，必要时可选用2%～3%氢氧化钠进行喷雾消毒。购进羊只前一天再次喷雾消毒一次，或采用熏蒸消毒的方法则更好。常采用福尔马林和高锰酸钾熏蒸，具体方法是先计算房间容积与称量药品，按福尔马林、高锰酸钾和水2∶1∶1的比例配制，福尔马林按$36mL/m^3$。密封圈舍，将福尔马林倒入高锰酸钾容器内，24h后打开门窗通风。

2. 带羊消毒

带羊清扫羊舍后，选用0.5%过氧乙酸或0.1%新洁尔灭等消毒剂喷雾消毒羊舍。带羊消毒是日常消毒，一般夏季每周消毒2次，春、秋季每周消毒1次，冬季2周消毒1次。除消毒羊体表外，还要消毒整个圈舍的所有空间，消毒时将喷雾器的喷头高举使喷嘴向上，让消毒雾水从空中缓慢地下降。当发生疫情时要每天或隔日消毒一次。

（三）人员与车辆消毒

所有工作人员进入羊场生产区都要淋浴，换鞋，更换工作服，经紫外线照射15min消毒。工作人员的工作服、鞋、帽等要定期熏蒸或高压灭菌消毒，进入生产区的料车等用具每周彻底消毒一次。进入羊场大门的送料车辆等要经过消毒池，同时还要对车身进行高压喷雾消毒，消毒液可用2%过氧乙酸。严禁外来人员与车辆进入生产区。尽可能减少外来人员参观，参观只限于生活区通过视频参观，外来人员进入生活区也要严格消毒。

（四）注意事项

选择消毒剂要尽量使用高效、低毒、无腐蚀性，无特殊的气味和颜色，不对设备、物料、产品产生污染且价格便宜的消毒药。配制消毒水严格按消毒药物说明书的规定配制，药量与水量的比例要准确，不可随意加大或减少药物浓度。不要任意将几种不同的消毒药物混合使用。消毒药现配现用，搅拌均匀，并尽可能在短时间内一次用完。养殖场应多备几种类型的消毒剂，定期交替使用，以免产生耐药性。消毒要作消毒记录，记录消毒时间、消毒药品、使用浓度、消毒对象等。

二、羊场的防疫计划

对羊群进行免疫接种，是预防和控制羊传染病的重要措施。目前预防羊主要传染病的疫苗及免疫接种时间、剂量和免疫期等见表2-4-1。

表2-4-1　羊常用疫苗及使用

疫苗名称	疫病种类	免疫时间	免疫剂量	注射部位	免疫期	备注
羊痘弱毒冻干苗	绵羊痘、山羊痘	每年3～4月	0.5mL(1头份)	皮内注射	1年	可用于所有羊只
无毒炭疽芽孢苗	羊炭疽	绵羊	0.5mL	皮下注射	1年	山羊禁用
羔羊痢疾氢氧化铝菌苗	羔羊痢疾	分娩前25天和15天各1次	每只2mL和3mL	股内侧皮下	5个月	羔羊通过母乳获得被动免疫
羊三联四防灭活苗	快疫、猝疽、肠毒血症、羔羊痢疾	3月上旬和9月下旬各1次	1mL(1头份)	皮下或肌内注射	1年	用20%铝胶盐水溶解
羔羊大肠杆菌疫苗	羔羊大肠杆菌病		1mL	皮下注射		3月龄以下
			2mL			3月龄以上
O型口蹄疫灭活疫苗	羊O型口蹄疫		成羊2mL，羔羊1mL	肌内注射	4个月	有不良反应者用肾上腺素急救
口疮弱毒细胞冻干苗	山羊口疮	每年3月和9月	0.2mL	口腔黏膜内注射		可用于所有羊只
山羊传染性胸膜肺炎氢氧化铝菌苗	山羊传染性胸膜肺炎		3mL	皮下或肌内注射		6月龄以下
			5mL			6月龄以上
羊链球菌氢氧化铝菌苗	山羊链球菌病	每年3月和9月	3mL	羊背部皮下		6月龄以下
			5mL			6月龄以上
破伤风类毒素	破伤风		0.5mL	羊颈部皮下注射	1年	免疫期4年

免疫接种前要了解被预防羊群的年龄、妊娠、泌乳及健康状况，体弱羊或病羊预防易引起免疫失败，甚至会引起各种不良反应。对怀孕后期的母羊应暂时不接种常规疫苗，避免接种时由于驱赶、捕捉和疫苗反应等引起流产，半月龄以内羔羊一般也注射疫苗，疾病威胁区紧急免疫除外。免疫接种前应注意记录疫苗有效期、批号及厂家，以便备查。预防接种还应做到及时更换注射针头。

【任务实施】

知识点学习

1. 羊场消毒
2. 羊场的防疫计划

技能训练四十七 消毒药品的配制

一、必备资源

喷雾消毒器、火焰喷灯、盆、桶、量杯、台秤、生石灰、20%过氧乙酸、粗制氢氧化钠、工作服、手套、靴子等。

二、活动步骤

1. 消毒药品配制要求

(1) 准确称量所需药品。

(2) 配制浓度应符合消毒要求，不得随意加大或减少。

(3) 药品要求完全溶解，混合均匀。

2. 消毒药品配制方法

先将稀释药品所需要的水倒入配药容器（盆、桶或缸）中，再将已称量的药品倒入水中混合均匀或完全溶解，即成待用消毒液。具体操作如下：

(1) 5%来苏儿溶液 取来苏儿 5 份加入清水 95 份（最好用 50～60℃温水配制），混合均匀即成。

(2) 20%石灰乳 按 1kg 生石灰加 5kg 水，用陶缸或木盆先把等量水缓慢加入石灰内，待石灰变为粉状再加入余下的水，搅匀即成。

(3) 漂白粉乳剂及澄清液 在漂白粉中加入少量水，充分搅成稀糊状，然后按所需浓度加入全部水（25℃左右温水）。

20%漂白粉乳剂：按 1000mL 水加漂白粉 200g（含有效氯 25%）配成混悬液。

20%漂白粉澄清液：20%漂白粉乳剂静置后上液即为澄清液，使用时稀释成所需浓度。

(4) 10%福尔马林溶液 福尔马林为 40%甲醛溶液（市售商品）。按 10mL 福尔马林加 90mL 水的比例配成（即 4%甲醛溶液），如需其他浓度溶液，同样按比例加入福尔马林及水。

(5) 粗制苛性钠溶液 如欲配 4%苛性钠溶液，称 40g 苛性钠，加水 1000mL（60～70℃），搅匀即成。

【巩固训练】

1. 规模化羊场的羊舍、环境、人员与车辆消毒方法有哪些？
2. 规模化羊场防疫要点有哪些？
3. 如何编制羊场防疫计划？

【知识拓展】

羊场防疫管理

【任务考核】

任务二　羊常见普通病防治

【任务目标】

掌握羊妊娠毒血症、羔羊低血糖症和羔羊肺炎的病因、症状、诊断、治疗与预防措施。

【必备知识】

一、羊妊娠毒血症

羊妊娠毒血症是妊娠末期母羊碳水化合物和脂类代谢障碍性疾病。主要临床表现为精神沉郁，食欲减退，运动失调，呆滞凝视，卧地不起甚至昏睡等。绵羊、山羊都可发生，绵羊发病较多。

1. 病因

一般认为母羊怀双、三羔，或一羔但胎儿特别大，这时胎儿消耗大量营养物质，而母羊不能满足这种需要，成为发病的原因。在妊娠最后一个月易发生，多在分娩前10～20天，有时则在分娩前2～3天。因为此期胎儿发育特别快，仅靠采食的牧草不能满足胎儿发育需要，因而产生体内糖原、体蛋白、体脂动员、代谢紊乱，引起肝机能受损。

诱因是饲草营养水平低、饲料单纯、维生素及矿物质缺乏，特别是饲喂低蛋白、低脂肪的饲料，且碳水化合物供给不足，饥饿和环境因素变化引起的应激反应，运动不足也可诱发本病。垂体-肾上腺系统平衡紊乱可诱发此病。现代研究认为，妊娠后期，母羊肾上腺过度活动和血循环中皮质激素水平升高，致使神经细胞丧失对糖的利用率从而使病羊出现神经症状。

2. 症状

病初临床表现精神沉郁，放牧或运动时常离群单独行动，对周围事物漠不关心，离群孤立，不断鸣叫，不愿移动，有时站在水中长时间不走或就地歇息。随着病情发展，精神极度沉郁，磨牙，瘤胃弛缓，反刍停止，呼出气体内有明显的酮臭味，粪便干燥，常有便秘、磨牙，后期可发展为肌肉震颤。头不自主摇动，唇扭曲，流涎，空嚼，运动失调，无目的地走动，或将头部紧靠在某一物体上，或做转圈运动，甚至产生角弓反张，头颈侧弯，肌震颤可扩散至全身，躺卧不起可保持3～4天甚至1周，最后躺卧产生痉挛，四肢做不随意运动，昏迷，死亡。幸存者常伴有难产，羔羊极度虚弱或生后不久死亡。

血液检查表现为血糖浓度下降，从正常时的3.33～4.99mmol/L降至0.14mmol/L，血清酮体浓度可从正常时的5.85mmol/L升高到547mmol/L。游离脂肪酸和皮质醇浓度升高。尿液中酮体呈强阳性。

3. 诊断

根据临床症状、营养状况、饲养管理方式、妊娠阶段、呼出气中有酮臭、死前昏迷、全身痉挛、四肢做不随意运动、6天内死亡、血液中糖浓度下降、酮体浓度升高等均可作出诊断。

4. 治疗

本病治疗原则是提高血糖、保肝、解毒。静脉注射10%～20%葡萄糖150～200mL，并配合0.5g维生素C，同时还可肌注大剂量的维生素B_1。肌内注射氢化泼尼松75mg和地塞米松25mg或注射ACTH 20～60IU，并口服乙二醇、葡萄糖和注射钙镁磷制剂。用糖和皮质类激素治疗时宜用小剂量多次注射，若一次性大剂量注射有时会导致早产或流产。出现酸中毒症状时，可静脉注射5%碳酸氢钠溶液30～50mL。或口服丙酸钠110g/天或丙二醇20mL/天或甘油20～30mL/天。如上述方法无效，可尽快施行剖宫产或人工引产，当胎儿产出后症状迅速消失。治疗的同时改善饲养管理，可以防止病情进一步发展。增加碳水化合物饲料的数量，如块根饲料、优质青干草，并给以葡萄糖、蔗糖或甘油等含糖物质，对治疗此病有良好的辅助作用。

5. 预防

加强营养，合理搭配饲料是预防羊妊娠毒血症的重要措施。对妊娠后半期的母羊，必须饲喂营养充足的优良饲料，保证供给母羊所必需的碳水化合物、蛋白质、矿物质和维生素。对放牧的母羊应补饲适量的青干草及精料等进行预防。避免突然更换饲料，遇到寒冷、恶劣气候时更应增加饲料供给，增加运动。一旦发现本地区羊群出现妊娠毒血症，应立即采取措施，给所有妊娠母羊补饲胡萝卜等优质饲料，还可饲喂小米汤、糖浆等含糖多的食物，这样可以防止发病或降低畜群的发病率。

二、羔羊低糖血症

羔羊低糖血症亦称新生羔体温过低症，俗称新生羔发抖。本病常见于哺乳期的羔羊，绵羊羔和山羊羔均可发生，其特征是羔羊表现寒战，如果得不到及时救治，很快发生昏迷死亡。

1. 病因

初生羔羊得不到及时的能量供给，体内储备的血糖迅速耗尽，即可引发本病。常见的原因有：初生羊羔喂奶延迟，加之气温低，容易引起体温下降，而发生寒战；羔羊出生时过弱；母羊缺奶或拒绝羔羊吃奶；或羔羊患有消化不良、肝脏疾病或内分泌扰乱。

2. 症状

病初羔羊全身发抖、拱背，盲目走动，步态僵硬。阵发性卧地、翻滚，约经 15～30min 自行恢复，或维持较长时间不能恢复。轻症者体温降至 37℃左右，呼吸迫促，心跳加快。重症者表现为身体发软，四肢痉挛，鼻端和四肢发凉，排尿失禁，最后躺卧卷曲。如果得不到及时救治，很快死亡。

3. 诊断

根据发病羔羊不能及时吃乳、典型临床症状及治疗效果不难作出诊断。

4. 治疗

及时供给能量，可灌服 5%葡萄糖溶液，每日 3～5 次，每次 20～30mL。若及时采取治疗措施，大部分可以恢复健康。同时注意保暖，将羔羊放到温暖的地方，用干毛巾摩擦羔羊全身。有条件的可以将羔羊放入保温箱内。重症昏迷羔羊可以缓慢静注 25%葡萄糖溶液 20mL，再注射或灌服葡萄糖盐水 20～30mL。

5. 预防

加强母羊的饲养管理，给予丰富的碳水化合物以保证足量的母乳，及时让羔羊吃上母乳。给缺奶羔羊进行人工哺乳，并做到定时适量。对于发病的羔羊群，可口服补充葡萄糖。

三、羔羊肺炎

羔羊因呼吸系统在形态和机能上发育不足，同时感染病原菌，表现为咳嗽、喷鼻、呼吸困难，严重者头颈低垂，甚至张口呼吸。发病急，传染快，常造成大批死亡或引起后期发育不良。绵羊羔肺炎多发生于 1 ～3 月龄，山羊羔多见于 3～4 月龄。多在早春和晚秋气候多变的季节发生。

1. 病因

羔羊因母体妊娠期间营养不良，先天发育不足，抵抗力差；或羔羊出生后吃不到足够的母乳，运动不足引起发育不良。羔羊圈舍通风不良、羊群拥挤对羔羊呼吸道引起不良刺激；气候酷热或突然变冷，或者夜间羔羊圈舍受到贼风或低温的侵袭。乳房炎杆菌等病原体存在于乳房里，当羔羊吃乳时经口感染；当羔羊接触病羊或病羊污染的垫草和用具时，也能感染发病。

2. 症状

发病羔羊病初精神萎靡，被毛粗乱而无光泽，咳嗽，流黏液性鼻液，体温升高至 41℃，呼吸、脉搏加快，食欲减退或废绝。继而鼻子流出大量黏液脓性分泌物，听诊时支气管呼吸音明显，或有啰音。病势逐渐加重。后期呼吸极度困难，起卧不定，有的静卧，伸颈呼吸，衰弱而亡。死亡率 15%左右。痊愈者往往发育不良。

3. 诊断

根据发病羔羊发育不良、饲养管理不当和典型临床症状不难作出诊断。

4. 治疗

治疗原则主要是加强护理、抑菌消炎、祛痰止咳和对症治疗。加强护理，保持清洁环境，加强母羊和羔羊的营养，避免一切外界不良因素。选用青霉素、链霉素或磺胺甲基嘧啶等抑制肺内微生物的繁殖，以消除炎症和避免并发症的发生。为了制止渗出，可静脉注射10%葡萄糖酸钙10～20mL；促进肺渗出物排出，注意心脏机能的调节，可注射强心利尿剂。还可以在羔羊乳中加入鱼肝油或者肌内注射维生素A、维生素D等。

5. 预防

供给妊娠母羊充足的营养，喂给富含蛋白质、维生素、微量元素和矿物盐的饲料，加强运动，以保证胎儿的发育。加强管理，减少羔羊的密度，保证羊舍清洁卫生，夜间防寒保暖，避免贼风侵袭。当羔羊群中有羊只发生感冒时，应给全群羔羊服用抗生素或磺胺类药物，以预防继发肺炎。给羔羊补料时要注意各种营养成分的配合。母羊患传染性乳房炎时，及时隔离羔羊，不让其吃病羊乳汁，改喂健康羊乳汁。

【任务实施】

知识点学习

1. 羊妊娠毒血症
2. 羔羊低血糖症
3. 羔羊肺炎

技能训练四十八　羊的保健

一、必备资源

规模化羊场。

二、活动步骤

(1) 常年保持羊舍内外的环境清洁。重点是及时清理粪便等污物，降低污物发酵和腐败产生有害气体如氨气、二氧化碳等的含量。

(2) 羊舍内外每天清扫一次，场地、用具等要坚持每周消毒一次。交叉使用两种或两种以上的消毒药（如2%～5%火碱溶液、3%福尔马林溶液、10%百毒杀溶液等），尽量做到羊栏净、羊体净、食槽净、用具净。病死羊的尸体要深埋或焚烧，严防传染病的流行。

(3) 每年春、秋两季应进行一次大型的消毒。场门、场区入口处消毒池的药液要经常更换，保持有效浓度，并谢绝无关人员入场。羊粪应集中处理，可在其中掺入消毒液，也可采用疏松堆积发酵法用高温杀灭病菌和虫卵。常用消毒药物有2%～5%火碱溶液、10%百毒杀或0.1%消特灵等。

(4) 每年春季和秋季各注射羊四联苗（快疫、猝疽、羔羊痢疾、肠毒血症）一次。不论大小羊一律肌内注射或皮下注射5mL，对肠毒血症的免疫期为6个月，其他病为1年。

(5) 每年的3月、6月、9月、12月各进行一次全群驱虫，药品有阿维菌素制剂、丙硫苯咪唑等。对于体外寄生虫可使用伊维菌素注射液（每千克体重0.2mg，皮下注射），对于体内寄生虫可使用丙硫苯咪唑（口服剂量为每千克体重15～20mg）。

(6) 坚持自繁自养。从外地引进羊只，要经严格检疫和驱虫，确认没有传染病时方可进场，不从疫区购买草料。

(7) 要养成平时细心观察羊群的习惯（精神、食欲、运动、粪便等）。当发现异常羊或发病羊，应立即隔离治疗，以降低发病率和死亡率。同时用有效消毒药对羊舍、环境、用具、运输工具等进行消毒，对尚未表现出临床症状的易感羊只应立即隔离到安全地方饲养，病死羊尸体要深埋或焚烧。在日常管理中，也要防止通过饲养人员、其他动物和用具传染疾病。因此，患有结核病、布鲁菌病的人不允许作饲养员。

【巩固训练】

一、填空题

1. 羊妊娠毒血症是（　　　）母羊碳水化合物和脂类代谢障碍性疾病。

2. 羔羊低糖血症亦称新生羔体温过低症，俗称（　　　）。

3. 每年春季和秋季各注射（ ）一次。不论大小羊一律肌内注射或皮下注射 5mL，对肠毒血症的免疫期为 6 个月，其他病为 1 年。

二、简答题

1. 羊妊娠毒血症病因是什么？如何治疗？
2. 羔羊低血糖症的临床症状是什么？如何治疗？
3. 羔羊肺炎病因是什么？如何治疗？

【知识拓展】

羊病防治技术

【任务考核】

任务三 羊常见传染病防治

【任务目标】

掌握绵羊痘、羊口疮、羊梭菌性疾病和羊传染性胸膜肺炎等常见传染病的病原、流行病学、临床症状、诊断、治疗和综合防制措施。

【必备知识】

一、绵羊痘

绵羊痘是由绵羊痘病毒引起的一种急性、热性、接触性传染病。特征是皮肤和黏膜上发生特异性的痘疹，可见斑疹、丘疹、水疱、脓疱和结痂的病理过程。该病被国际兽疫局定为 A 类传染病，我国也将其列入一类动物疫病。

1. 病原

绵羊痘病毒分类上属于痘病毒科、脊椎动物痘病毒亚科、山羊痘病毒属。病毒为双股 DNA 病毒，有囊膜，病毒粒子呈砖形或椭圆形。病毒对低温和干燥的抵抗力较强，在干燥的痂皮中病毒可存活 6～8 周。本病毒对直射阳光、高热较为敏感，55℃经 20min 灭活。病毒对碱和消毒剂敏感，常用消毒剂如 0.5%福尔马林、0.01%碘溶液数分钟内可将其杀死。

2. 流行病学

不同品种、性别、年龄的绵羊均易感，但细毛羊最易感，羔羊比成年羊易感，病死率也较高。病羊和带毒羊为主要传染源，主要通过呼吸道传播，也可经操作的皮肤、黏膜感染。饲养人员、饲养用具、皮毛产品、饲草、垫料以及外寄生虫均可成为传播媒介。

绵羊痘是各种家畜痘病中危害最严重的传染病，羔羊发病、死亡率高，妊娠母羊可发生流产，故产羔季节流行，可招致很大损失。本病多发生于冬末春初。气候寒冷、雨雪、霜冻、饲料缺乏、饲管不良、营养不足等因素均可促发本病。

3. 症状

潜伏期平均为 6～8 天，冬季较长。病初，病羊体温升高到 41～42℃，食欲减少，精神不振，眼睑肿胀，结膜潮红，有浆液性分泌物，鼻腔也有浆液、黏液或脓性分泌物流出，呼吸和脉搏增速。

约经1～4天后开始发痘，痘疹多发生于皮肤、黏膜，无毛或少毛部位，如眼周围、唇、鼻、颊、四肢内侧、尾内面、阴唇、乳房、阴囊以及包皮上。几天之内变成水疱，继而发展为脓疱。由于白细胞的渗入，水疱变为脓性，不透明，成为脓痘。化脓期间体温再度升高。如无继发感染，则几日内干缩成为褐色痂块，脱落后遗留微红色或苍白的瘢痕，经3～4周痊愈。

非典型病例不呈现上述典型临诊症状或经过，有的仅出现体温升高和呼吸道、眼结膜的卡他性炎症；有的甚至不出现或仅出现少量痘疹，或在局部皮肤上仅出现结节，很快便干燥脱落而不形成水疱和脓疱，呈良性经过。有的病例痘疱内出血，呈黑色痘。有的病例痘疱发生化脓和坏疽，形成相当深的溃疡，气味恶臭，多呈恶性经过，病死率25%～50%。

4. 病变

尸检可见前胃和第四胃黏膜往往有大小不等的圆形或半球形坚实结节，单个或融合存在，严重者形成糜烂或溃疡。咽喉部、支气管黏膜也常有痘疹，肺部则见干酪样结节以及卡他性肺炎区。另外，常见细菌性败血症变化，如肝脂肪变性、心肌变性、淋巴结急性肿胀等。

5. 诊断

典型病例根据症状、病变和流行特征即可诊断。莫罗佐夫镀银染色法染色，胞浆内包涵体为红紫色或淡青色，也可以用血清学诊断和聚合酶链反应（PCR）确诊。

本病在临床上应与羊传染性脓疱、羊螨病等类似疾病等相区别。

（1）绵羊痘与羊传染性脓疱的鉴别 羊传染性脓疱全身症状不明显，病羊一般无体温反应，病变多发生于唇部及口腔（蹄型和外阴型病例少见），很少波及躯体部皮肤，痂皮下肉芽组织增生明显。

（2）绵羊痘与螨病的鉴别 螨病的痂皮多为黄色麸皮样，而痘疹的痂皮则呈黑褐色，且坚实硬固。此外，从螨病病羊皮肤患处以及痂皮内可检出螨。

6. 防制

平时加强饲养管理，抓好秋膘，冬季注意补饲、防寒。常发地区每年定期用羊痘鸡胚化弱毒苗在尾内侧进行皮内接种，剂量0.5mL，4～6天产生免疫力，免疫期1年。发病后应立即隔离病羊，封锁疫点。对疫区内未发病的羊及受威胁区的羊群进行紧急免疫接种。目前常用的疫苗是绵羊痘鸡胚化弱毒苗，不论羊只大小，一律在尾根皱褶处或尾内侧进行皮内注射0.5mL，注射后4～6天产生可靠的免疫力，免疫期持续1年。

治疗应在严格隔离的条件下进行，防止病原扩散，皮肤上的痘疹可用0.1%高锰酸钾冲洗，擦干后涂碘甘油、1%龙胆紫、硼酸软膏或磺胺软膏等。继发感染时，肌内注射青霉素80万～160万单位，连用2～3日；也可用10%磺胺嘧啶钠10～20mL，肌内注射1～3次。

二、羊口疮

羊口疮又名山羊传染性脓疱性口炎，它是一种由口疮病毒引起的急性接触性传染病。其特征为口腔黏膜、唇部、面部、腿部和乳房部的皮肤形成丘疹、脓疱、溃疡并结成疣状厚痂。本病见于世界各地，特别是欧洲、非洲、大洋洲、美洲多见。我国的甘肃、青海及陕西均有发生，一般都称之为“口疮”。

1. 病原

羊口疮病毒又称传染性脓疱病病毒，属于痘病毒科、副痘病毒属。不同地区分离的病毒抗原性不完全一致。病毒主要存在于疱疹内容物和痂皮中，对外界有相当强的抵抗力，暴露于夏季阳光下经30～60天其传染性才消失，在秋冬季散落在土壤里的病毒到第二年春天仍有传染性。而且可存活数年。本病毒对高温较为敏感，60℃30min即可被灭活，但加热至64℃可于2min内杀死。常用的消毒药为2%氢氧化钠溶液、10%石灰乳、20%热草木灰溶液。

2. 流行病学

感染羊无性别差异，本病多发于3～6月龄的羔羊，常呈群发性，疫区的成年羊多有一定的抵抗力。主要传染来源是病羊和其他带毒动物经皮肤和黏膜的擦伤感染为主。病毒主要存在于病变部的渗出液和痂块中，健羊可因与病羊直接接触而受感染，也可以经污染的羊舍、草场、草料、饮水和饲管用具等受到感染。本病无明显的季节性，以饲养环境改变和引种长途运输产生应激反应而诱发，传染很快，常见为群发。疫区的成年羊多有一定的抵抗力，为常年散发。

3. 症状

潜伏期为36～48h，病程为3周左右。该病在临床上分为唇型、蹄型和外阴型，也可见混合型感染。唇型最为常见，病初山羊精神沉郁，不愿采食，体温无明显升高，口角上下唇或鼻镜上出现散在的小红斑，逐渐变为丘疹和小结节，继而成为水疱、脓疱；破溃后，结成黄色或棕色的疣状硬痂。如为良性经过，则经1～2周，痂皮干燥、脱落而康复。严重病例，患部继续发生丘疹、水疱、脓疱痂垢，并互相融合，波及整个口唇周围及眼睑和耳廓等部位，形成大面积痂垢。痂垢不断增厚，痂垢下伴有肉芽组织增生。整个嘴唇肿大外翻呈桑葚状隆起，影响采食，病羊日趋衰弱而死。个别病例常伴有化脓菌和坏死杆菌等继发感染，引起深部组织化脓和坏死，致使病情恶化。有些病例危害到口腔黏膜，发生水疱、脓疱和糜烂。病羊采食、咀嚼和吞咽困难，严重者继发肺炎而死亡。蹄型感染病例于蹄叉、蹄冠或系部皮肤上形成水疱、脓疱，破裂后形成由脓液覆盖的溃疡，如继发感染则发生化脓性坏死，常波及基部、蹄骨，甚至肌腱和关节，病羊跛行，长期卧地，衰竭而死。外阴型感染表现为黏性和脓性阴道分泌物，在肿胀的阴唇及附近皮肤上发生溃疡，乳房和乳头的皮肤上发生脓疱、烂斑和痂垢；公羊表现为阴鞘肿胀，出现脓疱和溃疡。

4. 病变

病死羊尸体极度消瘦，口唇黑色结痂，延伸至面部，口腔内有水疱、溃疡和糜烂，面部皮下有出血斑。气管出现环状出血，肺部肿胀，颜色变暗。其他部位眼观无变化。

5. 诊断

根据流行病学与典型临床特征，特别是病羊口角周围有增生性桑葚状突起，一般诊断不难，但应注意与羊痘、溃疡性皮炎、坏死杆菌病等相区别。羊痘的痘疹多为全身性，病羊体温升高，全身反应严重，痘疹结节呈圆形，突出于皮肤表面，界限明显，似脐状。溃疡性皮炎主要侵害一岁以上的羊，损伤主要表现为组织破坏，以溃疡为主，不形成疣状痂。坏死杆菌病主要表现组织坏死，而无水疱、脓疱的病变，也无疣状增生物，必要时应做细菌学检查和动物试验进行区别。

6. 防制

禁止从疫区引进羊只和购买畜产品。新购入的羊应全面检查，并对羊只蹄部、体表进行彻底清洗与消毒，隔离观察1个月以后，在确认健康后方可混入其他羊群。在本病流行地区，可使用与当地流行毒株相同的弱毒疫苗株进行免疫接种。在配种前接种，待母羊分娩后，通过哺喂初乳能使羔羊获得一定免疫力。加强饲养管理，保持皮肤黏膜不发生损伤，特别是羔长牙阶段，口腔黏膜娇嫩，易引起外伤。因此，应尽量清除饲料或垫草中的芒刺和异物，避免在有刺植物的草地放牧。适时加喂适量食盐，以减少啃土、啃墙。饲槽、圈舍、运动场可用石灰粉或3%氢氧化钠消毒。患病羊吃剩的草和接触过的草都应做消毒或焚烧处理。同时给予病羊柔软、富有营养、易消化的饲料，保证饮水清洁。

治疗首先应对病羊加强护理。经常给病羊供应清水，饲料不可过于干硬，遇到病势严重而吃草料困难时，可给予鲜奶或稀料。病轻者通常可以自愈，不需要治疗。对严重病例，应每日给疮面涂以2%～3%碘酊、1%来苏儿溶液、3%龙胆紫或5%硫酸铜溶液。亦可涂用防腐性软膏，如3%石炭酸软膏或5%水杨酸软膏。如果口腔内有溃烂，可由口侧注入1%稀盐酸或3%～4%的氯酸钾，让羊嘴自行活动，以达洗涤的目的，然后涂以碘甘油或抗生素软膏。

三、羊梭菌性疾病

羊梭菌性疾病是由梭状芽孢杆菌属中的微生物所致的一类疾病。本病包括羊肠毒血症、快疫、猝疽、羔羊痢疾和黑疫。其特点是发病快、病程短、死亡率高。这类疾病临床症状有相似之处，容易混淆，对养羊业危害较大。

（一）羊快疫

羊快疫是一种主要发生于绵羊的最急性传染病，发病突然，病程极短，其病理理变化特征为真胃呈出血性、溃疡性炎症损害。100多年前本病出现于北欧一些国家，现已遍及世界各地。

1. 病原

羊快疫的病原是腐败梭菌，为两端钝圆的杆菌，专性厌氧。幼龄培养物菌体有周身鞭毛，能运动，不形成荚膜，革兰氏染色为阳性。本菌能产生α、β、γ、δ四种毒素：α毒素是一种卵磷脂酶，具有坏死、溶血和致死作用；β毒素是一种脱氧核糖核酸酶，具有杀白细胞作用；γ毒素是一种透明质酸酶；δ毒素是一种溶血素。

常用的消毒药能杀死腐败梭菌的繁殖体，但芽孢体抵抗力很强，3%福尔马林溶液能在10min内杀死。消毒常用20%漂白粉、3%～5%氢氧化钠溶液。

2. 流行病学

多发生于冬春季节，呈地方流行性。绵羊对其最敏感，以6～18月龄的绵羊多发；山羊也能感染，但发病少。腐败梭菌主要存在于低洼潮湿草地、熟耕地，污水及人畜的粪便中。经消化道感染。许多羊的消化道平时就有这种细菌存在，但不发病，当存在不良的外界诱因，特别是在秋、冬和初春气候骤变、阴雨连绵之际，羊只受寒感冒或采食了冰冻带霜的草料，机体遭受刺激，抵抗力减弱时，尤其是真胃黏膜发生坏死和炎症，同时经血液循环进入体内，刺激中枢神经系统，引起急性休克，使羊只迅速死亡。

3. 症状

突然发病，往往来不及出现临诊病状就突然死亡。有的病羊疝痛，臌气，结膜显著发红，磨牙，最后痉挛而死；有的表现虚弱；还有的排黑色稀便或黑色软便。一般体温不高，死前呼吸极度困难，体温高到40℃以上，维持时间不久即死亡。

4. 病理变化

尸体迅速腐败膨胀，剖开有恶臭，皮下有出血性胶样浸润。真胃及十二指肠黏膜有明显的充血、出血，黏膜下组织水肿，甚至形成溃疡。肠腔内充满气体。胸腔、腹腔和心包大量积液，暴露于空气中易凝固。心内外膜有出血点。多数羊胆囊肿大，充满胆汁。肠道和肺脏的浆膜下也可见到出血。

5. 诊断

生前诊断比较困难，如果6～18月龄体质肥壮的羊只突然发生死亡，死后又发现第四胃及十二指肠等处有急性炎症，肠内容物中有许多小气泡，肝肿胀而色淡，胸腔、腹腔、心包有积水等变化时，应怀疑可能是这一类疾病。

确诊需进行微生物学检查，必要时还可进行细菌的分离培养和动物试验。取病羊血液或脏器等病料涂片镜检时，能发现单个或两三个相连，并可见其中一部分已形成卵圆形膨大的中央或偏端芽孢。用病羊肝被膜做触片，经染色、镜检呈无关节长丝状的形态，是腐败梭菌极突出的特征，具有重要的诊断意义。

6. 防制

由于该病病程短促，往往来不及治疗，病羊即已死亡，因此，须加强饲养管理，防止受寒感冒，避免采食冰冻饲料。发生本病时，将病羊隔离，对病程较长的病例用青霉素、磺胺类药物进行治疗。当本病发生严重时，转移牧地，可收到减少和停止发病的效果。在本病常发地区，每年可定期注射“羊快疫-猝疽-肠毒血症三联苗”或“羊快疫-猝疽-肠毒血症-羔羊痢疾-黑疫五联苗”，皮下或肌内注射5mL，免疫期三联苗为1年，五联苗为半年。

（二）羊肠毒血症

羊肠毒血症主要是绵羊的一种急性毒血症，主要是D型魏氏梭菌在羊肠道中大量繁殖，产生毒素所致。死后肾组织易于软化，因此又常称此病为软肾病。本病在临诊病状上类似于羊快疫，故又称类快疫。

1. 病原

魏氏梭菌又称产气荚膜杆菌，为厌气性粗大杆菌，革兰阳性，无鞭毛，不能运动，在动物体内能形成荚膜，芽孢位于菌体中央。本菌能产生强烈的外毒素，具有酶活性，不耐热，有抗原性，用化学药物处理可变为类毒素。

常用的消毒药均易杀死本菌繁殖体，但芽孢体抵抗力较强，在95℃下需2.5h方可杀死，消毒时常用20%漂白粉、3%～5%氢氧化钠溶液等。

2. 流行病学

D型魏氏梭菌为土壤常在菌，也存在于污水中。羊只采食被病原菌孢污染的饲料与饮水时，芽孢便随之进入羊的消化道，其中大部分被真胃里的酸杀死，一小部存活者进入肠道。细菌在肠道内大量繁殖，产大量ε原毒素，经胰蛋白酶的作用下转变成ε毒素，引起肠毒血症。病羊作为传染源的意义有限。各种品种、年龄的羊都可以感染发病，但绵羊多发，山羊较少，通常2～12月龄羊多发。发病表现出明显的季节性和条件性，多呈散发。膘情好的羊多发。

3. 症状

潜伏期短，常表现为突然发病，往往在看出症状后羊很快便死亡。体温不高，血、尿常规检查常有血糖、尿糖升高现象。临床上可分为两种类型：一类以抽搐为特征，表现为四肢强烈的划动，肌肉震颤，眼球转动，磨牙，口水过多，随后头颈显著抽缩，往往在2～4h内死亡；另一类型以昏迷和安静死亡为特征，表现为步态不稳，以后卧倒，并有感觉过敏，流涎，上下颌"咯咯"作响，继之昏迷，角膜反射消失，有的病羊发生腹泻，通常在3～4h内安静地死去。抽搐型和昏迷型在症状上的差别是由于吸收的毒素多少不一造成的。

4. 病理变化

尸体常表现为异常膨胀，胃肠内充满气体和液状内容物。真胃黏膜发炎，有坏死灶，内充满未消化的饲料。小肠黏膜充血、出血，严重的整个肠壁呈血红色，有溃疡。肾脏表面充血、出血，呈软泥状，稍加触压即碎烂。肺充血、水肿，全身淋巴结肿大、充血。胸膜有出血。胸腔或腹腔积有较多量的渗出液。心包液增多，心外膜有出血点。组织学检查，可见肾皮质坏死；脑和脑膜血管周围水肿，脑膜出血，脑组织液化性坏死。

5. 诊断

由于病程短促，生前确认较难。但根据本病突然发病、迅速死亡、散发、多发生于雨季和青草生长旺季等流行特点，结合剖检所见软肾、体腔积液、小肠黏膜严重出血等特征，可作出初步诊断。确诊还需要实验室检验，在肠道中发现大量D型魏氏梭菌、肾脏和其他实质脏器内发现D型魏氏梭菌等。

动物实验，取肠内容物用生理盐水稀释1～3倍，用滤纸过滤或以3000r/min离心5min，取上清液给家兔静脉注射2～4mL或静注小白鼠0.2～0.5mL。如肠内毒素含量高，即可使实验动物于10min内死亡；如肠毒素含量低，动物于注射后0.5～1h卧下，呈轻昏迷，呼吸加快，经1h左右可能恢复。

6. 防制

加强饲养管理，在牧区夏初发病时，应该少抢青，而让羊群多在青草萌发较迟的地方放牧，秋末发病时，可尽量到草黄较迟的地方放牧；在农区针对引起发病的原因，减少或暂停抢茬，少喂菜根菜叶等多汁饲料。加强羊只的饲养管理，加强羊只的运动。当羊群中出现本病时，转移到高燥的地区放牧。在常发地区，应定期注射"羊快疫-猝疽-肠毒血症三联苗"或"羊快疫-猝疽-肠毒血症-羔羊痢疾-黑疫五联苗"。

（三）羊猝疽

羊猝疽是由C型魏氏梭菌引起的一种毒血症，以急性死亡、腹膜炎和溃疡性肠炎为特征。羊猝疽最先发现于英国，在美国和前苏联也曾发生过。

1. 病原

本病病原为C型魏氏梭菌，C型菌产生β主要毒素和α次要毒素，可在10%血琼脂培养基上进行厌氧培养。其他同羊肠毒血症。

2. 流行病学

本病发生于成年绵羊，以1～2岁的绵羊多发。以1～2岁的绵羊发病较多。常见于低洼、沼泽地区，多发生于冬、春季节，常呈地方流行性。主要经消化道感染，C型魏氏梭菌随污染的饲料和饮水进入羊只消化道后，在小肠（特别是十二指肠和空肠）里繁殖，产生β毒素，引起羊只发病。

3. 症状

本病潜伏期和病程短，看不到临床症状而突然死亡。有时发现病羊掉群、卧下，表现出不安、腹泻和痉挛，眼球突出，在数小时内死亡。病程短促，常未及见到病状即突然死亡。有时发现病羊掉群、卧地、不安、衰弱和痉挛，在数小时内死亡。

4. 病理变化

主要见于消化道和循环系统。十二指肠和空肠黏膜严重充血、糜烂，有的区段可见大小不等的溃疡。胸腔、腹腔和心包腔积液，浆膜上有小点出血。病羊刚死时骨骼肌表现正常，但在死后8h内，细菌在骨骼肌里增殖，使肌间隔积聚血样液体，肌肉出血，有气性裂孔，死亡后骨骼肌出现气肿和出血。骨骼肌的这种变化与黑腿病的病变十分相似。

5. 诊断

根据成年绵羊突然发病死亡，剖检见糜烂性和溃疡性肠炎、腹膜炎，体腔和心包腔积液，可初步诊断为猝疽。确诊需从体腔渗出液、脾脏取材进行细菌的分离和鉴定，以及从小肠内容物里检查有无β毒素。

6. 防制

可参照羊快疫和羊肠毒血症的防制措施进行。

（四）羔羊痢疾

羔羊痢疾是由B型魏氏梭菌引起初生羔羊的一种急性毒血症，其特征为剧烈腹泻和小肠发生溃疡。本病常可使羔羊发生大批死亡，给养羊业带来重大损失。

1. 病原

病原为B型魏氏梭菌，产生β型毒素。其他同羊肠毒血症。

2. 流行病学

本病主要发生于7日龄以内的羔羊，以2～3日龄的羔羊发病最多，7日龄以上的羔羊很少发病。主要经消化道感染，也可经脐带或伤口感染。发病的诱因主要是妊娠期营养不良，羔羊体质衰弱，其次，气候寒冷，特别是大风雪后，羔羊受冻；另外，哺乳不当，羔羊饥饱不均也可促使发病。病羔是主要传染来源，其次是带菌母羊。在产羔季节呈地方性流行，发病率30%～90%，死亡率可达100%。

3. 症状

自然感染的潜伏期为1～2天。病初精神委顿，低头拱背，不吃奶。不久就发生腹泻，粪便恶臭，呈黄绿色、黄白色或灰白色糊状或水样。后期粪便中含有血液、黏液和气泡。如不及时治疗，一般在1～2天内死亡，只有少数病轻者可能自愈。有的病羔腹胀而不下痢，或只排少量稀粪（也可能带血或呈血便），主要表现为神经症状，四肢瘫软，卧地不起，呼吸急促，口流白沫，最后昏迷，头向后仰，体温降至常温以下。病情严重，病程短促，若不加紧救治，常在数小时到十几小时内死亡。

4. 病理变化

尸体严重脱水，显著的病理变化是在消化道，真胃内有未消化的凝乳块，小肠（特别是回肠）黏膜充血发红，溃疡周围有一出血带环绕；有的肠内容物呈血色。肠系膜淋巴结肿大、充血或出血。肺常有充血区域或瘀斑。心包积液，心内膜有时有出血点。

5. 诊断

根据流行特点、临床症状和剖检变化可作出初步诊断，但注意与沙门菌、大肠杆菌等引起初生羔羊下痢的区别。确诊需进行实验室检查以鉴定病原体及毒素。

6. 防制

应加强饲养管理，增强妊娠母羊的体质；同时注意羔羊的保暖，合理哺乳，采取消毒、隔离、免疫接种和药物治疗等综合措施才能有效地防治本病。每年秋季注射羔羊痢疾菌苗或“羊快疫-猝疽-肠毒血症-羔羊痢疾-黑疫五联苗”，于产前14～21天再接种1次。羔羊出生后12h内可灌服土霉素0.15～0.2g，每天1次，连用3天，有一定的预防效果。

治疗羔羊痢疾的方法很多，各地应用效果不一，应根据当地条件和实际效果，试验选用。

（五）羊黑疫

羊黑疫又名传染性坏死性肝炎，是B型诺维氏梭菌引起羊的一种急性高度致死性毒血症。特征是肝实质发生坏死。本病多发生于澳大利亚、新西兰、法国、智利、英国、美国、德国，亚洲也有此病存在。

1. 病原

病原为诺维梭菌，又称水肿梭菌，和羊快疫、肠毒血症、猝疽的病原一样，同属于梭状芽孢杆菌属 。革兰染色阳性大杆菌，呈单个或短链状排列，有鞭毛，无荚膜，易形成芽孢，严格厌氧。抵抗力与羊快疫和羊肠毒血症的病原体相似。

2. 流行病学

诺维梭菌主要存在于土壤中、饲料及反刍动物消化道内，经消化道而感染。主要发生于春、夏肝片吸虫流行的低洼、潮湿地区。本菌能使1岁以上的绵羊感染，以2～4岁的绵羊发生最多。发病羊多为肥胖羊只。山羊也可感染；牛偶可感染。实验动物中以豚鼠为最敏感；家兔、小鼠易感性较低。本病的发生经常与肝片吸虫的感染密切相关。

3. 症状

本病临床症状与羊快疫、羊肠毒血症等极其相似。病程急促，绝大多数病例未见临床症状而突然发生死亡。少数病例病程稍长，可拖延1～2天，但不超过3天。病畜掉群，不食，呼吸困难，体温41.5℃左右，呈昏睡俯卧，并保持在这种状态下毫无痛苦地突然死去。病死率接近100％。

4. 病理变化

病羊尸体皮下静脉显著扩张，其皮肤呈暗黑色外观（黑疫之名即由此而来）。胸部皮下组织经常水肿，浆膜腔有液体渗出，暴露于空气易凝固，液体常呈黄色，但腹腔液略带血色。左心室心内膜下常出血。肝脏充血肿胀，从表面可看到或摸到有一至多个凝固性坏死灶，坏死灶的界限清晰，灰黄色，不规整圆形，周围常为一鲜红色的充血带围绕，坏死灶直径可达2～3cm，切面成半圆形。羊黑疫肝脏的这种坏死变化是很具特征性的，具有很强的诊断意义。这种病变和未成熟肝片吸虫通过肝脏所造成的病变不同，后者为黄绿色，弯曲似虫样的带状病痕。

5. 诊断

在肝片吸虫流行的地区，发现急死或昏睡状态下死亡的病羊，剖检见特殊的肝脏坏死变化，有助于诊断。必要时可做细菌学检查和毒素检查。

羊黑疫、羊快疫、羊猝疽、羊肠毒血症等梭菌性疾病由于病程短促，病状相似，在临床上不易互相区别，同时，这一类疾病在临床上与羊炭疽也有相似之处，因此，应注意类症区别。

6. 防制

预防此病首先在于控制肝片吸虫的感染。用“羊快疫-猝疽-肠毒血症-羔羊痢疾-黑疫五联苗”进行免疫接种。发生本病时，应将羊群移牧于高燥地区。

四、羊传染性胸膜肺炎

羊传染性胸膜肺炎又称羊支原体肺炎、“烂肺病”，是由支原体引起的羊的一种高度接触性传染病。临床特征为高热、咳嗽、肺和胸膜发生浆液性和纤维蛋白性炎症。病程呈急性或慢性经过。该病死亡率很高，对养羊业危害很大，被国际兽疫局定为B类传染病。我国时有发生。

1. 病原

病原是丝状支原体山羊亚种和绵羊支原体。该类支原体没有细胞壁，具有多形性，一般呈球形、环形、杆形、星形、弧形，但以球形为主。革兰氏染色阴性。对外界环境的抵抗力不强。一般的消毒剂经过5min丧失活力，50℃加热40min即可杀灭。对红霉素高度敏感，四环素也有较强的抑菌作用，对青霉素、链霉素不敏感。

2. 流行病学

病羊和带菌羊是主要的传染源，病愈后尚可带菌散布病原。感染羊的肺组织和胸腔渗出液中都含有大量的病原体。病原体主要从呼吸道排出，通过飞沫由呼吸道感染。山羊和绵羊均易感，自然条件下仅见于山羊，尤其是3岁以下的山羊更易感染。

本病的病程为急性或慢性，死亡率很高。常呈地方性流行，多发生于山区和草原。主要发生于冬季和早春枯草季节，寒冷潮湿、阴雨连绵、羊群密集、营养不良等因素可促进本病流行。接触传染性很强，一旦发病，20天左右可波及全群。

3. 症状

潜伏期一般为2～28天。根据临床症状和病程长短可分为最急性型、急性型和慢性型三种。

① 最急性型　多发生于本病流行的初期，病羊体温升高达41～42℃，精神沉郁，食欲废绝，呼吸急促，数小时后出现肺炎症状，干咳，而后出现呼吸困难，鼻孔扩张，鼻腔流出浆液并带有血液。肺部叩诊有浊音或实音区，听诊肺泡音减弱、消失或有捻发音。1～2天后，病羊卧地不起，四肢伸直，呼吸极度困难并全身颤动，黏膜高度充血、发绀，常因窒息而死亡。病程一般不超过4～5天，有的仅12～24h。

② 急性型　最常见。病初体温升高，食欲减退，出现咳嗽，伴有浆液性鼻漏。几天以后，咳嗽变干而痛苦，鼻腔分泌物转为铁锈色的脓性黏液，黏附于鼻孔和上唇。胸部叩诊有实音区，听诊呈支气管呼吸音和摩擦音，按压胸壁表现敏感，疼痛，多发生在一侧。后期病羊高热稽留不退，食欲废绝，眼睑肿胀，流泪，有脓性或黏性分泌物。由于呼吸极度困难，表现头颈伸直，腰背拱起，张口呼吸。孕羊大批流产。濒死前体温降至常温以下，病程多为1～2周，有的可达1个月。

③ 慢性型　多数由急性转来，也有开始就是慢性经过的。多见于夏季，全身症状较轻，体温42℃左右。病羊时常咳嗽和腹泻，鼻涕时有时无，身体衰弱，被毛粗乱、无光。如饲养管理不当或继发感染时，可使病情恶化而迅速死亡。

4. 病理变化

特征病变是纤维素性胸膜肺炎的变化。急性病例的损害多为一侧或双侧肺叶与胸腔壁轻微粘连。肝变区突出于肺表，颜色由红色至灰色不等，切面呈大理石样外观，纤维素渗出液的充盈使得肺小叶间组织变宽，小叶界限明显，支气管扩张。胸膜变厚而且粗糙，附着一层黄白色的纤维素，心包粘连。胸腔常有淡黄色液体，暴露于空气中后有纤维蛋白凝块。此外，可见心包积液，心肌松弛、变软。肝、脾肿大，胆囊肿胀，肾肿大和膜下小点出血。病程延长者肺肝变区机化，结缔组织增生，甚至有包囊化的坏死灶。

5. 诊断

根据流行特点、临床症状和剖检变化可作出初步诊断，确诊须进行病原学检查和血清学试验。血清学试验可用补体结合试验，多用于慢性病例。

本病在临床上和病理上均与羊巴氏杆菌病相似，但用病料进行涂片做细菌学检查，巴氏杆菌病为两极浓染的短小杆菌。

6. 防制

加强羊群的饲养管理，搞好环境卫生和日常消毒，防止羊群与其他反刍动物接触。新引进羊只必须隔离检疫1个月以上，确认健康时方可混入大群。根据当地的实际情况选择山羊传染性胸膜肺炎鸡胚化弱毒苗或绵羊肺炎支原体灭活苗免疫接种。发生该病时，应立即进行封锁，对病羊、可疑病羊和假定健康羊分群隔离和治疗。对被污染的羊舍、场地、饲养管理用具进行彻底消毒，对病羊尸体、粪便等进行无害化处理。对发病初期病羊可使用足够剂量的土霉素、四环素、恩诺沙星及卡那霉素等药物治疗。

【任务实施】

知识点学习

- 绵羊痘、羊口疮、羊梭菌性疾病和羊传染性胸膜肺炎病原、临床症状及诊治方法、综合防制措施

技能训练四十九 羊的检疫

一、必备资源

羊、体温计、叩诊工具包、常见传染病综合防治措施视频。

二、活动步骤

(1) 羊的群体检疫

① 静态 检查肉羊精神状况、营养、反刍、呼吸、立卧姿势等。

② 动态 检查运动时头、颈、腰、背、四肢的运动状态。

③ 食态 检查饮食、咀嚼、吞咽时的反应。同时应检查排便时姿势，粪尿的质度、颜色、气味等。

(2) 羊的个体检查 包括群体检疫时发现的异常个体检查和随机抽样（20%）的个体检查。

① 观察精神状况、外貌、营养状况、起卧运动姿势、蹄冠、趾间、反刍、呼吸以及皮肤、被毛、可视黏膜、天然孔、粪、尿等。

② 触摸皮肤（耳根）温度、弹性，胸腹部敏感性，体表淋巴结的大小、形状、硬度、活动性、敏感性等。

③ 叩诊心、肺、胃、肠、肝区的音质、位置和界限，胸、腹部敏感程度。

④ 听叫声、咳嗽声、心音、肺泡气管呼吸音、胃肠蠕动音等。

⑤ 检查体温、脉搏、呼吸数。

⑥ 检查渗出物、漏出物、分泌物、排泄物等的颜色、质度、气味等。

【巩固训练】

一、填空题

1. 绵羊痘被国际兽疫局定为（　　）类传染病，我国也将其列入（　　）类动物疫病。
2. 羊口疮又名（　　），它是一种由口疮病毒引起的急性接触性传染病。
3. 羊传染性胸膜肺炎又称羊支原体肺炎、“烂肺病”，被国际兽疫局定为（　　）类传染病。

二、简答题

1. 绵羊痘的诊断和防治要点有哪些？
2. 如何诊断和治疗羊传染性胸膜肺炎？
3. 羊梭菌性疾病有哪些？羊梭菌性疾病的流行病学有何特点？
4. 羊梭菌性疾病各有何特征性症状和病变？
5. 怎样预防羊梭菌性疾病？如何进行免疫接种？
6. 简述羊传染性胸膜肺炎的症状和病变。
7. 羊梭菌性疾病的防制原则是什么？
8. 羊口疮的流行病学有何特点？简介其症状、病变及防制要点。

【知识拓展】

规模化舍饲肉羊场疫病综合防控对策

【任务考核】

任务四　羊常见寄生虫病防治

【任务目标】

掌握羊囊尾蚴病、多头蚴病、羊球虫病、羊泰勒虫和羊鼻蝇蛆病等常见寄生虫病的病原、生活史、临床症状、诊断、治疗及综合防制措施。

【必备知识】

牛羊寄生虫病很多是相同的病原，如肝片吸虫和大片吸虫既可寄生于牛也可以寄生于羊。牛、羊都是棘球蚴的宿主，与动物医学相关的蜱虫大多都可寄生于牛或羊。有的牛、羊寄生虫病是相似的，如牛羊绦虫病主要是指能寄生于牛、羊的裸头科中数种绦虫，其中莫尼茨绦虫和曲子宫绦虫都能寄生于牛、羊，而无卵黄腺绦虫主要寄生于羊，但它们的主要寄生虫病诊断与防治都相似。诸如以上相同或相似情况，本项目中不再赘述。

一、羊囊尾蚴病

羊囊尾蚴病是羊带绦虫的中绦期蚴虫寄生于羊的心肌、膈肌、咀嚼肌和舌肌等部位，偶尔也可在肺脏、食道壁和胃壁寄生引起的绦虫蚴病。羊带绦虫寄生于犬、狼、狐狸等小肠内。

1. 病原

成虫为羊带绦虫，虫体长 40～100cm，头节较宽，顶突有小钩。孕卵节片每侧有许多分枝。羊囊尾蚴为羊带绦虫蚴虫，呈囊状，囊体长 4～9mm，宽 2～3.6mm，卵圆形，囊内充满透明液体，有一白色囊头节附着在囊壁上。

2. 生活史与流行病学

与牛带囊尾蚴相同，中间宿主与终末宿主不同。羊囊尾蚴寄生于羊肌肉等组织中。被终末宿主犬、狼吞食，经 7 个月发育为成虫，成虫寄生于小肠。成虫孕卵节片或虫卵随粪便排出体外，污染饮水或饲料，被羊误食后，六钩蚴钻入小肠内，然后随血流到肌肉，经 3 个月时间发育为囊尾蚴，在心肌、膈肌等部位寄生。

3. 致病作用与症状

羊感染羊带绦虫后表现为虚弱、胃肠功能障碍等。六钩蚴移行能使组织产生损伤；以后在囊尾蚴发育时间内致病作用不明显。羊囊尾蚴在我国新疆有分布报道，其分布没有猪、牛囊尾蚴广泛，加之羊囊尾蚴不感染人，所以不及猪、牛囊尾蚴重要。

4. 诊断

根据临床症状、流行病学资料和尸体剖检可做出初步诊断，心肌、膈肌等肌肉压片中检查到囊尾蚴即可确诊。

5. 防治

以预防犬小肠内寄生羊带绦虫为主，对牧羊犬定期驱虫，并深埋或烧毁犬排出粪便和虫体。不让犬等肉食兽吃到生羊肉或内脏器官。

二、脑多头蚴病

脑多头蚴病又称脑包虫病，是由带科多头属多头带绦虫的幼虫寄生于绵羊、山羊、黄牛、牦牛等反刍动物的脑和脊髓中引起的疾病，尤以 2 岁以下的绵羊易感。偶见于骆驼、猪、马以及其他野生反刍动物，人极少见。该病是危害羔羊和犊牛的一种重要的人畜共患寄生虫。

1. 病原

成虫为多头带绦虫，或称多头绦虫，寄生于犬、狼、狐狸等的小肠中，属带科带属（或称多头属）。虫体长 40～100cm，由 200～250 个节片组成。成虫呈方形，或宽大于长，生殖器官每节一组，生殖孔不规则地交替开口于节片侧缘中点的稍后方。睾丸约 300 个，分布于两侧，卵巢分两叶，近生殖孔侧的一叶较小。孕节内子宫有 14～26 对分枝。顶突上有小钩 22～32 个，排成两行。

脑多头蚴为多头带绦虫幼虫，乳白色，具半透明的囊泡，呈圆形或卵圆形，直径约 5mm 或更大，大小取决于寄生部位、发育程度及动物种类。囊壁由两层膜组成，外膜为角质层，内膜为生发层，其上有许多原头蚴，直径为 2～3mm，数量约有 100～250 个。囊内充满液体。

虫卵呈圆形，卵内含有六钩蚴。虫卵直径为 29～37μm。虫卵对外界环境的抵抗力强，在自然界可长时间保持生命力，然而在日晒的高温下很快死亡。

2. 生活史与流行病学

成虫寄生于犬、狼等终末宿主的小肠内，脱落的孕节随粪便排出体外，虫卵逸出污染饲料或饮水，被牛、羊等中间宿主误食而感染。卵内六钩蚴在小肠内逸出，钻入肠壁血管，随血循到达脑、脊髓等处，约 3 个月变为感染性的脑多头蚴。终末宿主犬、狼等食肉动物吞食含脑多头蚴的脑、脊髓而感染。原头蚴吸附于肠壁上而发育为成虫。潜伏期为 40～50 天，在犬体内可存活 6～8 个月。

3. 致病作用与症状

羊感染初期 1～3 周，六钩蚴的移行机械性刺激和损伤宿主的脑膜和脑实质组织，引起体温升高及类似脑炎或脑膜炎症状。重度感染的动物常在此期间死亡。耐过急性期，虫体压迫脑脊髓，导致中枢神经功能障碍。动物感染后 2～7 个月出现典型症状，出现视力减弱，运动和姿势异常。

虫体的寄生部不同，引起的症状也不一样，如虫体寄生于大脑额骨区时，头下垂，向前直线奔跑或呆立不动，常将头抵在物体上；虫体寄生于大脑颞骨区时，常向患侧做转圈运动，所以叫回旋病；虫体寄生于小脑时，表现知觉过敏，行走时出现急促步样或步样蹒跚，磨牙，流涎，平衡失调，痉挛等。

4. 诊断

在流行区内，可依据动物有无强迫运动、痉挛性质、视力有无减退或失明等作出初步判断。虫体寄生于大脑表层时，触诊头部可判定虫体所在部位。有些病例需在剖检时才能确诊。此外，可用变态反应原（用多头蚴的囊液及原头蚴制成乳剂）注入羊的上眼睑内作诊断，感染多头蚴的羊于注射 1h 后，皮肤呈现肥厚肿大并保持 6h 左右。近年采用酶联免疫吸附试验诊断有较强的特异性、敏感性，且没有交叉反应，据报道是多头蚴病早期诊断的好方法。

鉴别诊断要与莫尼茨绦虫病及羊鼻蝇蛆病进行区分。莫尼茨绦虫病与脑多头蚴的区别是前者在粪便中可以查到虫卵，患畜应用驱虫药后症状立即消失。可用粪检和观察羊鼻腔来区别。

5. 防治

加强饲养管理，对牧羊犬定期驱虫，排出的犬粪和虫体应深埋或烧毁。不让犬等肉食兽吃到带有多头蚴的牛、羊等动物的脑和脊髓。患病动物的头颅脊柱应予以烧毁。牛、羊患本病的初期尚无有效疗法，只能对症治疗。当脑多头蚴位于头部前方表层时可进行外科手术摘除，在脑深部和后部寄生的情况下难以摘除。用吡喹酮和丙硫咪唑治疗有一定的效果。

三、羊鼻蝇蛆病

羊鼻蝇蛆病亦称羊狂蝇蛆病，是由双翅目、环裂亚目、狂蝇科的羊鼻蝇的幼虫寄生在羊的鼻腔及周围腔窦内引起的寄生虫病。病羊表现为流脓性鼻漏、呼吸困难和打喷嚏等慢性鼻炎症状。

该病在我国西北、东北、华北和内蒙古等地区较为常见，流行严重地区感染率达 80%，主要危害绵羊，对山羊危害较轻。

1. 病原

羊鼻蝇成虫体长 10～12mm，淡灰色，略带金属光泽。头大呈黄色，翅膀透明，两复眼小，相距较远，触角短小呈黑色，口器退化。头部和胸部具有很多凸凹不平的小结节。胸部灰黄色，有 4

条黑色不明显的纵纹，腹部有褐色及银白色的斑点。

第一期幼虫呈黄白色，长约1mm，前端有2个黑色的口前钩，体表丛生小刺。第二期幼虫长20～25mm，体表的刺不明显。第三期幼虫呈棕褐色，长约30mm。背面拱起，各节上具有深棕色的横带。腹面扁平，上有多排小刺。前端尖，有2个强大的黑色口钩。虫体后端齐平，有2个黑色的后气孔。

2. 生活史与流行病学

成蝇野居于自然界，不营寄生生活，也不叮咬羊只，只是寻找羊只向其鼻孔中产幼虫。成蝇在温暖季节出现，每年5～9月间，尤以7～9月间最多。雌蝇栖息于较高而安静处，待体内幼虫发育后才开始飞翔，只在炎热晴朗无风的白天活动，阴雨天时，栖息于羊舍附近的土墙或栅栏上。雌蝇遇羊时，急速而突然地飞向羊鼻，将幼虫产在鼻孔内或鼻孔周围，每次可产出20～40个。一只雌蝇在数日内能产出500～600个幼虫，产完幼虫后死亡。

一期幼虫以口钩固着于鼻黏膜上爬入鼻腔并向深部移动。在鼻腔、额窦或鼻窦内经2次蜕皮变为三期幼虫，侵入的幼虫仅10%～20%能发育成熟。到翌年春天，发育成熟的第三期幼虫由深部向浅部移行，当病羊打喷嚏时，幼虫即被喷落地面，钻入土内或羊粪内变蛹。蛹期1～2个月，羽化为成蝇。成蝇寿命为2～3周。在温暖地区一年可繁殖2代，在寒冷地区每年1代。

3. 致病作用与症状

成虫侵袭羊群产幼虫时，羊群惊恐不安，互相拥挤，惊慌不安，表现为摇头、喷鼻、低头或以鼻孔抵于地面，或以头部藏伸在其他羊只的腹下或腿间，严重扰乱羊只的采食和休息。使羊只逐渐消瘦。

羊鼻蝇的幼虫在鼻腔或额窦内固着或移行时，其口前钩和体表小刺损伤黏膜引起发炎，初为浆液性，以后为黏液性，有时出血，鼻液在鼻孔周围干固，形成鼻痂，并使鼻孔堵塞，病羊表现打喷嚏、甩鼻子、磨牙、摇头等；经过几个月以后，症状会逐渐好转；但到发育为三期幼虫时，虫体变硬增大，并逐渐向鼻孔移动，又使症状加剧。

在寄生过程中个别幼虫可进入颅腔，损伤脑膜，或因鼻窦发炎而波及脑膜，均能引起神经症状，常发生旋转运动，或发生痉挛、麻痹等症状。最终可导致死亡。

4. 诊断

根据症状、流行病学资料和死后剖检，在鼻腔、鼻窦、额窦、角窦找到幼虫即可确诊。为了早期诊断，可用药液喷入鼻腔，收集鼻腔用药后的喷出物，发现死亡幼虫，加以确诊。如出现神经症状应与羊多头蚴病和莫尼茨绦虫病区别。

5. 防治

防治羊鼻蝇蛆病，应以消灭羊鼻腔内的第一期幼虫为主要措施。发现有鼻蝇幼虫病羊及时治疗，并消灭喷出的幼虫。伊维菌素、阿维菌素、碘硝酚注射液和氯氰柳胺对各期幼虫有效。鼻蝇飞翔期，羊鼻周围涂5%滴滴涕凡士林，每5天1次。

四、羊球虫病

羊球虫病是由艾美科球虫寄生于绵羊或山羊的肠道引起的一种原虫病，发病羊表现为下痢、消瘦、贫血、发育不良等症状。感染艾美尔属球虫严重者引起死亡，尤其对羔羊危害大。该病呈世界性分布。

1. 病原

寄生于绵羊和山羊的球虫种类很多，文献记载有15种，我国报道的有12种，均寄生于绵羊或山羊肠道上皮细胞引起急性或慢性肠炎。寄生于羊的各种球虫中，以阿撒他艾美耳球虫和温布里吉艾美耳球虫的致病力比较强，而且最为常见。

2. 生活史与流行病学

羊球虫只需要1个宿主就可完成其生活史。在发育过程中经历外生性发育与内生性发育2个阶段。羊误食孢子化卵囊后，囊壁被消化液所溶解，子孢子逸出，钻入肠上皮细胞，发育为裂殖体，裂殖体经过裂殖生殖形成许多裂殖子，裂殖子随上皮细胞破裂而逸出再侵入新的未感染的上皮细胞，再次进行裂殖生殖。经过一定代数裂殖生殖后产生的裂殖子进入上皮细胞后不再发育为裂殖体，而发育为配子体进行有性生殖，先形成大配子体和小配子体，继而再形成大配子和小配子，大小配子发生接合过程融合为合子，合子迅速形成一层被膜，即成为平常粪检时见到的卵囊。卵囊排入外界环境中，在适宜的温度、湿度和有充足氧气条件下发育成为孢子化卵囊。

各种品种的绵羊、山羊对球虫均有易感性，但山羊感染率高于绵羊。1 岁以下的羊极易感染，发病重，死亡率高，成年羊一般都是带虫者。流行季节多为春、夏、秋 3 季。感染率和强度依不同球虫种类及各地的气候条件而异。冬季气温低，不利于卵囊发育，很少发生感染。突然更换饲料、羊圈潮湿或在低洼地上放牧均易感染。

3. 致病作用与症状

人工感染的潜伏期为 11～17 天。本病可能因感染的种类、感染强度、羊只的年龄、机体的抵抗力以及饲养管理条件等的不同而呈急性或慢性过程。急性经过的病程为 2～7 天，慢性经过的病程可长达数周。病羊精神不振，食欲减退或消失，体重下降，被毛粗乱，可视黏膜苍白，腹泻，粪便中常混有血液，剥脱黏膜上皮，有恶臭，粪便中含有大量卵囊。体温有时升至 40～41℃，严重者可导致死亡，死亡率常达 10%～25%，有时可达 80%以上。

病变主要发生于小肠，肠黏膜上有淡白、黄白圆形或卵圆形结节，如粟粒至豌豆大，常成簇分布。十二指肠和回肠有卡他性炎症，有点状或带状出血。尸体消瘦，后肢及尾部污染有稀粪。

4. 诊断

根据临床表现、病理变化和流行病学情况可做出初步诊断，最终确诊需在粪便中检出大量的卵囊。

5. 防治

氨丙啉，按每千克体重 25mg，连用 14～19 天，可防治羊球虫的严重感染。磺胺类如磺胺喹噁啉（SQ）和磺胺二甲基嘧啶也具有良好的防治效果。

五、羊泰勒虫病

羊泰勒虫病是由泰勒科泰勒属的原虫所引起的一种血液原虫病。

1. 病原

羊泰勒虫有两种：山羊泰勒虫和绵羊泰勒虫。两者血液型虫体的形态相似，并均能感染山羊和绵羊。我国羊泰勒虫病的病原为山羊泰勒虫。形态有环形、椭圆形、短杆形、逗点形、钉子形、圆点形等各种形态，以圆形最多见。圆形虫体直径为 0.6～1.6μm。一个红细胞内一般只有一个虫体，有时可见到 2～3 个。山羊泰勒虫红细胞感染虫率高，在脾脏、淋巴结涂片的淋巴细胞内常可见到石榴体。

2. 生活史与流行病学

我国羊泰勒虫病的传播者为青海血蜱。幼蜱吸食了含有羊泰勒虫的血液，在成蜱阶段传播本病。本病发生于 4～6 月份，5 月份为高峰。1～ 6 月龄羔羊发病率高，病死率也高，1～2 岁羊次之，3～4 岁羊很少发病。

羊泰勒虫病在我国四川、甘肃和青海陆续发现，呈地方性流行，可引起羊只大批死亡。有的地区发病率高达 36%～100%，病死率高达 13.3%～92.3%。

3. 致病作用与症状

本病潜伏期 4～12 天。病羊表现为精神沉郁，食欲减退，反刍及胃肠蠕动减弱或停止。体温升高到 40～42℃，稽留 4～7 天。有的病羊排恶臭稀粥样粪，混有黏液或血液。个别羊尿液混浊或有血尿。结膜充血，继而出现贫血和轻度黄疸。体表淋巴结肿大，有痛感。有的羔羊肢体僵硬，行走时前肢提举困难或后肢僵硬。有的羔羊四肢发软，卧地不起。

病理剖检表现为血液稀薄，皮下脂肪胶冻样，有点状出血。全身淋巴结呈不同程度肿胀，切面多汁、充血，以肩前、肠系膜、肝、肺等处较显著，有一些淋巴结呈灰白色，有的表面可见颗粒状突起。肝、脾肿大。肾为黄褐色，表面有结节和小点出血。皱胃黏膜上有溃疡斑，肠黏膜上有少量出血点。

4. 诊断

根据临床症状、流行病学资料和尸体剖检可做出初步诊断，在血片和淋巴结或脾脏涂片上发现虫体即可确诊。

5. 防治

预防以消灭中间宿主青海血蜱为主。在发病季节对羔羊可应用三氮脒、咪唑苯脲进行药物预防。治疗可用三氮脒、咪唑苯脲或硫酸喹啉脲。

【任务实施】

知识点学习

• 羊囊尾蚴病、多头蚴病、羊球虫病、羊泰勒虫和羊鼻蝇蛆病等病原及生活史、临床症状及诊治方法、综合防制措施

技能训练五十　羊的驱虫

一、必备资源

寄生虫虫体或虫卵标本，多媒体课件或羊囊尾蚴病、多头蚴病、羊球虫病、羊泰勒虫和羊鼻蝇蛆病等常见寄生虫病综合防治措施视频等。

二、活动步骤

1. 寄生虫虫体或虫卵的识别。
2. 制定寄生虫病防制方案。

【巩固训练】

一、填空题

1. 囊尾蚴病是（　　　）的中绦期蚴虫寄生于羊的心肌、膈肌、咀嚼肌和舌肌等部位。

2. 脑多头蚴病又称（　　　），是由带科多头属多头带绦虫的幼虫寄生于绵羊、山羊、黄牛、牦牛等反刍动物的脑和脊髓中引起的疾病。

3. 羊鼻蝇蛆病亦称（　　　）。

4. 羊球虫病是由艾美科艾美耳属的球虫寄生于绵羊或山羊的肠道引起的一种（　　　）病，发病羊表现为下痢、消瘦、贫血、发育不良等症状。

5. 羊的泰勒虫有两种，（　　　）羊泰勒虫和（　　　）羊泰勒虫，两者血液型虫体的形态相似，并均能感染山羊和绵羊。

二、简答题

1. 羊囊尾蚴的病原是什么？

2. 多头蚴的病原是什么？它的生活史是怎样的？致病作用与临床表现如何？如何预防多头蚴的发生？

3. 羊的球虫致病作用如何？病羊临床表现是什么样的？如何防治？

4. 什么是羊鼻蝇蛆病？生活史是怎样的？如何防治羊鼻蝇蛆病？

5. 羊泰勒虫病的病原是什么？致病作用与临床表现如何？如何防治羊泰勒虫病？

【知识拓展】

羊寄生虫病程序化防治技术

【任务考核】

项目五　羊场经营管理技术

任务一　羊场生产管理

【任务目标】

能制订生产计划；做好技术管理的各项记录体系建设；合理安排劳动定额；合理组织饲料生产和管理。

【必备知识】

一、生产计划

（一）羊场生产业务的种类

按其性能可分为以下几种：

（1）动物生产　包括不同类型羊种的放牧、舍饲等。

（2）饲料生产　包括草场改良、人工草地建设、草料收割及加工贮藏、饲料购买及配制。

（3）畜产品加工　包括羊毛、羊肉、羊皮等的加工、储存。

（4）运输销售　包括分级、包装、运输、营销、资金融通、市场情报获取等。

（二）羊场生产计划的设计

根据羊场业务的种类，结合生产资源的质和量，研究羊场的收支资料及其他生产记录，先设计多个方案，然后进行比较，选择其中最有益的一种生产计划来经营羊场。

1. 羊场生产计划设计要点

第一，调查羊场资产（包括草地、土地的生产能力）、载畜量大小；羊群结构、数量、生产能力；资本、流动资金的多少（羊舍、仓库等建筑物可容纳的最大数量）；设备、人力等可发挥的能力。

第二，分析现有羊场组织，包括分析现有生产业务种类及其之间的互补、互助、互相矛盾情况如何；各种生产因素的配合运用是否已达到最经济。

第三，找出目前羊场存在的问题及解决方法。

第四，充分考虑羊的种类、数量与饲草饲料资源和供应能力的配合，产品产量及其价格与各种费用的合理估算、盈亏情况。

2. 羊场生产计划的调整

（1）开始实施计划前的调整　生产计划编制完成到开始实施前，一般至少要有2个月时间，重新将原计划再分析一次，如果在这一段时间内，经济条件发生变化，则应立即修正原有的计划，使计划更适应实际情况。

（2）计划实施期间的调整　若计划正在实施中，突然遭受自然或经济条件变化（主要是价格），不利于原计划时，应迅速加以修正。

（3）计划实施后的调整　根据计划实施的具体情况，研讨其优缺点，修改后供以后参考。

二、技术管理

（一）技术资料登记、统计制度

绵羊、山羊在生产和育种过程中的各种记录资料是羊群的重要档案，尤其对于育种场、现代养羊企业的种羊群，生产和育种记录资料更是必不可少的。要及时全面掌握和认识羊群存在的缺点及主要问题，进行个体鉴定、选种选配和后裔测验及系谱审查，合理安排配种、产羔、剪毛、防疫、驱虫、羊群的淘汰更新、补饲等日常管理，同时必须做好生产育种资料的记录。不同性质的羊场、企业，不同羊群、不同生产目的的记录资料不尽相同，生产育种记录应力求准确、全面并及时整理分析，有许多方面的工作都要依靠完整的记录资料。

羊场要对日常技术工作分门别类地做好详细的记录，并进行定期检查。记录的内容包括：进羊的日期、数量、品种和来源等；饲料、饲草来源、配方及各种添加剂使用情况，每日或每周消耗饲料量及各期饲料用量情况；免疫时间、疫苗种类、制造厂家系列编号、产生反应期等免疫情况；投药目的，药物品种、剂量，投药时间等预防投药情况；疾病种类、发病时间及发展史、用药及其控制情况，死亡、淘汰等情况；应激及其他异常情况；出售日期、日龄、数量、平均体重；经济效益情况。

手工记录是一种比较传统的记录方式。随着计算机信息科学的发展，在一些先进的、有条件的养羊单位已开始在生产中引入计算机等先进技术，对整个生产过程实行全程管理和监控，对生产中的各种信息和资料随时录入计算机系统，经过一些专门设计的计算机记录管理和分析软件处理、编辑后，建立相应的数据库，供查询和利用；有些需要长期保存的资料可建成某种形式的数据库后，借助计算机外部存储设备（硬盘、软盘、光盘等）进行保存。通过网络利于养殖单位与科研院校相互之间乃至国内外进行信息传递和交流，并为适应市场迅速发展、建立电子商务系统打好基础。

（二）技术培训、考核制度

现代养羊生产是技术性很强的生产活动，只有很好地掌握养羊专业技术知识和实践技能、提高养羊劳动者的文化科技知识，才能搞好羊的繁殖改良、饲养管理、产品生产等。开展有效的上岗前教育和岗位培训，可以使羊场员工更快地提高思想、道德、文化、科学、技术和管理水平，从而具备履行岗位职责的条件；系统教育与培训，有利于开发员工的智力，提高其工作质量和工作效率；知识和技能更新的教育与培训，有利于顺应信息时代知识更新瞬息万变的特点，不断提高员工的知识和能力水平，进而提高企业的整体竞争能力。同时，对教育与培训的投入，也可使员工感受到企业对人的重视，作为激励因素，有利于增强员工对企业的归属感和凝聚力，激发员工的积极性。因此，必须加强劳动者的技术培训，如加强绵羊和山羊繁殖育种、品质鉴定、人工授精、新技术应用等的技术培训，逐步建立起一支技术过硬的专业队伍。

三、劳动管理

劳动管理制度是羊场做好劳动管理不可缺少的手段。主要包括考勤制度、劳动纪律、生产责任制、劳动保护、劳动定额、奖惩制度等。

（一）建立劳动规章制度

劳动规章制度是生产部门加强和巩固劳动纪律的基本方法。国有农牧场和集体农牧企业主要的劳动管理制度有岗位制、考勤制、基本劳动日制、作息制、质量检查制、安全生产制、技术操作规程等。羊场由于劳动对象的特殊性，特别应注意根据羊的生物学特性及不同生长发育阶段的消化吸收规律，建立合理的饲喂制度，做到定时、定量、定次数、定顺序，并应根据季节、年龄进行适当调整，以保证羊的正常消化吸收，避免造成饲料浪费。饲养人员必须严格遵守饲喂制度，不能随意变动。

（二）制定劳动纪律

这是广大职工为社会、为自己进行创造性劳动所自觉遵守的一种必要制度。一般规定：坚守岗位，尽职尽责，努力完成本职工作。严格执行生产技术操作规程，进行上岗前的培训工作，做好接替班工作。强调劳动的精神状态，杜绝出现打瞌睡、萎靡不振、心不在焉的现象。服从正确领导，遵守作息时间和请假制度，工作时间不允许闲串，不允许打闹，不允许擅离职守。若有建议或意见，应及时向领导汇报。

为了强调劳动纪律，应制定好生产技术操作规程，并进行上岗前的培训工作。技术操作规程通常包括以下一些内容：对饲养任务提出生产指标，使饲养人员有明确的目标，指出不同饲养阶段羊群的特点及饲养管理要点。按不同的操作内容分别排列，提出切合实际的要求，要尽可能采用先进的技术，反映羊场成功的经验。注意在制订技术操作规程时条文要简明具体，拟订的初稿要邀集有关人员共同逐条认真讨论，并结合实际做必要的修改。只有直接生产人员认为切实可行时，各项技术操作才有可能得到贯彻，制定的技术操作规程才真正有价值。

（三）合理确定劳动定额

劳动定额是科学组织劳动的重要依据，是羊场计算劳动消耗和核算产品成本的尺度，也是制订劳动力利用计划和定员定编的依据。制订劳动定额必须遵循以下原则：

1. 劳动定额应先进合理，符合实际，切实可行

劳动定额的制订，必须依据以往的经验和目前的生产技术及设施设备等具体条件，以本场中等水平的劳动力所能达到的数量和质量为标准，不可过高，也不能太低。应使具有一般水平的劳动者经过努力能够达到，先进水平的劳动者经过努力能够超产。只有这样的劳动定额才是科学合理的，才能起到鼓励与促进劳动者的作用。

2. 劳动定额的指标应达到数量和质量标准的统一

如确定一个饲养员养羊数量的同时，还要确定羊的成活率、生长速度、饲料报酬、药品费用等指标。

3. 各劳动定额间应平衡

不论是养种公羊还是种母羊或者清粪，各种劳动定额应公平化。

（四）合理分工

实行分工，有利于提高劳动者的技术熟练程度，做到因才施用，人尽其才，有利于提高劳动效率和劳动经济效果。

（五）合理的劳动报酬

要根据工作难易、技术要求高低程度、劳动强度等给予合理的工资，体现多劳多得的分配原则。采取责任工资和超定额奖励工资相结合（或岗位工资和效益工资相结合）的办法，调动职工的劳动生产积极性和创造性。

（六）建立健全严格的岗位责任

在羊场的生产管理中，要使每一项生产工作都有人去做并按期做好，使每个职工各尽其能，能够充分发挥主观能动性和聪明才智，需要建立联产计酬的岗位责任制。技术人员、饲养管理人员和农牧区应签订和执行责任承包合同，实行定额管理，责任到人，赏罚分明；同时，技术人员、农牧工要相对稳定，一般中途不要调整和更换人员。联产计酬岗位责任制的制定要领是责、权、利分明。内容包括：应承担的工作责任、生产任务或饲养定额；必须完成的工作项目或生产量(包括质量指标)；授予的权利及权限；明确规定超产奖励、欠产受罚的数量。建立岗位责任制，还要通过各项记录资料的统计分析，不断进行检查，用计分方法科学计算出每一职工、每一部门、每一生产环节的工作成绩和完成任务的情况，并以此作为考核成绩及计算奖罚的依据，从而充分调动每个人的积极性。推行岗位责任制，有利于纠正管理过分集中、经营方式过于单一和分配上存在的平均主义。

（七）建立健全公平合理以奖惩奖励机制

激励就是通常所说的调动人的积极性问题。人是生产要素中最活跃的因素，企业目标的实现最终要取决于人的积极性的有效发挥。现代行为科学的理论告诉我们，需要促成动机，动机产生行为，行为实现需要，继而产生新的需要、动机和行为。因此，羊场管理者应善于针对具体情况，采取有效的管理措施，满足员工需要，激发员工的动机和行为，去实现管理目标。

四、饲料管理

（一）拟订饲料采购、贮备、调拨计划

依据经济批量法，合理订购量是在保证满足生产需要的前提下，使总费用最低。

制订饲料采购与贮备计划需确定饲料需要量及贮备量：

饲料需要量＝计划任务×饲料消耗定额×(1＋运输和保管损耗率)

期初库存量＝编制计划时的实际库存量＋期初前的到货量－期初前的耗用量

期末贮备量＝经常贮备量＋保险贮备量

（二）饲料生产管理

饲料生产就是根据各种不同畜禽的消化生理特点，对饲料原料进行加工。合理加工可以提高饲料适口性和消化率，减少饲料浪费，根据饲料生产加工的深度可分为原料粗加工和配合饲料生产。原料初加工包括：谷实类饲料的粉碎，干燥压扁、膨化；秸秆、饲草的切断和粉碎；谷实类饲料和秸秆、饲草的颗粒化；秸秆、饲草的碱化或氮化等。配合饲料，一般要应用最新科研成果，按营养平衡的日粮配方调配而成。

加强饲料生产管理是保证饲料质量的重要环节。在建立健全生产责任制的前提下，饲料生产主要应注意以下环节：

一是确保原料的质量。进场的原料，必须进行感官检查。测定含水量，化验分析主要营养成分和有害物质，防止不合格原料入库。放置原料的地点应有明确标记，要有专人保管，严格防止相互混杂和污染。

二是配料计量要精确。计量系统的灵敏度至少应达到0.1%。要在接近最大称量的情况下称量添加剂，手工配料所用的取样工具应当专料专用，以免相互掺和。

三是饲料搅拌要均匀。要求搅拌机混合均匀度高，物料残留低，并便于清洗。与物料接触的表面应光滑，耐腐蚀，最好为不锈钢制品。

四是输送系统的残留要少且便于清洗。输送系统所用材料应不与饲料中的成分发生化学反应，并且不吸附饲料中的任何成分。

五是加工后的成品要进检测。一般要测定水分、蛋白质、矿物质等，有的产品也测定脂肪、钙和磷，必要时还应测定纤维素、灰分及其中添加剂的含量。

此外，在饲料生产管理中还应注意以下几点：①饲料不与地面接触；②减少粉尘堆积；③严禁吸烟，严格监督和控制焊接、切割等明火工作；④在机械加工之前安装电磁分离器，以清除饲料中铁质杂物。

（三）饲料仓库管理

饲料的仓库管理，是物资管理工作的重要组成部分，是做好物资供应工作的保证。饲料仓库的设置，应根据企业的规模及生产需要，以方便生产、维持生产正常运行、有利于管理为原则，设置若干数量的总库和分库。库存量的大小主要根据养殖企业的规模、结构及日消耗饲料的数量来确定。

饲料入库后的储存方式有袋装和散装两种。目前最先进的方法为散装饲料塔储存。其优点是比建饲料库造价低，而且由于饲料塔体结合紧密，有角架支撑，饲料不与地面接触，可以防止渗水，避免病菌污染和因鼠、雀为害造成损耗。

（四）饲料的价值管理

应根据不同饲料的可替代性和市场行情的变化进行细致的测算，合理确定采购饲料的种类、品种、运输方式及最佳采购数量。

如果羊场自己有能力生产配合饲料，则应根据饲料的多样性、替代性、互补性等经济特点，设计科学的饲料配方，并根据市场价格，合理选择饲料原料的采购和仓贮，以降低饲料采购和仓贮成本。

（五）饲料的质量管理

搞好羊场饲料仓库的质量管理，是羊场生产安全的一项重要内容，也是避免羊场遭受损失的重要环节。

(1) 确保合格饲料入库　为保证饲料的质量，要加强饲料入库前的检测。采购时应选择信誉好、质量有保障的厂家生产的饲料。

(2) 入库饲料合理存放　应根据饲料的不同种类，特别是按照入库的不同时间，分别存放在不同的位置，遵循先入先出的原则，防止出现由于混放造成先入库的饲料积压时间过长而变质的现象。

(3) 定期进行清仓消毒　为灭菌和防止虫蛀，空仓以后必须用药液喷洒或熏蒸进行消毒，方能再进饲料。

(4) 严格控制环境，防止饲料霉变　饲料仓库管理中一项重要工作是防霉。防霉的方法除控制进仓饲料水分含量（如玉米等子实类水分含量12%以下，饼类水分含量8%以下）外，还必须控制环境相对湿度不超过70%，温度不超过10℃。一旦发现饲料中有黄曲霉，应立即清除，以防扩散。此外，饲料仓库内还要注意防止火灾、鼠害等。

【任务实施】

知识点学习

1. 生产计划
2. 技术管理
3. 劳动管理
4. 饲料管理

技能训练五十一　羊场生产管理分析

一、必备资源

羊场管理软件、羊场经营管理方案、现代化羊场。

二、活动步骤

1. 研讨制定羊场生产计划，分析现有的技术管理制度、劳动管理制度、饲料管理制度和设备管理制度。

2. 提出改善意见。

【巩固训练】

一、填空题

1. 羊场生产业务的种类包括：（　　　）、（　　　）、（　　　）、（　　　）。

2. 劳动管理制度是羊场做好劳动管理不可缺少的手段。主要包括（　　　）、（　　　）、生产责任制、劳动保护、劳动定额、奖惩制度等。

二、简答题

1. 编制生产计划的原则有哪些？

2. 简述羊场生产业务的种类。

3. 羊场生产计划设计要点有哪些？

【知识拓展】

生产计划编制原则和方法、规模养羊场的设备管理制度

【任务考核】

任务二 羊场的成本核算与效益分析

【任务目标】

能够针对不同养殖规模的羊场进行成本核算与效益分析。

【必备知识】

一、成本与费用的构成

（一）产品成本

1. 直接材料

直接材料指构成产品实体或有助于产品形成的原料及材料。包括养羊生产中实际消耗的精饲料、粗饲料、矿物质饲料等饲料费用（如需外购，在采购中的运杂费用也列入饲料费），以及粉碎和调制饲料等耗用的燃料动力费等。

2. 直接工资

直接工资包括饲养员、放牧员、挤奶员等人的工资、奖金、津贴、补贴和福利费等。如果专业户参与人员全是家庭成员，也应该根据具体情况估计费用。

3. 其他直接支出

其他还包括医药费、防疫费、羊舍折旧费、专用机器设备折旧费、种羊摊销费等。医药费指所有羊只耗用的药品费和能直接记入的医疗费。种羊摊销费指自繁羔羊应负担的种羊摊销费，包括种公羊和种母羊，即种羊的折旧费用。公羊从能授配开始计算摊销，母羊从产羔开始计算摊销。

4. 制造费用

制造费用指养羊专业户为组织和管理生产所发生的各项费用。包括生产人员的工资、办公费、差旅费、保险费、低值易耗品费用、修理费、租赁费、取暖费、水电费、运输费、试验检验费、劳动保护费以及其他制造费用。

（二）期间费用

期间费用是指在生产经营过程中发生的，与产品生产活动没有直接联系，属于某一时期耗用的费用。期间费用不计入产品成本，直接计入当期损益，期末从销售收入中全部扣除。期间费用包括管理费用、财务费用和销售费用。管理费用指管理人员的工资、福利费、差旅费、办公费、折旧费、物料消耗费用等，以及劳动保险费、技术转让费、无形资产摊销、招待费、坏账损失及其他管理费用等。财务费用包括生产经营期间发生的利息支出、汇兑净损失、金融机构手续费及其他财务费用等。销售费用指在销售畜产品或其他产品、自制半成品和提供劳务等过程中发生的各项费用，包括运输费、装卸费、包装费、保险费、代销手续费、广告费、展览费等，或者还包括专业销售人员的费用。

二、成本核算

养羊专业户的成本核算，可以是一年计算一次成本，也可以是一批计算一次成本。成本核算必须要有详细的收入与支出记录，主要内容有：支出部分包括前已述及的内容；收入部分包括羊毛、羊肉、羊奶、羊皮、羊绒等产品的销售收入，出售种羊、肉羊的收入，产品加工增值的收入，羊粪尿及加工副产品的收入等。在做好以上记录的基础上，一般小规模养羊专业户均可按下列公式计算总成本：

养羊生产总成本＝工资（劳动力）支出＋草料消耗支出＋固定资产折旧费＋羊群防疫医疗费＋各项税费等

三、经济效益分析

专业户养羊生产的经济效益，用投入产出进行比较，分析的指标有总产值、净产值、盈利、利润等。

（1）总产值　指各项养羊生产的总收入，包括销售产品（毛、肉、奶、皮、绒）的收入、自食自用产品的收入、出售种羊肉羊收入、淘汰死亡收入、羊群存栏折价收入等。

（2）净产值　指专业户通过养羊生产创造的价值，计算的原则是用总产值减去养羊人工费用、草料消耗费用、医疗费用等。

（3）盈利额　指专业户养羊生产创造的剩余价值，是总产值中扣除生产成本后的剩余部分，公式为：

盈利额＝总产值－养羊生产总成本

（4）利润额　专业户生产创造的剩余价值（盈利）并不是专业户应得的全部利润，还必须尽一定义务，向国家缴纳一定比例的税金和向地方（乡或村）缴纳有关生产管理和公益事业建设费用，余下的才是专业户为自身创造的经济价值。

养羊生产利润＝羊产品销售收入－饲养成本－其他费用＋羊群存栏增量价值

四、养羊成本核算实例

（一）散养

以饲养2只种母羊为例，精料按80%计算，草不计算，基建、设备不计算，人工费和粪费相抵。

1. 成本

（1）购种母羊

数量(2只)×费用(元/只)＝购种羊费用(元)

购种羊费用÷5年(使用年限)＝每年购种羊总摊销(元/年)

（2）饲养成本（料计算80%，草不计算）

数量(2只种母羊)×精料量[千克/(天·只母羊)]×价格(元/千克精料)

＝2只母羊精料耗费(元/天)

2只母羊精料耗费×365天＝2只种母羊年消耗精料费用

总羔羊数(7月龄出栏，5个月饲喂期)×精料消耗[千克/(天·羔)]×150天×

价格(元/千克精料)＝育成羊消耗精料费用

总饲养成本＝2只种母羊年消耗精料费用＋育成羊消耗精料费用

（3）医药费摊销总成本：10元/(羔·年)×总羔数

总成本＝每年购种羊总摊销＋总饲养成本＋医药费摊销总成本

2. 收入

$$年售育成羊：母羊数(2只)\times\frac{育成数}{母羊年产}＝总育成数$$

总育成数×出栏重(千克/只)×销售价(元/千克活羊)＝总收入(元)

3. 经济效益分析

饲养2只母羊的一个饲养户年盈利＝总收入－总成本＝总盈利

$$每卖一只育成羊盈利＝\frac{总盈利}{总育成数}$$

（二）专业户

以饲养母羊20只为例，精料100%计算，草及青贮料计算一半，基建设备器械不计算，人工费和粪费相抵。

1. 成本

（1）购种羊

数量(20只母羊)×费用(元/只)＝购种母羊总费用(元)

数量(1只公羊)×费用(元/只)＝购种公羊总费用(元)

计：购种羊总费用÷5年(使用年限)＝每年购种羊总摊销(元/年)

(2) 饲养成本（专业户饲养料100%计算，草及青贮计算一半）

【种羊】

干草：数量(21只)×干草数[千克/(天·只)]×365天×价格(元/千克干草)=种羊年消耗干草费用

精料：数量(21只)×精料量[千克/(天·只)]×365天×价格(元/千克精料)=种羊年消耗精料费用

青贮料：数量(21只)×青贮料量[千克/(天·只)]×365天×价格(元/千克青贮料)=种羊年消耗青贮料费用

【育成羊】(7个月出售，5个月饲喂期)

干草：总羔数×干草量[千克/(天·羔)]×150天×价格(元/千克干草)=育成羊消耗干草费用

精料：总羔数×精料量[千克/(天·羔)]×150天×价格(元/千克精料)=育成羊消耗精料总费用

青贮料：总羔数×青贮料量[千克/(天·羔)]×150天×价格(元/千克青贮料)=育成羊消耗青贮料总费用

总饲养成本=种公母羊消耗精料、干草、青贮料费用+育成羊消耗精料、干草、青贮料费用

(3) 每年医药摊销总成本：10元/(羔·年)×总羔数。

2. 收入

总育成羊×出栏重(千克/只)×价格(元/千克活羊)=总收入

3. 经济效益分析

饲养20只母羊的一个专业户年总盈利=总收入-每年种羊总摊销-总饲养成本-每年医药摊销总成本

$$每卖一只育成羊盈利=\frac{总盈利}{总育成数}$$

【任务实施】

知识点学习

1. 成本与费用的构成
2. 成本核算
3. 经济效益分析

技能训练五十二 大型养羊场经济效益分析

一、必备资源

规模化羊场。

二、活动步骤

以饲养500只基础母羊为例

1. 成本

(1) 基建总造价

① 羊舍造价：500只基础母羊，净羊舍500米^2；周转羊舍（羔羊、育成羊）1250米^2；25只公羊，50米^{2}公羊舍。合计：1800米^2×造价(元/米^2)=羊舍总造价

② 青贮窖总造价：500米^2×造价(元/米^2)

贮草及饲料加工车间总造价：500米^2×造价(元/米^2)

办公室及宿舍总造价：400米^2×造价(元/米^2)

合计，即为基建总造价。

(2) 设备机械及运输车辆投资　青贮机总费用，兽医药械费用，变压器等机电设备费用，运输车辆费用，合计为设备机械及运输车辆总费用。

每年固定资产总摊销=(基建总造价+设备机械及运输车辆总费用)÷10年

（3）种羊投资

500只母羊×价格(元/只)=种母羊投资

25只公羊×价格(元/只)=种公羊投资

合计即为种羊总投资。

种羊总投资÷5年=每年种羊总摊销

（4）建成后需干草、青贮料、配合精料

【种羊】

干草：525只种羊×干草量[千克/(天·只)]×365天×价格(元/千克干草)=成年羊年消耗干草费用

精料：525只种羊×精料量[千克/(天·只)]×365天×价格(元/千克精料)=成年羊年消耗精料费用

青贮料：525只种羊×青贮料量[千克/(天·只)]×365天×价格(元/千克青贮料)=成年羊年消耗青贮料费用

合计为种羊饲养总成本。

【育成羊】(7个月出售，5个月饲喂期)

干草：总羔数×干草量[千克/(天·只)]×150天×价格(元/千克干草)=育成羊年消耗干草费用

青贮料：总羔数×青贮料量[千克/(天·只)]×150天×价格(元/千克青贮料)=育成羊年消耗青贮料费用

精料：总羔数×精料量[千克/(天·只)]×150天×价格(元/千克精料)=育成羊年消耗精料费用

合计即为育成羊饲养总成本。

总饲养成本=种羊饲养总成本+育成羊饲养总成本

（5）年医药、水电、运输、业务管理总摊销：10元/(羔·年)×总羔数

（6）年工人工资：25元/年·羔×总羔数=年总工资成本

2. 收入

（1）年售商品羊

总育成数×出栏重(千克/只)×价格(元/千克活羊)

（2）羊粪收入

总羔数×产粪[米^3/(只·年)]

525只种羊×产粪[米^3/(只·年)]

羊粪收入=总粪量×价格/米^3

（3）羊毛收入：种羊525只×产毛量(千克/只)×价格(元/千克毛)

以上三项合计为总收入。

3. 经济效益分析

建一个基础母羊500只商品羊场，年总盈利=总收入-年种羊饲养总成本-年育成羊饲养总成本-年医药、水电、运输、业务管理费用

总费用=年总工资+年固定资产总摊销+年种羊总摊销

$$每售1只育成羊盈利=\frac{年总盈利}{总育成数}$$

【巩固训练】

一、填空题

1. 羊场产品成本主要包括（　　　）、（　　　）、（　　　）、（　　　）。

2. 期间费用是指在生产经营过程中发生的，与产品生产活动没有直接联系，属于某一时期耗

用的费用。主要包括（　　　）、（　　　）、（　　　）。

二、分析题

1. 结合本地区实际，分析不同类型养羊户（场）的经济效益。

2. 分析羊场如何控制生产成本，提高养羊业的经济效益。

【知识拓展】

规模养羊场经营管理

【任务考核】

附　录

附录一	各种奶牛的营养需要表	
附录二	高产奶牛饲养管理规范	
附录三	中国肉牛饲养标准	
附录四	山羊饲养标准	
附录五	中国荷斯坦牛体型鉴定技术规程	

参 考 文 献

[1] 姜明明．牛羊生产与疾病防治．北京：化学工业出版社，2012.
[2] 黄国清，兰旅涛．草食动物生产．北京：中国农业大学出版社，2016.
[3] 付殿国，杨军香．肉羊养殖主推技术．北京：中国农业科学技术出版社，2013.
[4] 罗晓瑜，刘长春．肉牛养殖主推技术．北京：中国农业科学技术出版社，2013.
[5] 李有志，杨军香．奶牛养殖主推技术．北京：中国农业科学技术出版社，2013.
[6] 李胜利．奶牛信号——牧场管理使用指南．北京：中国农业大学出版社，2012.
[7] 曹志军，杨军香．全混合日粮图册．北京：中国农业科学技术出版社，2011.
[8] 曹志军，杨军香．青贮制作实用技术．北京：中国农业出版社，2013.
[9] 李胜利，刘长春．奶牛标准化养殖技术图册．北京：中国农业科学技术出版社，2012.
[10] 李胜利，范学珊．奶牛饲料与全混合日粮饲养技术．北京：中国农业出版社，2011.
[11] 全国畜牧总站．肉牛标准化养殖技术图册．北京：中国农业科学技术出版社，2012.
[12] 全国畜牧总站．肉羊标准化养殖技术图册．北京：中国农业科学技术出版社，2012.
[13] 莫放．养牛生产学．北京：中国农业大学出版社，2010.
[14] 岳炳辉．养羊与养病防治．北京：中国农业大学出版社，2011.
[15] 刘太宇．养牛生产．北京：中国农业大学出版社，2008.
[16] 刘太宇．养牛生产技术．北京：中国农业大学出版社，2015.
[17] 刘太宇．畜禽生产技术实训教程．北京：中国农业大学出版社，2014.
[18] 宋连喜．牛生产．北京：中国农业大学出版社，2008.
[19] 范颖，宋连喜．羊生产．北京：中国农业大学出版社，2008.
[20] 靳胜福．畜牧业经济与管理．北京：中国农业出版社，2009.
[21] 张绍军．奶牛．北京：中国农业大学出版社，2006.
[22] 王振来．肉牛．北京：中国农业大学出版社，2006.
[23] 覃国森．养牛与牛病防治．北京：中国农业出版社，2006.
[24] 张西臣，李建华．动物寄生虫病学．北京：科学出版社，2010.
[25] 王宗元．动物营养代谢病和中毒病学．北京：中国农业出版社，1997.
[26] 薛增迪，任建存．牛羊生产与疾病防治．杨陵：西北农林科技大学出版社，2008.
[27] 李拥军，薛慧文，张浩．肉羊健康高效养殖．北京：金盾出版社，2008.
[28] 苗志国，常新耀．羊安全高效生产技术．北京：化学工业出版社，2009.